U0393620

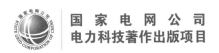

国家电网公司
电力科技著作出版项目

柔性直流输电工程可靠性
设计及应用

ROUXING ZHILIU SHUDIAN GONGCHENG KEKAOXING

SHEJI JI YINGYONG

文卫兵　郭贤珊　等　编著

中国电力出版社
CHINA ELECTRIC POWER PRESS

内 容 提 要

本书深入剖析柔性直流输电工程可靠性设计相关提升措施，对柔性直流输电系统成套可靠性设计、柔性直流换流阀可靠性设计、直流断路器可靠性设计、柔性直流控制保护系统可靠性设计及柔性直流输电工程设备现场可靠性管控等进行了阐述，并对典型工程和故障案例进行了详细说明，对后续柔性直流输电工程的可靠性提升具有重要的借鉴意义。

本书可供从事柔性直流输电工程、设计、制造、运行、检修等工作的技术人员和管理人员使用，也可作为柔性直流输电工程可靠性提升培训用书。

图书在版编目（CIP）数据

柔性直流输电工程可靠性设计及应用 / 文卫兵等编著. —北京：中国电力出版社，2024.5
ISBN 978-7-5198-8255-6

Ⅰ．①柔…　Ⅱ．①文…　Ⅲ．①直流输电线路–电力工程–可靠性设计　Ⅳ．①TM726

中国国家版本馆 CIP 数据核字（2023）第 209952 号

出版发行：中国电力出版社
地　　址：北京市东城区北京站西街 19 号（邮政编码 100005）
网　　址：http://www.cepp.sgcc.com.cn
策划编辑：王春娟　赵　杨
责任编辑：陈　倩　刘　薇　刘子婷
责任校对：黄　蓓　常燕昆　于　维
装帧设计：张俊霞
责任印制：石　雷

印　　刷：北京瑞禾彩色印刷有限公司
版　　次：2024 年 5 月第一版
印　　次：2024 年 5 月北京第一次印刷
开　　本：787 毫米×1092 毫米　16 开本
印　　张：28.5
字　　数：506 千字
定　　价：186.00 元

《柔性直流输电工程可靠性设计及应用》
编 著 人 员

文卫兵	郭贤珊	石 岩	李 明	杨 勇
魏 争	张 涛	曹燕明	樊纪超	薛英林
王加龙	李 琦	田 杰	方太勋	卢 宇
杨岳峰	闻福岳	韩 坤	马俊杰	易 荣
周晓龙	张月华	武炬臻	晁 阳	李亚男
田汇冬	董弘川	贺康航		

　　《柔性直流输电工程可靠性设计及应用》是一本系统介绍柔性直流输电系统及核心设备工业化设计及可靠性管控的电力专业书籍。

　　柔性直流输电技术可实现有功、无功独立控制，具备高度的可控性和灵活性，是当前国际高压输电领域最前沿的技术，也是未来我国电网转型升级的重要发展方向。我国已建成多个柔性直流输电示范工程，但是我国早期柔性直流输电技术主要应用于简单系统场景，且核心设备年故障率达 3%以上，远高于同期国外水平。

　　柔性直流输电技术可靠性提升面临诸多技术难题。首先，在系统顶层设计层面，面临柔性直流与交流系统、柔性直流与新能源场站及柔性直流内部各换流站间复杂的协调配合难题；其次，在核心设备层面，柔性直流换流阀、直流断路器、控制保护装置等关键设备的研制，面临核心器件低耐受特性与高电气应力要求不匹配、换流阀在高电位强磁场恶劣环境下的电磁耦合机理不清晰、单一元件故障易导致整个系统跳闸、缺乏有效的试验检测方法和平台等问题；再次，在工程应用层面，柔性直流输电工程（简称柔直工程）设备安装、调试、运维、环境控制等方面的工程经验十分缺乏。

　　本书从柔性直流输电的建设发展及故障原理分析入手，以问题为导向，遵循系统方案研究、设备可靠性设计、现场可靠性管控的逻辑主线，对柔直工程系统成套可靠性设计、柔性直流换流阀可靠性设计、直流断路器可靠性设计、柔性直流控制保护系统可靠性设计及柔直工程设备现场可靠性管控等进行了阐述，重点论述了柔性直流系统及设备可靠性提升的设计原理、工艺管控及试验检测方法，对典型工程和故障案例进行了详细说明。

目前，本书相关技术已应用于渝鄂直流背靠背联网工程、张北柔性直流电网试验示范工程（简称张北柔直工程），首次将柔直工程可靠性提升至常规直流输电工程水平。全书条理清晰、图文并茂、理论联系实际，该书的出版将有助于柔性直流输电工业化设计方法的推广应用和柔直工程可靠性的提升。

在此，我向读者推荐《柔性直流输电工程可靠性设计及应用》，并相信该书的出版将为从事柔性直流输电工程成套设计、设备研制和运行管理的相关人员，以及高校电气工程专业师生提供有价值的参考。

清华大学副校长

2023 年 6 月

　　柔性直流输电技术在大规模新能源汇集与消纳、海上风电并网、负荷中心供电、无源孤岛供电、直流组网等领域有着广阔的应用前景。我国已建成南汇、舟山、厦门、渝鄂、张北等柔直工程，电压等级和输送容量不断提升。但是，可靠性较低始终是制约柔性直流输电大规模推广应用的重要瓶颈。我国早期柔直工程经常发生由于设备及系统原因而导致的停运故障，换流阀核心组部件故障率远高于同期国外换流阀故障水平，柔直工程能量可用率一度低于常规直流工程，导致柔性直流输电技术难以进一步推广应用。运行情况统计表明，早期柔直工程可靠性问题主要包括绝缘栅双极晶体管低耐受能力与柔性直流高电气应力特性不匹配、换流阀二次系统功能混乱、换流阀高电位控制板卡抗电磁干扰能力弱、柔性直流接入交流电网的运行稳定性低、缺乏有效的柔性直流可靠性试验方法等。在国外实施严密技术封锁的情况下，需要通过自主攻关，解决高压大容量柔直工程可靠性提升关键技术难题。

　　近年来，国家电网有限公司牵头行业相关单位，通过全面开展柔性直流输电可靠性提升关键技术攻关，首次将柔直工程可靠性指标提升到与常规直流相当水平，解决了大容量柔性直流技术从科研探索向工业化批量应用转变的关键问题，带动了我国电工装备制造业的进步，形成了柔性直流可靠性提升和试验检测技术标准体系。此前尚未有系统性介绍柔性直流输电工业化设计及质量管控技术方面的书籍，《柔性直流输电工程可靠性设计及应用》的出版有力填补了此项空白。

本书由国家电网有限公司及相关领域的专家编写完成，总结和梳理了丰富的技术理论及工程实践经验。本书主要介绍了柔性直流输电概述、柔性直流输电系统成套可靠性设计、柔性直流换流阀可靠性设计、直流断路器可靠性设计、柔性直流控制保护系统可靠性设计、柔性直流输电工程设备现场可靠性管控。

　　鉴于此，我向读者推荐《柔性直流输电工程可靠性设计及应用》，并相信本书将为科研人员、工程技术人员和高校师生提供有益帮助。

中国西电集团首席科学家

苟锐锋

2023 年 6 月

柔性直流输电技术因具备有功和无功功率独立可调、无换相失败、运行方式灵活、可为交流电网提供动态支撑等特点，已成为解决风电和光伏等新能源消纳问题、实现"双碳"目标的重要技术手段。

我国对柔性直流输电技术的研究和应用起步相对较晚，但发展速度较快。从 2011 年 7 月国家电网有限公司建成亚洲首个柔性直流输电工程——上海南汇风电场柔性直流输电示范工程（简称南汇柔直工程），到 2020 年 6 月张北柔直工程顺利投运，我国已建成多个柔直工程。张北柔直工程采用我国原创、世界领先的柔性直流电网新技术，创造了 12 项世界第一，实现了北京冬奥会场馆全时段 100%"绿电"供应。柔性直流输电技术为破解新能源大规模开发利用的世界级难题提供了"中国方案"。

由于柔性直流输电系统运行模式多样、全控型开关器件应用规模大、多层级控制保护逻辑复杂、核心设备电磁环境严苛，加之首次应用直流断路器等新型电力电子设备、国内工程应用积累相对不足等因素，在工程建设、调试及运行阶段，凸显出柔性直流接入弱系统稳定性问题研究不透彻、核心一次设备故障频发、运维及检修手段不配套等新问题、新挑战。柔直工程的可靠性问题，成为影响柔性直流输电技术发展的关键因素之一。

本书立足于工程现场故障调研分析，从系统成套设计、核心设备质量管控、控制保护系统配置及设备现场可靠性管控等方面，提出了可靠性提升系列举措，形成了全链条质量升级的完整方案，并应用于渝鄂、张北、如东、白江等多个柔直工程。

本书深入剖析柔直工程可靠性设计相关提升措施，并配有大量工程实例，对后续柔直工程的可靠性提升具有重要的借鉴意义。本书可供从事柔性直流输电技术研究、设计、制造、运行、检修等工作的技术人员和管理人员使用，也可作为柔性直流输电可靠性提升培训用书。

由于作者时间和水平有限，书中难免存在疏漏和不足之处，恳请各位专家和读者不吝赐教。

编　者

2023 年 6 月

Contents

1

柔性直流输电概述

相比于常规直流输电技术，柔性直流输电技术具有可控性和灵活性高、新能源接入友好、易于直流组网、不需要配置无功补偿装置、谐波水平低、没有换相失败问题、占地面积小等优势，在大规模新能源汇集与消纳、海上风电并网、负荷中心供电、无源孤岛供电、直流组网等领域有着广阔的应用前景，是我国实现电网升级转型、能源结构优化的重要途径，也是关系国家能源安全的战略性技术。

我国柔性直流输电技术发展速度较快，在工程电压等级和输送容量等方面已达到国际领先水平。但是，我国早期柔直工程经常发生由于设备及系统原因而导致的停运故障，换流阀核心组部件故障率远高于同期国外换流阀故障水平，柔直工程能量可用率远低于常规直流工程水平，导致柔性直流输电技术难以进一步推广应用。本章将在介绍柔性直流输电技术及其核心装备基本情况的基础上，系统梳理我国早期柔直工程运行可靠性指标、设备故障率及故障类型，为柔性直流输电可靠性提升和工业化设计提供指导依据。

1.1 柔性直流输电技术基本特点

1.1.1 柔性直流输电技术的特点

能源安全是国家安全的重要保障。我国能源供给和消费的结构性矛盾突出，化石能源对外依存度逐年攀升，严重威胁我国能源安全。近年来，我国持续推进能源结构转型，其关键之一是大力开发利用以风能、太阳能等新能源为主的可再生能源，提升非化石能源占比。根据相关研究预测，2050 年我国风电装机容量将达 14 亿 kW，太阳能发电装机容量将达 21 亿 kW，新能源发电装机占比将达 70%。

新能源在就地分布开发利用的基础上，需要大规模集中开发并依托大电网，通过大容量、远距离输电实现消纳。但是，新能源资源波动性和随机性大，我国大规模新能源位于电网末端,电网结构薄弱,而新能源发电设备抗扰性低和支撑性弱,实现这种场景下的大规模新能源并网送出是一个全新的技术挑战。为此,亟须探索和开发适应能源变革的新型输电技术及核心装备,相应的输电技术主要包括常规交流输电技术、常规(特高压)直流输电技术、柔性直流输电技术。

通过交流电网汇集和送出新能源,存在两个主要制约因素:① 受交流电网强度制约,存在弱交流系统情况下的暂态电压稳定问题,导致交流线路实际输送新能源功率长期远低于输电能力。② 受交流电网特性制约,电网运行灵活性较差。相比于传统交流输电,常规(特高压)直流输电技术具有输电容量大、距离远、损耗低、经济性好等优势,但其输电能力同样依赖于所接入交流电网的强度,在弱系统下输电能力受限,甚至无法运行。考虑到我国新能源开发主要集中在电网薄弱甚至无交流电网的西部、北部地区,若通过常规(特高压)直流输电送出新能源,需配套大量常规能源发电或储能等设施,改造新能源的固有特征,才能大规模稳定送出。这使得清洁能源难以高效、大规模开发利用。此外,常规(特高压)直流输电技术使用电流源型换流器,利用晶闸管等只能控制开通、不能控制关断的半控型电力电子器件进行交直流变换,具有一定的局限性,如换流器只有一个控制自由度,不能独立调节有功和无功功率;需要吸收大量无功功率,且会产生特征谐波和非特征谐波,因此需要配置大量无功补偿和滤波设备,占地较大。

柔性直流输电是继交流输电、常规(特高压)直流输电之后的新一代输电技术。在继承直流输电技术固有优势的同时,柔性直流输电技术使用电压源型换流器(voltage source converter,VSC),利用直流电容器实现电压支撑,采用开通、关断均可控的全控型电力电子器件控制输出波形,对交流侧类似于发电机,可对有功和无功功率进行独立控制。柔性直流输电技术的"柔性"特点,使其不仅不依赖交流电网的强弱独立运行,还可为交流电网和新能源机组提供动态支撑,使得新能源能够与交流电网无缝衔接,无需传统能源发电支撑,从根本上提高了电网对新能源的驾驭能力,是突破大规模新能源开发利用困境的"金钥匙"。

与常规(特高压)直流输电技术相比,柔性直流输电技术具有以下优势:

(1)可以独立控制有功和无功功率。柔性直流输电系统的 VSC 具有两个控制自由度,能同时调节有功和无功功率,实现四象限运行,控制更加灵活方便。

(2)不需要配置无功补偿装置。柔性直流输电系统不但不需要无功补偿装置,其自身还能起到静止同步补偿器(static synchronous compensator,STATCOM)的作用,动态补偿交流系统无功功率，稳定交流母线电压。

（3）谐波水平低。对于两电平或三电平柔性直流输电系统，通常采用脉冲宽度调制（pulse width modulation，PWM）控制技术，开关频率高，通过较小容量的低通滤波装置就可解决谐波问题；对于采用模块化多电平换流器（modular multilevel converter，MMC）的柔性直流输电系统，通常电平数较高，不需要采用滤波器已能满足谐波要求。

（4）没有换相失败问题。柔性直流输电系统的 VSC 采用可关断功率器件，无换相失败问题，因而在受端电网中的直流落点个数不受限制。

（5）占地面积小。柔性直流输电系统没有大量的无功补偿和滤波装置，交流场设备很少，因此，比常规直流输电占地少得多。

基于上述优势，柔性直流输电技术不仅可以作为新能源并网的技术手段之一，还适用于各种小容量输电、大容量输电、区域电网互联乃至全球能源互联网构建等场景，其典型应用主要包括以下方面。

（1）无源系统供电。柔性直流输电系统的 VSC 能够自换相，可工作在无源逆变方式，不需要外加换相电压，受端系统可以是无源网络，克服了常规直流受端必须为有源网络的根本缺陷，使得柔性直流输电系统具备为孤立海岛、海上石油平台、偏远地区等孤立负荷或弱系统送电的能力。柔性直流输电技术用于无源系统供电工程线路如图 1-1-1 所示。

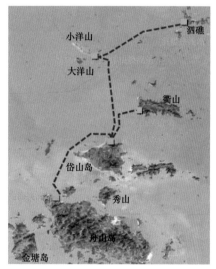

图 1-1-1 柔性直流输电技术
用于无源系统供电工程线路

（2）多端直流系统构建。常规直流输电系统电流只能单向流动，潮流反转时电压极性反转而电流方向不变，因此构建多端直流系统时潮流难以反转；而柔性直流输电系统的 VSC 电流可以双向流动，直流电压极性不会改变，利于构成既能方便控制潮流又具有较高可靠性的多端直流系统。柔性直流输电技术用于多端直流系统构建如图 1-1-2 所示。

（3）大电网异步互联。为解决电网"强直弱交"现象带来的大系统运行风险，需要进行区域电网异步互联。由于大区电网末端交流系统强度均较弱，常规直流不具备支撑条件。柔性直流输电因具有有功和无功独立调节、无换相失败、运行方式灵活、弱系统适应能力强等特点，成为大电网异步互联的最佳技术手段。

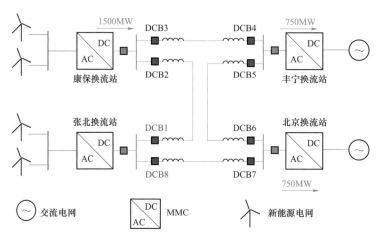

图 1-1-2　柔性直流输电技术用于多端直流系统构建

（4）分布式可再生能源并网。以风能、太阳能为主的可再生能源发电具有间歇性、波动性和分散性等特征，柔性直流输电系统控制灵活且能够为孤岛可再生能源电场提供稳定的交流电压和频率支撑，非常适合用于实现可再生能源的可靠并网；同时，柔性直流系统易于构建具有多送端和多受端的直流电网，通路冗余性强，有利于解决分散的可再生能源大规模并网和送出难题。柔性直流输电技术用于分布式可再生能源并网示意图如图 1-1-3 所示。

图 1-1-3　柔性直流输电技术用于分布式可再生能源并网示意图

（5）电网电能质量提高。柔性直流输电系统可以方便地调节有功和无功功率，保持交流系统的电压不变，向交流系统提供无功支撑，改善系统的运行性能，提高其电能质量。

综上所述，柔性直流输电技术凭借高度的可控性、灵活性和适用性，已成为未来电网升级转型的重要途径，以及实现能源结构优化、保障能源安全的战略性选择。

1.1.2　柔性直流输电系统的典型拓扑

柔性直流输电系统按照拓扑结构的形式，大致可分为端对端柔性直流输电系统、背靠背柔性直流输电系统和多端柔性直流输电系统 3 类。下面分别对 3 种类型柔性直流输电系统的特点进行介绍。

（1）端对端柔性直流输电系统。端对端柔性直流输电系统由两个柔性直流换流站和连接它们的直流输电线路组成，用于在两个地理位置之间传输电能。以采用 MMC 的端对端柔性直流输电系统为例，一次回路主要包括换流阀、联接（换流）变压器、桥臂电抗器、启动电阻、交流断路器及隔离开关等设备，其典型拓扑结构如图 1-1-4 所示，其中单个柔性直流换流站的典型接线如图 1-1-5 所示。

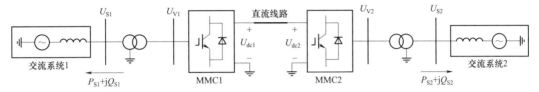

图 1-1-4 端对端柔性直流输电系统典型拓扑结构

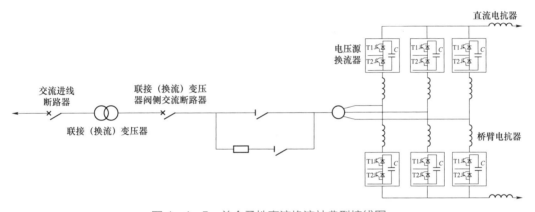

图 1-1-5 单个柔性直流换流站典型接线图

（2）背靠背柔性直流输电系统。背靠背柔性直流输电系统的送端和受端位于同一柔性直流换流站内，送端换流器和受端换流器不通过直流线路直接相连，其典型拓扑结构如图 1-1-6 所示，通常用于实现两个异步交流系统的联网。由于交直流混合运行电网结构日趋复杂，发生多回直流同时闭锁或相继闭锁故障的风险加大，对电网整体安全稳定运行造成威胁。通过柔性直流系统将两个交流系统异步联网，可有效化解交直流功率转移引起的电网安全稳定问题、简化复杂故障下电网安全稳定控制策略、避免连锁故障导致大面积停电，大幅提高电网主网架的安全供电可靠性。

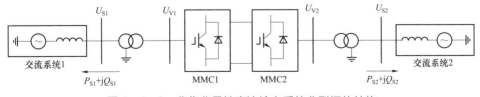

图 1-1-6 背靠背柔性直流输电系统典型拓扑结构

（3）多端柔性直流输电系统。多端柔性直流输电系统由多于两个柔性直流换流站和连接它们的直流输电线路组成，用于在多个地理位置之间传输电能，其典型拓扑结构如图 1-1-7 所示。多端柔性直流输电系统最为显著的特点是能够实现多电源供电以及多落点受电。为满足可再生能源并网及海岛供电等需求，全世界很多国家已开展多端柔性直流输电系统的建设。柔性直流电网是具备网孔结构和通路冗余性的一种特殊的多端柔性直流输电系统。

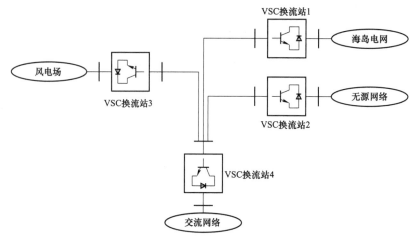

图 1-1-7　多端柔性直流输电系统典型拓扑结构

1.2　柔性直流输电发展历程

1.2.1　国外柔性直流输电发展历程

1954 年，世界上第一个直流输电工程投入商业化运行，标志着基于汞弧阀换流技术的第一代直流输电技术的诞生。20 世纪 70 年代初，晶闸管阀开始应用于直流输电系统，并很快取代汞弧阀，标志着第二代直流输电技术的诞生。20 世纪 90 年代末，基于全控型器件和 PWM 技术的 VSC 开始应用于直流输电，标志着第三代直流输电技术——柔性直流输电技术的诞生。

1990 年，基于 VSC 的直流输电概念首先由加拿大麦吉尔大学的布恩·泰克等人提出。在此基础上，ABB 公司将 VSC 和聚合物电缆结合起来提出了轻型高压直流输电（high voltage direct current light，HVDC Light）的概念，并于 1997 年 3 月在瑞典中部的赫尔斯扬和格林基斯伯格之间进行了首次工业性试验。该试验系统的功率为 3MW，直流电

压等级为±10kV，输电距离为 10km，分别连接到既有的 10kV 交流电网上。国际权威
学术组织——国际大电网会议（international council on large electric systems，CIGRE）
和美国电气与电子工程师学会（institute of electrical and electronics engineers，IEEE），
将这种以可关断器件和 PWM 技术为基础的第三代直流输电技术命名为电压源换流器型
高压直流输电（VSC-HVDC）。2006 年 5 月，我国召开轻型直流输电系统关键技术研
究框架研讨会，与会专家一致建议国内将基于 VSC 技术的直流输电统一命名为"柔性
直流输电"。

自 1997 年第一项柔直工程投入工业试验运行以来，国际上至今已有 40 余项柔直
工程投入商业运行，在建约 20 项。这些工程大多数由 ABB 公司和西门子公司建设，
主要应用于风力发电、电力交易、电网互联、海上钻井平台供电等领域。部分国外柔
直工程的技术参数如表 1-2-1 所示；部分国外海上风电柔性直流送出工程技术参数如
表 1-2-2 所示。

表 1-2-1 部分国外柔直工程技术参数

序号	工程名称	直流电压（kV）	容量（MW）	接线方式	线路长度（km）	投产时间	备注
1	瑞典赫尔斯扬工程	±10	3	伪双极	10	1997 年	试验工程
2	瑞典哥特兰工程	±80	50	伪双极	70	1999 年	风电接入
3	丹麦风电工程	±9	7.2	伪双极	4.4	2000 年	风电接入
4	澳大利亚昆士兰联网工程	±80	3×60	伪双极	65	2000 年	电网互联
5	美国墨西哥背靠背工程	±15.9	36	伪双极	—	2000 年	背靠背
6	澳大利亚默里连接工程	±150	200	伪双极	180	2002 年	弱网互联
7	美国长岛工程	±150	330	伪双极	40	2002 年	电力交易
8	挪威海上平台工程	±60	2×41	伪双极	67	2005 年	海上平台
9	爱沙尼亚—芬兰波罗的海联网工程	±150	350	伪双极	105	2007 年	非同步联网
10	挪威—德国瓦尔哈拉海上油田工程	-150	78	伪双极	292	2010 年	电机变频驱动
11	德国风电并网工程	±150	400	伪双极	100	2009 年	风电接入
12	美国 TransBay 工程	±200	400	伪双极	88	2011 年	城市供电
13	纳米比亚联网工程	±350	300	单极（远期双极）	950	2011 年	弱网互联
14	英国爱尔兰联网工程	±200	500	伪双极	256	2012 年	联网

表 1-2-2   部分国外海上风电柔性直流送出工程技术参数

序号	工程名称	直流电压（kV）	容量（MW）	海缆长度（km）	陆缆长度（km）	海上站交流电压（kV）	陆上站交流电压（kV）	投运时间	设备供应商
1	BorWin1	±150	400	2×125	2×75	170	380	2015 年	ABB
2	DolWin1	±320	800	2×75	2×90	155	380	2015 年	ABB
3	DolWin2	±320	916	2×45	2×90	155	380	2017 年	ABB
4	BorWin2	±300	800	125	75	155	380	2015 年	西门子
5	HelWin1	±250	576	85	45	155	380	2015 年	西门子
6	SylWin1	±320	864	160	45	155	380	2015 年	西门子
7	HelWin2	±320	690	85	45	155	380	2015 年	西门子
8	DolWin3	±320	900	80	80	155	380	2018 年	阿尔斯通

多端柔性直流输电是未来柔性直流输电技术的重要发展方向。虽然柔性直流输电技术已提出近 30 年，但早期的多端柔直工程并不多，主要包括意大利—撒丁岛三端柔直工程和魁北克—新英格兰五端柔直工程，它们均采用两电平或三电平的 VSC 结构，由于存在输出波形差、开关频率高和器件均压等问题，限制了多端柔性直流输电系统的发展。这个技术瓶颈随着 MMC 的出现而取得重要突破，该拓扑结构最早在 2001 年由德国学者马奎特等人提出，并很快成为高压柔性直流输电领域的主要拓扑结构，为多端柔性直流输电系统的发展提供了有力支撑。

近年来，国外的多端柔性直流建设也取得了一些新的成果，如美国用于实现东、西部和得克萨斯电网互联的三端柔直工程，瑞典国家电网公司建设的南西三端柔直工程等。此外，在未来的电网规划中，英国国家电网规划建设多端柔性直流输电网络，满足大规模海上风电接入，欧洲的"北海超级电网"（Super Grid）计划和美国的"Grid 2030"计划也均以多端直流电网为主要的输电网架，作为大规模可再生能源消纳和交流电网互联的主要解决方案。

1.2.2 中国柔性直流输电发展历程

中国对柔性直流输电技术的研究和应用起步相对较晚，但发展速度较快。为掌握柔性直流输电技术，2006 年 5 月，国家电网公司启动了《柔性直流输电系统关键技术研究框架》的实施。2007 年 12 月，完成第一阶段研究工作，即柔性直流输电前期技术研究和柔性直流输电基础理论研究工作。2008 年 8 月，国家电网公司启动第二阶段研究工作，开展重大科技专项工作，即柔性直流输电关键技术研究及示范工程。2011 年 7

月，建成投运亚洲首个柔直工程——南汇柔直工程。2014 年 7 月，建成投运世界上端数最多的柔直工程——舟山五端柔性直流输电工程（简称舟山柔直工程）。2015 年 12 月，建成投运世界首个采用双极接线的柔直工程——厦门±320kV 柔性直流输电科技示范工程（简称厦门柔直工程）。2019 年 7 月，建成投运渝鄂直流背靠背联网工程，实现了西南电网与华中电网异步互联，是柔性直流输电技术首次应用于骨干电网，在国际柔性直流输电领域实现了从"技术跟随"到"技术引领"的跨越式发展。2020 年 6 月，建成投运张北柔直工程，其核心技术和关键设备均为国际首创，创造了 12 项世界第一。该工程的建成投运标志着我国柔直工程单换流器容量从 2 万 kW 提升至 150 万 kW，直流电压由±30kV 提升至±500kV，构建了世界上首个直流电网，将一种全新的新能源传输与消纳方式从构想变为现实。国内外柔直工程单换流器容量发展过程如图 1-2-1 所示。

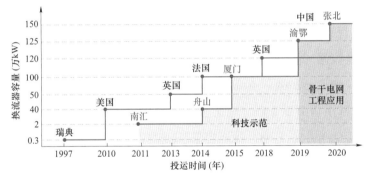

图 1-2-1　国内外柔直工程单换流器容量发展过程

中国已建成的主要柔直工程如下：

（1）南汇柔直工程。南汇柔直工程是亚洲首个柔性直流输电示范工程。南汇风电场原通过 2 回 35kV 交流架空电缆混合线路接入 35kV 大治变电站，南汇柔直工程对其中一回 35kV 线路进行改造，将其在中间开断分别接入南汇换流站和书柔换流站，2 个换流站之间通过一回±30kV 直流电缆进行连接，工程系统接线示意图如图 1-2-2 所示。

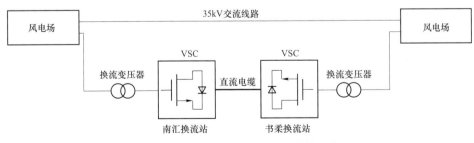

图 1-2-2　南汇柔直工程系统接线示意图

南汇柔直工程采用对称单极接线形式，额定容量为 18MW，额定电压为 ±30kV。实现两端换流站无人值守功能的集控站设在现有的 220kV 的临港集控站。

（2）舟山柔直工程。继南汇柔直工程之后，国家电网公司进一步启动舟山柔直工程研究和建设，并于 2014 年投产运行。舟山市地处我国东南沿海，是浙江省重要的海岛城市。根据浙江舟山群岛新区发展规划，地区负荷增长潜力大，但受海岛地理条件限制，负荷相对分散。除舟山本岛有火电电源外，其余岛屿仅能通过舟山本岛或与上海联网供电。舟山本岛通过 2 回 220kV 线路、3 回 110kV 线路与浙江主网联系，但岛屿间相互联系较弱，供电可靠性面临较大的风险。舟山柔直工程旨在实现舟山北部地区岛屿间电能的灵活转换与相互调配，保障舟山群岛新区发展的供电可靠性，提高电网供电能力及抗灾能力，并为我国首个以海洋经济为主题的国家级新区的快速发展提供坚强的电能保障。

舟山柔直工程系统接线示意图如图 1-2-3 所示，舟山柔直工程包括定海换流站（舟山本岛）、岱山换流站（岱山岛）、衢山换流站（衢山岛）、洋山换流站（洋山岛）、泗礁换流站（泗礁岛）5 座 ±200kV 换流站。此外，工程含 4 回 ±200kV 柔性直流输电线路，包括舟山本岛北部至岱山岛 1 回，输送容量 400MW；岱山岛至衢山岛 1 回，输送容量 100MW；岱山岛至洋山岛 1 回，输送容量 200MW；洋山岛至泗礁岛 1 回，输送容量 100MW。

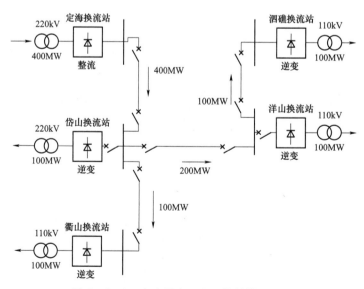

图 1-2-3 舟山柔直工程系统接线示意图

舟山柔直工程是我国第一个多端柔性直流输电工程，其建设为柔性直流及海洋输电技术在我国的大规模推广起到重要示范作用。舟山柔直工程换流器采用 MMC 拓扑结构，并采用直流电缆送电，直流电压±200kV，单站最大容量 400MW，工程总容量 1000MW。该工程具有运行方式复杂、站址条件恶劣、地形狭小等特点，综合考虑设备制造难度、占地、造价、可靠性等多方面因素，该工程采用对称单极主接线方案。

舟山柔直工程也是世界上端数最多的柔直工程，该系统与各岛屿之间的交流系统互为备用，当直流系统中任一端换流站退出运行时，可通过交流线路保证岛上供电可靠性。该工程采用并联放射型网络拓扑结构，其中任一端换流站退出运行时系统仍能不间断安全运行，具备任意一端换流站退出运行时仍稳定运行的能力，可靠性较高。

（3）厦门柔直工程。为进一步掌握柔性直流输电核心技术，国家电网有限公司于 2013 年 10 月批复建设厦门高压大容量柔性直流输电工程，并于 2015 年 12 月建成投产。厦门市是东南沿海重要的中心城市，也是福建省的负荷中心之一。厦门市规划今后建成现代化国际性港口城市，经济发展迅速。厦门岛是厦门市的主体，总占地面积约 130km²，是厦门外贸、商业、航运、金融、旅游、科技中心，大部分负荷属于重要的一类负荷，对供电电能质量和供电可靠性要求高。同时该地区易受台风等自然灾害影响，为满足地区经济持续快速增长的用电需求，对电网供电能力和供电可靠性提出了更高要求。同时，随着厦门岛负荷的持续增长，原有 7 回 220kV 进岛线路无法满足岛内供电需求。因此，需建设新的进岛输电线路，提高厦门岛电网的供电能力及供电可靠性。

建设厦门柔直工程旨在满足厦门岛内经济及负荷快速增长需要，保障供电可靠性，提高厦门岛内电网安全稳定运行水平。厦门柔直工程系统接线示意图如图 1-2-4 所示，厦门柔直工程包括两座 MMC 柔性直流换流站，分别为彭厝换流站和湖边换流站，新建彭厝—湖边±320kV 直流输电线路一回，线路全长约 10.7km。

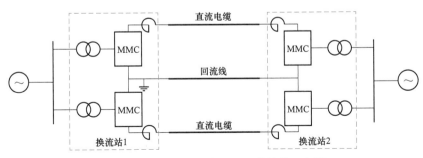

图 1-2-4　厦门柔直工程系统接线示意图

厦门柔直工程是世界上第一个采用真双极接线的柔直工程，换流器采用 MMC 拓扑结构，直流输送容量 1000MW，直流电压±320kV，直流电流 1600A。针对厦门柔直工程输送容量大、供电可靠性要求高等要求，采用双极柔性直流主接线设计方案，具有以下优势：

1）全面降低设备电压应力，基于有限设备制造能力实现了系统高电压等级支撑。

2）一极故障时另一极可持续供电，将供电可靠性提高一倍。

3）运行检修方式更灵活多样，极大满足了电力系统各种情况下的运行检修需求。

（4）渝鄂直流背靠背联网工程。在厦门柔直工程的基础上，国家电网有限公司启动了渝鄂直流背靠背联网工程的研究工作，并于 2019 年完成了该工程的建设和投运。随着我国西南水电的加快开发，特高压外送直流增加，华中区域将形成交直流并列运行格局；同时，电网不断向西延伸，覆盖面积越来越大，稳定问题突出。此外，随着多回特高压直流满功率运行，"强直弱交"问题突出，直流系统发生故障后，存在导致川渝断面大规模潮流转移进而引起联络线解列的安全风险。渝鄂直流背靠背联网工程的建设旨在实现西南与华中电网异步互联，提高电网间互济能力，解决电网安全稳定问题，优化电网规划格局，促进西南水电开发和大规模外送。西南和华中电网通过渝鄂直流背靠背联网工程异步联网示意图如图 1-2-5 所示。

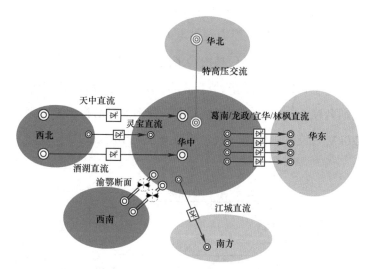

图 1-2-5　西南和华中电网通过渝鄂直流背靠背联网工程异步联网示意图

渝鄂直流背靠背联网工程是国家电网有限公司实现"三送端＋三受端"电网格局的关键工程。该工程利用渝鄂断面现有两个 500kV 输电通道，在南通道、北通道分别建设 1 座换流站，每个换流站包含两个背靠背换流单元，每个换流单元的规模均为 1250MW。

渝鄂直流背靠背联网工程采用对称单极接线形式，换流器采用 MMC 拓扑结构，直流电压±420kV，工程总容量 1250MW×4，是世界上输送容量最大的对称单极柔直工程，也是世界上规模最大的背靠背柔直联网工程，单元输送容量达到厦门柔直工程的 2.5 倍。此外，该工程联接变压器容量、网侧和阀侧接入电压水平在同类工程中均为世界之最。

渝鄂直流背靠背联网工程从根本上解决了 500kV 跨区长链式交流电网存在的稳定问题，提高了电网运行灵活性和可靠性，打通了我国西部和东部地区电力输送的大通道，极大提升了四川、重庆、湖北、湖南等省级电网稳定性，也使西南、华中、华东三大电网跨区输电更加顺畅。同时，我国西南地区水电资源丰富，总量约占全国一半以上，但开发利用程度总体不高。渝鄂直流背靠背联网工程建成投运后，渝鄂断面送电能力从 260 万 kW 提高至 500 万 kW，大幅提高了交流电网间的互济能力，有利于缓解弃水矛盾，促进了西南水电开发和大规模外送。

（5）张北柔直工程。在上述柔直工程建设运行经验的基础上，国家电网有限公司结合我国的能源发展现状和未来能源发展的思路，为示范柔性直流电网在大规模新能源送出中的应用，建设了张北柔性直流电网试验示范工程，该工程于 2020 年投运。

张北柔直工程的建设旨在示范利用柔性直流输电技术实现大规模新能源送出、示范利用柔性直流环形电网实现新能源的"友好接入"、满足张家口可再生能源示范区新能源送出需要、满足首都重要负荷中心用电需求及构建张家口可再生能源智能电网综合科技示范区。同时，张北柔直工程也是北京 2020 年冬季奥运会的配套工程，工程建成后，利用最先进的柔性直流输电技术将陆地风电、光伏、抽水蓄能等可再生能源发电大规模并入电网后送入首都北京和奥运场馆，是实现绿色奥运的重要保障，其创新引领和科技示范意义重大。

张北柔直工程为张北—康保—丰宁—北京四端环形接线，工程系统接线示意图如图 1-2-6 所示，工程包括张北（中都）和康保（康巴诺尔）2 座送端换流站、北京（延庆）受端换流站、丰宁（阜康）调节端换流站，换流容量分别为 3000MW（张北）、1500MW（康保）、3000MW（北京）、1500MW（丰宁），系统总输电能力 4500MW，额定电压±500kV，输电线路总长 666km。

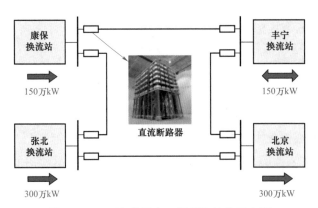

图 1-2-6 张北柔直工程系统接线示意图

张北柔直工程采用真双极接线，换流器采用 MMC 拓扑结构，直流线路采用架空线路，并在每极每条线路两侧配置 500kV 高压直流断路器。系统运行分为正、负、金属回线三个层次，正、负极可以独立运行，相当于两个独立环网。采用环形电网的主要优势在于：可靠性高、灵活性好、扩展性好。

张北柔直工程有效解决了张北地区 8500 万 kW 大规模新能源开发及消纳难题，为张北地区能源优势转化为经济优势做出了积极贡献；将张北新能源基地、丰宁储能电源与北京负荷中心可靠互联，大幅提升清洁能源供给的占比，为冬奥会提供坚强、充裕的绿色能源保障。张北柔直工程建成投运后，每年可向北京地区输送约 141 亿 kWh 的清洁能源，大约相当于北京市用电量的 1/10，每年可节约标准煤 490 万 t、减排二氧化碳 1280 万 t。张北柔直工程配套建设了 630 万 kW 风电、光伏发电，拉动当地风、光发电投资达 600 亿元，有效促进当地扶贫电站消纳新能源，惠及 1110 座光伏扶贫电站和 10 万余户贫困户，总容量达 133.9 万 kW。

张北柔直工程是世界首个具有网络特性的直流电网工程，也是目前世界上电压等级最高、输送容量最大、技术最复杂的柔直工程，示范了最先进的电力生产、传输、存储、消纳和运行控制技术，实现了以下三大技术突破：

（1）突破柔性直流电网构建难题。提出了柔直组网、多点汇集、多能互补的直流电网拓扑和系统方案，研制成功±500kV 混合式、负压耦合式和机械式直流断路器等一系列国际首创的柔性直流输电核心技术装备。

（2）突破柔性直流容量提升难题。首次将±500kV 柔性直流的输电容量提升至常规直流水平，单换流器额定容量提升到 1500MW。

（3）突破柔性直流可靠性提升难题。首次将柔性直流的可靠性提升至常规直流水平，并在系统研究与成套、核心装备、工程实施等方面积累了诸多可靠性设计经验。

1.3 柔性直流输电核心装备及结构原理

柔性直流换流阀是柔性直流系统实现交直流变换的核心设备，在功能上起到联接交流系统和直流系统的关键作用。柔性直流换流阀基于全控型开关器件，其工作原理及故障特点与传统晶闸管换流阀差异显著，难以照搬以往常规（特高压）直流工程换流阀的问题分析思路与处理方案，其可靠性设计具有特殊性。

直流断路器用于在高电压条件下高速开断直流短路电流，实现直流故障清除与隔离，是构建柔性直流电网的关键设备。直流断路器涉及电力电子、高速开关、控制保护等多个专业，技术新、设备设计与制造难度大。

直流控制保护设备是柔性直流输电系统的"大脑"，对整个输电系统进行控制和保护。从柔性直流输电系统目前运行经验来看，控制保护系统仍是影响直流输电系统能量可用率和系统可靠性的重要因素，也是可靠性提升工作的重要方向。

本书重点介绍柔性直流换流阀、直流断路器、直流控制保护设备的可靠性设计，以期为提高柔性直流输电可靠性和确定设备方案提供有益借鉴，对柔性直流输电系统的安全可靠运行发挥重要作用。

1.3.1 柔性直流换流阀结构原理

已有柔直工程采用的 VSC 主要有两电平换流器、二极管钳位型三电平换流器和 MMC 三种。

两电平换流器的拓扑结构最简单，其基本结构如图 1-3-1 所示。该换流器有 6 个桥臂，每个桥臂由绝缘栅双极晶体管（insulated gate bipolar transistor，IGBT）和与之反并联的二极管组成，在高压大功率的情况下，可提高换流器容量和系统的电压等级。相对于接地点，两电平换流器每相可输出两个电平，即 $+U_d/2$ 和 $-U_d/2$，两电平换流器单相输出电压波形如图 1-3-2 所示。两电平换流器通过 PWM 来逼近正弦波。

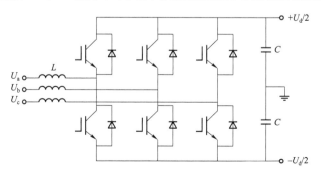

图 1-3-1 两电平换流器基本结构

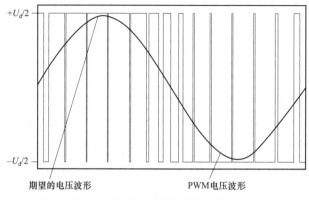

期望的电压波形　　　　　　　　　PWM电压波形

图 1-3-2　两电平换流器单相输出电压波形

　　二极管钳位型三电平换流器基本结构如图 1-3-3 所示。三相换流器通常共用直流电容器。三电平换流器每相可以输出三个电平，即 $+U_d/2$、0 和 $-U_d/2$，三电平换流器单相输出电压波形如图 1-3-4 所示，三电平换流器也是通过 PWM 来逼近正弦波的。

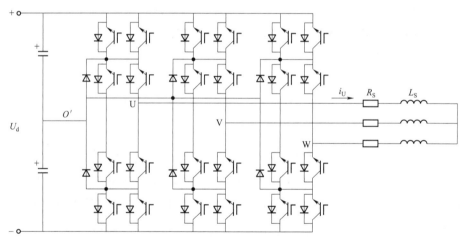

图 1-3-3　二极管钳位型三电平换流器基本结构

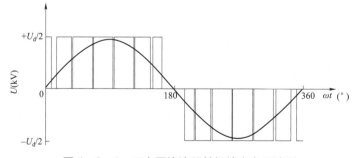

图 1-3-4　三电平换流器单相输出电压波形

  MMC 的桥臂不是由多个开关器件直接串联构成的,而是采用子模块(sub-module,SM)级联的方式。MMC 的每个桥臂由 N 个子模块和一个串联电抗器组成,同相的上、下两个桥臂构成一个相单元,子模块一般采用半个 H 桥结构,MMC 基本结构如图 1-3-5 所示。MMC 单相输出电压波形如图 1-3-6 所示。MMC 的工作原理与两电平和三电平换流器不同,它不是采用 PWM 来逼近正弦波,而是采用阶梯波的方式来逼近正弦波。

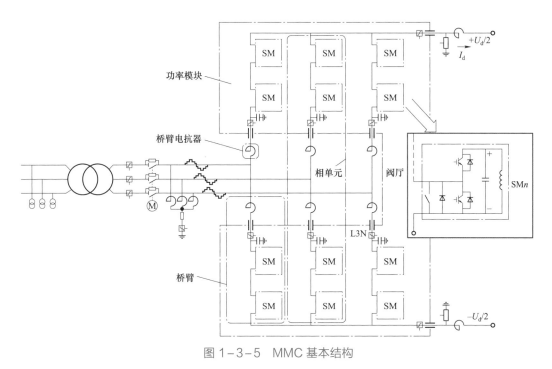

图 1-3-5　MMC 基本结构

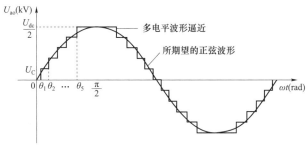

图 1-3-6　MMC 单相输出电压波形

  两电平换流器、二极管钳位型三电平换流器和 MMC 的主要优缺点如表 1-3-1 所示。

表 1-3-1   三种拓扑结构 VSC 优缺点比较

类型	优点	缺点
两电平换流器	(1) 电路结构简单； (2) 电容器少； (3) 占地面积小； (4) 所有阀容量相同，易于实现模块化构造	(1) 高投切频率产生很大损耗； (2) 交流侧波形差； (3) 阀承受电压高
二极管钳位型 三电平换流器	(1) 开关损耗相对较低； (2) 电容器取值小； (3) 阀承受电压相对较低； (4) 占地面积小； (5) 交流电压波形质量较高； (6) 换流器产生电压阶跃较小	(1) 需要大量的钳位二极管； (2) 存在电容电压不平衡问题； (3) 阀组承受的电压不相同，不利于模块化实现
MMC	(1) 制造难度相对较低； (2) 损耗较低； (3) 阶跃电压较低； (4) 波形质量高； (5) 故障处理能力强	(1) 所用器件数量多； (2) 控制相对复杂； (3) 存在 SM 电容电压均衡问题； (4) 存在各桥臂之间的换流问题

1.3.2　直流断路器结构原理

柔性直流电网在继承柔性直流输电技术优势的同时，可实现多电源供电和多落点受电，通路冗余性强，非常适合解决新能源并网和送出难题，因而已成为柔性直流技术领域的研究焦点和未来重要发展方向。但是，柔性直流电网直流侧故障发展速度极快，故障后必须快速处理。通过交流断路器或全桥换流器处理柔性直流电网中的直流侧故障，会在一段时间内导致电网中故障极全部换流器功率传输中断，对于新能源孤岛接入的柔性直流电网，还会使新能源送出受阻，造成大面积风机无序脱网等严重后果。

目前，世界上已投运的基于 MMC 的柔直工程，几乎都采用半桥 MMC 拓扑。对于采用半桥 MMC 拓扑的柔性直流电网，由于换流器内部 IGBT 配置有反并联二极管，直流侧故障引起换流器闭锁后，反并联二极管仍然会提供续流通路，因此仅依靠换流阀闭锁无法清除故障。同时，直流线路发生故障后，所有换流站均馈入故障电流，因此通过换流阀闭锁清除故障，会导致故障极所有换流器闭锁，对系统影响较大，且有悖于直流电网的选择性故障隔离原则。柔性直流电网通过闭锁换流器处理直流侧故障示意图如图 1-3-7 所示，直流断路器能够快速开断直流短路电流，选择性隔离故障元件，维持柔性直流电网健全部分可靠运行，成为突破上述瓶颈的有效甚至唯一的技术手段。

直流断路器是一种能够关合、承载和开断柔性直流输电系统中的稳态直流电流，并能在规定的时间内关合、承载和开断柔性直流输电系统中故障直流电流的设备。交流电流存在过零点，交流断路器仅依靠机械开关分闸即可实现交流电流的自然过零熄弧关断，交流电流开断如图 1-3-8（a）所示。直流电流无过零点，无法自然过零熄弧，因此直流断路器需要依靠各支路间的内部换流人工制造电流过零点，从而实现直流遮断，直流电流开断如图1-3-8（b）所示。

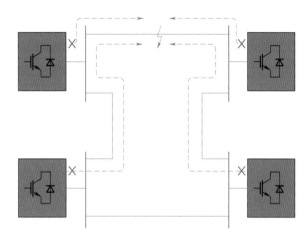

图1-3-7　柔性直流电网通过闭锁换流器处理直流侧故障示意图

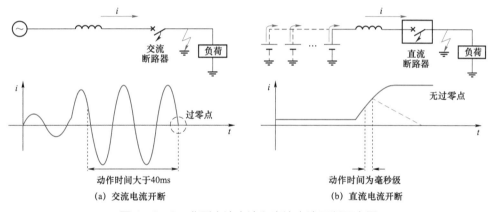

图1-3-8　典型交流电流和直流电流开断示意图

　　直流断路器是集成了电力电子开关、快速机械开关、避雷器、供能变压器、控制保护装置等装置的复杂直流成套系统，且技术路线众多。实现工程应用的直流断路器技术路线主要包括混合式直流断路器、机械式直流断路器和负压耦合式直流断路器。三者均由主支路、转移支路、耗能支路三部分组成，且开断直流电流的外特性一致。以混合式直流断路器为例，其拓扑结构如图1-3-9所示，主支路由快速机械开关S和小规模电力电子开关Q1串联构成，转移支路由大规模电力电子开关Q2构成，耗能支路由金属氧化物压敏电阻（metal oxide varistor，MOV）单元串并联构成。Q1和Q2均由子单元串并联构成，可实现双向通流，串、并联数分别由耐压和通流要求决定。

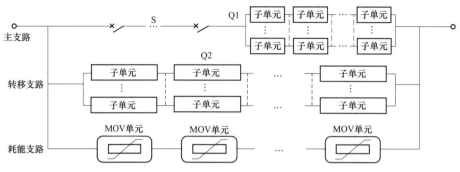

图 1-3-9 混合式直流断路器拓扑结构

以张北柔直工程为例，柔性直流电网依靠直流断路器开断直流线路短路故障的原理如图 1-3-10（a）所示。线路两侧均配置有直流断路器，直流线路发生故障后，经过一段时间直流保护系统动作并发出直流断路器分闸指令，之后直流断路器在规定时间内完成内部换流动作，此时故障电流开始下降并逐渐降为 0，以实现大短路电流开断，从而起到限制故障电流峰值和持续时间、隔离故障元件的作用。直流断路器开断过程中，主支路、转移支路和耗能支路电流 i_1、i_2、i_3 及端间电压 u 的波形如图 1-3-10（b）所示。故障前，主支路承担稳态电流。$t=0$ 时故障发生，i_1 开始增大。t_0 时刻直流断路器接到分闸指令，闭锁 Q1，导通 Q2，电流快速向转移支路换流。换流完成后，i_2 逐渐增大，S 在零电流下开始无弧分断。t_b 时刻 S 各串联断口达到可耐受恢复电压的开距，闭锁 Q2，电流快速向耗能支路换流，u 开始升高。换流完成后，u 达到最大值，i_3 逐渐减小，MOV 吸收能量，并最终实现直流开断。

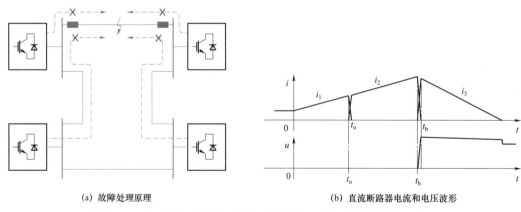

（a）故障处理原理　　　　　　　　　（b）直流断路器电流和电压波形

图 1-3-10 柔性直流电网依靠直流断路器处理直流侧故障示意图

由上述直流断路器开断电流原理分析可知，直流断路器开断过程中，自身会承受严酷的电气应力，包括主支路电流应力、转移支路电流应力、快速机械开关端间电压应力、转移支路端间电压应力、避雷器能量应力等。严酷的电流应力也是影响直流断路器可靠性的重要因素之一，本书第 4 章将对其进行详细分析，并给出针对性的直流断路器设计方法。以张北柔直工程±500kV 直流断路器为例，典型的±500kV 直流断路器通用技术参数如表 1-3-2 所示。

表 1-3-2　　　　　典型的±500kV 直流断路器通用技术参数

序号	参数		单位	要求值
1	额定直流电压		kV	535
2	额定直流电流		A	3000
3	最大连续直流电流		A	3300
4	过负荷电流（1min）		A	4500
5	额定开断电流		kA	25
6	残压（瞬态开断电压峰值，开断 25kA 时）		kV	＜800
7	额定对地直流耐受电压		kV	535×1.6（1min） 535×1.1（3h）
8	额定对地操作冲击耐受电压峰值		kV	1175
	额定对地雷电冲击耐受电压峰值		kV	1425
9	无线电干扰电压		μV	≤500
10	噪声水平		dB	≤110
11	使用寿命		—	使用寿命不小于 40 年
12	25kA 故障电流开断次数		—	≥200 次
13	检修周期		年	≥1
14	直流断路器断态阻抗		MΩ	≥5
15	直流断路器通态压降		V	≤50
16	标称合闸时间		ms	≤50
17	供电电源（如有）	控制回路电压	V	DC 220
		电动机电压	V	AC 380/220
18	端子静负载	水平纵向	N	3000
		水平横向		3000
		垂直		5000
		安全系数	—	静态 2.75，动态 1.7
		扭矩	N·m	50

1.3.3　柔性直流控制保护系统特点

柔性直流控制保护系统（converter control protection，CCP）通常包括运行人员控制系统、交直流站控系统、直流控制系统、直流保护系统、远动通信系统、站主时钟系统、直流线路故障定位系统、故障录波系统、保护故障录波信息管理子站、电能量计量系统及上述系统与通信系统的接口等装置。柔性直流输电系统的控制保护体系结构、功能配置和总体性能应与工程的主回路结构和运行方式相适应，保证柔性直流输电系统的安全稳定运行，并满足系统可用率的要求。柔性直流输电系统通常采用模块化、分层分布式、开放式的结构。

柔性直流控制系统主要管理柔性直流输电系统的运行，并对柔性直流输电系统进行控制和监视。以基于 MMC 的端对端柔性直流输电系统为例，其两端 MMC 各能控制两个物理量。目前 MMC 常用的控制方式是直接电流控制，其包括外环控制和内环控制，外环控制以柔性直流输电系统有功类和无功类电气量为控制目标，产生内环控制的电流参考值，内环控制以外环控制输出的电流参考值为控制目标，产生换流器输出交流电压参考值，柔性直流控制系统基本结构示意图如图 1-3-11 所示。有功类控制量包括有功功率、直流电流、直流电压、交流系统频率等，无功类控制量包括无功功率、交流电压等。

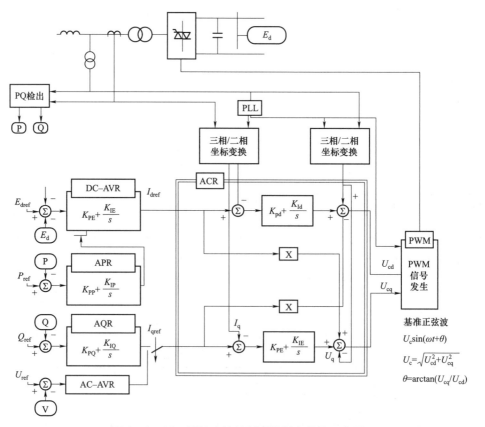

图 1-3-11 柔性直流控制系统基本结构示意图

端对端柔性直流输电系统选择稳态运行下的有功控制量时，宜选择一个接入交流系统较强的联网换流站为定直流电压控制，另一个换流站若为联网换流站，则宜选择为定有功功率控制或定频率控制，若为孤岛换流站，则宜选择为定频率控制。选择稳态运行下的无功控制量时，联网换流站宜选择为定无功功率控制或定交流电压控制，孤岛换流站宜选择为定交流电压控制。

柔性直流保护系统是为柔性直流工程提供保护的系统，通常采用三重化设计。柔性直流保护系统通常包括联接（换流）变压器保护设备、极保护设备、直流母线保护设备和直流线路保护设备等。图 1-3-12 为典型双极多端柔性直流保护系统及分区示意图。

1.4 柔性直流输电工程运行可靠性分析

1.4.1 柔性直流输电工程可靠性提升关键技术难点

常规（特高压）直流输电技术经过大量工程实践，相关技术标准、质量管控体系已处于成熟阶段，工程运行可靠性相对较高。而我国柔性直流输电技术起步较晚，早期柔直工程可靠性较低，经常发生由于设备及系统原因而导致的停运故障，柔直工程能量可用率一度低于 50%，远低于常规直流（90%以上）。在系统方面，柔性直流系统应用于有源强、弱系统和无源孤岛系统等复杂场景时运行可靠性低。特别是当柔性直流应用于大区电网互联时，两侧电网强度动态变化，面临有源强系统、长链式交流电网、有源极弱系统等多种系统场景，稳定要求高且故障穿越难。在设备方面，柔性直流换流阀、直流断路器、直流控制保护等柔性直流核心设备技术新、结构原理复杂，相关技术标准及质量管控体系尚不完善，核心设备的研制难度与常规工程相比大幅提升。

柔直工程可靠性提升所面临的主要技术难题包括以下方面：

（1）柔性直流换流阀设备控制速度、精度要求更高，核心控制板卡功能设计更加复杂，电磁环境复杂、抗干扰要求高。常规直流换流阀控制速度为毫秒级别，而柔直工程换流阀的控制速度达到了微秒级别，控制速度提升了一个等级。常规直流换流阀控制指令较为简单，同一桥臂的晶闸管单元在同一时刻执行相同的触发指令，而柔性直流换流阀同一桥臂的 IGBT 子模块在同一时刻执行不同的触发指令，控制的复杂性大幅提升。常规直流换流阀每个晶闸管单元只对应 1 个晶闸管触发控制板，与阀控系统的接口设计、取能回路设计简单可靠，而柔性直流换流阀每个 IGBT 子模块对应 1 个中控板、2 个驱动板、1 个取能板，柔性直流换流阀复杂电磁环境下的阀塔及子模块、板卡示意

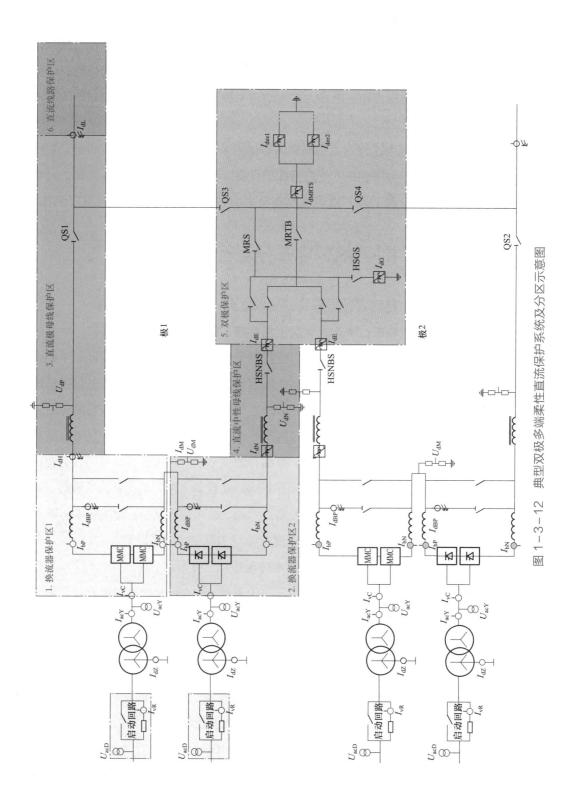

图 1-3-12　典型双极多端柔性直流保护系统及分区示意图

24

图如图 1-4-1 所示。上述特点使得柔性直流换流阀高电位子模块控制保护系统功能逻辑复杂，单元件故障即可导致系统跳闸，而控制保护板卡长时间运行于恶劣环境下失效率高，以往阀控系统设计容错率低，与工程可靠性需求不匹配，导致小错误频发进而引起系统停运的大问题。此外，换流阀子模块作为各自独立的功能单元，需在阀塔高电位、强磁场环境下设置复杂控制保护系统，电磁干扰抑制难度大，同时子模块功能板卡需实现控制、保护、逻辑运算、状态监控与信息上送等多重功能，逻辑复杂，响应速度快（百微秒级），电磁干扰敏感度高，以往柔直工程存在换流阀电磁干扰机理研究不深入、子模块电磁兼容设计不严谨的问题。

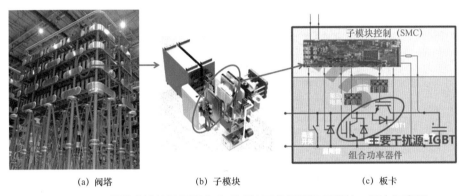

（a）阀塔　　　　　　　　（b）子模块　　　　　　　　（c）板卡

图 1-4-1　柔性直流换流阀复杂电磁环境下的阀塔及子模块、板卡示意图

（2）直流断路器等新设备属于世界首创，设备研制难度、技术难度高。直流电流无自然过零点，无法像交流电流自然过零熄弧关断，因此直流电流开断被誉为世界电力技术领域的百年难题。直流断路器是集成了众多国际领先技术装备的复杂成套设备，其开断过程需要各组部件在百微秒时间尺度上严密配合，任何一环出现问题都会导致直流断路器误动或拒动，控制精度和可靠性要求极高。不仅如此，直流断路器需要在几个毫秒内切断数十千安的直流电流，其内部的 IGBT、机械开关、避雷器、供能变压器等组部件需要承受巨大的电气、机械应力和严酷的电磁干扰，对各组部件的设计、选型、制造、试验等环节提出了极为严苛的要求。直流断路器复杂结构组成示意图如图 1-4-2 所示。

（3）柔直工程系统运行条件更加苛刻，系统运行方式更复杂，对系统设计及直流控制保护设备提出了更高要求。早期国内外专家普遍认为柔性直流系统因具有较强控制能力，接入不同（强、弱或无源）交流系统时均能够保证交直流系统稳定运行。但工程实践表明，柔性直流接入有源弱系统时，尤其是当交流系统与柔性直流系统容量相当时，传统柔性直流控制保护技术难以保证系统稳定运行，突破了国内外专家对柔性直流技术

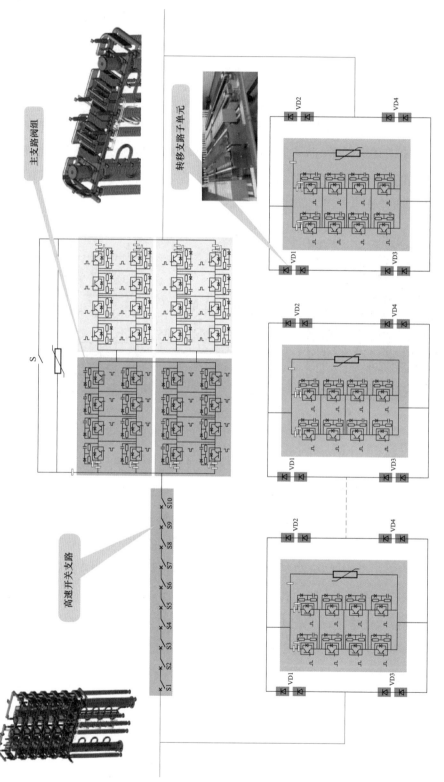

图1-4-2 直流断路器复杂结构组成示意图

主支路阀组

转移支路子单元

高速开关支路

S1 S2 S3 S4 S5 S6 S7 S8 S9 S10

S

VD1 VD2 VD3 VD4

的柔性特点认知。常规直流工程一般只考虑远距离输电或背靠背联网功能，而柔直工程还需要考虑适应新能源接入的要求，支撑交流系统的稳定性。在交流侧接入弱系统或大规模风电、太阳能等不稳定电源后，对柔性直流系统的稳定性提出了更高要求。此外，多端柔性直流输电技术的发展使得柔性直流系统的控制对象和控制复杂度成倍增加，系统设计和控制保护设备研制的难度大幅提升。柔性直流系统接入弱交流电网时的功率振荡波形图如图 1-4-3 所示。

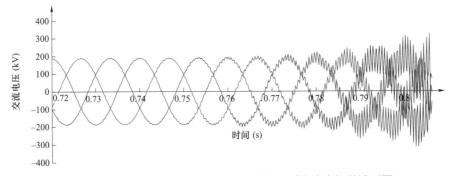

图 1-4-3 柔性直流系统接入弱交流电网时的功率振荡波形图

（4）IGBT 等核心组部件设计、制造难度更高，尤其是在器件国产化应用方面面临更大的挑战。相比于晶闸管，IGBT 结构复杂（每个芯片由数万元胞并联组成），芯片电流密度低，通流能力受门极电压制约严重，电气应力耐受能力差，在高压大电流条件下极易损坏；而柔性直流呈低惯性、弱阻尼特性，故障下暂态电气应力发展快，极易超出 IGBT 耐受能力，IGBT 结构原理及电流应力发展特性示意图如图 1-4-4 所示。此外，常规直流工程换流阀所用的晶闸管器件，经过不断国产化批量应用，形成了良好的工艺管控体系，设备的稳定性也大幅提高；柔直工程所用的大功率 IGBT 器件，目前还处于不断创新和发展的阶段，IGBT 的封装形式由焊接型发展到压接型，电压等级和功率水平不断提升，需要通过大量工程实践来检验和完善。

为了解决以上问题，国家电网有限公司组织相关单位开展了柔直工程可靠性提升专项科技攻关工作，针对系统设计、核心设备研制（换流阀、直流断路器、控制保护）、现场安装调试等过程中存在的技术短板进行了深入系统研究，提出了一系列可靠性设计方案，并在渝鄂、张北等柔直工程中进行了应用，将换流阀子模块故障率由 2% 以上降低到 0.3% 以下，高压大容量柔直工程能量可用率提升 40% 以上，首次将柔性直流输电可靠性提升到常规直流水平。

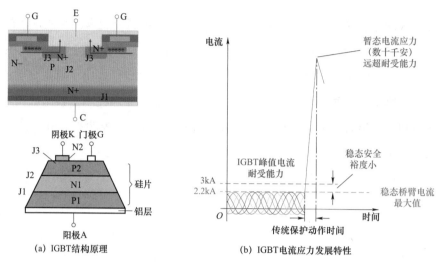

图1-4-4　IGBT结构原理及电流应力发展特性示意图

1.4.2　我国主要柔性直流输电工程运行及故障情况

我国柔直工程主要由国家电网有限公司和中国南方电网有限责任公司组织建设。国家电网有限公司建设的柔直工程数量相对较多，业务覆盖我国国土面积的88%以上，供电服务人口超过11亿人，下面主要统计分析国家电网有限公司组织建设柔直工程的运行及故障情况。

（1）柔直工程停运情况统计。直流输电系统可用率（A）是评价系统可靠性的重要指标，是统计时间内系统全部运行时间与统计时间的比值。系统不可用率（$U=1-A$）包括计划不可用率和强迫不可用率两部分，分别为统计时间内计划停运时间、强迫停运时间与统计时间的比值。如果停运是按照预先计划进行的，或该停运可被延缓到另一个合适的时间，则这种停运称为计划停运。如果系统处于不能正常运行但又不属于计划停运的情况，这种情况称为强迫停运。

舟山柔直工程投入运行后，由阀控系统故障造成换流站闭锁跳闸2次，由其他各种原因导致的换流站停运情况现场未进行统计。厦门柔直工程投运后4年的可用率统计如表1-4-1所示。渝鄂直流背靠背联网工程投运以来，各年度的可用率统计如表1-4-2所示，主要强迫停运情况如表1-4-3所示。由统计结果可知，厦门柔直工程投运初期可靠性不高，能量可用率一度低于50%，远低于常规直流（90%以上）。但在2018年10月完成中控板改造后，厦门柔直工程可靠性已得到有效提高，可用率提升40%以上。与此同时，得益于柔直工程可靠性提升专项科技攻关工作，渝鄂直流背靠背联网工程投运以来的可用率达90%以上，远高于早期柔直工程可用率。

28

表 1-4-1   厦门柔直工程投运后 4 年的可用率统计

年份	极 I 可用率（%）	极 II 可用率（%）
2016 年	56.7	56.5
2017 年	46.1	50.2
2018 年	72.5	65.0
2019 年	88.4	74.0

表 1-4-2   渝鄂直流背靠背联网工程可用率统计

年份	施州换流站	宜昌换流站
2019 年	99.2	100.0
2020 年	92.2	91.8
2021 年	100.0	96.9

注   2019 年统计时间为投运至 12 月，2021 年统计时间为 1～5 月。

表 1-4-3   渝鄂直流背靠背联网工程主要强迫停运情况

序号	停运时间	站名	单元	故障设备	故障情况	处理措施
1	2019 年 8 月	施州换流站	单元 I	渝侧 C 相上桥臂子模块	旁路开关拒动，单元 I 直流系统闭锁。检查发现子模块上管驱动板高压隔离电路 15V 电源侧短路	子模块更换
2	2020 年 7 月	施州换流站	单元 II	渝侧上桥臂穿墙套管	单元 II 极保护系统发"渝侧桥臂电抗器差动保护 I 段闭锁"，单元 II 直流系统闭锁，检查发现单元 II 渝侧 C 相上桥臂穿墙套管绝缘故障	套管更换
3	2020 年 11 月	施州换流站	单元 II	渝侧下桥臂穿墙套管	单元 II 极保护系统发"渝侧桥臂电抗器差动保护 I 段闭锁"，单元 II 直流系统闭锁，检查发现单元 II 渝侧 A 相下桥臂穿墙套管绝缘故障	套管更换
4	2020 年 9 月	宜昌换流站	单元 II	渝侧换流变压器本体压力释放阀	潮气进入换流变压器本体压力释放阀接线盒内，导致触点绝缘下降，引发压力释放告警	对换流变压器本体压力释放阀排油保护罩内部及压力释放阀报警触点进行了整体更换

（2）柔直工程子模块故障率统计。舟山柔直工程、厦门柔直工程运行阶段换流阀子模块年故障率分别如图 1-4-5 和图 1-4-6 所示。其中，2015 年统计范围为 3～12 月，其余年统计范围为全年。从统计结果可以看出，在上述柔直工程运行初期，换流阀子模块年故障率较高。例如厦门柔直工程，在 2017 年 9 月 12 日和 9 月 20 日分别发生因子模块爆裂引发的大量子模块旁路故障，导致当年子模块故障率较高，达到 2.18%。

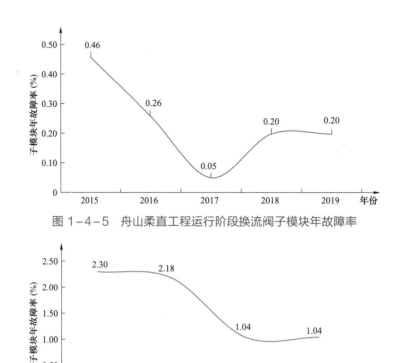

图 1-4-5　舟山柔直工程运行阶段换流阀子模块年故障率

图 1-4-6　厦门柔直工程运行阶段换流阀子模块年故障率

渝鄂直流背靠背联网工程在调试阶段出现子模块故障 63 次，约占子模块总数的 0.26%。该工程于 2019 年 6 月 30 日全部投入运行，此后换流阀子模块月故障率情况如图 1-4-7 所示，故障率大体呈逐渐下降趋势。从投运至 2020 年 4 月的近一年时间内，该工程换流阀出现子模块故障 64 次，约占子模块总数的 0.26%。由此可见，柔直工程可靠性提升专项科技攻关工作的开展，使得该工程子模块故障率较早期得到大幅提升。

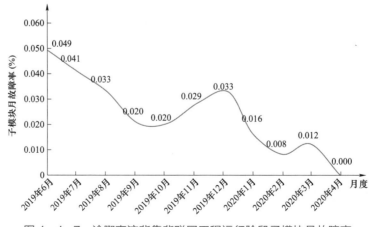

图 1-4-7　渝鄂直流背靠背联网工程运行阶段子模块月故障率

（3）柔直工程子模块故障类型统计。

1）早期柔直工程。通过对国内早期的舟山、厦门和鲁西等柔直工程的专题调研发现，柔直工程设备故障主要集中在换流阀和控制保护装置等方面。

换流阀方面。三项工程累计发生子模块旁路故障385例，故障类型包括IGBT击穿、中控板故障、取能电源板故障、IGBT驱动板故障和通信故障共计5大类，故障主要类型及占比如图1-4-8所示。从故障部位情况看，关键元部件IGBT和电容故障概率低；中控板、IGBT驱动板、取能电源板的功能缺陷和质量缺陷均较为突出，是制约柔直工程整体可靠性的瓶颈和短板，是可靠性提升工作的主要工作方向。

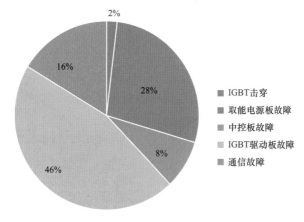

图1-4-8 早期柔直工程换流阀故障主要类型及占比

控制保护装置方面。三项工程共计发生40例故障，故障类型包括功能设计缺陷、参数设置错误、设备硬件缺陷、运行特性不明、逻辑流程错误、相互配合异常等六种类型，故障主要类型及占比如图1-4-9所示。其中，由于研究不深入、设计不严谨导致

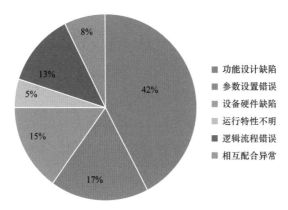

图1-4-9 早期柔直工程控制保护装置故障主要类型及占比

的功能设计缺陷和参数设置错误是两种最主要故障类型，运行特性不明风险隐患最高，故障处理最为困难。

2）近期柔直工程。渝鄂直流背靠背联网工程首次实现柔性直流输电系统成套设备研制、关键部件和控制保护系统的全业务环节国产化，促进形成柔性直流输电的全套国产化方案。自 2019 年 7 月投运至 2021 年 6 月，施州换流站共计发生 77 例故障，宜昌换流站共计发生 60 例故障。其中，宜昌换流站单元Ⅰ共计发生故障 35 例，换流站单元Ⅱ共计发生故障 25 例。通过对故障子模块的返厂试验分析，发现施州、宜昌两个换流站子模块的故障，均由于子模块各元器件工艺和质量差异导致，如中控板上元器件、通信发光模块等并未发现存在家族性缺陷。两个换流站在 2 年运行期间，故障率呈逐步降低趋势。具体故障统计分析如下。

施州换流站双单元换流阀自投运至今，共计出现 77 例子模块故障，故障主要类型及占比如图 1-4-10 所示。其中，子模块电容过电压故障 3 例，占比 3.9%；旁路开关故障 1 例，占比 1.3%；子模块电容欠电压故障 12 例，占比 15.6%；驱动故障 13 例，占比 16.9%；电源故障 13 例，占比 16.9%；通信故障 35 例，占比 45.4%。施州换流站双单元换流阀子模块主要故障集中在通信类故障。

图 1-4-10　施州换流站双单元换流阀子模块故障主要类型及占比

宜昌换流站单元Ⅰ换流阀自投运至今，共计出现 35 例子模块故障，故障主要类型及占比如图 1-4-11 所示。其中，子模块电容过电压故障 3 例，占比 8.57%；旁路开关故障 1 例，占比 2.86%；子模块电容欠电压故障 2 例，占比 5.71%；驱动故障 17 例，占比 48.57%；电源故障 3 例，占比 8.57%；通信故障 9 例，占比 25.72%。换流阀子模块主要故障集中在 IGBT 驱动类故障。

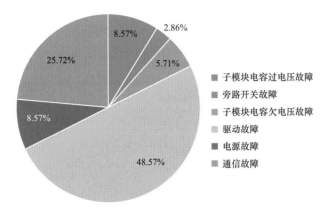

图 1-4-11　宜昌换流站单元Ⅰ换流阀子模块故障主要类型及占比

宜昌换流站单元Ⅱ换流阀自投运至今，共计出现 25 例子模块故障，故障主要类型及占比如图 1-4-12 所示。25 例子模块故障中，子模块本体故障 2 例，占比 8%；驱动故障 6 例，占比 24%；电源故障 7 例，占比 28%；通信故障 10 例，占比 40%。换流阀子模块主要故障集中在通信类故障。

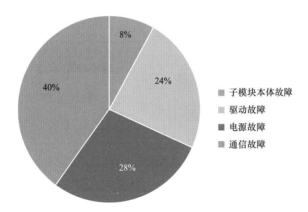

图 1-4-12　宜昌换流站单元Ⅱ换流阀子模块故障主要类型及占比

1.4.3 柔直工程故障原因分析

（1）设备设计不严谨。在柔性直流设备设计方面，对于各个组部件、二次板卡之间的配合策略和动作逻辑缺乏深入研究，保护配置存在不合理现象，对内部各组部件发生故障之后的容错机制和防故障扩大措施的设计尚不完善，单一元件故障易波及其他组部件，甚至导致设备停运。例如，换流阀和直流断路器等柔性直流输电核心设备的可靠工作依赖于内部各组部件在百微秒级时间尺度下的严密配合和准确动作，若任一组部件发生故障或任一步骤动作失败，必须有相应的预案进行快速处理和保护，否则将导致故障扩大，造成设备大面积严重损坏。柔性直流设备内部故障后的处理策略及配合逻辑设计如图 1-4-13 所示。然而，早期柔直工程中对于设备组部件故障或动作失败后的详细处理机制尚未完全建立，存在内部组部件故障处理策略混乱甚至缺乏的情况，故障后的失控风险较大。因此，有必要对柔性直流设备的工作原理、器件能力、应力特性等进行深入分析，优化设备控制逻辑和参数设计，健全关键设备的容错和保护机制。

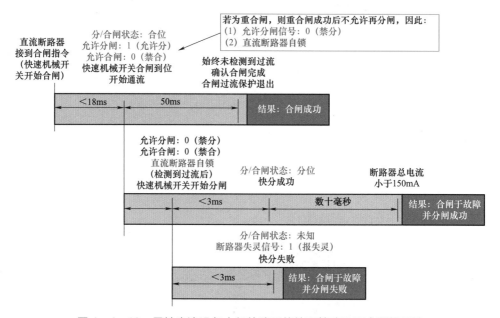

图 1-4-13　柔性直流设备内部故障后的处理策略及配合逻辑设计

（2）工业化定型不严格。在设备工业化定型方面，电力电子设备、强电磁环境下的二次设备设计定型流程不严格，电磁兼容测试、软件评测等环节考核不充分。换流阀和直流断路器等柔性直流核心设备中，电力电子器件、二次板卡等较脆弱的组部件与高压大电流部分联系紧密，电磁环境极为恶劣，极易受到强电电路的干扰而造成损坏。但是，早期工程中各设备厂家对此类问题的认识不够深入，对于强电磁干扰等问题未采取针对性措施，行业内对于此类问题也缺乏强制性要求和统一设计标准，相应的软硬件测试方法及考核指标不够严格，使得实际工程中多次出现因组部件受电磁干扰损坏而导致的设备停运。因此，有必要深入分析并掌握设备实际运行工况和复杂环境条件，提出相应的可靠性提升措施并进行工业化定型，规范设备保护、滤波、隔离等方面的标准化设计要求，优化考核方法、强化考核指标。

（3）组部件及器件选型不合理。在设备核心器件选型方面，对于 IGBT、电容器、快速机械开关等组部件的技术参数和裕度研究不深入；对于板卡芯片、器件承受的各种电磁、机械和热应力及耐受极端工况研究不深入。柔性直流设备核心组部件与常规电气设备的使用工况及设计要求差异较大，例如直流断路器快速机械开关为满足快速开断需求，其触头的分闸时间需控制在 2ms 以内，远快于传统交流断路器 50ms 分闸时间，而机械开关触头的高运动速度会带来巨大的冲击，易造成损坏。因此，必须围绕关键组部件及核心器件的特殊要求，从材料选型及制造工艺等方面提出针对性的措施和要求，细化、明确使用要求和降额指标，全面提升组部件的耐受性能，保证设备具有充足的安全裕度。直流断路器快速机械开关选型优化情况如图 1−4−14 所示。

(a) 优化前   (b) 优化后

图 1−4−14 直流断路器快速机械开关选型优化情况

（4）筛选老炼不规范。在设备关键组部件筛选老炼方面，对于强电磁、高功率、长期运行的电力电子器件的筛选老化标准不明确，对于芯片、板卡缺乏筛选老化标准与措施。柔性直流换流阀中的 IGBT 等电力电子器件运行时间长、电气应力严酷、工作环境复杂，器件容易发生早期失效，导致换流阀设备故障率较高。但是，由于早期柔直工程中针对 IGBT 器件老化筛选测试的标准和要求尚不明确，已有测试方法与 IGBT 特殊使用工况的匹配性较低，导致筛选老炼不充分，难以提前暴露潜在的失效隐患。因此，有必要规范柔性直流设备关键组部件的筛选老炼要求，强化器件封装工艺可靠性抽检测试，全面考核组部件产品质量，以降低由于组部件早期失效导致的设备故障率，进而减少直流系统跳闸或停运次数，缩短现场调试及运行维护工期。IGBT 器件高温反偏试验测试如图 1−4−15 所示。

（5）状态监控不充分。在设备状态监控方面，对于设备各层级应设置哪些状态检测信号缺乏深入研究，对于各层级在故障时要记录和上传哪些状态参量和波形考虑不够充分，对于录波启动判据的设计原则较为模糊。柔直工程现场存在换流阀 IGBT 驱动故障录波报文不够详细、故障录波对象不完善等问题，导致无法区分故障类型和确定故障位置，使得故障原因分析十分困难；此外，对于故障录波启动时间、持续时间及采样频率等缺乏明确规定，使得录波信息不完善，难以准确反映故障特性。因此，针对设备故障

柔性直流输电工程可靠性设计及应用

录波设计不完善而导致的故障难以分析、难以复现的问题，有必要明确柔性直流设备各控制层级的故障录波要求，细化录波内容、启动方式、启动条件、存储要求、报文定义和显示格式。柔性直流换流阀子模块故障录波要求如图 1-4-16 所示。

(a) 数据   (b) 器件

图 1-4-15 IGBT 器件高温反偏试验测试

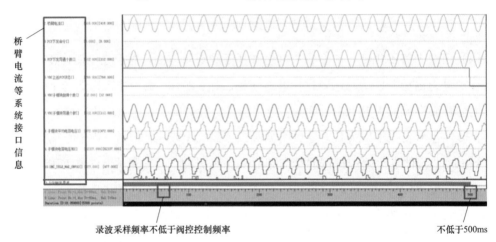

图 1-4-16 柔性直流换流阀子模块故障录波要求

2

柔性直流输电系统成套可靠性设计

系统成套设计贯穿于柔直工程的设计、制造、试验、调试、运行等全过程,其设计结果决定了柔直工程的系统架构、运行方式、暂(稳)态特性、故障处理方式、与交流系统配合策略等,对柔直工程的可靠性具有至关重要的影响。然而,随着柔性直流技术的飞速发展、柔性直流应用场合的不断拓展及新型柔性直流设备的不断涌现,早期柔直工程采用的典型成套设计方法已不能满足工程可靠性要求。亟须结合柔性直流领域新技术和新设备特点,研究并提出满足不同应用场合下柔直工程可靠性要求的成套设计标准化方法。

本章以提高柔直工程运行稳定性、提升柔直工程暂(稳)态性能、保障柔直工程与交流系统良好配合为目标,探讨并提出柔直工程系统研究与成套可靠性设计方法:① 分析基于 VSC 的直流拓扑结构特点,提出柔性直流系统拓扑结构可靠性设计方法。② 分析柔性直流系统暂、稳态电压及电流应力产生机理,提出关键设备及器件电气应力抑制方法。③ 分析孤岛方式下 VSC 特性及孤岛联网转换对柔性直流系统性能的影响,提出孤岛接入柔性直流系统控制策略设计方法。④ 梳理交直流故障机理,提出柔性直流系统交直流故障穿越策略设计方法。⑤ 分析柔性直流系统功率振荡原理,提出功率振荡抑制策略设计方法。

2.1 接线及拓扑结构可靠性设计

2.1.1 端对端柔性直流系统接线及拓扑结构设计

2.1.1.1 柔性直流系统接线设计

系统接线包含柔直工程换流单元的数量、排布和连接方式等,决定了柔直工程的总体系统方案。"极"是构成柔直工程系统接线的具备完整功率传输功能的最小基本单元,包括互联的两个换流单元及直流输电线路，在正常运行时，其直流部分对地处于相同的直流电压极性，柔直工程的极如图 2-1-1 所示。柔直工程的系统接线方案通常包括对称单极接线、双极大地接线、双极金属中线接线。

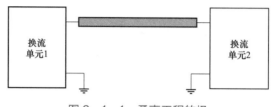

图 2-1-1 柔直工程的极

对称单极接线由一个极构成，每侧换流单元可由单个换流器或多个换流器并联构成，在交流侧或直流侧采用合适的接地装置钳住中性点电位，换流器两个直流端子输出的对地直流电压大小相等、极性相反，对称单极接线方案示意图如图 2-1-2 所示。

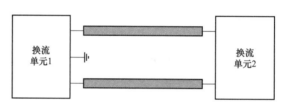

图 2-1-2 对称单极接线方案示意图

双极大地接线和双极金属中线接线均包括两个极，每个极可独立运行，前者直流中性线采用大地通路，后者直流中性线采用金属中线，接线方案示意图分别如图 2-1-3 和图 2-1-4 所示。在正常双极运行时，两个极的直流部分对地处于相反的直流电压极性，大地回路/金属中线没有电流通过。

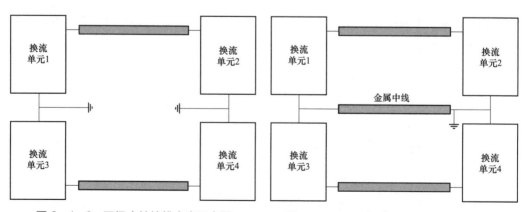

图 2-1-3 双极大地接线方案示意图　　　　图 2-1-4 双极金属中线接线方案示意图

柔直工程的系统接线方案灵活多变，除上述方案之外，还可以通过串并联组合提高输送容量，也可以与常规直流连接提高整体的运行可靠性，两种方案接线示意图分别如图 2−1−5 和图 2−1−6 所示。

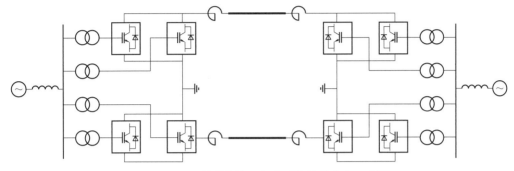

图 2−1−5　并联换流器组合系统接线方案示意图

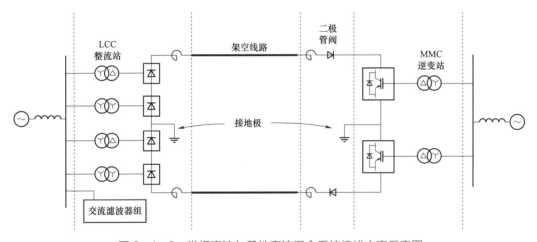

图 2−1−6　常规直流与柔性直流混合系统接线方案示意图

上述这些不同的系统接线方案各有特点，也有其局限性，不同的工程应根据实际的系统条件、工程目的、设备生产能力等多方面因素综合考虑，对系统接线方案进行设计。

对称单极接线是目前世界上柔直工程中最常见的系统接线方案，其结构简单，占地面积小，在正常运行时，对联接变压器阀侧来说承受的是正常的交流电压，变压器可以采用与普通交流变压器类似的结构，设备制造容易。但是，端对端柔直工程采用这种系统接线方案时，若发生直流侧短路故障，则只能整体退出运行，故障恢复较慢。为了保证工程可靠性，单极对称接线方案宜用于背靠背或直流线路采用电缆的柔直工程，如海峡间的输电、风电传输、直流背靠背联网等应用场合；对于站址空间受限的柔直工程，也适合采用单极对称接线设计。

双极大地接线和双极金属中线接线（统称双极接线）的特点是可靠性较对称单极接线更高，当其中一极故障时，另一极可以继续运行，甚至在非故障换流器容量允许的情况下转带故障极的所有功率，这降低了单个换流器停运对交流系统造成的不良影响。此外，更高的可靠性使得双极接线柔直工程可采用架空线作为直流输送线路，不受电缆制造水平的限制，直流侧可实现较高的电压等级和较大的输送容量，是未来柔性直流输电的发展方向。但是，双极接线方案下，每一极的交流侧联接区在正常运行时都要承受一个带直流偏置的交流电压，直流偏置电压的大小为直流极线电压的一半。这种工况的要求提高了变压器及联接区相关设备的制造难度。对于可靠性要求高、输送容量需求高或者需要采用架空线路的柔性直流输电系统，宜采用双极大地接线和双极金属中线接线方案，如重要负荷供电、孤岛新能源大容量远距离送出等应用场景。

2.1.1.2　柔性直流换流站主接线设计

柔性直流换流站主接线是指换流站中主设备的排布及电气连接方式。主接线设计是柔性直流成套设计的基础，主回路计算、绝缘配合、暂态电流和暂态电压计算等设计环节均需在确定主接线的前提下进行。主接线设计与柔直工程的运行方式密切相关，决定了柔直工程的故障特性及控制保护策略，对柔直工程的可靠性有着重要影响。本节主要从交流联接区接线设计、换流器区接线设计和换流站接地设计等方面，介绍柔性直流换流站主接线面临的可靠性问题，以及针对性的设计方法。

（1）交流联接区接线设计。换流站的交流联接区通常指换流（联接）变压器到换流器之间的区域。常规特高压直流输电换流站中，换流变压器直接插入阀厅，交流联接区设备较少。而柔性直流换流站中，换流变压器至换流器通常距离远，交流联接区包括启动电阻器、开关、电压和电流测量装置等诸多设备，该区域接线方案较为灵活。

早期柔直工程换流站交流联接区设备配置较为简单。以我国南汇柔直工程为例，交流联接区接线方案示意图如图 2-1-7 所示，主要包括电流测量装置 TA2 和 TA3、交流电压测量装置 TV1、启动电阻 R、启动电阻旁路开关 QS1、接地开关 QS2、电抗器 L 等。其中，QS1 在启动过程中断开，在启动结束后闭合。

随着柔直工程可靠性要求的不断提高，对换流站交流联接区接线方案提出了诸多新的要求，需要采取针对性的优化设计。具体问题及优化措施如下：

1）换流站发生短路故障后，通常需要跳开换流变压器网侧交流断路器隔离故障。但是，对于图 2-1-7 所示早期柔直工程交流联接区接线方案，在换流变压器网侧交流断路器失灵无法开断等情况下，无其他断路器作为后备以切除故障，从而将导致故障范

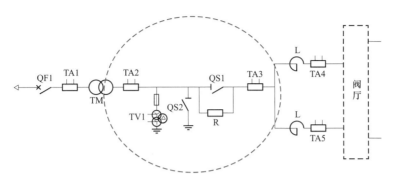

图 2-1-7　早期柔直工程交流联接区接线方案示意图

围扩大，这不满足电力系统安全稳定原则。针对此问题，可在换流变压器阀侧配置交流断路器 QF2，作为网侧交流断路器的后备。QF2 可同时作为启动电阻旁路开关，如图 2-1-8（a）所示，或单独配置，如图 2-1-8（b）所示。

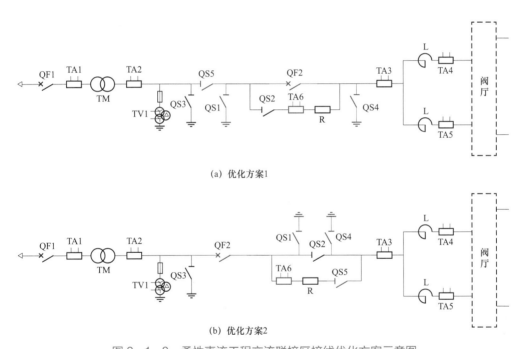

（a）优化方案1

（b）优化方案2

图 2-1-8　柔性直流工程交流联接区接线优化方案示意图

2）对于图 2-1-7 所示的接线方案，如果启动时发生短路故障，需要 TA2 和 TA3 检测故障电流，而由于兆欧级启动电阻串联于回路中，此时的故障电流远小于交流联接区稳态电流，TA2 和 TA3 在选型时难以同时兼顾此小故障电流和千安级稳态电流的测量精度。为解决此问题，应在图 2-1-8 中紧贴启动电阻位置，配置额定电流与上述小故障电流相匹配的启动电阻电流测量装置 TA6，用来识别上述故障，保证直流保护能够可靠动作。

3）考虑换流变压器和换流阀等设备独立调试、检修需要，应在交流联接区设置明显的断点。为此，在图2-1-8中，均增加隔离开关QS5，并配置相应的接地开关，用来在换流变压器与换流阀之间形成明显断点，确保设备调试和检修安全。

（2）换流器区接线设计。换流器区域设备包括户外的桥臂电抗器、阀厅内的换流阀、测量装置、避雷器、开关等。以南汇柔直工程为例，早期柔直工程换流器区的接线方案示意图如图2-1-9所示。

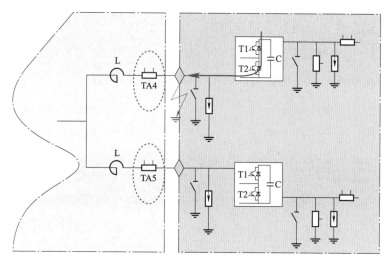

图2-1-9　早期柔直工程换流器区接线方案示意图

当换流阀区域发生严重短路故障时，由于桥臂电抗器L不在故障回路内，故障电流发展速度极快，柔性直流系统级保护来不及动作，必须依靠链路延时更短的换流阀本体保护进行快速闭锁。换流阀本体保护判断此类故障所用的电气量为流过阀的电流，需要通过电流测量装置TA4、TA5来检测该电流。但是，由于图2-1-9所示接线方案中TA4、TA5位于户外，与换流阀距离较远，当TA4、TA5与换流阀之间位置发生短路故障时，流过换流阀的电流不经过TA4、TA5，导致本体保护无法动作，对换流阀安全造成较大隐患。由此可见，早期柔直工程主接线设计中，对于各类极端故障工况的考虑不够全面。

对此，可将TA4、TA5移至阀厅内。在实际工程中，TA4、TA5应首先选用换流阀自带的电流测量装置，以减小死区。若换流阀内未配置电流测量装置，应将TA4、TA5紧贴换流阀布置，如图2-1-10所示，确保套管、接地开关、避雷器等设备发生短路故障时，TA4、TA5能够检测到流过换流阀的短路电流。图2-1-11给出了柔直工程换流器区桥臂电流测量装置的典型布置方案示意图。

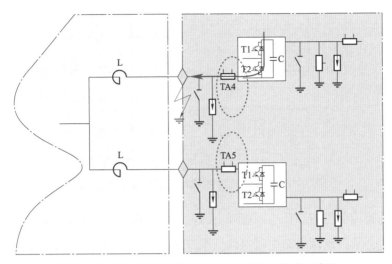

图 2-1-10　柔直工程换流器区接线优化方案示意图

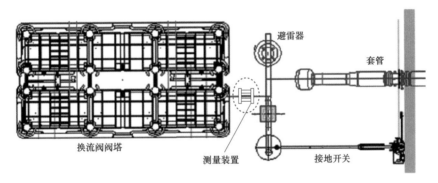

图 2-1-11　柔直工程换流器区桥臂电流测量装置的典型布置方案示意图

（3）换流站接地设计。柔性直流系统的接地方案通常有直流极线经大电阻接地、直流极线经电容接地、变压器阀侧接地电抗器中性点经大电阻接地、变压器阀侧绕组中性点经大电阻接地、直流中性母线接地等。上述接线方案各有特点，也有其局限性，不同的工程应根据实际的系统条件、工程目的、设备生产能力等多方面的因素综合考虑，对接地方案进行设计。下面分别对这些接地方案的特点进行分析。

1）直流极线经大电阻接地。该接地方案示意图如图 2-1-12 所示。其优点是简单廉价，同时对变压器阀侧绕组的接线形式没有特殊要求。其缺点在于：① 直流极线通过钳位大电阻接地后，正常运行时电阻是一个长期负载，电阻容易过热而损坏。为了降低损耗，要求电阻器的阻值较大，对电阻器的设计制造要求较高。② 长期运行后正负极电阻器阻值偏差较大，使得直流系统正负极不对称运行，进而使得站内地网有直流电流流通，引发一系列危害。

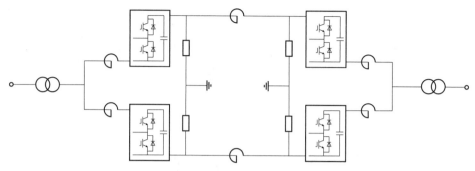

图 2-1-12　直流极线经大电阻接地方案示意图

为了降低钳位电阻的损耗率，需减小额定直流电压，增大额定直流电流。但是，直流电流的增大会导致直流线路电阻损耗呈平方关系增大。因此，该接地方案通常应用在直流电压等级较低且直流线路较短的工程中。

2）直流极线经电容接地。该接地方案示意图如图 2-1-13 所示。其优点是直流电容有利于维持直流电压稳定，同时对变压器阀侧绕组的接线形式没有特殊要求。其缺点在于高压直流电容的设计制造困难，且由于温度、老化等原因可能造成正负极电容容值偏差较大，使得直流系统正负极不对称运行，站内地网有直流电流流通，从而引发一系列危害。

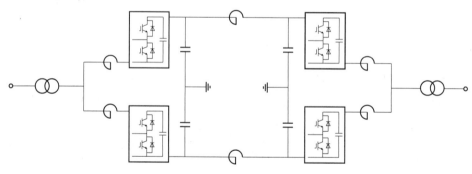

图 2-1-13　直流极线经电容接地方案示意图

3）变压器阀侧接地电抗器中性点经大电阻接地。该接地方案示意图如图 2-1-14 所示。其优点是对变压器阀侧绕组的接线形式没有特殊要求，且当直流侧发生接地故障时，接地电抗器限制了故障电流，对变压器的故障电流耐受能力要求较低。其缺点在于：① 高电压等级接地电抗器吸收的无功功率较大，使得柔性直流系统的无功提供能力受到较大影响。② 为了降低接地电抗器的无功消耗，要求电抗器的电感值较大，目前通常为多个电抗串联的方式，设备成本高、占地面积大。

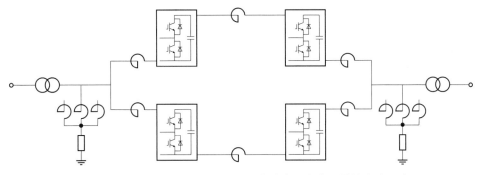

图 2-1-14　变压器阀侧接地电抗器中性点经大电阻接地方案示意图

4）变压器阀侧绕组中性点经大电阻接地。该接地方案如图 2-1-15 所示，主要用于变压器阀侧绕组采用星形接线场景。其优点是直接利用变压器星形绕组中性点接地，接地设备少。其缺点在于：① 依靠变压器星形绕组承受故障下直流电压和暂态电流，对变压器提出较高要求。当变压器容量较大时，其设计制造较困难。② 对于双绕组变压器，其网侧须采用不接地的接线形式以起到隔离交流系统零序分量的作用，因此适用于站内有其他网侧中性点接地的工程，如与变电站合建工程等。

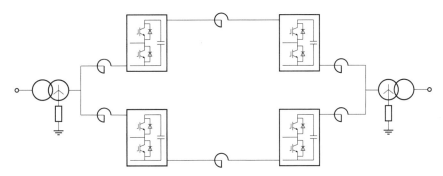

图 2-1-15　变压器阀侧绕组中性点经大电阻接地方案示意图

5）直流中性母线接地。对于采用双极接线的柔直工程，类似传统直流工程，可采取直流中性母线接地的方式，该接地方案示意图如图 2-1-16 所示。该接地方案适用于有直流中性母线的柔直工程，接地方式简单有效。

2.1.1.3　柔性直流换流器拓扑结构设计

换流器是柔性直流输电系统实现交直流变换的核心部分，其拓扑结构的选择对柔直工程的性能特点、造价、损耗、控制和故障处理方式、可靠性等具有重要影响。相比于两电平和三电平拓扑结构，MMC 拓扑结构具有制造难度低、损耗小、阶跃电压低、波形质量高、故障处理能力强等优点。本节以 MMC 为对象，介绍全桥、半桥、全桥/半桥混合三种换流器拓扑结构及其各自特点，为换流器拓扑结构的选型设计提供依据。

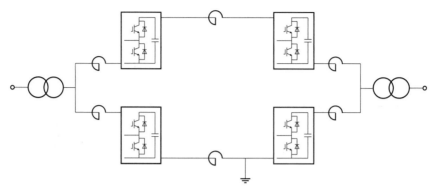

图 2-1-16　直流中性母线接地方案示意图

（1）拓扑结构分类。

1）半桥 MMC 拓扑结构。半桥 MMC 是目前应用最为广泛的一种柔性直流换流阀拓扑结构。半桥 MMC 的拓扑结构如图 2-1-17 所示，半桥 MMC 的每个桥臂由 N 个子模块和一个桥臂电抗器串联组成，同相的上、下两个桥臂构成一个相单元。桥臂由子模块级联构成，子模块采用半桥结构。

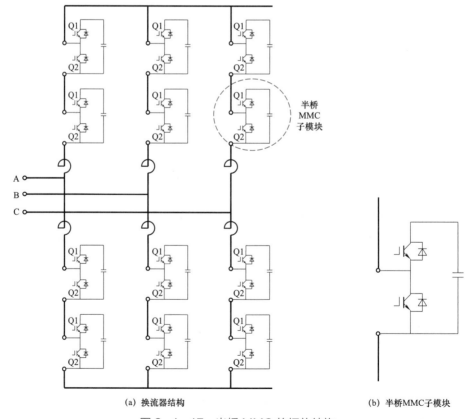

（a）换流器结构　　　　　　　　　　（b）半桥MMC子模块

图 2-1-17　半桥 MMC 的拓扑结构

对于采用半桥 MMC 拓扑结构的柔直工程，当发生直流侧短路故障，半桥 MMC 无法通过自身闭锁清除故障，交流电源、闭锁 MMC 子模块中的反并联二极管与直流短路点会构成短路回路，需要通过跳开进线交流断路器才能清除故障，因此无法实现故障后的快速恢复。对于采用半桥 MMC 的柔性直流系统，需要依靠直流断路器实现直流侧故障的快速清除与恢复。

2）全桥 MMC 拓扑结构。全桥 MMC 的拓扑结构如图 2-1-18 所示，与半桥 MMC 的区别在于，子模块采用全桥结构。与半桥结构相比，全桥子模块在正常工作状态下，其对外表现的电压也在子模块电容电压与 0 之间变化。

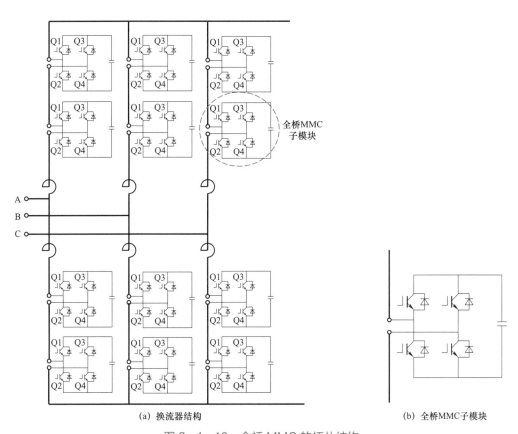

(a) 换流器结构　　　　　　　　　　　　　　(b) 全桥MMC子模块

图 2-1-18　全桥 MMC 的拓扑结构

全桥 MMC 具备故障自清除能力。当直流侧短路故障发生后，全桥 MMC 通过闭锁所有全桥子模块或控制全桥子模块的运行状态，可将子模块电容电压反极性地投入到故障电流流通的回路中，从而将故障电流快速抑制到零，实现故障清除。

3）全桥/半桥混合 MMC 拓扑结构。相比于半桥 MMC，全桥 MMC 的电力电子器件更多，成本和损耗会更大。为减少电力电子器件的数量，可采用全桥/半桥 MMC 混合方案，此方案每站每极的拓扑结构如图 2-1-19 所示。换流阀每个桥臂均由若干全桥 MMC 子模块和半桥 MMC 子模块串联构成。

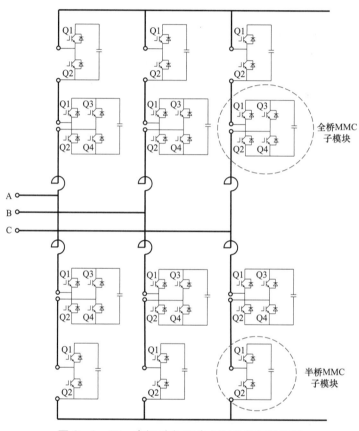

图 2-1-19　全桥/半桥混合 MMC 的拓扑结构

全桥/半桥混合 MMC 的故障清除原理与全桥 MMC 类似。为满足故障电流快速切除要求，以及故障期间与交流系统的无功交换要求等，全桥 MMC 子模块的占比通常不低于 60%，并需根据直流线路参数等输入条件及造价等要求，具体计算所需的占比。

（2）三种拓扑结构的比较与选型。以 500kV、1.5kA 端对端直流工程为案例，对上述三种拓扑结构技术方案进行比较，为换流器选型提供支撑。半桥 MMC＋直流断路器技术方案中，按每站正、负极各配置一台 500kV 电压等级直流断路器考虑。全桥/半桥 MMC 混合技术方案中，全桥与半桥数量比例按 6:4 考虑。

1）可靠性比较。相比于全桥 MMC 和全桥/半桥混合 MMC，半桥 MMC 开关器件相对较少，控制相对简单，技术相对成熟，其可靠性最高。目前，直流断路器已在张北柔直工程应用，并经过了实际工程运行的检验。

全桥 MMC 和全桥/半桥混合 MMC 因开关器件较多，控制复杂，其可靠性低于半桥 MMC。全桥 MMC 和全桥/半桥混合 MMC 拓扑在中、低压场合有所应用，但高压场合从未有应用，因此其可靠性也有待检验。

从器件数量、控制复杂性、工程应用经验等角度定性评估，三种拓扑结构方案的可靠性基本相当。

2）损耗比较。在换流阀自身损耗方面，全桥 MMC 子模块的 IGBT 数量是半桥 MMC 子模块的 2 倍，因此损耗更大。半桥 MMC 方案虽然增加了直流断路器，但断路器主通流支路上只有少量（混合式直流断路器）或没有（机械式和负压耦合式直流断路器）IGBT，其通态损耗很小。因此全桥 MMC 方案损耗最大，全桥/半桥 MMC 混合方案次之，半桥 MMC＋直流断路器方案损耗最小。

3）造价比较。三种拓扑结构方案对换流阀网侧设备、直流侧设备、控制保护设备等需求基本一致，其造价差别主要取决于换流阀和直流断路器。初步评估三种方案造价对比如表 2－1－1 所示。

表 2－1－1　　　　　　　　三种拓扑结构方案造价对比

方案	半桥 MMC＋直流断路器方案	全桥 MMC 方案	全桥/半桥 MMC 混合方案
每站换流阀和 2 台直流断路器（如有）的造价	1.05 p.u.	1.06 p.u.	1 p.u.

4）控制复杂度比较。三种方案的控制保护原理和实现方法基本相同，但是在启动控制策略、模块调制、故障清除和恢复策略等方面，全桥/半桥 MMC 混合方案最为复杂，全桥 MMC 方案次之，半桥 MMC＋直流断路器方案相对较简单。

5）损耗折算的年费用比较。三种方案下损耗折算的年费用比较如表 2－1－2 所示。

表 2－1－2　　　　　　　三种拓扑结构方案下损耗折算的年费用对比

方案	半桥 MMC＋直流断路器方案	全桥 MMC 方案	全桥/半桥 MMC 混合方案
损耗折算的年费用	0.79 p.u.	1.12 p.u.	1 p.u.

6）直流故障重启次数比较。受直流断路器避雷器散热限制，直流断路器通常只具备连续两次跳闸能力，因此对于连续单次故障，半桥 MMC＋直流断路器方案只能实现

一次重启；而对于另外两种方案，通过控制手段可实现多次重启，不受直流断路器能力的限制。

2.1.2　多端柔性直流系统接线及拓扑结构设计

随着可再生能源发电的发展，以及现有电网技术升级等方面的需求，柔性直流输电未来的发展将会继续集中在风电场的组网和集中送出、区域电网的互联、城市中心负荷的电力输送等方面。这些应用场合在很多情况下需要实现多电源输入和多落点的供电，这就需要采用多端柔性直流甚至直流电网技术。

（1）多端柔性直流输电系统。多端柔性直流输电是直流电网发展的初级阶段，是由3个以上换流站通过串联、并联或混联方式连接起来的输电系统，能够实现多电源供电和多落点受电。

多端柔性直流输电是直流电网发展的一个阶段，能够实现多电源供电和多落点受电。将直流传输线在直流侧互相连接起来，即可组成真正的直流电网。其具有换流站数量大大减少、换流站可以单独传输功率、可灵活切换传输状态和高可靠性的优势。多端柔性直流输电系统能够实现多个电源区域向多个负荷中心供电的输电需求，比采用多个2端直流输电系统更加经济，可充分发挥直流输电的经济性和灵活性。

多端直流并联式的换流站与换流站之间能够应用同等级的直流电压进行运行，其功率的分配能够利用对不同换流站进行电流改变实现，串联式换流站对功率进行的分配能够利用对直流电压的改变实现。与串联的形式进行比较，并联形式消耗的损失最小，具有更大可以进行调节的范围，绝缘配合也更容易实现，可以以更加灵活的形式进行扩建，经济性非常突出。典型多端柔性直流电网系统接线示意图如图2−1−20所示。

（2）柔性直流电网。多端柔性直流输电系统中，换流站的直流母线可拥有多条直流出线，但是未形成网格，也没有任何的冗余，多端柔性直流输电与柔性直流电网结构示意图如图2−1−21所示，因此多端柔性直流输电不是真正意义的"直流网络"。如果拓扑当中一个换流站出现了故障，那么与线路相关的换流站便会退出运行，其可靠性较低。多端柔性直流通常可作为交流系统的备用或用于连接两个非同步的交流系统。

柔性直流电网是多端柔性直流输电系统的一种特殊形式，主要特征是：不但各换流站直流母线拥有多条出线，且直流系统还具备网孔结构，换流站之间有多回联络线路，并能够选择性地快速隔离直流侧故障，每个交流系统都可以利用换流站连接直流电网。相比于多端柔性直流输电系统，柔性直流电网的优势如下：

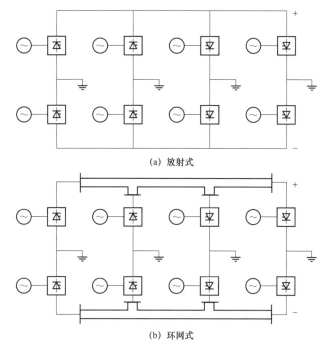

（a）放射式

（b）环网式

图2-1-20 典型多端柔性直流电网系统接线示意图

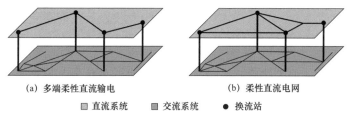

（a）多端柔性直流输电　　　　　　（b）柔性直流电网

■ 直流系统　　■ 交流系统　　● 换流站

图2-1-21 多端柔性直流输电与柔性直流电网结构示意图

1）可靠性高。拥有冗余回路，供电可靠性更高，可实现故障后的潮流转移，且换流站运行方式和系统潮流状态的调节更加灵活。

2）灵活性好。可实现多种能源灵活交互，提升利用效率。

3）扩展性好。易于在送、受端扩展新落点。

柔性直流电网接线和拓扑结构可靠性设计方法如下：

1）半桥对称单极接线直流断路器配置方案。半桥对称单极接线方案中，半桥MMC没有故障清除能力，因此通过在换流站出线配置直流断路器清除故障。半桥对称单极接线直流断路器配置方案见图2-1-22。

直流断路器在柔性直流电网中起到连接和分隔换流站、直流母线和直流线路的作用。当换流站、直流母线或直流线路发生故障时，通过直流断路器分闸快速切断故障电流,实现故障电网区域的快速隔离,保证健全电网的正常运行。在故障消失后,通过重合直流断路器,可以恢复直流电网全网运行。当柔性直流电网切换运行和接线方式时,通过直流断路器的合闸和分闸,在不中断功率传输的情况下,实现换流站、直流母线或直流线路的在线投入和退出。当柔性直流电网启动时,通过直流断路器合闸,实现换流站的启动和并网。

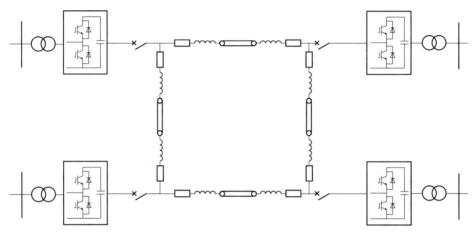

图 2-1-22 半桥对称单极接线直流断路器配置方案

以图 2-1-22 所示柔性直流电网为例,直流断路器通常配置在直流母线的阀侧或线路侧。以单个换流站连接 3 条高压直流出线的情况为例,图 2-1-23 给出了三种典型的换流站内直流断路器配置方案。表 2-1-3 对这三种配置方案下的设备数量和故障处理结果进行了比较。

(a) 单母线+直流断路器+快速开关(方案 1):此方案中,直流断路器加快速开关为常规交流断路器,造价远低于直流断路器,但无直流电流开断能力。如图 2-1-23 (a) 所示,所需的直流断路器数量最少,成本最低。当换流器故障时,全部直流断路器分闸,为快速开关 QS 创造零电流分闸条件,QS 分闸后通过重合直流断路器将直流母线重新并网,因此直流母线和直流线路需要短时停运。当直流母线故障时,换流器必须闭锁,无法实现 STATCOM 运行。

(b) 单母线+直流断路器(方案 2):如图 2-1-23 (b) 所示,所需的直流断路器数量较少,成本相对较低。当换流器故障时,通过直流断路器 DCB3 分闸隔离故障,直流母线和直流线路可不间断正常运行。当直流母线故障时,通过所有直流断路器分闸隔离故障,换流器不需要闭锁,可实现 STATCOM 运行。

（c）直流母线 3/2 接线（方案 3）：如图 2-1-23（c）所示，所需的直流断路器数量最多，成本最高。对于直流线路或直流母线 $N-1$ 故障，以及换流器故障，均可通过相应的直流断路器分闸隔离故障，保证其他健全元件不间断正常运行。

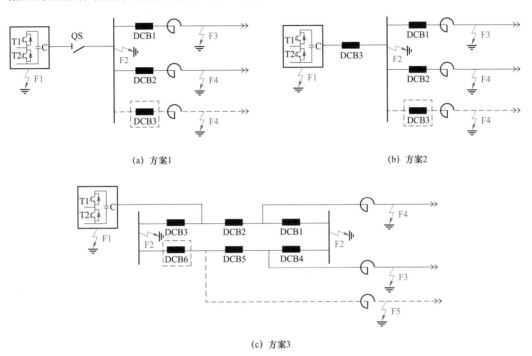

(a) 方案1　　　　　　　　　　　　(b) 方案2

(c) 方案3

图 2-1-23　三种典型的换流站内直流断路器配置方案

表 2-1-3　　三种典型的换流站内直流断路器配置方案及故障处理结果比较

名称	直流断路器数量	直流线路 $N-1$ 故障	直流母线故障	换流器故障
方案 1	3	其他元件正常	其他元件停运	其他元件短时停运
方案 2	4	其他元件正常	直流线路停运换流器 STATCOM 运行	其他元件正常
方案 3	6	其他元件正常	其他元件正常	其他元件正常

2）全桥对称单极接线机械开关配置方案。由于全桥结构的换流器具有清除故障的能力，采用快速机械开关配合换流器实现直流电网的故障清除，全桥换流阀直流电网开关配置方案如图 2-1-24 所示。

故障发生后可以通过暂时闭锁所有换流器，跳开故障相邻快速机械开关清除故障。故障消失后，可以通过重启换流器、重合快速机械开关恢复直流电网运行。与半桥换流器加直流断路器的接线方案相比，全桥接线方案会在孤立故障处理过程中出现短暂的功率中断。

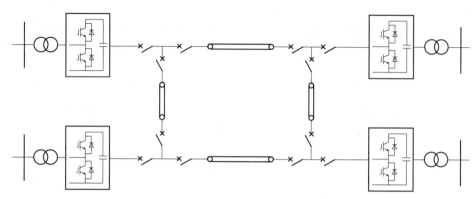

图 2-1-24　全桥换流阀直流电网开关配置方案

2.2　暂（稳）态电气应力抑制方法

相比晶闸管，柔性直流系统核心器件 IGBT 结构复杂，每个芯片由数万元胞并联组成，芯片电流密度低，通流能力受门极电压制约严重，耐受能力差，在高压大电流条件下极易损坏。在大容量柔直工程中，IGBT 稳态电气应力严酷，安全裕度小，系统故障下暂态应力发展迅速，极易超出器件耐受能力，传统控制保护方法在此应用场景下无法保证 IGBT 安全运行，需要在成套设计环节建立适用于高压大容量柔性直流输电用 IGBT 的控制保护体系。

为解决器件低耐受能力和柔性直流系统高电气应力要求下的 IGBT 可靠应用难题，本节将探讨暂（稳）态电气应力抑制方法，包括提出基于三次谐波注入的调制策略，以及 IGBT 子模块动态电压调整策略，在不改变输送功率和桥臂子模块数量的前提下，可有效降低柔性直流换流阀 IGBT 稳态电流和电压，从而显著提升 IGBT 器件电流和电压裕度；提出换流器故障电流上升率精确计算方法，以及从测量系统直达子模块的高速桥臂过电流保护方法，可将桥臂过电流保护全链路动作出口时间由 1000μs 降至 250μs 以下，实现微秒级暂态过电流的有效抑制，避免 IGBT 因暂态电流超限而损毁；分析系统故障下 IGBT 续流过电压产生机理和影响，提出换流阀本体不平衡电流保护方法，可有效避免 IGBT 因暂态电压越限而击穿。

2.2.1　稳态电流抑制策略

随着柔性直流的输送容量越来越大，国内新建工程的最大换流站的额定容量高达 3000MW，在不考虑桥臂环流的情况下，桥臂电流有效值达 1900A 以上，桥臂电流峰值达 3300A 以上。这使得 IGBT 的电流安全裕度越来越小，不利于柔性直流输电系统的安全稳定运行。在现有条件下，需要通过控制保护策略的优化来降低桥臂电流有效值及峰值。

（1）策略基本原理。通过注入三次谐波平抑调制电压波峰，可在调制波幅值受限条件下有效提升变压器阀侧电压，从而在功率不变的前提下将稳态桥臂电流降低。典型的实现方案是在三相基波调制波 $U_{\text{ref}1x}$ 中注入三次谐波零序分量 $U_{\text{ref}3}$，三次谐波初始相位等于 A 相调制波基波的初始相位，三次谐波的幅值等于基波幅值的 1/6，投入三次谐波注入调制策略后调制波的幅值 $U_{\text{ref}x}$ 降低为原来的 $\sqrt{3}/2$。

$$U_{\text{ref}x} = U_{\text{ref}1x} - U_{\text{ref}3}$$
$$= U_{\text{ac}}\cos(\omega t + \theta_x) - \frac{1}{6}U_{\text{ac}}\cos[3(\omega t + \theta_x)] \qquad (2-2-1)$$

式中：U_{ac} 为基波调制波的幅值；ω 为基波角频率；θ_x 为各相初始相位。假设 A 相初始相位为 0，基波幅值等于 1，那么注入三次谐波后的调制波如图 2-2-1 所示。

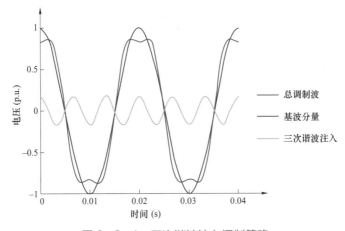

图 2-2-1 三次谐波注入调制策略

每个桥臂的调制波可以表示为

$$U_{\text{ref}px} = \frac{1}{2}U_{\text{dc}} - U_{\text{ref}x} \qquad (2-2-2)$$

$$U_{\text{ref}nx} = \frac{1}{2}U_{\text{dc}} + U_{\text{ref}x} \qquad (2-2-3)$$

式中：$U_{\text{ref}px}$ 为 a、b、c 三相的上桥臂电压参考值；$U_{\text{ref}nx}$ 为 a、b、c 三相的下桥臂电压参考值；U_{dc} 为换流器直流侧电压。

经过调制后，桥臂的输出电压在低频范围内等于对应的调制波。投入三次谐波注入策略后，在直流电压不变的情况下，其可以抬高换流器输出交流线电压的有效值，在输送容量不变的情况下，其可以降低交流电流的有效值和峰值，从而降低桥臂电流的有效值和峰值，提高换流阀的电流安全裕度。

（2）仿真验证。基于实时数字仿真（real time digital simulation，RTDS）建立了仿

真系统，具体技术参数如表 2-2-1 所示。

表 2-2-1　　　　　　　　仿 真 系 统 技 术 参 数

技术参数名	符号	数值	单位
每个桥臂半桥子模块数目	N	218	个
额定直流电压	U_{dcN}	500	kV
子模块额定电压	U_{CN}	2300	V
换流器容量	S	1500	MVA
子模块电容值	C	15	mF
桥臂电感值	L	50	mH

基于上述仿真系统，默认采用最近电平逼近调制策略，投入二次环流抑制功能，然后分别退出和投入三次谐波注入调制策略，开展子模块平均电压和桥臂电流的谐波特性研究。

图 2-2-2（a）是退出三次谐波注入功能，投入二次环流抑制功能的波形，图 2-2-2（b）是投入三次谐波注入功能，投入二次环流抑制功能的波形，图 2-2-2（c）是投入三次谐波注入功能，投入二、四次环流抑制功能的波形。

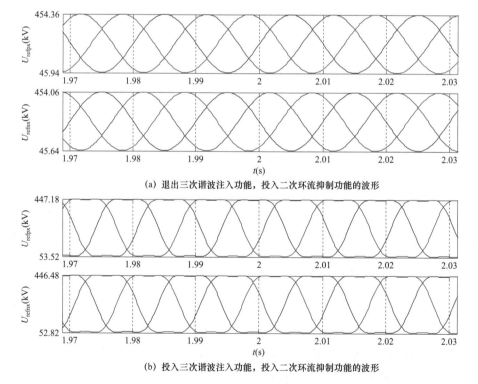

(a) 退出三次谐波注入功能，投入二次环流抑制功能的波形

(b) 投入三次谐波注入功能，投入二次环流抑制功能的波形

图 2-2-2　子模块平均电压、调制波波形（一）

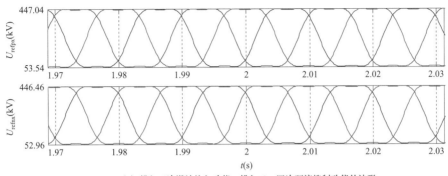

(c) 投入三次谐波注入功能, 投入二、四次环流抑制功能的波形

图 2-2-2　子模块平均电压、调制波波形 (二)

对上述仿真结果中的子模块平均电压进行傅里叶分解, 对子模块平均电压的波动进行对比, 子模块平均电压波动柱状图如图 2-2-3 所示。可见, 投入三次谐波注入功能后波动减小了 17%, 提高了子模块的电压安全裕度。

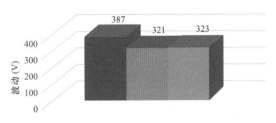

图 2-2-3　子模块平均电压波动柱状图

由于二、三、四等高次谐波通过环流抑制后本就不大, 对桥臂电流有效值和峰值的影响可以忽略。对桥臂电流有效值和峰值进行对比分析, 桥臂电流谐波含量柱状图如图 2-2-4 所示, 投入三次谐波注入功能后桥臂电流有效值和峰值均降低了约 10%, 显著提高了子模块的电流安全裕度。

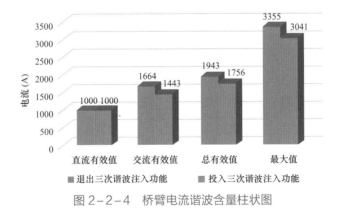

图 2-2-4　桥臂电流谐波含量柱状图

2.2.2　稳态电压抑制策略

MMC 含有大量级联子模块, 为保证系统具有足够的容错性, 工程中一般选择在每

个桥臂串联一定数量的冗余模块，为系统留出足够的安全裕度。桥臂额定子模块数为不考虑冗余情况下每个桥臂子模块的级联个数，一般由直流电压与额定电容电压的比值确定，$N = U_{dc}/U_{CN}$；此时在 N 个子模块之外额外串联的子模块即为设计时考虑的冗余子模块，其数目计为 N_{dc}。定义设计冗余度为 $\eta = N_{dc}/(N + N_{dc})$。工程中设计冗余度取值 8%，即冗余模块 N_{dc} 设计仅需考虑满足直流侧的电压及工程中冗余度的需求，即在系统设计之初，冗余模块数已设定。冗余子模块为热备用，当发生模块故障旁路时，冗余模块可在线投入，保证支撑直流电压的模块个数不变。

柔性直流输电采用最近电平逼近调制策略时，任何控制周期需计算每个桥臂需投入的子模块数目，计算投入数目时需给出子模块电容电压数值，而电容电压是波动的，并不是一个固定值，因此在调制波转为投入模块数时，采用电容电压额定值 $U_{CN} = U_{dc}/N$ 计算投入模块数，采用该基值系统完全可以正常运行。

子模块动态电压调整策略：系统正常运行时不区分冗余模块还是一般模块；将所有子模块，包括冗余子模块全部投入运行，一旦有子模块故障时，旁路该子模块，故障子模块数超过设计冗余时，系统停运检修。为充分利用冗余模块，降低子模块工作电压，从而提高换流阀的故障穿越能力，阀控系统配置动态子模块电压调整功能。根据上述策略，子模块电容电压 U_{sm} 为

$$U_{sm} = \frac{U_{dc}}{N_{var}}(N \leqslant N_{var} \leqslant N_{total}) \qquad (2-2-4)$$

式中：N_{total} 为桥臂总模块数；N_{var} 为桥臂运行模块个数。

阀控系统可通过如下两种策略来实现动态调整子模块电压的功能，两种动态子模块电压调整策略均以张北柔直工程为例进行设计。

（1）策略一：6 个桥臂同时调整子模块工作电压。无子模块故障时，每个桥臂按照 264 个额定子模块工作，即任意时刻每相按照 264 个子模块支撑直流电压来设计，单个子模块的额定工作电压为 $U_{dc}/264$；阀控系统实时检测 6 个桥臂故障个数，分别标记为 M_1、M_2、M_3、M_4、M_5、M_6，取其中单桥臂最大故障个数 M_{max}；同时调整每个桥臂的额定子模块个数为（$264 - M_{max}$）个，对应该桥臂子模块电容单元基值调整为 $U_{dc}/(264 - M_{max})$。计算所得 U_{sm} 通过阶跃方式修改子模块电压指令；最终每个桥臂根据极控（pole control protection，PCP）下发调制波进行模块投切个数转换，即 $N_{投入} = U_{dc}/U_{sm}$。

图 2-2-5 为动态子模块电压 6 个桥臂整体调整相关波形，1.2s 时 A 相上桥臂同时故障 16 个子模块，1.204s 6 个桥臂同时调整子模块电容电压，电容电压基值由 1894V

（0.93p.u.）调整为 2049V（1p.u.）。由图 2-2-5 可知，动态子模块电压调整，对系统电气特性基本不存在影响。

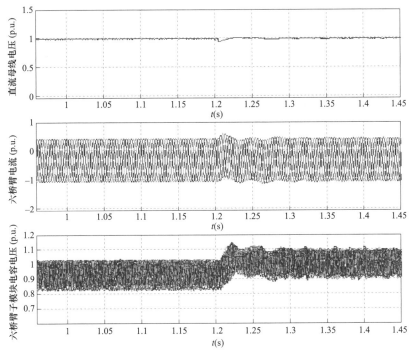

图 2-2-5　动态子模块电压 6 个桥臂整体调整相关波形

（2）策略二：每个桥臂独立调整子模块工作电压。稳态运行时，6 个桥臂均投入 264 个子模块。若运行中某一桥臂出现 M 个模块故障（$M<$ 冗余个数），则故障模块旁路，同时该桥臂调整额定子模块个数为（$264-M$）个，对应该桥臂子模块电容单元基值调整为 $U_{dc}/(264-M)$，其余桥臂额定运行个数及子模块电容电压基值保持不变。故障桥臂计算所得 $U_{sm-fault}$（故障桥臂子模块电容电压）通过阶跃方式修改子模块电压指令，最终故障桥臂根据极控下发调制波进行模块投切个数转换，即 $N_{投入}=U_{dc}/U_{sm-fault}$。其他非故障桥臂根据极控下发调制波进行模块投切个数转换，即 $N_{投入}=U_{dc}/U_{sm}$。

图 2-2-6 为动态子模块电压 6 个桥臂分别调整相关波形，1.2s 时 A 相上桥臂同时故障 20 个子模块，1.204s A 相上桥臂调整子模块电容电压，电容电压基值由 1894V（0.93p.u.）调整为 2049V（1p.u.），其余桥臂电容电压基值保持不变。由图 2-2-6 可知，子模块电压调整，对系统电气特性基本不存在影响。

（3）研究结论：采用子模块动态电压调整策略可提升子模块利用率，模块资源最优化配置，降低子模块电容及 IGBT 器件电压应力；扩大系统抵御子模块故障的能力。且

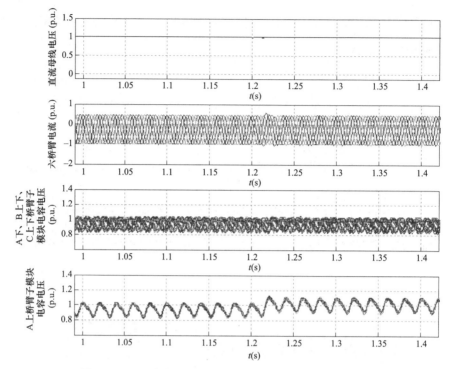

图 2-2-6　动态子模块电压 6 个桥臂分别调整相关波形

在某些系统故障下可降低子模块电容电压应力。然而由于动态电压调整使子模块电容电压稳态值降低，因此需避免直流侧某些故障下子模块电容电压降低至掉电，导致模块批量旁路风险。

相比 6 个桥臂整体控制，动态电压调整分桥臂提高了子模块利用率；系统冲击优于6 个桥臂整体控制；桥臂同一时刻故障模块数较多时，会对系统造成一定冲击，但如果故障时刻只有一个故障子模块，对系统冲击几乎无影响。

采用 6 个桥臂独立控制动态电压调整策略时，环流抑制未使能且桥臂存在故障模块时，桥臂电流出现不对称，采用 6 个桥臂整体控制动态电压调整策略时，桥臂电流未出现不对称。

2.2.3　暂态电流抑制策略

以渝鄂直流背靠背联网工程为例，工程主体采用击穿电压 3300V、额定电流 1500A 的 IGBT 器件。由于 IGBT 器件的实际稳态电流峰值和器件最大过电流能力较接近，考虑低惯性、弱阻尼柔直工程故障电流上升率高达每毫秒数千安，IGBT 暂态电流应力极易超限。因此需要掌握暂态电流精确计算方法，研究相应快速准确的桥臂过电流保护策略。

2.2.3.1 桥臂电流精确计算方法

若直流侧发生双极短路故障，则子模块电容通过桥臂电抗器迅速放电，此时桥臂过电流最苛刻，直流双极短路故障通路如图 2-2-7 所示。图中，i_{ac} 为联接变压器阀侧电流；i_{arm} 为桥臂电流；L_{arm} 为桥臂电抗器的电感值；i_{dc} 为直流母线电流；SM 为子模块。

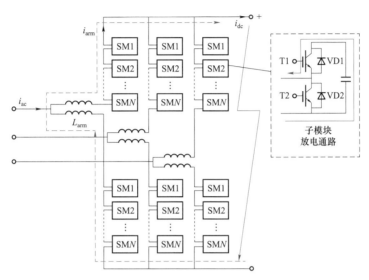

图 2-2-7　直流双极短路故障通路

在此过程中，通常换流站保护来不及动作，需依靠阀控过电流保护确保换流阀的安全性。在前期柔直工程中，由于可关断器件的裕量较大，在直流双极短路故障发生后且换流器闭锁前的任意时刻 t，桥臂电流 i_{arm} 可近似表示为

$$i_{arm} = \frac{1}{2} I_{ac,0} \sin(\omega t_0 + \alpha) + \frac{I_{dc,0}}{3} + \frac{U_{dc,0}}{2L_{arm}}(t - t_0) \qquad (2-2-5)$$

式中：$I_{ac,0}$ 为故障发生前联接变压器阀侧电流的峰值；$U_{dc,0}$ 和 $I_{dc,0}$ 分别为故障发生前直流端口电压和直流母线电流；L_{arm} 为桥抗的电感值；ω 为角频率；t_0 为故障发生时刻；α 为联接变压器阀侧电流的初相角。

研究发现，由于故障发生到换流器闭锁的时间段较短，子模块电容电压跌落很小且控制系统来不及响应，从而使得联接变压器阀侧电流和桥臂电流的基波分量依然按照正弦规律变化，导致在渝鄂直流背靠背联网工程中式（2-2-5）所示故障后桥臂电流并不能覆盖最苛刻工况。考虑这些因素，故障发生后桥臂电流 i_{arm} 可修正为

$$i_{arm} = \frac{1}{2} I_{ac,0} \sin(\omega t + \alpha) + \frac{U_{dc,0}}{2L_{arm}}(t - t_0) + \frac{I_{dc,0}}{3} \qquad (2-2-6)$$

由式（2-2-6）可进一步推导得出

$$\frac{\mathrm{d}i_{\mathrm{arm}}}{\mathrm{d}t}=\frac{U_{\mathrm{dc},0}}{2L_{\mathrm{arm}}}+\frac{1}{2}\omega I_{\mathrm{ac},0}\cos(\omega t+\alpha) \tag{2-2-7}$$

考虑最苛刻的时刻，可得

$$\max\frac{\mathrm{d}i_{\mathrm{arm}}}{\mathrm{d}t}=\frac{U_{\mathrm{dc},0}}{2L_{\mathrm{arm}}}+\frac{1}{2}\omega I_{\mathrm{ac},0} \tag{2-2-8}$$

从阀控过电流保护来看，换流器闭锁时的最大桥臂电流 $i_{\mathrm{arm,max}}$ 满足

$$i_{\mathrm{arm,max}}=I_{\mathrm{set}}+\left(\max\frac{\mathrm{d}i_{\mathrm{arm}}}{\mathrm{d}t}\right)t_{\mathrm{all}} \tag{2-2-9}$$

式中：I_{set} 和 t_{all} 分别为阀控过电流保护的动作定值和全链路动作出口时间，后者定义为从实际桥臂电流达到保护启动值，经过电流测量装置延时、阀控过电流保护的动作时间、各链路传输延时，直到子模块成功关断的总延时（简称换流阀闭锁总延时）。

以整流侧直流双极短路故障为例，阀控过电流保护的动作定值 $I_{\mathrm{set}}=2.1\mathrm{kA}$，换流阀闭锁时桥臂电流随换流阀闭锁总延时的变化如图 2-2-8 所示。可见，根据式（2-2-6）～式（2-2-9）的解析计算结果和电磁暂态仿真结果几乎完全吻合，较式（2-2-5）的计算结果更精确。

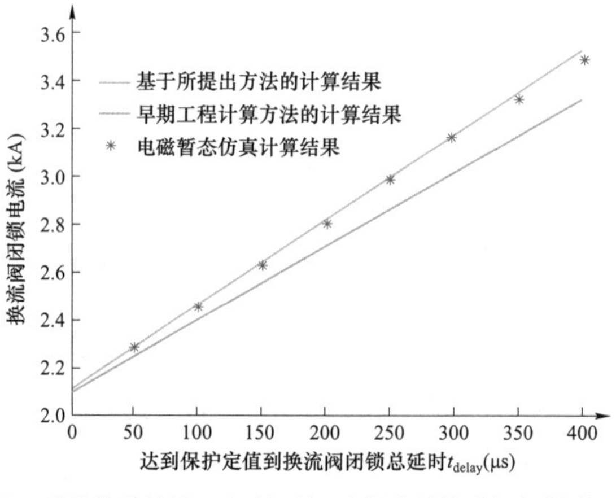

图 2-2-8　系统故障换流器闭锁时桥臂电流随换流阀闭锁总延时的变化

2.2.3.2　高速桥臂过电流保护策略

（1）策略概述。基于早期换流阀制造厂家的阀控过电流能力，从电流达到定值到换流阀闭锁的总延时达 420μs 以上。基于上述保护配置，由于稳态电流峰值非常接近过电流保护定值，系统故障后、换流阀闭锁前桥臂电流非常容易超出 IGBT 耐受能力，因此需要研究更快速、准确的保护策略。

基于闭锁延时对桥臂电流的影响规律提出了从测量系统直达子模块的高速桥臂过电流保护策略（如图 2-2-9 所示），将极端故障下桥臂过电流保护动作时间由 420μs降至 250μs，解决了低惯性、弱阻尼柔性直流系统极高故障上升率下的低过电流能力IGBT 精准保护难题，避免了 IGBT 暂态电流应力超限。

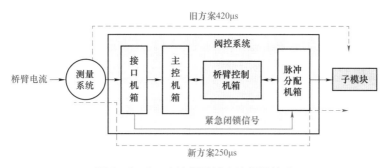

图 2-2-9　高速桥臂过电流保护策略

（2）硬件设计。通过三取二保护装置，用于实现桥臂过电流三取二保护，过电流保护三取二保护装置与阀控系统的连接关系框图如图 2-2-10 所示。

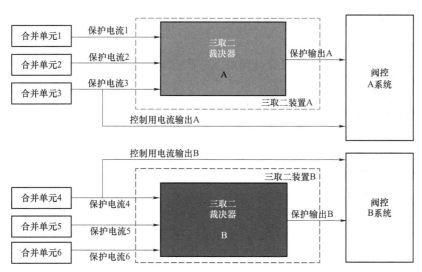

图 2-2-10　阀控过电流保护三取二保护装置信号连接关系框图

对于图 2-2-10 中虚线框图的三取二保护装置采用 FCK511 机箱的 LER 板实现，新增的 LER 板卡具备 8 收 8 发 ST 光纤通道。

现有阀控 FCK504 机箱为左右对称配置，机箱右侧没有配置任何板卡，可将新增的

LER 板卡配置在 FCK504 机箱右侧，通过背板和电源板为其供电，其与现有阀控系统信号连接关系框图如图 2-2-11 所示。

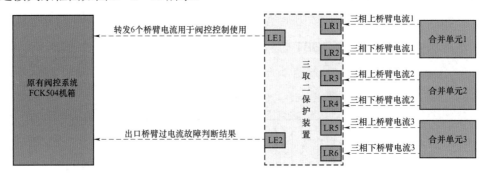

图 2-2-11　阀控过流保护三取二保护装置与阀控系统信号连接关系框图

通过新增 LER 板的 6 个 ST 光接收通道接收 3 套合并单元的桥臂电流，分别对 3 套合并单元的桥臂电流实时判断，将判断结果经过三取二逻辑裁定后，出口桥臂电流故障判断结果发送至原有阀控系统 FCK504 机箱。

同时，新增 LER 板（三取二保护装置）将一套合并单元的 3 相上、下桥臂电流信息（默认取第一套合并单元电流值）合成 1 个数据帧通道，发送给原有阀控系统 FCK504 机箱用于控制使用。

（3）软件设计。三取二保护装置通过 IEC-60044-8 协议 FT1 格式接收合并单元桥臂电流，通信周期为 20μs，通信速率为 10Mbit/s。

三取二保护装置将第一套合并单元的两路桥臂电流合成一路桥臂电流数据帧，通过 IEC-60044-8 协议 FT3 格式发送给 FCK504 机箱 MC 板，通信周期为 50μs，通信速率为 10Mbit/s。

三取二保护装置通过对 3 套合并单元的桥臂电流判断后，经过三取二逻辑裁定，将过电流判断结果通过异步串行通信方式发给 FCK504 机箱 MC 板，通信周期为 10μs，通信速率为 10Mbit/s；异步串行通信数据格式如表 2-2-2 所示。

FCK504 机箱 MC 板接收到三取二保护装置合成的 6 个桥臂电流数据后，按原有阀控时序向 FCK501 机箱转发，用于控制使用。

FCK504 机箱 MC 板接收到三取二保护装置出口的桥臂过电流故障信息后，与接收到的过电流故障数据帧保持同步，将对应桥臂的过电流故障进行紧急闭锁指令编码，经背板 LVDS 通信发给对应的 LER 板，LVDS 通信数据帧中包含上、下两个桥臂的紧急闭锁指令编码信息，可以实现分桥臂闭锁（如图 2-2-12 所示），LVDS 通信周期为 10μs，通信速率为 10Mbit/s。

表 2-2-2 异步串行通信数据格式

序号	数据定义	备注
1	帧头	0x "FFAA"
2	过电流故障	Bit0: A 上桥臂暂时性过电流故障 Bit1: A 下桥臂暂时性过电流故障 Bit2: B 上桥臂暂时性过电流故障 Bit3: B 下桥臂暂时性过电流故障 Bit4: C 上桥臂暂时性过电流故障 Bit5: C 下桥臂暂时性过电流故障 Bit6: A 上桥臂永久性过电流故障 Bit7: A 下桥臂永久性过电流故障 Bit8: B 上桥臂永久性过电流故障 Bit9: B 下桥臂永久性过电流故障 Bit10: C 上桥臂永久性过电流故障 Bit11: C 下桥臂永久性过电流故障 Bit12～15: 备用 其中: bit 位为 "1" 代表故障有效
3	校验	16bit CRC 校验

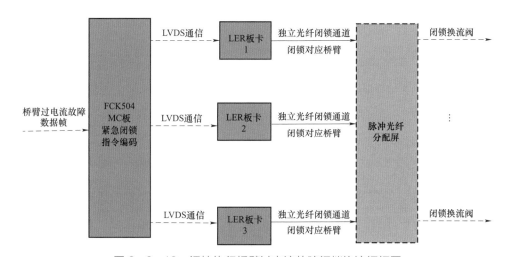

图 2-2-12 阀控执行桥臂过电流故障闭锁换流阀框图

FCK504 机箱 LER 板将接收到的紧急闭锁指令数据帧进行解析，根据解析结果，由独立光纤通道向对应桥臂 FCK503 机箱下发紧急闭锁指令。

（4）测量装置设计。全光纤电流互感器整体自身采样时间 12μs，在 20M 曼码波特率下，数据输出时间为 8μs，通信速率提升后，时间可小于 8μs。全光纤电流互感器自身响应时间如图 2-2-13 所示。

全光纤电流互感器阶跃响应时间为 40μs。综上所述，全光纤电流互感器采样延时不超过 60μs，全光纤电流互感器阶跃响应时间如图 2-2-14 所示。

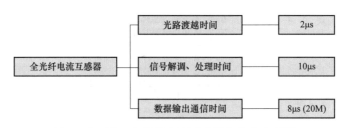

图 2-2-13　全光纤电流互感器自身响应时间

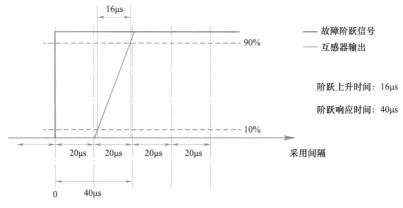

图 2-2-14　全光纤电流互感器阶跃响应时间

2.2.4　暂态电压抑制策略

2.2.4.1　续流过电压的产生机理

在工程实践中，续流过电压通常定义为换流器闭锁后，某桥臂的所有子模块电容通过其 VD1 继续充电导致的过电压。进一步研究发现，续流过电压最严重的情况为采用直流侧中性线接地方式的柔性直流系统，发生换流变压器阀侧单相接地故障。下面以换流变压器阀侧 A 相接地故障为例，对续流过电压的产生机理进行分析，其等效电路如图 2-2-15 所示。图中，i_{pa}、i_{pb}、i_{pc} 分别为 MMC 上桥臂各相电流；i_{va}、i_{vb}、i_{vc} 分别为 MMC 阀侧各相交流电流；i_{na}、i_{nb}、i_{nc} 分别为 MMC 下桥臂各相电流；u_{pa}、u_{pb}、u_{pc} 分别为 MMC 上桥臂各相电压；u_{na}、u_{nb}、u_{nc} 分别为 MMC 下桥臂各相电压；u_{ab}、u_{bc}、u_{ca} 分别为 MMC 阀侧交流相电压。

故障发生后，换流器迅速闭锁，续流过电压的发展经过短暂的桥臂电抗器续流过程后即进入外部电压源激励主导阶段。外部电压源包括换流器的直流端口电压和换流变压器阀侧交流电压。柔性直流电网中，故障发生后且相关断路器开断之前，在其他健全换流器的支撑下，故障换流器的直流端口电压较稳定，为简化分析，假设其在故障发生后保持不变。同时，换流变压器阀侧单相接地故障下，此系统中非故障相对地电压上升为线电压。

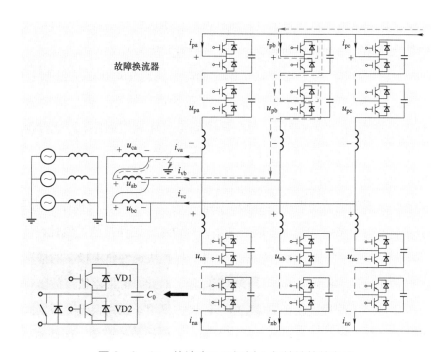

图 2-2-15　换流变压器阀侧 A 相接地等效电路

换流变压器阀侧线电压峰值 U_m 满足

$$U_m = \frac{U_{dc}}{2} \cdot M \times \sqrt{3} \qquad (2-2-10)$$

式中：M 为调制比。考虑三次谐波注入对调制比的增大效应后可得 $U_m \leqslant U_{dc}$。因此，换流变压器阀侧单相接地故障下，非故障相上桥臂端间电压最高可达 $2U_{dc}$。假设换流器闭锁后单个桥臂所有子模块电容电压均相等，则子模块续流过电压最高可达稳态平均工作电压的 2 倍。续流过电压过高将导致 IGBT 模块群体性过电压旁路或旁路后电压超限，造成器件损坏，甚至故障扩大。

2.2.4.2　续流过电压的影响因素

若故障换流器的直流馈入电流越大，则桥臂子模块电容充电的电压增量越大。因此，续流过电压最严重的工况满足如下条件：

（1）稳态运行时，系统处于最大过负荷运行状态；故障换流器的直流进线电流相对较大（如部分直流线路退出运行后由该直流进线进行功率转带）；故障换流器的直流出线电流相对较小。

（2）故障清除过程中，若考虑到部分 DCB 旁路或失灵的情况，则与故障换流器相连的直流线路可能无法同时开断，当旁路或失灵的 DCB 全部位于故障换流器的直流进线上时，直流进线电流将相对较晚下降，而直流出线电流将相对较早下降，从而使故障清除过程中的直流馈入总电流相对较大。

为了抑制续流过电压，若采用降低子模块稳态平均工作电压的方法则会带来子模块数量的增加，从而导致工程造价增加，因此更为可行的方法是尽快检测换流变压器阀侧或桥臂电抗器阀侧接地故障，通过保护动作破坏充电回路，阻止续流过电压的发展。

2.2.4.3 基于阀控不平衡电流保护的续流过电压的抑制策略

对于换流变压器阀侧或桥臂电抗器阀侧接地故障，可依靠传统极控差动保护识别，但通常出于安全性与故障定位要求等因素考虑，其较难兼顾保护的灵敏性，且保护链路延时较长，对于换流变压器阀侧接地故障这种对于保护快速性要求极高的情况不一定能起到很好的保护作用，子模块仍有续流过电压风险。对此，可采用依据故障下桥臂电流不平衡特征识别故障的阀控级保护方案。由于该保护仅用于识别换流变压器阀侧或桥臂电抗器阀侧接地故障，因此其参数设置可相对向保护的快速性要求方面倾斜，且保护链路延时也相对更短，更有利于实现快速保护，从而使 DCB 尽快动作，有效抑制子模块续流过电压。采用如图 2-2-16 所示的 MMC 拓扑结构对所提出的阀控不平衡保护进行机理分析。

换流变压器阀侧绕组通常采用三角形接线，图中的 i_A、i_B、i_C 为阀侧绕组电流。稳态运行时，AV 避雷器与 LV 避雷器均不动作。首先在稳态下对 X、Y、Z 三点应用基尔霍夫电流定律，可得

$$\begin{cases} i_{pa} - i_{na} = i_{va} \\ i_{pb} - i_{nb} = i_{vb} \\ i_{pc} - i_{nc} = i_{vc} \end{cases} \qquad (2-2-11)$$

由此可得桥臂不平衡电流为

$$(i_{pa} + i_{pb} + i_{pc}) - (i_{na} + i_{nb} + i_{nc}) = i_{va} + i_{vb} + i_{vc} \qquad (2-2-12)$$

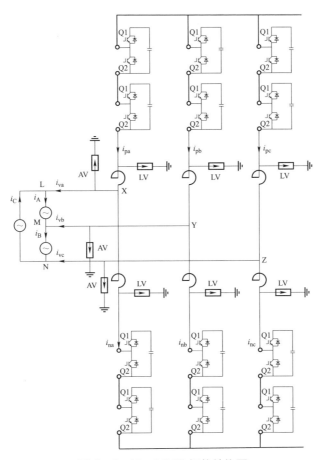

图 2-2-16 MMC 拓扑结构图

在稳态下对 L、M、N 三点应用基尔霍夫电流定律，可得

$$\begin{cases} i_{va} = i_A - i_C \\ i_{vb} = i_B - i_A \\ i_{vc} = i_C - i_B \end{cases} \qquad (2-2-13)$$

由此可得换流变压器阀侧三相电流满足

$$i_{va} + i_{vb} + i_{vc} = 0 \qquad (2-2-14)$$

由式（2-2-13）与式（2-2-14）可得稳态下桥臂不平衡电流为零。

$$(i_{pa} + i_{pb} + i_{pc}) - (i_{na} + i_{nb} + i_{nc}) = 0 \qquad (2-2-15)$$

当发生桥臂电抗器阀侧接地故障时，X、Y、Z 三点的基尔霍夫电流定律将不再如式（2-2-11）所示；当发生换流变压器阀侧接地故障时，L、M、N 三点的基尔霍夫电流定律将不再如式（2-2-13）所示。从而都将使得式（2-2-15）不再成立。

利用此类故障下桥臂电流的不平衡特性，提出阀控不平衡保护判据

$$(i_{pa} + i_{pb} + i_{pc}) - (i_{na} + i_{nb} + i_{nc}) > \Delta I \qquad (2-2-16)$$

式中: ΔI 为阀控不平衡保护定值。当发生换流变压器阀侧或桥臂电抗器阀侧接地故障时,桥臂不平衡电流急剧上升,将迅速达到保护定值,触发阀控不平衡保护动作,从而使故障换流器闭锁、相应 DCB 开断,快速破坏充电回路,阻止续流过电压的发展。

阀控不平衡保护判据简洁,仅包含换流器各桥臂电流信息,使得子模块续流过电压问题得以由换流器本体保护解决,符合系统设备各自保证自我安全的原则,相比于传统极控差动保护具有较强的快速性优势,对于抑制柔性直流电网换流器子模块续流过电压具有重要的现实意义。

2.3 孤岛接入控制策略设计

新能源发电基地大多远离负荷中心,电网比较薄弱,大容量新能源送出采用孤岛方式。对于常规联网柔直工程而言,故障后潮流转移、功率变化可以由交流系统来平抑,且控制策略相对成熟、简单;然而孤岛接入新能源的柔性直流输电系统,面临孤岛方式下 VSC 特性机理不够清晰、联网与孤岛转换控制策略设计困难、因故障导致新能源机组功率与柔性直流传输能力不匹配、不平衡即功率盈余风险严重等问题,极大影响着整个系统的可靠性和安全性,为此,本章重点针对孤岛接入场景下的系统特点,设计可靠性提升控制策略。

2.3.1 孤岛方式下 VSC 控制策略设计

VSC 的孤岛运行方法主要包括: U、f 外环斜率控制、U、f 下垂控制和虚拟同步机控制。其中 U、f 外环斜率控制适用于有源孤岛控制,而 U、f 下垂控制和虚拟同步机控制则既适用于有源孤岛控制,也可以用于向无源孤岛供电。

（1）U、f 外环斜率控制。U、f 外环斜率控制框图如图 2-3-1 所示。可以看出,U、f 外环斜率控制在 P、Q 指令上加入了与交流系统电压频率 f 和幅值 U 相关的调整量,使得有源孤岛下 MMC 可以与小容量发电机组共同承担负荷。

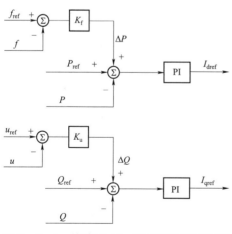

图 2-3-1 换流器 U、f 外环斜率控制框图

对于定直流电压站，本侧交流系统孤岛后，功率的
调节仍由定功率站执行，即将本侧频率、电压等信息传
给对侧，由对侧根据上述控制调节其功率输出。

（2）U、f下垂控制策略。U、f下垂控制在电压幅值
的获取上加入了无功与幅值的下垂特性，在电压频率的
获取上加入了有功与频率的下垂特性，有功功率—频率
（P—f）的下垂静态特性如图2-3-2所示。

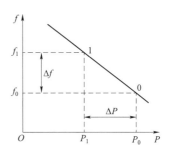

图2-3-2 P—f下垂静态特性

下垂曲线斜率为K_{pf}，由P—f静态特性可知

$$K_{pf} = -\frac{f_0 - f_1}{P_0 - P_1} \qquad (2-3-1)$$

$$f_{ref} = f_0 + K_{pf}(P_0 - P_{fdb}) \qquad (2-3-2)$$

式中：f_0和P_0分别为图2-3-2中下垂曲线上的参考点；P_{fdb}为实际功率；f_{ref}为根据下
垂特性和实际功率得到的频率参考值。

功频控制器控制框图如图2-3-3所示。

无功功率—电压幅值（Q—U）的下垂静态特性如图2-3-4所示。

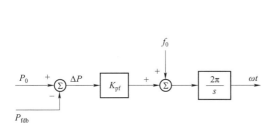

图2-3-3 功频控制器控制框图

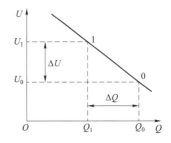

图2-3-4 Q—U下垂静态特性

下垂曲线斜率为K_{qv}，由Q—U幅值静态特性可知

$$K_{qv} = -\frac{U_0 - U_1}{Q_0 - Q_1} \qquad (2-3-3)$$

式中：U_0和Q_0分别为图2-3-4下垂曲线上的参考点。

Q—U下垂控制器控制框图如图2-3-5所示。

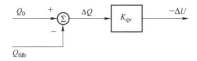

图2-3-5 Q—U下垂控制器控制框图

与 U_d/U_q 双闭环控制器整合后，完整的 U、f 下垂控制系统框图如图 2-3-6 所示。

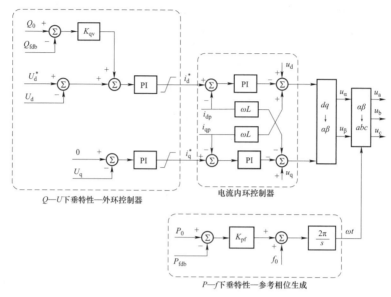

图 2-3-6　U、f 下垂控制系统框图

　　柔性直流换流器采用 P—f 下垂控制，一方面可主动控制交流电压调制波形的频率，以保证向无源网络供电时能够提供稳定的电压波形；另一方面 MMC 具备频率有差调节特性以适应联网运行时交流电网的负荷波动，因此适用于联网和孤岛两种运行状态。

　　柔性直流换流器采用 Q—U 下垂控制，可使其在联网运行时与同步发电机等具有无功调节能力的设备共同分担无功负荷，而在孤岛运行时则可建立稳定的交流电压。

　　（3）虚拟同步机控制策略。虚拟同步机控制策略主要通过模拟同步发电机的本体模型、有功调频以及无功调压等特性，使换流器的运行机制和外特性与传统同步发电机相似，从而使换流器能够向交流系统提供惯性支撑及调频调压能力。虚拟同步机控制环结构包括功率调节、同步机本体模拟和电流内环三部分。

　　典型的虚拟同步机控制框图如图 2-3-7 所示，其功率调节部分用于实现 P—f 下垂控制和 Q—U 下垂控制，生成有功功率和电压幅值指令传输到下一环节。本体模拟部分用于模拟同步发电机的转子惯性、阻尼特性及电气特性，输出功角及电流指令，传输到电流内环；经电流闭环控制后得到调制电压。

　　虚拟同步机控制策略既可以在孤岛运行下提供交流电压，解决交流系统电压频率的稳定性问题，还能实现多柔直孤岛或双极换流器间功率合理分配，以及孤岛/联网运行的切换。

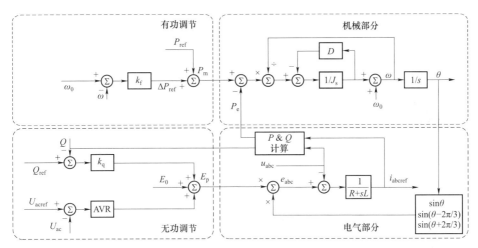

图 2-3-7 典型的虚拟同步机控制框图

2.3.2 孤岛方式下的功率盈余问题及解决措施

柔性直流电网采用双极主接线时，由于具备双极运行和单极独立运行的能力，当一极发生故障后，非故障极能够维持正常运行，将转带故障极部分或者全部损失功率，但也可能引起非故障极的过负荷。

换流站接入新能源孤岛系统时，换流器采用 U、f 控制连接交流系统的母线电压和频率进行控制，换流器的有功和无功功率由交流系统中新能源电源及负荷决定，因此当交流系统与换流站交换的有功功率大于换流器额定功率时，将出现功率盈余，如未采取合适的控制策略将引起子模块电压升高，甚至引起换流器过电流闭锁。根据不同柔性直流电网故障类型，存在三种功率盈余情况，如表 2-3-1 所示。

表 2-3-1 接入新能源孤岛系统的功率盈余情况

故障类型	盈余条件	柔性直流电网响应特性
孤岛站单极闭锁/受限	新能源功率大于非故障极容量	非故障极过负荷
受端单双极闭锁/受限	上网功率大于下网功率	直流电网电压升高
直流线路故障	至其他站的线路均断开	送端直流电压升高

在新能源送端与受端有功功率出现不平衡即出现功率盈余时，采用切机方式降低送端功率是常用的技术手段，但由于切机延时时间至少为 150ms，而直流电网的惯性较小，如何保证切机完成前直流电网的稳定，需要采取合适措施使柔性直流输电系统能够穿越。能够较好地解决上述三种盈余情况在切机前引起短时功率盈余的技术方案为采用交

流耗能装置（AC Chopper），如图 2-3-8 所示。双极换流器均配置配套的交流耗能装置，交流耗能装置的容量应不小于相应换流器的容量，同时可根据需要分为多个分组。正常运行时，交流耗能装置应与对应的换流器接入相同的母线。

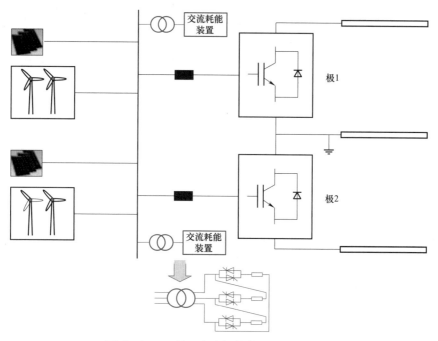

图 2-3-8　基于交流耗能装置的解决方案

以张北柔直工程为例，在正常方式下送端张北换流站、康保换流站交流侧接入大规模孤岛风、光电场。由清洁能源组成的孤岛电场为极弱孤岛，必须有交流电压支撑才能正常运行。在孤岛风、光电场+柔直工程中，柔性直流系统为风电、光伏发电提供了可靠的并网电压，风电、光伏发电通过调整机端电压实现功率的传输，流入换流器的有功功率完全由外部系统决定。

作为嵌入交流系统的部分，直流电网须控制进、出直流系统的功率平衡，维持稳定运行，也就是说维持直流电网稳定依赖外部（交流）系统支持。在功率盈余情况下，直流电网电压、电流变化的时间尺度为几毫秒至几十毫秒级，发展速度极快。此外，安全控制策略切除风机（包括交流断路器动作时间）至少需要150ms，因此交流安全控制策略无法满足直流电网故障清除速度的要求。

满功率孤岛运行条件下，任何风吹草动都可能引起直流电网功率盈余，风机又无法快速切除或者速降功率，流入换流器的有功功率无法控制，故障进一步扩大，导致直流电网大面积停运。具体来说，存在以下两类典型故障。

（1）考虑送端换流站双极接入的交流母线并列运行，当送端换流站单极闭锁时，风机不能及时切除，健全极被迫转带故障极有功功率，造成健全极过电流、过电压而闭锁。健全极闭锁后，相当于风电场断线故障，将造成风机大面积脱网。

（2）当受端换流站单极闭锁或者受端交流系统要求速降功率时，为维持直流电网功率平衡，必须限制流入直流电网的有功功率或者闭锁送端一极换流器。类似地，风机不能及时切除，会造成直流电网电压升高，直流电网过电压、过电流而闭锁，最后引发风机大面积脱网。

2.4 故障穿越策略设计

2.4.1 过电流故障穿越策略

2.4.1.1 穿越问题及策略

阀控过电流保护需兼顾交流系统故障下换流阀的故障穿越能力要求和站内故障时换流阀的安全性要求。在交流故障和恢复期间，直流系统应能连续稳定运行，不能导致换流站退出运行，且要保证最大限度地传输有功功率。要保证交流故障时换流阀不闭锁，须保证故障下换流阀电流最大值不超过阀控过电流保护定值，阀控过电流保护定值越大换流阀越不容易闭锁，换流阀的穿越能力越强。但是，过大的阀控过电流保护定值无法保证换流阀的安全性，当换流阀闭锁电流超过 2 倍额定值时，将无法可靠闭锁，IGBT 器件将烧毁。

受限于当前 IGBT 器件较弱的过电流能力，即使在阀控系统中配置了微秒级的阀控过电流保护，阀控过电流保护仍难以兼顾交流故障穿越与换流阀安全要求。一方面，降低阀控过电流保护的动作定值，换流阀的安全裕度增大，但交流故障发生时，换流阀极易闭锁，无法满足故障穿越的要求；另一方面，增大阀控过电流保护的动作定值，换流阀的故障穿越能力增强，但站内严重故障发生时换流阀安全性无法保证，带来器件烧毁的风险。

传统的阀控过电流保护策略无法兼顾交流系统故障下换流阀的故障穿越能力要求和站内故障时换流阀的安全性要求。为解决该问题，应用基于分桥臂/分相闭锁的新型阀控过电流保护策略，其基本思想为：对各桥臂分开进行保护，单个桥臂电流达到保护定值后闭锁该桥臂，而其他桥臂继续保持运行，如图 2-4-1 所示。

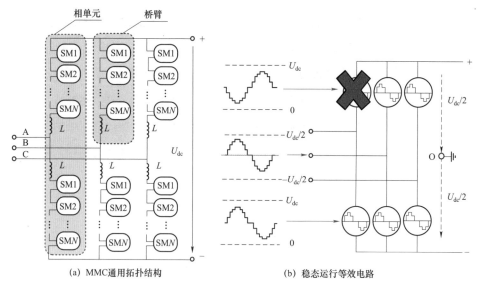

(a) MMC通用拓扑结构   (b) 稳态运行等效电路

图 2-4-1　新型阀控过电流保护策略示意图

2.4.1.2　穿越策略的实现

检测到联接变压器网侧电压正序电压幅值小于 0.9p.u.，即认为故障发生，该条件不满足即认为故障恢复。受端定有功、定无功功率控制器禁能，有功功率指令由当前正序交流电压幅值做限幅，正序有功、无功电流指令由下式计算，并经过当前正序交流电压幅值的限幅。

$$I_{\text{qref}} = \frac{-P_{\text{ref}} U_{\text{qP}} - Q_{\text{ref}} U_{\text{dP}}}{\sqrt{U_{\text{dP}}^2 + U_{\text{qP}}^2}} \qquad (2-4-1)$$

$$I_{\text{dref}} = \frac{P_{\text{ref}} U_{\text{dP}} - Q_{\text{ref}} U_{\text{qP}}}{\sqrt{U_{\text{dP}}^2 + U_{\text{qP}}^2}} \qquad (2-4-2)$$

式中：U_{qP} 为正序 q 轴电压；U_{dP} 为正序 d 轴电压。

此外，阀控检测到桥臂电流超过 2100A，且超过 60μs，则触发暂时性闭锁/分桥臂闭锁或分相闭锁。其中，三种闭锁方案的闭锁逻辑的延时时间一致，均为 200μs（收发延时）+100μs（合并单元延时）+60μs（阀控系统判断延时）+20μs（阀控系统通信等延时），共计 380μs。

（1）暂时性闭锁逻辑。单桥臂过电流则换流阀暂时性闭锁，暂时性闭锁后若桥臂电流最大值降至设定值，则上报极控，极控 t 时刻后发阀控重新解锁命令，换流阀重新解锁。极控收到阀控系统暂时性闭锁命令后，各调节器禁能。

（2）分桥臂闭锁逻辑。单桥臂过电流则闭锁单桥臂，暂时性闭锁后，若该桥臂电流降至设定值以下，则 t 时间后阀控系统重新解锁该桥臂。阀控系统单桥臂闭锁期间极控各调节器仍工作（外环控制器按照故障穿越策略禁能的除外）。

实现方式：设置暂时性闭锁过电流值、永久性闭锁过电流值两个过电流闭锁定值。其中永久性闭锁过电流值高于暂时性闭锁过电流值。

检测到某一桥臂电流超过暂时性闭锁过电流值后，仅暂时性闭锁该桥臂，待该桥臂电流低于某一设定值 I 且持续 t（时间为 5～20ms 数量级）后，重新解锁该桥臂。

同时，检测到任一桥臂电流超过永久性闭锁过电流值，或同一桥臂一段时间内（通常 1s）连续多次暂时性闭锁，或同一时间有 3 个及以上桥臂同时闭锁，或任一桥臂的暂时性闭锁信号维持一定时间（时间约为几十毫秒数量级）仍未取消时，执行整个换流阀闭锁并跳闸，不再重启。

（3）分相闭锁逻辑。单桥臂过电流则闭锁该相，暂时性闭锁后，若该桥臂电流降至设定值以下，则 t 时间后阀控重新解锁该相。阀控系统单相闭锁期间极控各调节器仍工作（外环控制器按照故障穿越策略禁能的除外）。

实现方式：设置暂时性闭锁过电流值、永久性闭锁过电流值两个过电流闭锁定值。其中永久性闭锁过电流值高于暂时性闭锁过电流值。

检测到某一桥臂电流超过暂时性闭锁过电流值后，仅暂时性闭锁该相两个桥臂，待该相两个桥臂电流均低于某一设定值 I 且持续 t 时间（时间为 5～20ms 数量级）后，重新解锁该相两个桥臂。

同时，检测到任一桥臂电流超过永久性闭锁过电流值，或同一相一段时间内（通常 1s）连续多次过电流，或同一时间有 3 个相单元同时闭锁后，执行整个换流阀闭锁并跳闸，不再重启。

（4）极控—阀控分级协调故障穿越策略。分桥臂闭锁逻辑由阀控系统发起，判断桥臂电流瞬时值连续一段时间超过一定值，则直接闭锁该桥臂，并上送极控 temp_Block。极控接收该信号并检测网侧正序电压幅值，执行交流故障穿越策略，进行有功、无功的闭环限制控制。

阀控系统检测桥臂电流瞬时值连续一段时间低于定值后，收回暂时性闭锁信号，等待极控判断网侧正序电压幅值是否恢复并重新下发解锁信号。若极控接收的阀控系统暂时性闭锁信号持续一定时间未收回，则永久闭锁跳闸。

交流故障穿越期间，极控相关保护均不能误触发，因此需与阀控系统分桥臂闭锁电流保护定值协调配合。

2.4.2 过电压故障穿越策略

2.4.2.1 穿越问题及策略

通常子模块平均工作电压选择为 IGBT 器件击穿电压的 50%附近。子模块平均工作电压叠加稳态运行时子模块电容的充放电电压，形成纹波峰值电压。在此基础上，考虑以下 2 种子模块过电压工况。

（1）换流站故障。换流站保护动作闭锁换流器，之后续流电流通过某桥臂所有子模块的单极管继续对该桥臂所有子模块电容充电，导致整个桥臂的子模块电容过电压，工程中通常定义其为续流过电压。在续流过电压下，通常要求阀本体过电压保护不动作。

（2）单个子模块内部故障。子模块不正常工作导致其电容电压升高，阀本体过电压保护动作，在合闸子模块旁路开关的过程中，续流电流通过该子模块的单极管继续对子模块电容充电，导致该子模块电容过电压，工程中通常定义其为旁路过电压。理想情况下，子模块的平均工作电压、纹波峰值电压、续流过电压、阀本体过电压保护定值、旁路过电压和器件的击穿电压之间的配合原则如图 2-4-2 所示。

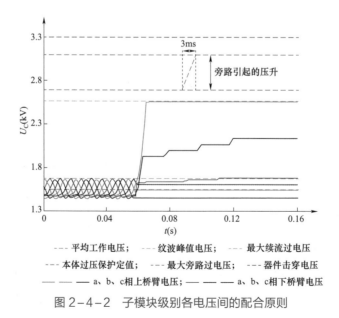

图 2-4-2 子模块级别各电压间的配合原则

工程容量的增大导致续流过电压和旁路过电压均升高，从而导致二者无法兼顾。一方面，若为了保证高续流过电压下桥臂不会整体旁路而提高阀本体过电压保护定值，则可能造成子模块旁路过电压越过 IGBT 器件击穿电压限值，导致子模块损毁；另一方面，若为了保证旁路过电压下 IGBT 器件安全而降低阀本体过电压保护定值，续流过电压易引发过电压保护动作，这样，桥臂所有子模块的旁路开关合闸，可造成如下后果：① 由于各子模块旁路开关合闸时间存在偏差，合闸速度慢的子模块过电压更严重而导致其击穿。② 合闸成功的子模块需要运行人员在换流站检修时手动复位整个桥臂的数百个旁路开关。

解决方案是进一步增大子模块的个数，降低续流过电压，进而可整定合适的保护定值兼顾续流过电压下桥臂不会整体旁路和旁路过电压下子模块的安全，但将大大增加工程的造价。因此，提出阀本体动态过电压保护定值策略：子模块内部故障时换流站保护不动作，换流器不会闭锁，因此换流器解锁状态下阀本体过电压保护可采用低定值；换流站故障时，换流站保护闭锁换流器，此时可能引发续流过电压，因此换流器闭锁状态下阀本体过电压保护可采用高定值。定值整定计算如下

$$\begin{cases} U_{\text{set}} = U_{\text{high}}, & S_{\text{deblock}} = 0 \\ U_{\text{set}} = U_{\text{low}}, & S_{\text{deblock}} = 1 \end{cases} \qquad (2-4-3)$$

式中：U_{set} 为阀本体过电压保护定值；U_{high}、U_{low} 分别为高、低电压定值；S_{deblock} 为换流器解锁信号，取值为 1 表示换流器处于解锁状态，0 表示换流器处于闭锁状态。

2.4.2.2　穿越策略的实现

（1）保护配置。子模块过电压保护配置阀基控制（valve base control，VBC）过电压保护、子模块软件过电压保护和子模块硬件过电压保护三级保护，保护水平依次递增且须保持合理的级差，过电压保护配合区间图如图 2-4-3 所示。三级保护配置的原则如下：

1）VBC 过电压保护是第一级保护水平，用于根据换流阀整体过电压水平闭锁换流阀，闭锁后不会引起软件过电压保护动作。

2）软件过电压保护［子模块控制（sub-module control，SMC）过电压保护］是第二级保护水平，用于快速旁路换流阀子模块，且旁路单个子模块时续流过电压不高于 IGBT 最高耐受电压。

3）硬件过电压保护［击穿二极管（break over diode，BOD）过电压保护］是第二

级 SMC 过电压保护的后备保护,用于 SMC 软件保护失效后快速旁路故障子模块。

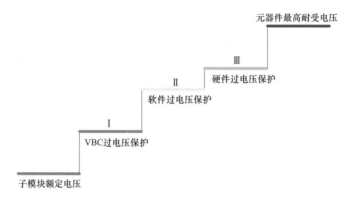

图 2-4-3 过电压保护配合区间图

按照过电压保护的反时限原则,可以确定三级过电压保护方式中,VBC 的保护定值最低,SMC 保护定值次之,BOD 保护定值最高。

保护定值需要确定三级保护的对应定值,包括 VBC 保护定值、SMC 保护定值、BOD 保护定值。

以渝鄂直流背靠背联网工程为例,确定子模块过电压保护定值设计如表 2-4-1 所示。

表 2-4-1 子模块过电压保护定值设计

保护名称	保护定值(V)	精度(%)
VBC 过电压保护	2130	±1.2
SMC 过电压保护	2300	±1.2
BOD 过电压保护	2500	±2.0

(2)保护定值设计。过电压保护定值的设计主要考虑以下几个方面:

1)电容电压最大波动。子模块电容电压是一个波动量,其除了直流分量,还包含各种谐波分量。当采用最近电平逼近调制策略时,电容电压波动率一般控制在 10%左右,对于子模块电容电压不平衡度的控制,限制值为电容电压实际值偏离其额定值不超过 10%左右。

2)保证交流系统故障穿越。在交流系统故障恢复期间,直流系统应能连续稳定运行,这种条件下的子模块电容电压决定 VBC 过电压保护的保护定值。

3)避开各故障下最大续流过电压,最大续流过电压决定 SMC 软件过电压保护定值。

4）器件耐受范围（续流过电压、旁路过电压）。子模块达到 SMC 软件过电压保护定值后，动作旁路开关，旁路开关动作过程中子模块电压上升需在器件耐受范围内。

保护定值确定的具体过程如下：

1）IGBT 器件最高耐受电压 U_{ces} 校核。渝鄂直流背靠背联网工程换流阀采用的 IGBT 器件额定电压为 3300V，器件在出厂试验时均进行 3300V 的耐压测试，能够保证器件具备 3300V 的耐压能力，但器件厂商均无法承诺器件能够耐受任何 3300V 以上的电压，故 IGBT 器件最高耐受电压 U_{ces} 为 3300V。

2）IGBT 器件极限关断电压定值 U_1 校核。渝鄂直流背靠背联网工程换流阀采用的 IGBT 器件额定电压为 3300V，在器件手册中规定的安全工作区电压不大于 2500V，IGBT 器件可正常关断的最大运行电压 U_1 为 2500V。

当 IGBT 在极限关断电压 2500V 下关断，计算器件关断过电压按照子模块杂感 50nH 作为输入，根据器件手册取 $di/dt=6kA/\mu s$，$U_L=Ldi/dt$。则可得过电压尖峰电压 U_L 约为 300V，考虑 10%电容电压波动，可得器件最大关断过电压为 2500V+250V+300V=3050V，小于器件最高耐受电压 U_{ces}，由此可以验证安全工作区设置的合理性。

3）软件过电压保护定值 U_2 校核。造成子模块闭锁的过电压保护定值须和器件极限关断电压具备足够的级差 ΔU_2，以确保极端交流系统故障下 IGBT 阀安全闭锁且不能出现子模块旁路。ΔU_2 校核输入条件如表 2-4-2 所示。

表 2-4-2　　　　　　　　　　ΔU_2 校 核 输 入 条 件

序号	输入条件	定值
1	器件极限关断电压 U_1	2.5kV
2	软件判定滤波时间	300μs
3	中控板闭锁命令到功率器件完成关断的延时时间	15μs
4	故障时刻电流值	3kA
5	子模块电容容值	11mF
6	中控板采样误差	±50V

则 ΔU_2=软件保护延时造成的续流过电压+采样误差，即

$$\Delta U_2 = \left(3000\times\frac{0.3+0.015}{11}\right)+50=136（\text{V}）\qquad(2-4-4)$$

考虑一定设计裕度，将 ΔU_2 设置为 200V。

则子模块闭锁的软件过电压保护定值 U_2 为 $U_1-\Delta U_2=2300（\text{V}）$。

4）硬件过电压保护定值 U_3 校核。

造成子模块旁路开关动作的过电压保护定值须和器件最大耐受电压具备足够的级差 ΔU_3。ΔU_3 校核输入条件如表 2-4-3 所示。

表 2-4-3 ΔU_3 校 核 输 入 条 件

序号	输入条件	定值
1	器件最高耐受电压 U_{ces}	3.3kV
2	软件判定滤波时间	300μs
3	旁路开关动作延时	3ms
4	子模块运行最大电流	2kA
5	子模块电容容值	11mF
6	中控板采样误差	±50V

则 ΔU_3 = 软件保护延时造成的续流过电压 + 旁路开关动作延时造成的续流过电压 + 采样误差，即

$$\Delta U_3 = \left(2000 \times \frac{0.3+3}{11}\right) + 50 = 650 \text{（V）} \tag{2-4-5}$$

考虑一定设计裕度，将 ΔU_3 设置为 700V，可得

$$U_{ces} - \Delta U_3 = 3300 - 700 = 2600 \text{（V）}$$

同时考虑到硬件过电压保护作为软件过电压保护的后备保护，其定值需高于软件过电压保护定值 2300V 且不宜相差较大，故设置硬件过电压保护定值 U_3 为 2500V。

2.5 功率振荡抑制策略设计

高压大容量柔性直流控制链路延时长，高频阻抗呈现负电阻特性，在启动和故障恢复等过渡过程中，柔性直流容易与长交流线路的分布电容相互作用导致交直流联合系统产生高频振荡。柔直工程首次接入有源弱系统，极易出现多种交直流方式、多个频段的静态失稳问题，这些问题突破了国内外专家对柔性直流接入有源强系统、无源系统或低压交流系统展现出的柔性特点认知。本节分析了柔性直流接入交流系统的静态稳定运行机理，提出了阻抗调节控制和柔性矢量控制方法，解决了柔性直流接入有源弱系统的失稳问题。

2.5.1　柔性直流系统内部功率振荡问题

以渝鄂直流背靠背联网工程为例，当系统直流功率上升时，在一些功率点会出现低频振荡现象，振荡波形如图 2-5-1 和图 2-5-2 所示，振荡功率点为 80～160MW，振荡频率为 35Hz 左右。

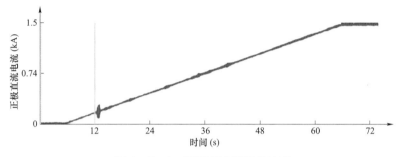

图 2-5-1　联调直流侧振荡波形

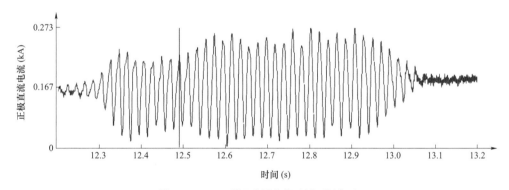

图 2-5-2　联调直流侧振荡细节波形

背靠背两端直流系统在直流场中存在电容、桥臂电抗及等效电阻等，因此直流系统存在与主电路参数有关的中低频谐振点。由于直流场设备的等效电阻较小，系统属于弱阻尼系统，换流阀开关器件的死区效应、通信延时、触发延时等外部因素均可能引起系统振荡。

在理想情况下，子模块的电容电压是完全相等的。实际中，受限于开关损耗等的影响，子模块电容电压会有一定的偏差，导致桥臂电压与实际控制输出存在误差，两端电压不均衡可能会引起中低频振荡。

弱阻尼低频振荡问题一方面可以通过加装直流电抗器抑制，另一方面可以通过在控制器中加入阻尼环节抑制。由于在以往背靠背柔性直流工程中直流侧无电抗器，因此需通过阻尼环节来抑制振荡。

为了抑制直流输电系统的直流电流振荡，需要反馈换流器出口直流电流。直流电流

柔性直流输电工程可靠性设计及应用

的获取途径包括直接检测换流器输出的直流电流、间接计算得到直流电流两种方式。直流侧振荡抑制控制策略框图如图 2−5−3 所示，根据桥臂电流 I_{arm} 及交流侧瞬时功率得到直流电流 I_{dc}，直流电流 I_{dc} 经过阻尼控制器得到阻尼补偿电压 ΔU_{dump}，阻尼补偿电压 ΔU_{dump} 与环流抑制电压 U_z 叠加到对应的调制波 U_{ref0} 上，产生修正后的调制波 U_{ref}。其中，阻尼控制器结构框图如图 2−5−4 所示，其传递函数为

$$G_{\text{dump}} = R_{\text{vir}} + \frac{k_{\text{HPF}}s}{s + \omega_{\text{HPF}}} \tag{2−5−1}$$

式中：R_{vir} 为虚拟电阻；k_{HPF} 为高通滤波器的增益；ω_{HPF} 为高通滤波器的截止频率。

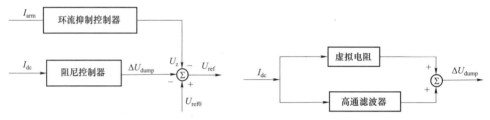

图 2−5−3　直流侧振荡抑制控制策略框图　　　图 2−5−4　阻尼控制器结构框图

振荡抑制策略的本质是改变调制波，从而改变每个时刻的导通个数，其效果相当于改变了电路中的电容，在直流侧加入了一个虚拟电阻，增大了两个换流器之间的阻尼，抑制策略等效电路如图 2−5−5 所示。

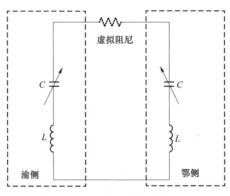

图 2−5−5　抑制策略等效电路

在 PSCAD 模型中，加入振荡抑制策略，抑制效果如图 2−5−6 所示，在全功率范围内，直流电流振荡消失。图 2−5−7 所示为加入抑制策略前后直流电流对比，当稳定运行在振荡功率 600MW 时，振荡点直流电流最大振幅为 160A，抑制后直流电流最大振幅为 12A。

84

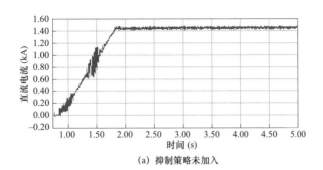

（a）抑制策略未加入

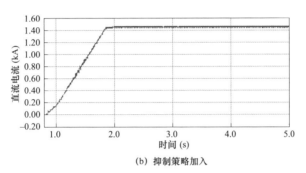

（b）抑制策略加入

图 2-5-6　全功率下振荡抑制效果

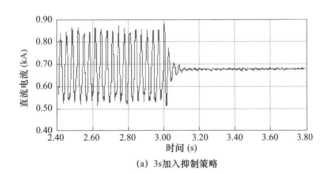

（a）3s加入抑制策略

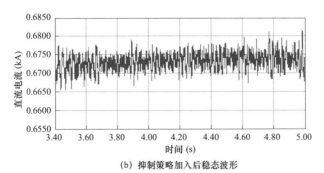

（b）抑制策略加入后稳态波形

图 2-5-7　抑制策略投入前后对比

2.5.2　柔性直流接入长线路有源弱系统的高频稳定问题

2.5.2.1　实际工程案例分析

2018 年某月，渝鄂直流背靠背联网工程南通道换流站系统调试期间，顺利完成单元Ⅰ两侧联接变压器和换流器充电及渝侧线路开路试验（open line tests，OLT）后，在鄂侧 OLT 试验时出现了高频振荡现象，通过高频谐波抑制措施优化，鄂侧 OLT 试验通过，单元Ⅰ完成全部站系统试验。但高频谐波抑制措施优化后单元Ⅱ渝侧 OLT 试验出现了其他频次的振荡现象。

（1）鄂侧自动 OLT 出现 36 次谐波振荡。南通道换流站单元Ⅰ鄂侧 OLT 试验时，鄂侧解锁后，在直流电压上升过程中柔性直流与交流系统出现高频谐波现象，谐波主导频率为 36 倍频，幅值为 0.11p.u.，谐波出现后，程序中原高频谐波抑制功能投入，抑制效果不明显，如图 2-5-8 所示。

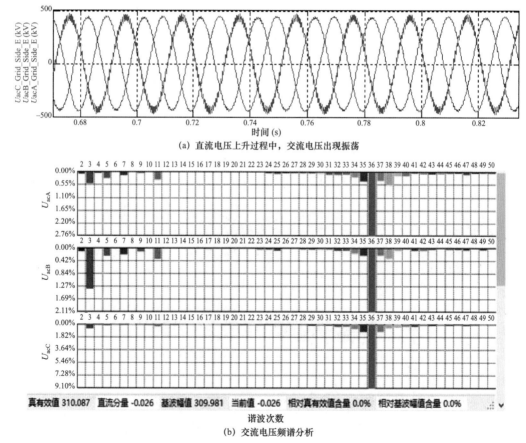

(a) 直流电压上升过程中，交流电压出现振荡

(b) 交流电压频谱分析

图 2-5-8　鄂侧 OLT 试验解锁后，出现高频谐波

（2）渝侧自动 OLT 出现 14 次谐波振荡。在鄂侧 OLT 出现高频谐振后，现场对渝、鄂两侧的控制策略进行了统一优化，内环控制器前馈环节增加低通滤波器，截止频率为 400Hz。之后鄂侧 OLT 试验成功。

随后，南通道换流站单元 Ⅱ 渝侧 OLT 试验，渝侧解锁后，直流电压按照运行人员设定速率升至 756kV，再输入 780kV 电压参考值，直流电压上升过程中柔性直流与交流系统出现高频谐波现象，谐波主导频率为 14 倍频，幅值为 0.097p.u.，增加的低通滤波器未能实现 14 倍频良好滤波。随后，阀侧电流高频谐波保护 I 段动作，直流闭锁跳闸，如图 2-5-9 所示。

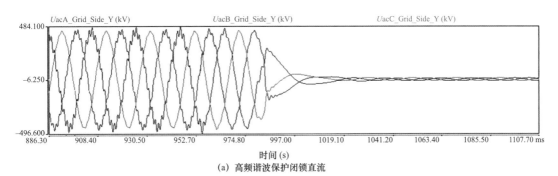

（a）高频谐波保护闭锁直流

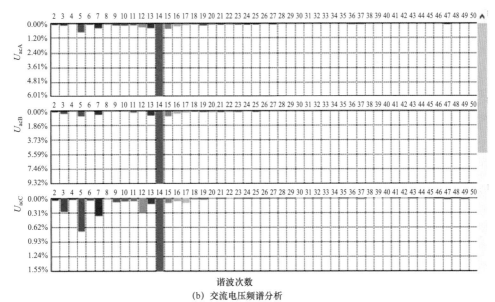

谐波次数
（b）交流电压频谱分析

图 2-5-9 渝侧 OLT 试验解锁后，出现高频谐波

（3）故障案例分析。基于柔性直流运行控制原理，柔性直流运行时，理想状态下，快速跟踪扰动信号，扰动信号为上半波时，柔性直流控制系统向下调节；扰动信号为下

半波时，柔性直流控制系统向上调节，使扰动信号逐步收敛并消失，柔性直流控制系统对扰动信号呈现出正阻尼。但是在实际工程中，柔性直流的控制系统由于硬件处理、通信、规约转换等环节的作用必然产生延迟。极端工况下，处理高次谐波扰动时，可能导致上半波向上跟踪、下半波向下跟踪，导致谐波幅值逐渐增大，系统不收敛。谐振产生机理定性分析示意图如图 2-5-10 所示。

柔直工程控制系统的链路延时接近高次谐波的 1/4 或 3/4 周期时，可能出现上述反向调节、弱阻尼现象，形成谐波扰动激励下的持续振荡。

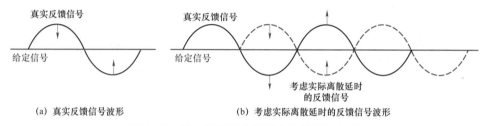

(a) 真实反馈信号波形   (b) 考虑实际离散延时的反馈信号波形

图 2-5-10　谐振产生机理定性分析示意图

柔性直流与交流系统的等值模型如图 2-5-11 所示。图 2-5-11 中，Z_{grid} 为交流系统等值阻抗；Z_{mmc} 为柔性直流端口等值阻抗；U_{grid} 为交流系统等值电压；I_{mmc} 为柔性直流端口等值电流。柔性直流控制策略传递函数如图 2-5-12 所示。

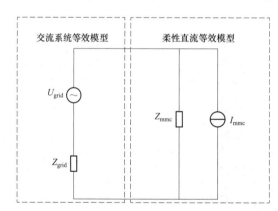

图 2-5-11　柔性直流与交流系统的等值模型

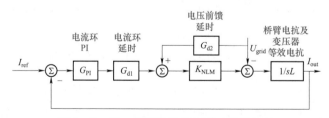

图 2-5-12　柔性直流控制策略传递函数

图 2-5-12 中，G_{PI} 为电流内环控制器；G_{d1} 为内环控制延时，$G_{d1} = e^{-sT_{d1}}$；G_{d2} 为电压前馈环节延时，$G_{d2} = e^{-sT_{d2}}$。电流输出及柔性直流阻抗公式为

$$I_{out} = \frac{G_{PI}G_{d1}}{sL + G_{PI}G_{d1}} I_{ref} - \frac{U_{grid}}{\frac{sL + G_{PI}G_{d1}}{1 - G_{d2}}} \qquad (2-5-2)$$

$$Z_{MMC} = \frac{sL + G_{PI}G_{d1}}{1 - G_{d2}} \qquad (2-5-3)$$

系统稳定判据为

$$G_{stability} = \frac{Z_g}{Z_{MMC}} \qquad (2-5-4)$$

式中：Z_g 为交流系统阻抗。

根据奈奎斯特稳定性判据，当 $G_{stability}$ 在幅值大于 0dB 区间由上向下净穿越 $(2k+1)\pi$ 的次数大于由下向上穿越 $(2k+1)\pi$ 的次数时，系统不稳定。即同时满足如下两个条件时认为系统会发生谐振：柔性直流阻抗与系统阻抗幅值相等；柔性直流阻抗与系统阻抗相角差大于 180°。

1）鄂侧 OLT 谐波振荡分析。柔性直流输电系统的固有延时必然导致控制系统存在极点，形成不稳定的控制模式，在干扰源激励下可能导致振荡。极点频率与柔性直流固有延时互为倒数，国际通用做法为提升软、硬件性能，压缩延迟时间，将极点频率控制到高频范围。

南通道换流站直流系统测量采集和控制链路延时共计约 550μs，极点频率为 1818Hz（36 倍频）。由于交流系统总体呈现感性，高频信号在系统中难以传播，通常不考虑过高频次如 30 次以上的谐波。但调试期间发现，鄂侧电网中出现了 36 倍频附近背景谐波，激发了振荡。

由此可见，鄂侧振荡原因为电网中存在柔性直流极点频率附近的超高频次背景谐波，激发形成高频振荡。

2）渝侧 OLT 谐波振荡分析。为防止柔性直流系统谐波振荡，南通道换流站控制系统中原有的高频振荡抑制措施为针对特定频率的陷波器。该谐波抑制器采集换流母线电压经过派克变换后进行陷波滤波，在电压前馈环节串联安装 6 组陷波器，初始状态为退出状态，设置频率范围门槛值和谐波幅值门槛值，对换流母线电压信号进行快速傅里叶变换（fast fourier transform，FFT），得到各次谐波的幅值，检测出频率大于频率范围门槛值的谐波中幅值最大值及其对应的频率；当交流电网运行方式改变使交直流系统之间出现明显的高频振荡时，投入抑制此频率谐波的陷波器，并锁定投入状态，对于一个特

性频率只投入一个陷波器。

采集换流母线电压信号，对其进行 FFT，得到各次谐波的幅值，频率超过门槛值 C_1 的谐波为高频谐波，检测出高频谐波幅值最大值及其对应的频率。各陷波器投入需要同时满足两个条件：① 高频谐波幅值最大值超过门槛值 C_2。② 当前高频谐波幅值最大值对应的频率与所有已投入的陷波器抑制的谐波的频率不同。高频谐波抑制器原理图如图 2-5-13 所示。

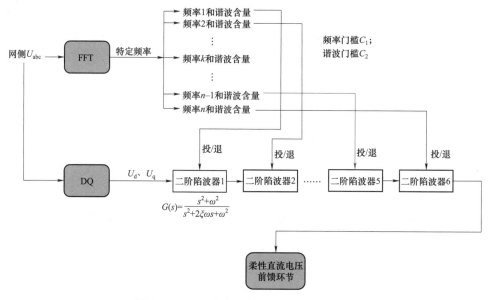

图 2-5-13　高频谐波抑制器原理示意图

陷波器为检测谐波达到门槛值后投入，振荡发生后电流环节已将谐波引入控制环节，仅在电压环节进行陷波效果有限，且该谐波抑制策略需要准确获知电网和直流的阻抗特性，一旦频率出现偏差，抑制效果显著下降。

鄂侧 OLT 试验发生振荡后将陷波器改为低通滤波器，截止频率 400Hz，高频段可实现谐波的可靠抑制，截止频率附近衰减效果受限；只要电网与柔性直流之间不存在弱阻尼模式，仍然可以作为工程方案。

基于优化后的低通滤波器，渝侧 OLT 试验出现 14 倍频谐波振荡，由该滤波器的幅频特性曲线可知，14 倍频无法实现完全滤除，剩余约 30%；由该滤波器相频特性曲线可知，该低通滤波器将造成 14 倍频分量约 0.5ms 的延时，导致控制响应的延迟，使控制器无法有效跟踪该频次谐波。

滤波器优化后的幅频、相频特性如图 2-5-14 所示。

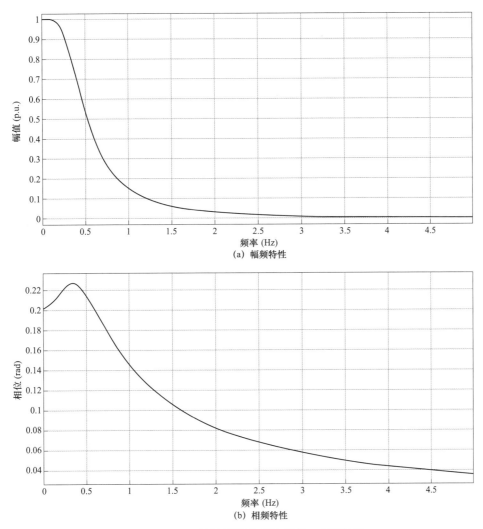

图 2-5-14　滤波器优化后的幅频、相频特性

由于 14 倍频谐波出现后，2～30 次谐波含量达到高频谐振后备保护慢速段定值（0.06p.u.，240s），保护正确动作，直流闭锁。

前期阻抗扫描分析认为，电网阻抗角为 $-60°$，直流与系统最高相角差小于 $180°$，渝侧发生振荡后深入研究发现，系统侧阻抗扫描方法存在问题。振荡发生后，通过调取真实的电网数据，结合振荡频率的分析，全面核查阻抗扫描方法，渝侧电网阻抗角最小可达到 $-85°$。不同扫频方法下系统阻抗特性如图 2-5-15 所示。

针对某日凌晨的系统数据和柔性直流模型开展阻抗分析，结果表明，在 685Hz 处，二者阻抗相等，相位相差 206.43°，存在振荡模式。渝侧 OLT 试验时柔性直流与系统阻抗特性如图 2-5-16 所示。

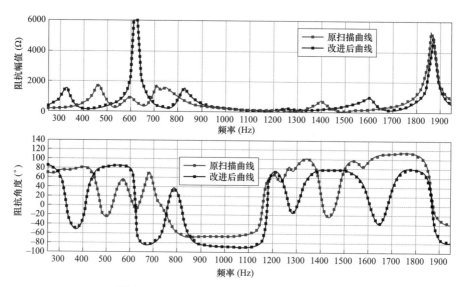

图 2-5-15　不同扫描方法下系统阻抗特性

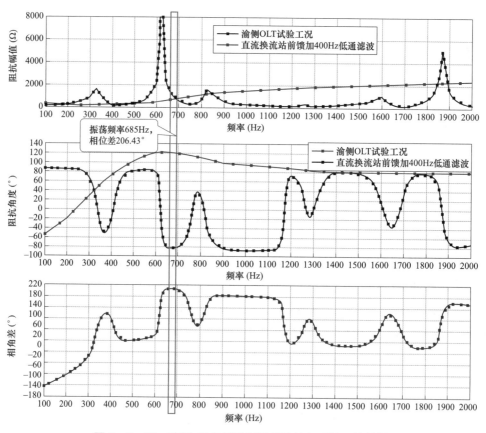

图 2-5-16　渝侧 OLT 试验时柔性直流与系统阻抗特性

由此可见，渝侧振荡原因为在前馈环节低通滤波器的截止频率附近，电网与直流系统之间阻抗匹配不当造成振荡。

2.5.2.2 高频振荡机理分析

工程实践发现，在交流电网某些极端方式下，柔性直流系统与交流电网交互作用出现高频谐振。从振荡现象来看，高频电气量的上、下半波分别向同方向发展，幅值逐渐增大。从物理意义上来说，交流电网和接入理想电压源的柔性直流系统均稳定，但是某些方式下交流电网可激发出联合系统的负阻尼，并导致系统失稳。从数学模型来看，柔性直流系统和交流电网各自的等值阻抗均无右半平面零点，但是柔性直流系统阻抗的极点和交流电网阻抗交互作用，形成串联阻抗的右半平面零点。

受限于外环控制和锁相环的控制带宽，简化的高频频段下柔性直流系统等效控制框图如图 2-5-17 所示。在实际工程中，$G_{da}(s)$、$G_{db}(s)$、$G_{dc}(s)$、$G_{dd}(s)$ 分别为内环电流控制、电压前馈、阀控执行、电流反馈的链路延时环节传递函数，且令 $G_{d1}(s) = G_{da}(s)G_{dc}(s)G_{dd}(s)$，$G_{d2}(s) = G_{db}(s)G_{dc}(s)$，$G_{d3}(s) = G_{da}(s)G_{dc}(s)$。根据控制框图可知，柔性直流系统的诺顿等效电路满足

$$\begin{cases} I_{c}(s) = \dfrac{G_{PI1}(s)G_{d3}(s)}{sL + G_{PI1}(s)G_{d1}(s)} I_{ref}(s) \\ Z_{c}(s) = \dfrac{sL + G_{PI1}(s)G_{d1}(s)}{1 - G_{F}(s)G_{d2}(s)} \end{cases} \qquad (2-5-5)$$

式中：$I_{c}(s)$ 为换流站注入交流电网的等效电流函数；$Z_{c}(s)$ 为换流站等值阻抗函数；L 为桥抗与变压器折算到联接变压器网侧等效电感之和；$G_{PI1}(s)$ 为内环电流控制中的比例—积分环节对应的传递函数；$G_{F}(s)$ 为电压前馈滤波器对应的传递函数；$I_{ref}(s)$ 为内环电流控制的电流参考值函数。

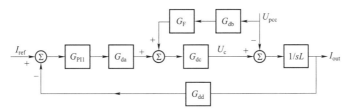

图 2-5-17　简化的高频频段下柔性直流系统等效控制框图

这样，柔性直流系统及其接入交流电网的等值电路如图 2-5-18 所示，且换流站注入交流电网的电流满足

$$I(s) = \left[I_c(s) - \frac{U_g(s)}{Z_c(s)} \right] \frac{1}{1 + \dfrac{Z_g(s)}{Z_c(s)}} \qquad (2-5-6)$$

式中：U_g 为交流电网等值电源；Z_g 为交流电网等值阻抗。

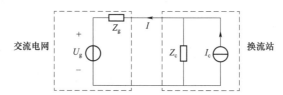

图 2-5-18　柔性直流系统及其接入交流电网的等效电路

分别令式（2-5-6）等号右侧第 1 部分和第 2 部分为系统 1 和系统 2 的传递函数，则整个系统可视为系统 1 和系统 2 组成的串联系统。这样，可通过分别判定系统 1 和系统 2 的稳定性来判定整个系统的稳定性。

式（2-5-6）中的系统 1 可视为交流电网为理想电压源时换流站注入交流电网电流的响应系统。判断系统 1 的稳定性有 2 种方法：① 极点判别法。由于交流电网在接入柔性直流系统之前稳定，因此 $U_g(s)$ 无右半平面极点，根据式（2-5-6）可知，可通过超越方程求解 $sL + G_{PI1}G_{d1}$ 的零点来判定系统 1 的稳定性。② 仿真测试法。由于系统 1 中交流电网等值阻抗 $Z_g = 0$，可通过任意功率下的仿真结果判定系统 1 是否稳定。

式（2-5-6）中的系统 2 可视为前向通路传递函数 $G(s) = 1$，反向通路传递函数 $H(s) = Z_g(s)/Z_c(s)$ 的闭环系统。需要注意的是，系统 2 的开环传递函数 $H(s)$ 中存在延迟环节，因此对应的闭环系统为非最小相位系统，其不能直接采用相角裕度和幅值裕度直接判断闭环系统的稳定性。这样，判断系统 2 的稳定性需采用奈奎斯特稳定性判据。根据系统 1 稳定可知 $Z_c(s)$ 不存在右半平面零点，因此系统 2 的稳定性判据可简化为：① $Z_g(s)$ 不存在右半平面极点。② 奈氏曲线不穿过点（-1，j_0）且顺时针包围点（-1，j_0）的圈数为零。

具体在渝鄂直流背靠背联网工程中，极端交流电网运行方式下换流站一级出线仅为单根长度为 118km 的 500kV 交流线路。此时，对应的 $Z_g(s)$ 不存在右半平面极点。交流电网的等值阻抗—频率特性 $Z_g(j\omega)$ 和换流站的等值阻抗—频率特性 $Z_c(j\omega)$ 如图 2-5-19 所示。

根据图 2-5-19 可知，在交流电网等值阻抗 $Z_g(j\omega)$ 与换流站等值阻抗 $Z_c(j\omega)$ 的 2 个交点之间的频段，满足如下条件：① 交流电网等值阻抗的幅频特性 $|Z_g(j\omega)|$ 高于换流站

等值阻抗的幅频特性$|Z_c(j\omega)|$，即系统 2 的开环传递函数的幅频特性$|H(j\omega)|>1$。② 随着频率的升高，交流电网等值阻抗的相频特性$\angle Z_g(j\omega)$呈现接近 90°到接近-90°的感容交变特性，换流站等值阻抗的相频特性$\angle Z_c(j\omega)$呈现 90°附近波动特性，即系统 2 的开环传递函数的相频特性$\angle H(j\omega)$仅可能向下穿越-180°而不能向上穿越-180°。因此，一旦系统 2 的开环传递函数的相频特性$\angle H(j\omega)$向下穿越-180°，则系统 2 失稳。

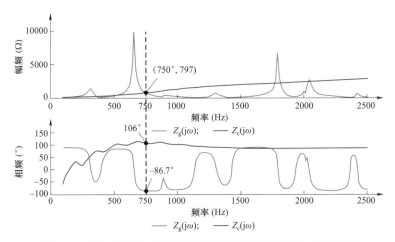

图 2-5-19　极端方式下交流电网和换流站的阻抗—频率特性

2.5.2.3　高频振荡抑制策略

根据上述稳定性判别过程，抑制高频振荡的方法如下：① 降低换流站等值阻抗的相角$\angle Z_c(j\omega)$，包括降低上述各环节的延时、前馈滤波器采用小延时且阻带快速衰减的低通滤波器、优化比例积分控制器的参数及在换流站交流母线配置高通滤波器等。② 降低交流电网等值阻抗的峰值$|Z_g(j\omega)|$、容性段的相角绝对值$|\angle Z_g(j\omega)|$及增大交流电网等值阻抗呈峰值的频率间隔。例如交流电网增加换流站交流母线出线回路数及限制某些极端运行方式。具体针对渝鄂直流背靠背联网工程，为从根本上解决谐波振荡问题，从谐波抑制滤波器优化、自适应内外环控制参数动态调制、电网潮流改善、柔性直流稳态无功支撑等多方面进行了研究，综合制订了高频谐波抑制措施，并对相关措施的适应性进行了分析。

（1）非线性低通滤波器研究。通过采用低通滤波的方式可有效解决高频问题，但由于低通滤波器品质因数的固有特性，在截止频率附近不能全部滤波，所以必须进行特殊的策略设计。

基于双环控制器及内环电压前馈环节不变，对滤波器环节进行特殊设计，采用非线性低通滤波器，根据交流电压基波水平，采用不同的滤波器电压输出，进一步改善低通滤波器效果，避免谐波对电压前馈环节的影响。

柔性直流换流器中高频段阻抗特性由电流控制环主导，而高频段已超出电流内环带宽范围，阻抗特性由桥臂电感主导。考虑中高频谐振的主要影响因素，柔性直流控制策略传递函数如图 2-5-12 所示，换流器中高频段的阻抗可参照式（2-5-3）。

换流器阻抗幅值和相角波特图如图 2-5-20 所示，可以看出，由于阻抗传递函数分母形式为 $1-\mathrm{e}^{-sT_{d2}}$，随着频率的增大，其相角呈周期性变化，进而导致换流器阻抗相角也呈周期性变化。

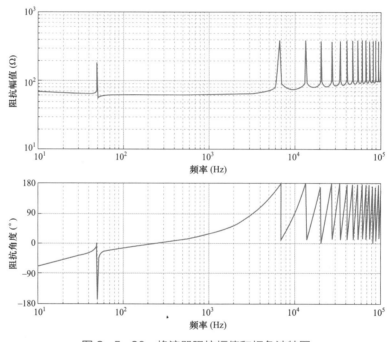

图 2-5-20 换流器阻抗幅值和相角波特图

由此可见，由于电压前馈环节的延时（也可理解为控制链路延时）存在，导致柔性直流阻抗特性存在多个超出 90° 的阻尼区间，极易与互联系统产生交流振荡。

通常对电压前馈进行滤波，采取将电压前馈量中的高频分量滤除的处理方式，来避免图 2-5-20 中因电压前馈直接引入导致换流器交流阻抗相角在高频段频繁超过 90°。前馈滤波可等效为一个系数 k 和延时 T_f 随频率变化的 $k \cdot \mathrm{e}^{-sT_f}$ 环节，其在基波频段增益通常为 1，在高频段增益接近为 0，则式（2-5-3）中 Z_{MMC} 表达式调整为

$$Z_{\mathrm{MMC}}=\frac{sL+G_{\mathrm{PI}}G_{\mathrm{d1}}}{1-G_{\mathrm{d2}}G_{\mathrm{filter}}}\approx\frac{sL+G_{\mathrm{PI}}G_{\mathrm{d1}}}{1-\mathrm{e}^{-sT_{\mathrm{d2}}}\cdot k\cdot\mathrm{e}^{-sT_{\mathrm{f}}}}\approx\begin{cases}\dfrac{sL+G_{\mathrm{PI}}G_{\mathrm{d1}}}{1-\mathrm{e}^{-s(T_{\mathrm{d2}}+T_{\mathrm{f}})}},\text{基频}\\[3mm]\dfrac{sL+G_{\mathrm{PI}}G_{\mathrm{d1}}}{1-k\cdot\mathrm{e}^{-s(T_{\mathrm{d2}}+T_{\mathrm{f}})}},\text{中频}\\[3mm]sL+G_{\mathrm{PI}}G_{\mathrm{d1}},\text{高频}\end{cases}$$

$$(2-5-7)$$

不同的滤波器形式在频率 f 下等效的 k 不同。传统的一阶或二阶低通滤波器在高于截止频率的频段其 k 值虽然很小但仍有一定值，这使得前馈环节的延时仍会对 MMC 的阻抗产生一定不利影响。而非线性滤波采用逻辑处理方式，可认为在基频外其他频率下 k 值都为 0，消除了其他频次下延时环节影响，因此 MMC 的阻抗特性最优。

渝鄂直流背靠背联网工程所用电压前馈非线性滤波控制策略，其实现思路是在 dq 域下只保留直流分量，当交流电压产生大的扰动时，呈阶梯状改变电压前馈量的大小。具体实现方法为：当电压前馈输入信号在工作点附近设定的阈值小范围波动时，电压前馈输出保持为一常数；而当输入信号波动超出阈值范围后，输出信号将立刻提升一个预设挡位，以实现对交流电压变化的快速跟踪，如图 2-5-21 所示。

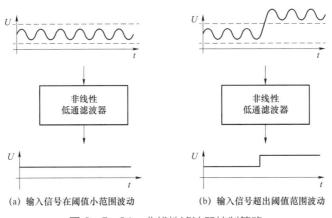

(a) 输入信号在阈值小范围波动   (b) 输入信号超出阈值范围波动

图 2-5-21 非线性滤波器控制策略

采用非线性滤波器与低通滤波器柔性直流阻抗特性如图 2-5-22 所示。

通过采用非线性滤波器，可保证柔性直流阻抗相角不超过 93°，在全频段内与系统阻抗的相角差低于 180°，不存在阻抗谐振匹配点。

仿真研究表明，根据电网方式搭建模型，采用低通滤波器将发生 14 倍频的振荡，复现了现场情况。可以看出，采用该滤波器时，由于截止频率附近的谐波无法完全滤除，且滤波器延迟了控制系统的响应速度，无法快速跟踪交流电压的变化，造成网侧电压总

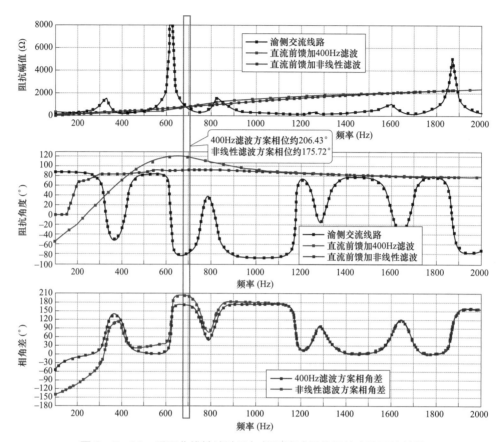

图 2-5-22　采用非线性滤波器与低通滤波器的柔性直流阻抗特性

谐波畸变率迅速上升，在线切换为非线性滤波器后，交流电压中的 14 倍频可靠滤除，因此不会引起控制系统输出调制波的畸变，此时柔性直流不再与交流系统发生谐波振荡，网侧电压的总谐波畸变率逐渐下降，时域波形逐渐改善，振荡消失。不同滤波器谐波抑制效果对比如图 2-5-23 所示。

（2）内外环控制器参数自适应动态调整。借鉴常规直流振荡抑制和机组调速器参数整定经验，南通道换流站对控制系统中内环控制器参数进行了优化，基于电流偏差量采用自适应比例参数，增加柔性直流的阻尼，以抑制与系统间的谐波振荡。

由式（2-5-3）可知，通过自适应动态调整 G_{PI}，即内环控制器比例参数（如图 2-5-24 所示），可以优化柔性直流的阻抗特性，进一步降低柔性直流与系统潜在谐振点处二者的相角差。

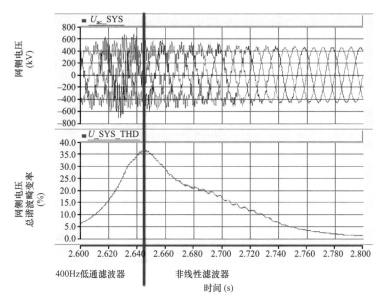

图 2-5-23 不同滤波器谐波抑制效果对比

原始内环控制器比例参数为 K_{p1}，当内环电流参考值与测量值偏差为 ΔI 时，控制器参数基于设定的函数确定，即

$$K_p = f(\Delta I) \qquad (2-5-8)$$

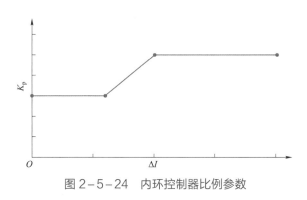

图 2-5-24 内环控制器比例参数

基于该函数选择 K_p，为防止 K_p 过小对直流系统调节性能产生影响，设置 K_p 上、下限。

为保障外环、内环控制器间的良好配合关系，同样对外环控制器比例参数进行调整，降低外环控制器比例参数，进一步增加柔性直流正阻尼。

增加内环控制器参数自适应调整功能后相角裕度进一步下降，阻抗曲线如图 2-5-25 所示。

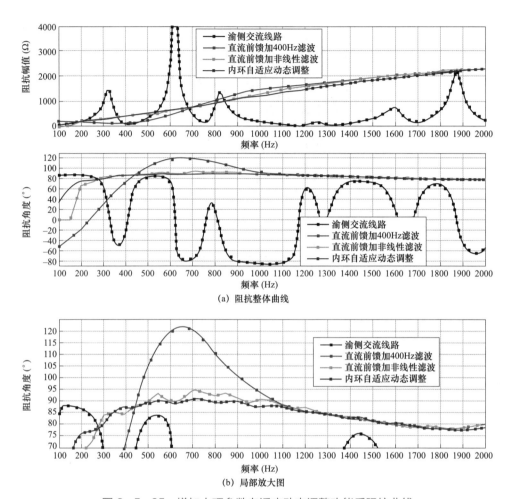

(a) 阻抗整体曲线

(b) 局部放大图

图 2-5-25 增加内环参数自适应动态调整功能后阻抗曲线

（3）通过柔性直流稳态无功支撑抑制高频谐波。由于柔性直流换流阀随着频率的升高，呈趋向于感性的特征，若交流系统此时呈现容性时，柔性直流与系统存在发生谐振的风险。若换流阀此时通过发出无功功率，在基波下将感性转为容性特征，能够避免谐振的发生。

基于试验期间的渝侧交流系统工况，在 PSCAD/EMTDC 模型中进行了系统建模，并将南通道换流站柔性直流接入该系统。如图 2-5-26～图 2-5-28 所示，柔性直流解锁后，随着有功功率的上升，交流电压中逐渐出现了高次谐波，有功达到 300MW 时，高次谐波含量达 20%。

此时，将换流阀输出的无功功率由 0Mvar 增加至 500Mvar，可以看出，随着无功功率的增加，高次谐波逐渐得到抑制。

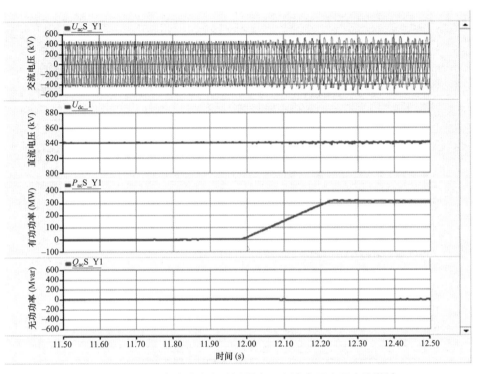

图 2-5-26　有功功率上升过程中，交流电压出现高次谐波

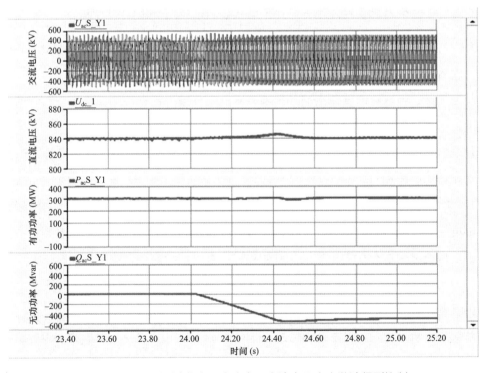

图 2-5-27　通过发出无功功率，交流电压高次谐波得到抑制

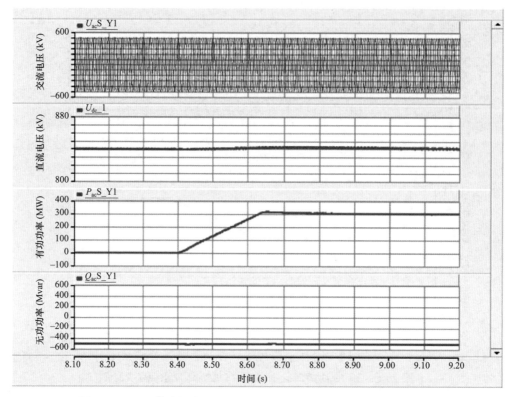

图 2-5-28 换流阀发出无功 500Mvar 时,有功功率升至 300MW

若在升功率前,将无功输出维持在 500Mvar,此时提升有功功率至 300MW,可以看出,在有功上升过程中,交流电压中未出现高频谐波。

综上所述,维持换流器输出无功功率,有助于呈现容性特征,具有一定高频谐波抑制能力,但该方案同时存在如下问题:

1)柔性直流换流器通过发出无功功率,能够使换流器在基波下呈现容性,但在高频下对相频的影响相对较弱。因此,换流器需输出较大无功功率,建议在 500Mvar 以上。

2)柔性直流与系统出现高频谐波与柔性直流输送功率水平相关,输送功率越高,振荡幅度越大。有功功率输送较大时,依靠换流阀无功功率输出难以抑制高频谐波,根据仿真,南通道输送有功功率超过 300MW 时,难以抑制高频谐波。

3)一旦柔性直流与交流系统发生谐振,控制器将无法准确维持无功功率输出,此时不再具备维持容性的能力。

系统仿真研究表明,柔性直流每发出 100Mvar 无功功率,电压增加约 2kV,换流站电压增加约 5kV。因此,柔性直流启动前,通过预控母线电压可保证无功功率。依靠柔性直流稳态无功支撑对谐波抑制仿真结果如图 2-5-29 所示。

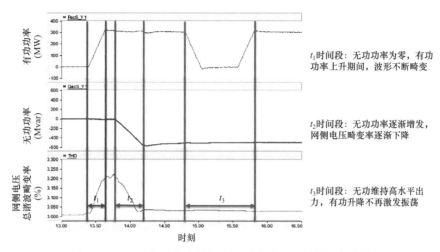

图2-5-29 依靠柔性直流稳态无功支撑对谐波抑制仿真结果

2.5.3 柔性直流接入短路电流极小有源弱系统的中低频稳定问题

2.5.3.1 中低频振荡机理分析

根据经验，弱系统通常为短路比低于 3.0 的常规直流工程的交流系统或短路比小于 2.0 的柔直工程的交流系统。常规直流采用晶闸管等半控型电力电子器件，依赖交流系统提供换相电压，因此弱交流系统情况下换相困难。柔性直流采用基于全控器件的换流阀，换相过程不依赖电网，接入弱系统时，在逆变状态下也不存在换相失败的问题；同时，柔性直流具有相对独立的无功调节能力，可以更好地控制端口电压。因此，与常规直流相比，柔性直流更适宜于有源弱交流系统的接入。接入有源弱系统，输送功率能力下降，系统失稳，保护灵敏度不满足要求。

以往基于 LCC 技术的传统换流器，在系统短路比低于 3.0 情况下，无法正常换相运行；基于 MMC—VSC 柔性直流换流器，理论上自换相不依赖交流系统，可以用在无源系统，如孤岛供电、新能源接入，但是其实也有弱系统问题，对于短路比低于 2.0 以下的交流系统接入柔性直流，即所谓弱系统，此时功率较大时，柔性直流可能出现以下问题：① 锁相不准。弱系统中，换流站母线端口电压波动较大，锁相环固有的控制延时导致其无法紧密跟踪相位变化。控制器根据有偏差的相位信息发出的有功、无功功率可能与预期不符，造成二者相互耦合影响，可能持续振荡。② 内环失稳。内环参数体现控制系统模拟一次电路的阻抗。弱系统中随系统阻抗的增大，若控制系统产生的压降无法补偿一次电路的实际压降，并且差异越来越大时可能造成内环控制失稳。③ 穿越电流高。故障时刻系统侧贡献的短路电流小，且柔性直流不仅不向短路点注入短路电流，还可能吸收短路电流，造成保护灵敏度下降。简单来说就是弱系统阻抗大，柔性直流控制系统的控制特性不能适应，需要控制特性柔化处理才能稳定运行，但此时传输功率则受限制。

2.5.3.2 柔性矢量控制方法

针对柔性直流接入短路电流极小的有源弱系统，通过系统强度判别装置监视系统强度，并分别从锁相环、外环、内环三大环节提出涵盖定交流电压、频率瞬时响应—缓慢复归控制、内环比例—积分控制跟随调参的柔性矢量控制方法（如图 2-5-30 所示），解决了孤岛电源和柔性直流容量相当时同步量协调控制的难题，确保了柔性直流接入有源弱系统的中低频稳定性。

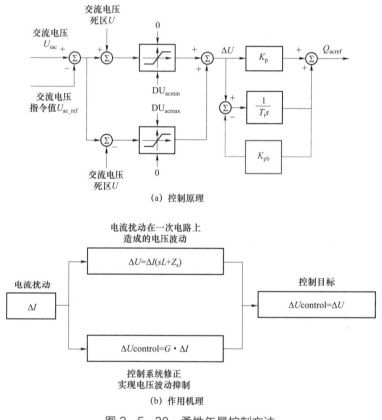

图 2-5-30 柔性矢量控制方法

主动抑制换流母线电压波动，有效改善锁相环的运行环境，恢复有功功率与无功功率间的解耦控制。随着系统强度的降低，系统等效阻抗 Z_s 增大，相同的电流扰动 ΔI 将引起更大的电压波动 ΔU。因此，需提高控制系统输出幅值与响应速度，使换流器能够输出与波动幅值相等同时相位相反的抑制电压$\Delta U_{control}$，进而减弱换流母线电压的波动。基于柔性直流典型内、外环控制拓扑结构，考虑各部分控制器的控制带宽，增大电流内环控制器的比例参数K_p，能够有效提高换流器对电压波动的响应幅值和速度，有利于柔性直流接入有源弱交流系统的稳定性。

2.5.3.3 系统强度判别装置

对于柔性直流接入短路比较小的交流系统，当功率较大时，可能出现锁相不准、内环失稳等问题。针对上述问题，需要设计接入系统强度判别装置，根据交流系统运行方式调整直流运行功率。当交流电网短路阻抗增大时，一方面根据交流电网条件确定其可与柔性直流系统交换的最大功率，以确保有效短路比（effective short circuit ratio，ESCR）保持不变，另一方面调整内环控制参数，使柔性直流系统保持稳定。

（1）限制柔性直流系统最大输送有功功率。为保证进入弱系统状态后，柔性直流功率能够运行在系统稳定允许的范围内，采取如下改进措施：

1）稳态措施。收到弱系统信号及功率限幅后（由接入系统强度判别装置提供），柔性直流控制系统对有功功率水平进行限幅，保证有功功率水平在系统可承受范围内。

2）暂态措施。加入交流故障恢复暂停功能，设系统强度最弱情况下有功功率限幅为P_0（MW），弱系统判断及信号传输总共需要的时间为T（ms），则在交流故障结束后的T（ms）内，最大输送功率指令限制为P_0（MW），保证收到弱系统信号前，功率指令不超过交流系统可承受范围，有利于控制系统稳定，降低过电流风险。

（2）弱系统下加强对交流电压的控制。由于弱系统下，交流系统的等效系统阻抗大，并网点的交流电压对柔性直流的有功、无功变化敏感，较小的电流波动会造成端口电压的极大波动。因此在功率变化过程中，柔性直流需要进行快速、及时的无功调节，才能维持交流电压稳定且在合理范围内变化，不至于在稳态、暂态过程中产生过电压或欠电压的情况。

为保证弱系统下的交流系统电压稳定，采取如下改进措施：

1）外环措施。在收到弱系统信号后（由接入系统强度判别装置提供），强制渝侧无功控制为定交流电压模式，并对定交流电压控制环的P_1参数进行调整（由$K_p=0$，$K_i=4$调整为$K_p=2$，$K_i=10$），有功变化时动态快速调节无功支撑电压，有利于系统电压稳定。

2）内环措施。在保证高频振荡抑制效果的前提下，为满足弱系统对功率调节速率的要求，适当增大电流内环控制的比例系数，电流内环K_p由0.3增大为0.4，提高电流内环的控制性能，有利于弱系统下柔性直流控制系统的稳定。

3 柔性直流换流阀可靠性设计

柔性直流换流阀是柔性直流系统实现交直流变换的核心设备，被喻为柔性直流系统的"心脏"，在功能上起到连接交流系统和直流系统的关键作用。柔性直流换流阀的工作原理及故障特点与传统晶闸管换流阀差异显著，难以照搬以往特高压直流工程换流阀的问题分析思路与处理方案。柔性直流换流阀所用全控型电力电子器件等核心组部件电气应力严酷、电磁环境恶劣、控制方式复杂，而其耐受能力又相对脆弱。此外，我国对于柔性直流换流阀相关技术的研究起步较晚，工程实践相对匮乏，主要柔性直流换流阀供应商技术路线差异大，对于柔性直流换流阀各层级软、硬件功能设计、工艺设计、接口设计等技术细节缺乏深入和全面的研究。以上因素使得早期工程中柔性直流换流阀的故障率始终居高不下，亟需开展柔性直流换流阀可靠性设计方法的研究。

基于此，本章首先介绍了柔性直流换流阀总体设计，然后分别从一次设备和二次系统两方面阐述可靠性设计，同时对配套使用的阀冷系统可靠性设计进行介绍，最后介绍换流阀试验检测方法。相关可靠性研究成果和试验方案已成功应用于渝鄂、张北等柔直工程。不失一般性，本章主要以目前国内柔直工程普遍采用的半桥 MMC 拓扑结构为例，对柔性直流换流阀可靠性设计方法进行介绍。

3.1　柔性直流换流阀总体设计

3.1.1　换流阀基本结构

3.1.1.1　阀塔基本结构

目前，柔性直流换流阀通常为空气绝缘、水冷却的多电平换流阀，分为 6 个桥臂，每个桥臂由多个阀塔串联构成。柔性直流换流阀阀塔通常为户内支撑式，集成了换流阀子模块、阀配水管路、光缆/光纤、支撑及斜拉绝缘子、屏蔽罩等组部件，如图 3-1-1

所示。阀塔的数量主要与桥臂子模块数和单个阀塔可布置的子模块数相关，以张北工程 500kV 换流阀为例，换流阀包含 6 个桥臂，每个桥臂包含 264 个子模块，采用两个阀塔串联，每个阀塔布置 132 个子模块。

图 3-1-1 柔性直流换流阀布置图

柔性直流换流阀拓扑图如图 3-1-2 所示，包括 3 个相单元，其中每相分为上、下桥臂，每个桥臂由若干子模块串联构成。为了实现子模块有序、协同工作，同时满足长期运行时的散热要求，配备阀控制保护系统和阀冷系统。柔性直流换流阀通过控制全控

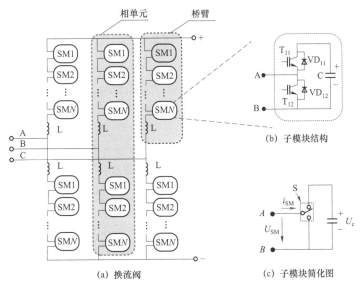

图 3-1-2 柔性直流换流阀拓扑图

器件的开通和关断，可以控制子模块的投入和切出，桥臂电压主要由所有投入子模块的电压之和构成。换流器直流电压由上桥臂电压和下桥臂电压叠加而成，通过改变每个桥臂投入子模块数，就可以输出目标交流电压。大规模的子模块电容作为"能量中转站"，不停地进行电能充放，从而实现交流和直流电能的相互转换。

3.1.1.2 子模块基本结构

子模块是模块化多电平拓扑柔性直流换流阀的最小组成单元，阀组件一般由 5～6 个子模块排列布置组成，多个阀组件顺序相连构成阀塔，若干阀塔（一般为 2～4 个）形成换流桥臂。运行过程中，每个子模块按照阀控系统指令进行投切，同时实时监测当前状态并反馈至阀控系统；单个子模块发生故障时，可自动旁路退出，不影响系统继续运行。

半桥型子模块的电气原理框图如图 3－1－3 所示，主要由 IGBT、晶闸管（如有）、直流电容、旁路开关、均压电阻等一次元器件和中控板、取能电源、驱动板、晶闸管触发板（如有）及旁路触发板等二次控制功能板卡组成。

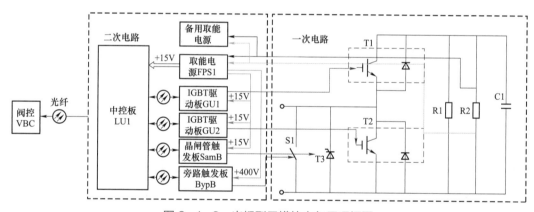

图 3-1-3 半桥型子模块电气原理框图

1. 子模块主要一次元器件

（1）IGBT 器件。IGBT 是柔性直流换流阀的核心部件，是由双极型三极管（BJT）和绝缘栅型场效应管（MOS）组成的复合全控型电压驱动式功率半导体器件，具有高输入阻抗和低导通压降的优点。

一般来说，电压等级低、输送容量小的柔直工程，可选用焊接型 IGBT 器件。例如早期的舟山、厦门柔直工程。但随着柔直工程传输容量增大，焊接型 IGBT 器件已有型号很难满足要求，需要选用功率密度更大的压接型 IGBT 器件。以下为目前柔直工程实际应用的不同封装形式 IGBT，如图 3-1-4 所示。

1）焊接型 IGBT。供应商以英飞凌、ABB 和株洲中车为代表，单面散热，极端失效工况为开路模式。

2）密封无弹簧刚性压接型 IGBT。供应商以东芝、西玛和英飞凌为代表，对称双面散热，无弹簧辅助芯片之间均压，对用户压接要求较高。

3）非密封有弹簧柔性压接型 IGBT。供应商以 ABB 为主，非对称双面散热，有弹簧辅助芯片之间均压，对用户压接要求不高。

4）密封有弹簧柔性压接型 IGBT。供应商以株洲中车为主，非对称双面散热，有弹簧辅助芯片之间均压，对用户压接要求不高。

(a) 焊接型   (b) 密封无弹簧刚性压接型   (c) 非密封有弹簧柔性压接型   (d) 密封有弹簧柔性压接型

图 3-1-4 IGBT 器件应用产品类型

IGBT 器件安全工作区域（safe operation area，SOA）限定了各种临界的不会导致器件损坏的运行状态。反偏安全工作区（reverse biased SOA，RBSOA）限定了周期性关断的运行状态（可以理解为正常运行状态）时的安全工作区域。器件的续流二极管（free wheeling diode，FWD）同样存在安全工作区域，除电压和电流边界曲线外，主要受到反向恢复能量的限制，因此称为反向恢复安全工作区（reverse recovery SOA，RRSOA）。器件选型应满足换流阀运行过程中最大稳态电流、极端故障电流的开通和关断工作点在安全区内，保证器件结温不超出允许范围，应力裕量需覆盖所有稳态、暂态和极端工况。

IGBT 电压裕度分析应考虑器件在最恶劣工况下不超过安全工作区，以及宇宙射线失效率对器件和阀系统的平均无故障时间的影响。

由于子模块中半导体器件、连接母排、电容器等元件均存在寄生电感，器件开通、关断过程中，寄生电感产生的电压尖峰叠加在可关断器件两端，当电压峰值超过器件允许的最大耐受电压时，可关断器件可能会发生过电压失效。实际应用中，将备选的可关断器件在换流阀子模块电路中进行双脉冲测试，可得到集电极—发射极电压的实测值以及实测值与器件最高耐压之间的差距，即开关工况下的电压裕度。

宇宙射线对半导体器件的影响主要是指来自宇宙的高能粒子在穿过大气层的过程中，与其他大气层原子产生一系列的碰撞，产生大量高能量粒子，其中对半导体器件影响较大的是中子。这些高能的中子可造成芯片内部缺陷，造成半导体器件击穿失效。这种失效机理主要与器件使用的直流电压、海拔和温度三个因素密切相关。实际计算过程中，可根据器件厂商给出一定条件下的 FIT 率来评估，换流阀由器件导致的失效率水平建议不超过 100FIT。

IGBT 器件电流裕度主要包括有效值裕度、可关断电流峰值裕度、暂态电流裕度。其中，暂态电流分为过载电流和故障冲击电流，过载电流引起的发热不能超过柔性直流换流阀中可关断器件快恢复二极管（fast recovery diode，FRD）允许的最大运行结温 $T_{\text{vj-OPMAX}}$。而故障冲击电流的裕度应从暂态电流的持续时间 t_{OC}、最大峰值 I_{OC} 和暂态电流初始状态的运行结温 $T_{\text{vj-OP}}$ 三个参数来评估，可以直接用安全工作区的 t_{OC}、I_{OC}、$T_{\text{vj-OP}}$ 来评估暂态电流裕度。对于冲击电流，一般用 I^2t 值来评估 FRD 的裕度。如果冲击电流为标准的正弦半波形状，则 I 为电流峰值，t 为电流底宽持续时间（通常为 10ms）；如果冲击电流形状不是标准正弦半波，则需计算该暂态电流的 I^2t 值，确定冲击电流等效的 I^2t 值后，与备选器件的 FRD 规定的 I^2t 值进行比较，确定 FRD 的暂态电流裕度。

IGBT 器件在开关或导通电流时会产生损耗，器件会发热，从而引起半导体内部的温度升高。IGBT 数据手册给出了其最高工作结温限值，如果 IGBT 的结温超过最高结温限定值，则很可能引起器件过温烧毁。IGBT 允许的结温与模块的制造工艺、功率等因素相关，大功率 IGBT 模块的结温一般为 125、150℃。

换流阀运行过程中 IGBT 的结温 T_{vj} 取决于芯片的耗散功率、芯片和散热器的热阻以及冷却介质的温度。换流阀运行电流越大，芯片的耗散功率越大，IGBT 器件的结温越高。换流阀设计需要保证设备在最大运行电流工况、最高冷却介质温度等最严苛工作条件下 IGBT 结温不超过允许的最大结温，同时留有一定的安全裕度。

IGBT 器件结温裕度分析需要考虑换流阀系统中器件发热量的不确定性和散热能力的不确定性，具体包括以下 3 个方面：

1）IGBT 模块为批量化生产，但是每一只 IGBT 的参数有细微差异，IGBT 饱和压降值和开关损耗值的细微差异导致其发热量有一定偏差。从经验来看，此误差对结温影响一般小于 5℃。

2）IGBT 驱动板门极电阻和开关电源等元件参数存在一定误差，可能使 IGBT 驱动电压和 IGBT 开关速度产生差异，导致导通损耗和开关损耗引起的发热量存在误差。从经验来看，此误差对结温影响一般小于 10℃。

3）长时间运行后，散热器导热硅脂会出现老化现象，导致热阻上升，散热能力下降。从经验来看，导热硅脂老化对结温影响一般在 10℃左右。

考虑以上三点，因此建议极限温度 150℃的器件（焊接型）推荐的长期运行结温一般不高于 125℃，极限温度 125℃的器件（压接型）推荐的长期运行结温一般不高于 100℃。以张北工程为例，换流阀冷却的最高进水温度为 44℃，桥臂最大运行电流条件下，IGBT 的结温按不超过 94℃设计。

（2）直流电容器。根据应用场合和电气应力的不同，电力电子电容器分为滤波与平滑电容器、直流电压支撑电容器、串联谐振电容器、放电电容器、晶闸管换相电容器、耦合电容器等。柔性直流换流阀子模块电容器承受的电压应力为带有纹波的直流电压，一般选用直流电压支撑电容器，采用金属氧化膜形式，如图 3-1-5 所示。

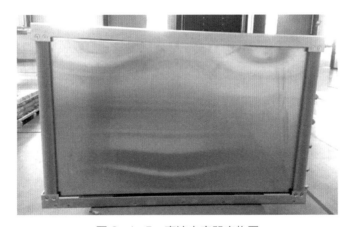

图 3-1-5　直流电容器实物图

金属化薄膜电容即在聚酯薄膜的表面蒸镀一层金属膜代替金属箔作为电极，金属化膜层的厚度远小于金属箔的厚度，因此卷绕后体积也比金属箔式电容体积小很多。金属化薄膜电容的最大优点是"自愈"特性，如图 3-1-6 所示。若薄膜介质由于缺陷在过电压作用下出现击穿短路，击穿点的金属化层可在电弧作用下瞬间熔化蒸发而形成一个很小的无金属区，使电容的两个极片重新相互绝缘而持续工作，有效提高电容器工作的可靠性。

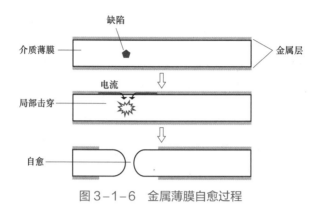

图 3-1-6　金属薄膜自愈过程

直流电容器的主要型式分为干式和充油式两种，主要区别在于电容器内使用填充物的不同。填充物的主要作用是将电容器内的空气排空，从而防止产生空气放电等一系列的绝缘问题。干式电容器内部充注气体（多为氮气和六氟化硫）或树脂作为绝缘介质，而充油式电容器内部充注植物油作为绝缘介质。从制造工艺来讲，干式电容器的工艺要求及技术难度高，由于电容器内部不含油，因而具备较高的防火性能，更加适用于柔直工程。

（3）均压电阻。均压电阻并联在子模块电容两端，一是保证换流阀的自然均压特性；二是为停机后的子模块提供放电通道，便于换流阀检修与维护。均压电阻选取无感设计的厚膜电阻，其连接及结构示意图如图 3-1-7 和图 3-1-8 所示。阻值选型时，一方面不能选得过小，否则会造成系统损耗增加；另一方面也不能选得太大，否则换流阀自然均压受分布参数影响较大，均压效果受限。

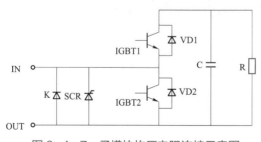

图 3-1-7　子模块均压电阻连接示意图　　图 3-1-8　子模块均压电阻结构示意图

（4）旁路开关。单个子模块发生故障时，旁路开关合闸形成长期可靠的稳定通路，将故障子模块从系统中切出而不影响系统继续运行。一般所选旁路开关为含永磁机构的真空磁保持接触器，电驱动合闸后，即使触发板卡失电，也可由永磁力或弹簧力维持在合闸状态。故障排除后，旁路开关正常时手动分闸之后，仍可继续重复使用。旁路开关实物图如图 3-1-9 所示。

（5）旁路晶闸管。晶闸管主要类型包括普通晶闸管、快速晶闸管和脉冲功率管。普通晶闸管可分为全压接型和烧结型两种，同等电压和电流等级时，烧结型晶闸管比全压接型晶闸管的通态压降大，且通流能力小；快速晶闸管的通态压降高，断态重复峰值电压低；脉冲功率管的通态压降更高，通态电流要求为单个脉冲，不适合多周期群脉冲的电流。柔性直流换流阀一般选择压接型普通晶闸管，断态可承受的重复峰值电压高，通态平均电流大。旁路晶闸管结构示意图如图 3-1-10 所示。

图 3-1-9　旁路开关实物图

图 3-1-10　旁路晶闸管结构示意图

当系统发生直流侧短路时，会产生较大的短路浪涌电流，当所选二极管无法独自承担该短路电流时，额外配置旁路晶闸管进行分流。一般而言，当 IGBT 内置 FWD 时，其浪涌电流承受能力较弱，85% 以上的短路电流需由旁路晶闸管承担。

2. 子模块二次控制板卡

（1）中控板。中控板是子模块级主要控制板卡，在换流阀控制系统中属于最底层控制单元，主要功能如下：向上与阀控系统进行通信，接收阀控系统下发的控制保护指令，

柔性直流输电工程可靠性设计及应用

同时将子模块当前状态信息上传；对下连接子模块直流电容、IGBT 驱动、取能电源、旁路开关，将从阀控系统接收到的指令进行解析并下发，同时收集各部分状态监视信息，实现子模块的保护逻辑。子模块中控板硬件功能如图 3-1-11 所示。

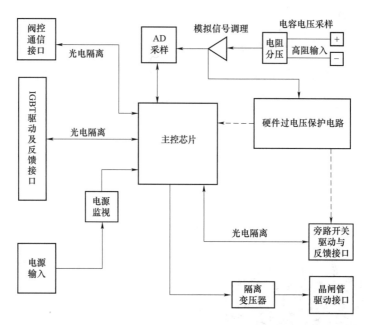

图 3-1-11　子模块中控板硬件功能框图

中控板设计应尽可能地全面监视自身、子模块状态，便于故障发生后的故障定位与分析，同时需加强保护功能，减小异常工况下子模块元器件发生损坏的概率。中控板监视信息和状态包括子模块电容电压、取能电源反馈信息、驱动板反馈信息、电容器压力信号、旁路开关辅助触点信号等信息。针对不同状态信息制定故障判断阈值，并采取相应保护措施。中控板监视信息和保护功能如表 3-1-1 所示。

表 3-1-1　　　　　　　　中控板监视信息和保护功能列表

序号	监视信息	故障名称	保护逻辑及定值	保护策略
1	驱动板反馈信息	过电流退饱和	驱动反馈信号宽度超出正常范围	旁路
		电源/门极欠压		

序号	监视信息	故障名称	保护逻辑及定值	保护策略
2	子模块电容电压	单元过电压	超过过电压阈值	旁路
		单元欠电压	低于欠电压阈值	旁路
		充电异常	单元在接收到充电完成检查命令时，直流电压未达到设定阈值	旁路
3	中控板电源电压	电源欠电压	低于欠电压阈值（阈值为 $0.8U_N \sim 0.9U_N$）	旁路
4	取能电源反馈信息	取能电源异常	反馈电平反转	旁路
5	下行光纤信号	下行通信校验错	连续出现 8 次以上校验错误	旁路
		下行通信中断	2.5ms 光纤接收端未检测到信号	旁路
6	电容器压力信号	电容传感器压力超限	压力开关状态反转	旁路
7	旁路开关辅助触点信号	旁路异常	接收到旁路命令后，开始触发接触器并启动计时，计时结束，未检测到接触器闭合反馈信号，则认为旁路失败	闭锁跳闸

中控板应用的现场可编程逻辑门阵列（field programmable gate array，FPGA）、模/数转换器（analog-to-digital converter，ADC）和光纤收发器等关键元器件的可靠性直接决定子模块运行的稳定性，需重点进行选型设计。

FPGA 是中控板的核心控制器件，选型时应满足：① 最大工作温度范围符合工业标准，并与实际工作温度范围间留有充分的裕度；② FPGA 的 FF/LUT 使用数目不超过全部资源的 80%或 85%，其他资源均不能超过 80%，以保证可扩展性和内部布线的流畅性。

中控板通过 ADC 芯片采集直流母线电压，针对采集电压波动幅度小、波动缓慢的特点，ADC 芯片应满足：① 最大工作温度范围需要符合工业标准，并与实际工作温度范围间留有充分的裕度；② 芯片分辨率通常以数字信号的位数表示，一般要求不低于 12 位。

光纤收发器可以提供高可靠性的信号传输，保证信号远距离传输的同时也能保证信号的完整性，适用于高电压、强电磁干扰环境。中控板上有两种光纤收发器，一种是用于子模块内部互联的低速光纤收发器，另一种是与阀控系统进行通信的高速光纤收发器。光纤收发器选型应满足：① 最大工作温度范围符合工业标准，并与实际工作温度范围间留有充分裕度；② 最大通信链路距离应满足子模块内部工程现场的通信距离要求；③ 接口形式应考虑运输和现场设备振动情况，连接可靠，防止松脱。

基于以往工程出现的故障，中控板设计时，应采取如下措施：

1）与 VBC 通信用的上、下行光纤收发器开口方向不允许向上，光纤接头或标签应采用不同的颜色进行区分，避免接反。

2）优先选用具有内置 Flash 的 FPGA 或者反熔丝类型的 FPGA，减小外置 Flash 带来的程序加载失败风险。

3）PCB 板底部引脚应剪短，防止引脚过长导致尖端放电。

4）光纤收发器、表贴电解电容两端建议做点胶处理，避免插拔光纤时脱落，板卡固定位置应增加阻尼垫。

5）中控板设计定型后，用热成像仪对整板进行扫描，防止中控板发热严重，温度不应超过 85℃。

6）中控板过电压保护应同时具备软件和硬件两种保护，防止过电压软件保护失效，硬件过电压保护值应比软件过电压保护值更高。

7）变压器等大型器件与 PCB 板间预留 0.2～0.5mm 的空间或在器件底部做掏空处理，避免损伤 PCB 板内部布线。为避免三防漆热胀冷缩顶坏二极管，选择喷膨胀系数低的三防漆，或对表贴玻璃二极管喷三防漆前做阻喷保护。

8）严格控制电压测量用电阻温度偏移系数，确保 −10～70℃温度范围内测量精度控制在 ±1%以内，电压采样根据需要添加数字滤波。

9）可调电阻应做点胶或挂漆处理，避免阻值偏差对运行性能的影响。

10）FPGA 上电至稳定输出期间需设置闭锁信号，避免不确定信号造成误触发 IGBT 或旁路开关。

11）通信校验时，应有容错机制和策略。

（2）驱动板。IGBT 驱动板接收中控板指令开通或关断 IGBT，同时检测及反馈 IGBT 状态。若出现驱动故障，驱动板应及时关断器件以保护器件免受损坏。IGBT 驱动板主要由 IGBT 驱动芯片、驱动辅助电源、驱动外围电路及接插件四部分组成，一般应包含高压隔离单元、电源监视单元、信号接收/发射单元、Vce 电压监视单元、门极钳位单元、有源钳位单元（如有）等。IGBT 驱动板基本结构如图 3−1−12 所示。

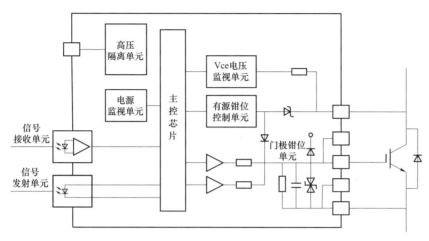

图 3-1-12 IGBT 驱动板基本结构示意图

IGBT 驱动板应对驱动电源电压或 IGBT 门极电压、IGBT 集射极电压以及有源钳位状态等信息进行监视与判断，当检测目标值超出故障阈值时，采取相应保护措施并实时上报驱动板当前状态至中控板，驱动板具体的监视信息和保护功能如表 3-1-2 所示。为便于后续故障定位和分析，驱动板上报故障信息时，需以数字协议对故障类型进行分类。

表 3-1-2　　　　　　　　　　　驱动板监视信息和保护功能

序号	信号	定义	具体内容
1	控制命令	中控板发出的开通/关断的信号	开通指令
			关断指令
2	反馈信号	IGBT 驱动板回报的应答信号或者故障信号	IGBT 驱动板回报的开通、关断应答信号
			IGBT 退饱和保护动作
			IGBT 驱动板电源欠电压保护动作
			IGBT 门极欠电压保护动作

基于以往工程出现的故障，建议驱动板设计时采取如下反故障措施：

1）避免 IGBT 驱动电流变化率 di/dt 保护（如有）误动作造成换流阀无法投运，过电流保护值应准确可靠，设计阶段应进行充分试验验证。检测逻辑应配置合理，针对启动阶段电流快速变化，检测中应设置死区延时，避免误动。

2）应避免 IGBT 驱动光纤接插头不稳定造成通信异常，制定严格的施工工艺控制

柔性直流输电工程可靠性设计及应用

规范，培训专业人员操作。

3）应避免 IGBT 驱动电源模块连接端子不牢导致供电异常，不建议使用 IGBT 驱动外加隔离电源模块方式。

（3）取能电源板。为实现子模块内中控板、驱动板以及其他板卡稳定供电，需要从子模块电容器取电，通过取能电源板转换为各板卡适配电压。为保证在换流阀启动、稳态运行和暂态工况过程中，取能电源能够获得足够能量并且具备足够耐压能力以保证子模块二次系统的可靠工作，应根据系统条件评估子模块电容在充电时的上电情况，进而设计取能电源的门槛工作电压，并且留有足够的安全裕度。取能电源最小工作电压（上电电压）应不高于功率模块额定运行电压的 20%，最大工作电压不低于功率器件标称电压。

基于以往工程出现的故障，建议取能电源板设计时采取如下反故障措施：

1）为防止取能电源因故障引起过热起火，在设计阶段，取能电源板卡输入回路应采取过电流熔断措施，输入端不应装设压敏电阻。

2）为防止取能电源因输出短路而损坏，在设计阶段，设置短路工况下的电流限制功能，也可以采用间歇式工作模式；在生产阶段，每台取能电源进行输出短路测试。

3）为防止电容电压波动造成取能电源板卡输入端过电压损坏，在设计阶段，取能电源板卡最高工作电压应不小于子模块最高电压的 1.1 倍；在生产阶段，每块取能电源板卡进行最高工作电压测试。

4）为防止断电维持时间不足，造成模块不能闭锁，在设计阶段，按照取能电源板卡负载情况以及故障时系统反应时间，设计取能电源板卡储能电容容量，保证断开外部电源后，能可靠闭锁并旁路子模块，反馈模块状态。在生产阶段，每台取能电源进行断电维持时间测试，或每个模块做断电闭锁功能试验。

5）为防止取能电源输出电压波动，影响负载板卡工作，在设计阶段，高压回路纹波按照小于输出电压的 1%设计，低压回路输出电压纹波按照小于 120mV 设计。在生产阶段，每台取能电源进行输出纹波电压测试。

6）为防止变压器绝缘不足，造成取能电源故障，变压器的绝缘耐压大于额定工作时初（次）级电压的 2 倍另加 1000V 裕度。

7）为防止负载功率变化造成取能电源输出电压异常波动，在设计阶段，输出端并联等效负载电容，测试 50%阻性负载→150%阻性负载→50%阻性负载突变时（等效实际负载功率），高压回路输出电压波动不超过 10%，低压回路输出电压波动不超过 3%。

8）为防止取能电源因功率裕度不足，出现过载、过热故障，应保证负载板卡消耗功率低于取能电源额定功率的 1/2。在老化阶段，每台取能电源按照额定功率老化。

9）为防止取能电源在低压输入时，工作状态不稳定。在设计阶段，应保证取能电源板卡启动电压高于降压停运电压至少 30V；在生产阶段，每台取能电源进行启动电压、降压停运电压测试。

3.1.2 阀控系统架构与功能

柔性直流换流阀阀控系统介于柔性直流控制保护系统和柔性直流换流阀子模块控制单元之间，是两者之间的桥梁，如图 3－1－13 所示。其主要功能是接收柔性直流控制保护系统发送的参考电压信号以及其他控制指令，并通过适当的调制方式转换为控制脉冲后发送给子模块控制器；同时接收子模块控制器的运行状态和故障信息，经过处理后反馈给柔性直流控制保护系统，从而实现对换流阀的控制、保护和监视。

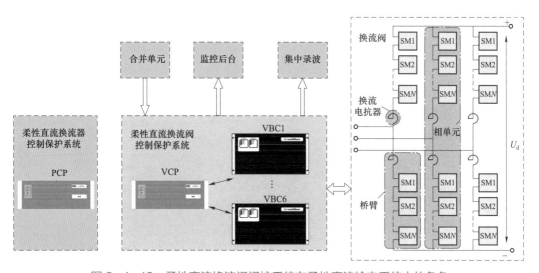

图 3－1－13　柔性直流换流阀阀控系统在柔性直流输电系统中的角色

3.1.2.1 阀控系统架构

为了实现阀控系统各项功能，不同技术路线的阀控系统架构方案存在一定差异，由于阀控接口、桥臂/阀基控制、脉冲分配等不同子功能可以通过不同的硬件配置方式来

柔性直流输电工程可靠性设计及应用

实现，对应的阀控系统分层结构也有所区别。

典型的阀控系统结构设计为两层架构，由第一层阀中控装置（valve control protection，VCP）和第二层的阀基控制装置（valve base control，VBC）组成。VCP 的功能主要包括：① 接收极控下发的调制波及控制指令，同时向极控上传换流阀运行状态及桥臂电压信息；② 根据各桥臂调制波计算各桥臂子模块投入数；③ 从合并单元接收各个桥臂电流，实现环流抑制功能。VBC 的功能主要包括子模块电压平衡控制、子模块触发脉冲分配、桥臂过电流临时性闭锁等。

VCP 和 VBC 都是双重化冗余配置，与冗余双重化配置的极控系统之间的信号交换仅在对应的冗余系统之间进行，即极控系统 A 与换流阀控制系统 A 进行信号交换，极控系统 B 与换流阀控制系统 B 进行信号交换。VCP 的冗余双重化系统为两台独立的装置，VBC 的冗余双重化系统同装置配置，除光纤接口板之外的所有环节均为冗余双重化配置，VCP 和 VBC 的具体功能分配如下。

（1）VCP 装置功能。

1）实现与极控数据通信功能，接收极控下发的调制波及控制指令；向极控上传换流阀运行状态及桥臂电压信息。

2）三次谐波注入功能（如有）。

3）环流抑制功能。

4）根据各桥臂调制波计算出各桥臂子模块投入数。

5）实现分组均压功能。

（2）VBC 装置功能。

1）子模块电压平衡控制功能。

2）分桥臂闭锁保护功能。

3）脉冲分配即子模块接口功能。

随着软、硬件功能进一步细化，阀控系统架构主要分为三种常见结构形式。

第一种常见阀控系统架构如图 3-1-14 所示，由阀控接口单元、中央控制单元、桥臂控制单元、子模块接口单元、阀监视单元等组成。阀控接口单元实现与极控、测量系统的接口通信功能，完成桥臂过电流保护功能。中央控制单元根据极控下发的调制波计算各

120

桥臂子模块投入数，完成环流抑制功能。桥臂控制单元完成一个桥臂的子模块电容电压平衡控制及本桥臂子模块监视功能；子模块接口单元完成控制指令的分发以及子模块数据的汇总上传。阀监视单元实现对换流阀、阀控系统运行状态信息的实时显示、事件记录、录波文件的读取等功能。

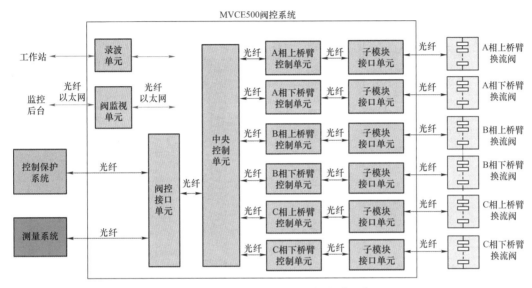

图 3-1-14　阀控系统常见架构（一）

第二种常见阀控系统架构如图 3-1-15 所示，主要组成部分包括电流控制单元、汇总控制单元、分段控制单元、阀监视（VM）单元。控制单元包含两层，分别为阀基控制单元和分段控制单元，各控制单元均向阀监视单元发送本机箱的模拟量及状态量信息，用于对换流阀及阀控各单元的实时监视。阀控系统电流控制单元和汇总控制单元均单独组屏，实现 A/B 系统硬件隔离，对应系统的换流阀监视系统通过规约将换流阀与阀控全部信息转发至运行人员操作界面。

第三种常见阀控系统架构如图 3-1-16 所示，主要分为三取二保护箱、阀控主控控制箱、桥臂控制箱、脉冲分配模块。主控箱用于实现环流抑制控制、阀控内外部通信自检、硬件自检、电源掉电检测以及阀控和外部通信等功能。三取二保护箱用于实现换流阀的暂时性闭锁保护和换流阀过电流保护功能。桥臂控制箱用于实现换流阀 6 个桥臂单独电平逼近调制、子模块电容电压平衡控制功能。脉冲分配模块用于对阀控 A、B 主套数据的选择，以及换流阀子模块状态数据收集并转发阀控 A、B 系统。

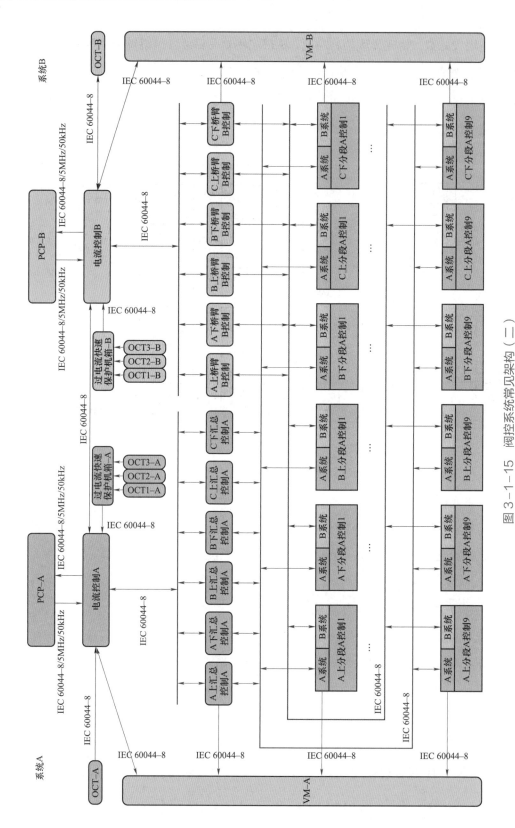

图 3-1-15 阀控系统常见架构（二）

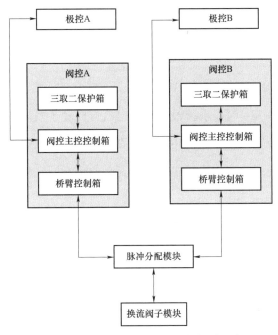

图 3-1-16 阀控系统常见架构（三）

3.1.2.2 阀控系统基本功能

阀控系统基本功能包括参考电压调制、子模块电压平衡控制、环流控制、阀控同步控制、脉冲分配等。

1. 参考电压调制

阀控系统根据柔性直流控制保护系统下发的调制波，确定桥臂投入子模块数目。根据多个柔直工程经验，推荐采用最近电平逼近（nearest level modulation，NLM）调制策略实现，如图 3-1-17 所示。

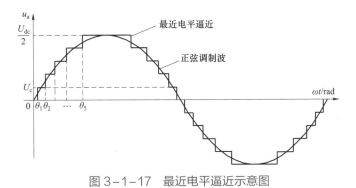

图 3-1-17 最近电平逼近示意图

阀控系统根据下发的调制波动态调整投入子模块的数量，得到每个子模块的驱动信号。其中，投入子模块数量等于调制波幅值除以子模块额定电压四舍五入取整。

2. 子模块电压平衡控制

阀控系统根据下发的调制波决定当前周期投入模块的个数，具体投入哪些子模块由阀控系统均压策略来决定。阀控系统根据桥臂电流方向和子模块电容电压值对子模块进行充放电控制，维持桥臂内子模块的电容电压在一定范围内平衡。阀控系统均压控制的原则为：在充电方向投入电容电压低的模块，在放电方向投入电容电压高的模块，通过动态充放电维持电容电压均衡。

子模块均压策略可以采取多种具体实现方式，比较典型的控制策略有"K 值判定法"电容电压平衡策略、"遗传算法搜索法"电容电压平衡策略、"周期回溯法"电容电压平衡策略。电压平衡控制策略须遵循电压波动范围可控、子模块开关频率低、应力和损耗均可有效控制等基本原则。以"周期回溯法"电容电压平衡策略为例，通过6 桥臂控制器分别对每个桥臂采样的模块电容电压进行排序。依据调制波计算需要投入或切除的子模块个数，若当前桥臂电流为正时，投入子模块需要选择电容电压最低的子模块投入进行充电，切除子模块需要选择子模块电容电压最高的切除；当桥臂中的电流为负，投入子模块时需要选择电容电压最高的进行放电，切除子模块时需要选择电容电压最低的。通过控制系统记录子模块上个控制周期的开关状态，只开通/关断当前控制周期相对于上一个周期开关数量的偏差值，可以达到降低开关频率的目的，如图 3-1-18 所示。

3. 环流控制

子模块的储能元件是电容器，上、下桥臂充电功率中的基频和二倍频分量对子模块电容器充、放电，从而造成子模块电容电压的基频和二倍频波动。上、下桥臂经调制后输出的换流阀端电压中的二倍频分量方向相同，不能抵消，为控制直流电压无波动，基本控制原理是让换流阀电抗器两端产生与换流阀端电压方向相反的二次谐波电压，从而抑制相间的环流。二倍频相间环流控制策略控制框图如图 3-1-19 所示。

使用闭环电流控制器直接控制环流的大小，在调制度允许范围内将桥臂的二倍频环流分量抑制到1%以下，并且不引入其他频次环流分量。

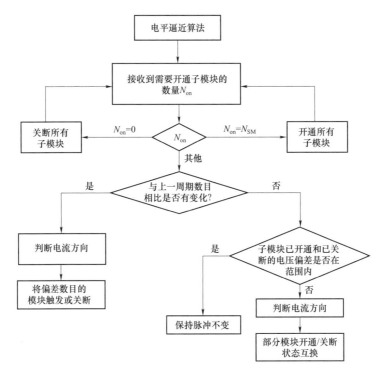

图 3-1-18　电容电压平衡控制算法示意图

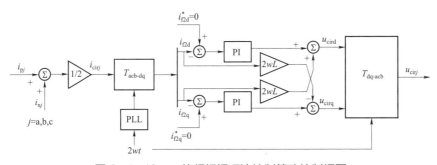

图 3-1-19　二倍频相间环流控制策略控制框图

4. 阀控同步控制

（1）阀控与极控同步。阀控系统根据极控的周期动态调整任务执行周期，执行同步过程，确保所有阀控装置都以极控为基准，从而实现对各子模块的操作同步进行。

（2）阀控系统内部同步。阀控系统根据极控下发的数据帧，校准阀控系统内部时钟同步信号，并将时钟同步信号下发给阀控系统内部的各个控制单元，阀控系统各桥臂之间在同一时刻对子模块发出控制指令，从而达到阀控系统内部同步效果。

5. 脉冲分配

阀控系统通过光纤接口板/脉冲分配箱产生脉冲并与子模块连接，硬件选择电路根据双系统的值班信号选择值班系统的驱动命令来触发相应子模块。需满足如下强制性要求：

（1）光纤接口板/脉冲分配箱里除了最终与子模块连接的光纤、光模块及硬件选择电路之外，均采用双重化配置。

（2）光纤接口板/脉冲分配箱可同时接收主套、备套阀控系统的指令，但只执行主套阀控系统的控制保护命令。

（3）光纤接口板/脉冲分配箱应将接收到的子模块返回信息发送至主套、备套阀控系统。

3.1.3 阀冷系统架构与功能

柔性直流换流阀在正常运行过程中产生大量热量，其核心元件 IGBT 的工作温度须严格控制在规定的极限温度之内，否则将造成不可逆损坏。柔性直流换流阀阀冷系统用于维持柔性直流换流阀核心元件散热并保证换流阀在要求的温度范围内运行，为柔直工程的安全稳定运行提供保障。

阀冷系统主要包括内冷系统、外冷系统、输配水系统及控制系统，其主要工作原理如图 3-1-20 所示。

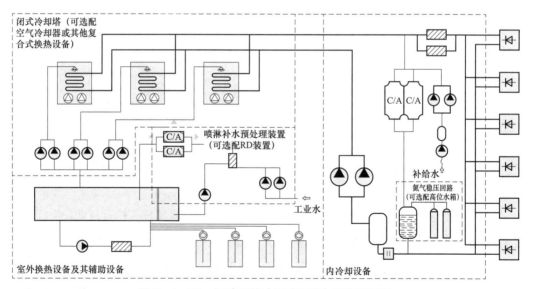

图 3-1-20　阀冷系统（闭式系统）工作原理图

3.1.3.1 内冷系统

内冷系统一般采用闭式系统，主要由主循环回路、去离子回路、稳压系统、补水系统组成，用于将换流阀产生的热量通过循环水带到外冷系统进行冷却，具有水循环、内冷却水处理、系统压力稳定等功能。内冷系统中冷却水在换流阀内加热升温后,由循环水泵驱动进入室外换热设备内的换热基管内,在室外换热设备的冷却作用下,换热盘管内的循环水得到冷却,降温后的内冷却水由循环水泵再送至换流阀,如此周而复始循环。

内冷却水补水回路主要由补水泵、补水过滤器及离子交换器等组成。冷却系统运行时,当膨胀水箱的水位低于设定值,则补充水泵会自动启动进行补水。补充水为外购的纯水/蒸馏水,补充水经补水泵驱动先经过补水过滤器,再经过离子交换器以保证补充水的电导率满足换流阀要求。

为保证内冷却水回路中保持压力的恒定,设置一氮气稳压系统以维持整个冷却系统的压力。为降低可控硅阀阀组承压,提高阀组的运行安全,冷却水回路将阀组布置在循环水泵入口端。

为了控制进入换流阀内冷却水的电导率,在主循环回路上并联一水处理回路。水处理回路主要由一用一备的离子交换器和交换器出水段的精密过滤器组成。系统运行时,部分内冷却水将从主循环回路旁通进入水处理装置进行去离子处理,去离子后的内冷却水其电导率将会降低,处理后的内冷却水再回至主循环回路。通过水处理装置连续不断地运行,内冷却水的电导率将会被控制在换流阀所要求的范围之内。同时为防止交换器中的树脂被冲出而污染冷却水水质,在交换器出水口设置一精密过滤器。

外冷设备、水处理装置、膨胀罐、水泵、管道及阀门等设备中一切与内冷却水接触的物质均采用不锈钢材料,系统内还设有过滤器过滤杂质,从而保证了内冷却水有很高的洁净度。

3.1.3.2　外冷系统

外冷系统主要由闭式冷却塔或空气冷却器、水质软化净化设备、补水装置组成。冷却水在室内换流阀散热器内加热升温后,由循环水泵驱动进入室外换热设备,通过风冷、水冷的方式使介质得以冷却,降温后的冷却水由循环水泵再送至室内。

不同工程的阀外冷系统形式不同,外冷形式包括冷却塔冷却、空冷器冷却、冷却塔串空冷器冷却,外冷系统需冗余配置,单台设备故障不影响换流阀设备运行。在室外气温降低或换流阀负荷较小的情况下,可以通过调节外冷设备运行台数和变频调速风机的转速来实现对进阀温度的精确控制。

冷却塔运行时,喷淋水不断蒸发,为了保证冷却塔喷淋水系统的正常运行,在室外设置一个起缓冲作用的喷淋水池,根据水池液位进行自动补水。为防止长期喷水而在热交换盘管外表面产生结垢现象，需要对喷淋水进行处理，喷淋水补水进水池之前需进行反渗透脱盐处理。同时为控制喷淋水水质设置一旁滤循环回路，使用砂滤器对喷淋水池中的水不断循环过滤。为了控制喷淋水的浓缩倍数，可通过排掉一部分喷淋水，补充新鲜水，以更好地控制喷淋水的水质。必要时，通过加药装置向喷淋水中投加杀菌剂、灭藻剂等药剂加以解决，以稳定喷淋水水质。

3.1.3.3　控制系统

控制系统主要由控制单元、监视单元、人机显示单元和远程交互处理单元等组成，用于实现对水冷系统主体部分的监视、控制和保护，与大功率电力电子装置及后台监控系统集成，便于监控系统远程监视，同时提供方便的对外通信接口。

与常规换流阀相比，柔性直流换流阀冷却系统的设计差异主要有如下几点：

（1）相同输送容量的柔性直流换流阀和常规换流阀相比，所需的冷却容量大很多，在柔性直流换流阀中，每个阀厅的 3 个桥臂可能就需要一套独立的阀冷系统，即相当于每个阀厅的冷却系统配置和阀冷控制系统配置为常规换流阀的 2 倍。

（2）因柔性直流换流阀本身的阀塔结构是支撑式，常规换流阀是悬吊式，因此两者阀冷系统阀厅管路设计上差异很大。

（3）同一阀厅的两套阀冷系统，任意一套出现跳闸时，均导致该阀厅直流闭锁。

3.2　一次设备可靠性设计

与传统晶闸管换流阀相比，柔性直流换流阀一次设备元器件多样、结构复杂，本节从换流阀阀塔、子模块及其核心组部件等方面介绍可靠性提升研究的方法和成果。

3.2.1　阀塔可靠性设计

与传统特高压直流输电技术不同，柔性直流换流阀的阀塔重量大，一般采用支撑式阀塔结构。随着工程输送容量和电压等级不断提升，阀组件尺寸、重量相应增加，阀塔绝缘水平进一步提高。因此，在设计过程中应充分优化绝缘设计，提升阀塔整体抗震性能，同时兼顾防火等方面要求。

3.2.1.1　绝缘设计

换流阀有空气绝缘（自恢复型绝缘）和固体绝缘（非自恢复型绝缘）两种绝缘型式。上述绝缘型式在应用中已考虑直流、交流和冲击（包括正、负极性）电压作用下的绝缘特性。对于空气绝缘，一般基于要求冲击耐受电压确定最小空气净距；对于固体绝缘，一般以持续运行电压（直流和交流）为基础确定最小爬电距离。

换流阀绝缘配合设计综合考虑了阀塔在运行过程中交流、直流和冲击电压应力，设计了合理的空气净距和爬电距离，确保换流阀在运行过程中不会发生空气击穿，也不会因为绝缘材料老化或者污秽而产生绝缘材料沿面放电。

图 3-2-1 和图 3-2-2 为张北工程延庆站换流阀受到操作和雷电冲击电压时的阀层对地电压分布。从图中可以看到，在操作波和雷电波作用下，阀层之间电压分布都比较均匀，换流阀结构设计合理，未出现绝缘耐受缺陷，从设计角度保证了阀塔绝缘设计的可靠性。

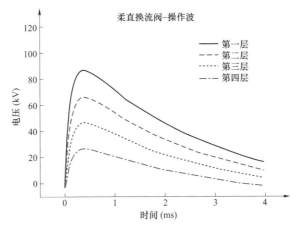

图 3-2-1　换流阀操作波电压分布

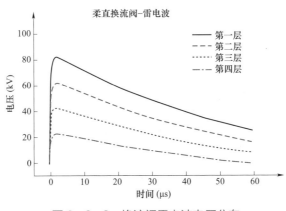

图 3-2-2　换流阀雷电波电压分布

绝缘材料在长期电压作用下，可能产生电痕化，使材料性能衰变、表面发生蚀损，严重时会在材料表面产生导电通道。阀塔绝缘件（塑料件）应选用具有抗电晕放电特性、相比漏电起痕指数较高的材料。一般应选用相比漏电起痕指数（comparative tracking index，CTI）不小于 500V 的绝缘材料。阀塔斜拉/支柱绝缘子示意图如图 3－2－3 所示。

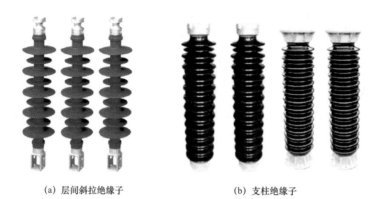

(a) 层间斜拉绝缘子   (b) 支柱绝缘子

图 3－2－3 阀塔斜拉/支柱绝缘子示意图

各绝缘子两端金属法兰部分、阀塔内部金属零件突出部位设置均压罩或均压环，整个阀塔顶部、底部采用均压环。屏蔽均压结构的边缘和棱角按圆弧设计，通过仿真确定外缘的曲率半径，表面光洁、无毛刺，可以有效改善换流阀在高电压运行时阀塔内部和阀塔对地电场分布特性，防止换流阀在高电压下发生电晕放电，减少高压电场对设备的破坏与灼伤。

3.2.1.2 抗震设计

阀塔对地由阀基绝缘子支撑，如图 3－2－4 所示，层与层之间通过层间绝缘子支撑，单塔框架互相之间通过斜拉绝缘子进一步预紧，形成一个整体框架结构，增强整体稳定性；两列塔之间通过塔间绝缘子支撑，该绝缘子能承受一定的抗拉、抗压、抗弯、抗扭等载荷的作用，通过合理布置将环抱式两列塔形成一个整体，进一步增强抗震性能。

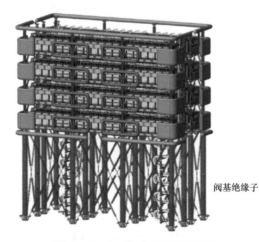

阀基绝缘子

图 3－2－4 换流阀阀塔模型图

换流阀阀塔所用到的阀基绝缘子、层间绝缘子、斜拉绝缘子等除应满足所对应的电气要求外，还应有足够的机械强度，能够满足长期运行的机械应力及耐受地震载荷作用的能力。

柔性直流换流阀阀塔体积庞大，质量可达百吨级别，目前尚无有效方案开展振动试验。因此，一般通过有限元建模仿真对换流阀进行抗震计算校核，明确产品振动特性及薄弱环节，有针对性地加以强化。

建立有限元模型时，首先建立阀模块的有限单元模型，即阀模块梁柱支撑体系和质量悬挂体系，关键参数包括阀的质量，梁柱之间、主梁和次梁之间连接方式等。在阀模块模型的基础上建立阀塔模型，阀塔模型由多个阀模块及底部框架组合而成，在阀模块及底部框架的相应位置设置绝缘子斜拉杆，最终形成换流阀阀塔的整体有限元模型，提取前 4 阶振型对应的频率。

根据换流阀所处的地理环境，确定地震设防等级、水平加速度峰值和垂直加速度峰值。对数值模型进行抗震分析，按照不同工况荷载组合所规定的地震进行加载，计算出设备的整体最大位移、支柱绝缘子最大位移、支柱绝缘子最大应力、层间绝缘子最大位移、层间绝缘子最大应力，检查换流阀是否可以满足抗震要求。

根据有限元模型仿真结果，确定换流阀阀塔承重结构最大应力点和抗震要求，根据要求对换流阀承重结构材料和尺寸进行优化设计，预留一定的安全系数（一般在 2 倍及以上），有效保证阀塔的抗震性能。

3.2.1.3 防火设计

1. 材料选型

阀塔中暴露于空气中的非金属材料和元件（重量达到 50g 以上）应具有阻燃特性和自熄性，达到 UL94 – V0（垂直件）和 UL94 – HB（水平件）阻燃等级，如绝缘支架、部分绝缘螺母等，同时兼顾高机械强度及高介电性能；光纤槽选用具有阻燃性的树脂材料，采用非金属螺纹连接件时，优先选用阻燃螺栓标准件。阀内各种非金属材料的阻燃性能如表 3 – 2 – 1 所示。

表 3 – 2 – 1　　　　　　　　　阀内各种非金属材料的阻燃性能

单元	物料名称	材料	阻燃等级
光缆槽部分	层间光缆槽	SMC	UL94V – 0
	主光缆槽	SMC	UL94V – 0

续表

单元	物料名称	材料	阻燃等级
光缆槽部分	光缆槽盖板	SMC	UL94V－0
	光缆槽支撑	SMC	UL94V－0
光缆	光导纤维铠装	LSZH	UL94V－0
等电位线	绝缘导线	RADOX	UL94V－0
水管部分	主水管	PVDF	UL94V－0
	层间水管	PVDF	UL94V－0
	绝缘支撑	EPGC202	UL94V－0
	绝缘螺母	EPGC202	UL94V－0
	管夹	PA66	UL94V－0
	绝缘螺钉	PA66	UL94V－0
	高强度绝缘螺钉	真空浸胶	UL94V－0
阀框架部分	绝缘梁	玻璃钢环氧	UL94V－0
	支撑梁	EPGC202	UL94V－0
阀基绝缘子及层间绝缘子（阀塔/阀层）	绝缘子伞裙	硅橡胶	UL94V－0
阀基拉杆及层间拉杆（阀塔/阀层）	拉杆伞裙	硅橡胶	UL94V－0

2. 热性能设计

换流阀运行过程中，极端工况下阀厅环境温度可能达到 50℃ 以上，为了避免换流阀产生局部热量集中现象，设计时应充分考虑各种发热器件的热性能。在元器件选型上，兼顾其电气性能与热性能的平衡，确保器件在最大负荷下，热性能不超标。

载流量设计方面，子模块母排、阀塔母排搭接面电流密度至少保留 1.5 倍安全裕度，确保在阀厅最高温度下运行时，母排发热不会引发着火风险。

阀结构布置时，采用模块阵列式分布，各模块之间留有足够空隙，避免相邻模块间温度场的叠加耦合，利于垂直方向散热。同时，阀层间留有较大的层间距离，便于空气流通，利于水平方向散热。

3. 母排电连接点及其防松措施

母排连接处优先选用焊接型式，减少螺栓连接点数量，降低由于长期运行时连接松动可能导致的放电和局部过热风险。

必须使用螺栓连接的部位，应充分考虑母排接触面整体压强及局部压强，校核各元件材料的极端热膨胀状态对接触面压强的影响。采用高强度螺栓、大垫片（或垫块）、碟簧垫圈组合使用的方案，并设计合理的螺栓数量和拧紧力矩，保证连接点材料在极端热膨胀时，不产生塑性变形，确保连接面的压强恒定、均匀。

4. 火源阻断措施

换流阀火灾隐患风险点主要集中在子模块。子模块内部的绝缘材料均采用难燃、自熄性材料，需要大量、持续的热源才能维持燃烧。若子模块内部器件产生着火点，高速旁路开关可快速切断子模块内能量供应，中断着火点热源，确保绝缘材料不能持续燃烧。

子模块内部采取防火封堵设计，在器件失火后，将其燃烧范围控制在子模块外壳内部，降低对上下层模块的影响。具体措施包括在子模块外壳内壁采用防火材料涂装，增强外壳防火性能；器件周围设计防火格挡，有效隔离火源。

阀塔光纤槽应设计为多槽道形式，从地面光纤管沟起始，将不同阀层的光纤布置于不同槽道，避免某阀层光纤失火波及其他阀层光纤；同时，在同阀层光纤槽道的分支口设置防火封堵，避免分支槽道的光纤失火波及主光纤槽道。所有光纤槽均采用难燃、自熄性材料制造，防火性能优异。

3.2.2 子模块可靠性设计

3.2.2.1 分区设计

子模块设计过程中将各元件划分为若干相对独立的功能单元，一般包括电容器单元、IGBT/散热器单元、晶闸管/旁路开关单元和控制保护单元。综合考虑器件布置、机械强度和电气连接等多方面因素，在保证功能可靠的前提下，将子模块内部的支撑框架、电气器件、电气连接有效整合，形成一个可靠、紧凑的结构整体。

子模块设计过程中应遵循一次、二次元件分区布置原则，控制保护单元封装在单独的金属盒中，与一次元器件隔离开，有效屏蔽功率器件开关动作时对控制保护单元产生的干扰，提升子模块抗电磁干扰能力。

以张北工程换流阀子模块为例，在渝鄂工程换流阀子模块基础上对取能电源和中控板进行合并设计，减小低压电源线路长度；对上管驱动、下管驱动分离设计，使两个电位完全隔离，进一步优化子模块整体设计布局，如图 3-2-5 所示。

IGBT 及散热器单元采用紧凑型布局设计，将 IGBT、散热器、直流均压电阻和连接母排固定连接成一个模块化整体，既节省了子模块空间，又兼顾了维护和维修的可操作性。真空开关采用分体式结构，将电气部件和机械操控部件在结构上分离，在提升开关性能的同时，也合理地利用了子模块空间。电子电路器件采用插拔固定和螺钉锁紧结构，使得电路板固定更可靠，同时也便于更换。

柔性直流输电工程可靠性设计及应用

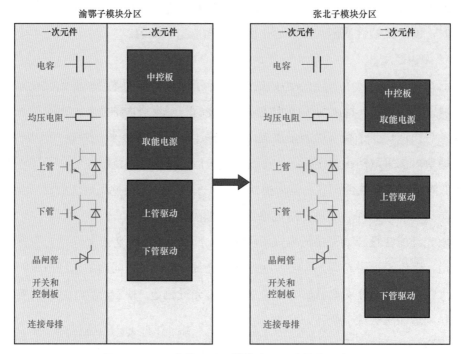

图 3-2-5　张北工程子模块分区设计优化示意图

为提升子模块内部电力电子器件抗电磁干扰的能力、降低阀厅内及同阀段多器件耦合场的相互影响，同时出于防火防爆功能的考虑，在子模块的外部设置金属外壳，引入工业造型设计理念，在满足功能要求的基础上，使产品外观也非常美观。

3.2.2.2　防爆设计

子模块 IGBT 爆炸后可能损坏水管、旁路开关、晶闸管等元件，甚至波及相邻子模块，影响换流器整体工作状态，爆炸影响后果分析及等级划分如表 3-2-2 所示，需要对子模块进行防爆设计以尽可能地减小爆炸范围。

表 3-2-2　　　　　　　　IGBT 爆炸影响后果分析及等级划分

序号	破坏状态	影响后果	影响等级	备注
1	旁路开关损坏	故障子模块无法旁路，输电系统停运	严重	防爆结构重点处理对象
2	子模块水管断裂	水冷系统因漏水而停机，输电系统停运	严重	
3	母排断裂或短接	通流回路阻断或者电容器放电	一般	—
4	子模块结构变形移位	结构损坏	一般	—

子模块防爆设计首先应考虑在任意子模块 IGBT 爆炸后，不应造成柔性直流输电系统停运，同时对其他元器件的损坏程度应降至最低，不影响临近正常子模块单元，应遵循以下一般性设计原则：

（1）水管应远离 IGBT 爆炸的风险点并带有稳固或隔离装置，以防止水管受爆炸冲击力的影响产生漏水等现象。

（2）子模块内部应存在爆炸冲击力的缓冲装置，以吸收爆炸释放的能量。

（3）与电容、旁路开关、晶闸管等器件连接的铜排应使用软连接，保护器件不会因爆炸应力而损坏。

（4）子模块内部应设置爆炸隔离装置，避免 IGBT 爆炸碎片的溅射。

如图 3-2-6 所示，阀组件进、出水管位于电容上侧，子模块进、出水管位于子模块核心单元上侧，通过铝合金顶盖板与 IGBT 完全隔离，即使 IGBT 发生爆炸，也影响不到水路安全。

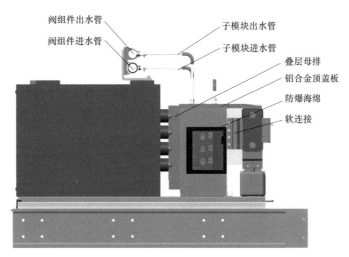

图 3-2-6　子模块结构剖视图

IGBT 器件完全被上部铝合金顶盖板、左散热器、右散热器、下部铝合金底板包围，通过防爆海绵实现二次防爆。发生爆炸时，通过防爆海绵能够有效缓冲 IGBT 爆炸应力，防止炸裂碎片飞溅；通过散热器、铝合金顶/底板进一步控制爆炸范围，防止 IGBT 爆炸范围蔓延。左侧、右侧控制板卡通过水冷散热器实现有效隔离。

软连接设计方面，晶闸管压接单元应通过软连接分别与 IGBT 单元叠层母排、旁路开关连接，电容正、负极通过设计有豁口的左右叠层母排螺栓连接。通过采用柔性软连接设计，减少晶闸管压接单元、左右 IGBT 单元、电容的装配应力，确保在 IGBT 爆炸情况下有效降低瞬间机械应力沿连接处扩散。

除此之外，压接式 IGBT 采用非封闭结构设计，在过电压和过电流失效时通过缝隙将能量泄放，防止 IGBT 失效时产生的聚集能量将外壳击破，形成强大的冲击力破坏子模块结构、其他辅助电路和影响周边子模块单元的性能，具有更加突出的防爆特性。

3.2.3 子模块组部件可靠性设计

3.2.3.1 子模块 IGBT 器件可靠性设计

1. IGBT 器件封装选型优化

柔性直流换流阀用 IGBT 主要包括 IGBT 模块和"IGBT＋二极管分立"两种形式。IGBT 模块是由 IGBT 与 FWD 通过特定的电路桥接封装而成的模块化半导体产品。焊接型式 IGBT 是以往柔性直流输电工程的常用器件，这种器件内部结构如图 3-2-7所示。芯片焊接在衬板上，衬板焊接在基板上；内部芯片之间采用超声波焊接引线实现互连；通电流的主端子通过母排引向模块外部；模块内部填充硅胶和环氧树脂，加强内部绝缘。IGBT 模块只能通过基板进行单面散热，器件的功率效能受到限制，也不易于串并联。塑料外壳加单面散热基板的封装结构，其耐盐雾能力、耐振动冲击能力和热疲劳性能均不及金属外壳封装的双面散热晶闸管。

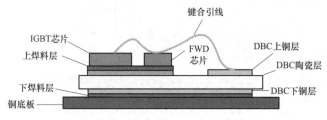

图 3-2-7 焊接型 IGBT 剖面图

随着柔性直流输电工程输送容量逐步提升，对 IGBT 器件的功率等级要求也越来越高，传统的 IGBT 模块已经无法满足下一代柔性直流输电工程的要求，压接式 IGBT 应运而生。

压接型 IGBT 结构与焊接式 IGBT 的结构差别很大，分为凸台式和弹簧式两种技术路线，弹簧式压接型的封装结构专利由 ABB 公司所持有，其他公司如东芝、西玛和丹尼克斯等全部采用与晶闸管类似的凸台式封装结构。ABB 公司的压接型 IGBT 模块（Stakpak）为方形的弹簧结构封装形式，如图 3-2-8 所示。

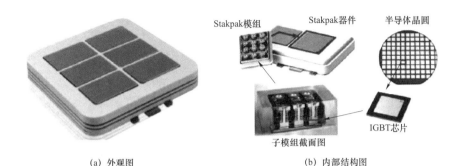

Stakpak模组　　Stakpak器件　　半导体晶圆

子模组截面图

IGBT芯片

(a) 外观图　　　　　　　　　(b) 内部结构图

图 3-2-8　ABB 压接型 IGBT 结构

如采用 IGBT 和 FWD 为独立的分立元件方案，推荐 IGBT 和二极管均采用压接式封装，且二极管内部为与晶闸管类似的整晶圆结构。该方案中分立 IGBT 可完全参考内部含 FWD IGBT 模块进行选型设计。

与焊接型 IGBT 模块相比，压接型 IGBT 模块具有以下几个特点：

（1）压接型 IGBT 通过压力装置将器件夹装于散热器上，两面都可以散热，热阻比只能单面散热的传统 IGBT 模块小，其功率等级也比传统 IGBT 模块大很多。

（2）压接型 IGBT 器件内部不再是采用引线键合技术将导线焊接在芯片和衬板上实现芯片间的并联，而是采用弹簧或者全压接技术实现芯片并联。解决了焊接点抗热疲劳的问题，增加了连接的长期可靠性，可以有效提升器件使用寿命，同时显著降低 IGBT 器件内部的杂散电感。

（3）焊接型 IGBT 模块在失效后，芯片会表现出穿通短路的特性，但是由于短路电流很大，会将芯片引线烧断，整个 IGBT 模块最终呈现断路状态。而柔性直流换流阀为多个子模块串联形式，若 IGBT 模块出现断路，那么整个桥臂就会断开，系统无法正常工作。目前的方案是通过并联在子模块两端的机械开关将故障子模块短路，如果 IGBT 自身就能呈现短路状态，那么子模块中的机械开关则可以去掉，进一步节省工程成本。

（4）压接型 IGBT 的电场方向和安装轴向一致，所以能够很容易地将压接式 IGBT 进行层叠式安装，同时实现从上至下的电气连接。而焊接型 IGBT 的安装则是横向装在一块散热器上，电气连接也需要弯折，引入了额外杂散电感。

（5）焊接型 IGBT 模块内部，芯片被焊接在衬板上。衬板是一种陶瓷平板，其两面敷盖了铜层，便于焊接。衬板又被焊接在基板上。这种多层结构使得传统 IGBT 模块热阻较大，焊层在长时间高低温循环后，可能出现萎缩现象，进一步使热阻增大，使得 IGBT 芯片发热增加，降低了应用可靠性。压接式 IGBT 内部结构中没有使用衬板结构，也不用焊接，不会出现焊层萎缩现象，耐高低温循环能力比传统 IGBT 模块增强，热阻也相应降低。

综上所述，与焊接型 IGBT 模块相比，压接型 IGBT 器件具有耐受电压高、通过电流大、控制功率低、开关速度快以及双面散热等优势，适合进行 IGBT 器件级的串联，失效后呈短路特性，因此压接型 IGBT 更适合高电压、大容量柔性直流输电换流阀。

2. IGBT 短路电流承受能力分析

根据暂态电流的计算分析结果，柔性直流换流阀在各种故障工况下承受的最严重短路电流包含三种类型：① 由于 IGBT 直通引起的电容直接放电，放电电流在数十至数百微秒内就可能达到几十千安水平，这种电流一般通过 IGBT 自身驱动保护进行闭锁清除；② 由于部分短路故障造成的阀过电流，该过电流的发展特性持续至换流阀闭锁，一般来说，闭锁时间在故障发生后几毫秒左右；③ 由于直流双极短路或者极线对金属回线短路造成的持续过电流，该故障下即使换流阀闭锁，仍承受由交流系统馈入的短路电流，直到交流断路器和直流断路器跳闸，该过电流持续时间达几百毫秒甚至几秒。具体分析如下：

（1）IGBT 直通短路电流耐受能力。在子模块内部桥臂直通等故障下，电容将通过 IGBT 器件直接放电，这种工况下，要求 IGBT 能够在十几千安培的瞬时电流下可靠关断闭锁。高结温情况下，IGBT 元件的短路特性更加严酷，一方面要保证闭锁 IGBT 元件时器件不会超出其安全工作区，另一方面还要保证 IGBT 元件不会因瞬间过热烧毁。直通短路期间，门极驱动单元通过 V_{CEsat} 检测到过电流故障后，控制器立即闭锁 IGBT 元件。闭锁时刻，IGBT 元件将耐受很高的过电压应力，该过电压应力不能超过 IGBT 的额定电压。

（2）IGBT 过电流耐受能力。柔性直流系统中换流阀过电流最严重的故障主要集中于站内交流侧（如变压器阀侧单相接地故障、上下桥臂阀侧单相接地故障），并且一旦故障发生，无法实现故障穿越。IGBT 电流应力迅速上升，且故障电流持续大于器件额定电流，维持时间接近若干毫秒；最严重条件下，从故障开始至 IGBT 关断故障电流期间，IGBT 会发生多次开通和关断。分析表明，IGBT 结温在每次开通/关断动作后会迅速攀升，在最后一次关断时刻瞬态结温应不超过器件最高结温，否则会发生过热烧蚀，极端条件下可能引起爆炸。

（3）直流极线对金属回线短路电流耐受能力。直流极线对金属回线短路故障在各种故障中属于最严重的类型，该故障下，换流阀即使在闭锁以后，仍承受由交流系统或环网中其他换流器直流线路形成的馈入短路电流，直到交、直流断路器跳闸。此时要求换流阀具有承受多个周波故障电流的能力。对于 IGBT 模块,因封装限制,FWD 无法直接承受该故障电流,需要保护晶闸管转移故障电流,从而保护 IGBT 模块。选定保护晶闸管时,除考虑晶闸管的通流能力外,其导通压降需小于 FWD 的导通压降。

与焊接式 IGBT 模块相比,压接型 IGBT 器件以其耐受电压高、通过电流大、控制功率低、开关速度快以及双面散热等优势,适合于大功率应用场合,此外,压接型 IGBT 器件还具有失效短路的特点,适合于冗余设计,因此压接型 IGBT 对于后续高压大容量柔性直流输电换流阀和直流断路器等设备具有更显著的应用优势。

3. 子模块功率器件结温优化设计

基于 MMC 拓扑的柔性直流换流阀,由于桥臂电流为交流分量和直流分量叠加,导致功率模块各器件负载不对称,器件的工作时间、损耗以及结温均存在差异。以 IEGT 方案为例,计算额定工况下半桥和全桥功率模块各器件损耗分布如图 3-2-9 所示,各器件损耗存在较大差异,半桥型子模块器件差异性更加显著。

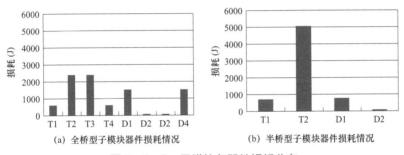

(a) 全桥型子模块器件损耗情况   (b) 半桥型子模块器件损耗情况

图 3-2-9 子模块各器件损耗分布

针对器件损耗不平衡性,进行子模块水路设计时,应重点考虑损耗和结温最高器件的散热性能,保证足够的结温裕度。不妨设器件 T1 损耗为 P,器件 T2 损耗为 kP,$k>1$,T2 损耗要高于 T1 损耗,其结温也高于 T1。如果采用串联水路设计,则存在两种水路设计方案。方案 1 为水路先通过损耗较小器件的散热器,再通过损耗高的器件;方案 2 二方向正好相反,如图 3-2-10 所示。

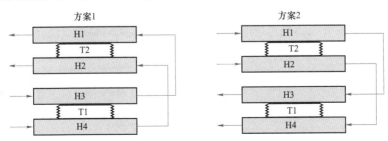

图 3-2-10 不同水路方案器件流经比较

设进水温度 T_{in}，器件热阻为 R_{thjc}，散热器双面热阻为 R_{thch}，水的热阻为 $R_{thwater}$，得到两种方案下器件结温分别如下式所示：

$$T_{T1\_j} = T_{in} + P(R_{thjc} + R_{thch})$$
$$T_{T2\_j} = T_{in} + kP(R_{thjc} + R_{thch}) + PR_{water} \qquad (3-2-1)$$
$$\Delta T_j = T_{T2\_j} - T_{T1\_j} = (k-1)P(R_{thjc} + R_{thch}) + PR_{water}$$

$$T_{T1\_j} = T_{in} + P(R_{thjc} + R_{thch}) + kPR_{water}$$
$$T_{T2\_j} = T_{in} + kP(R_{thjc} + R_{thch}) \qquad (3-2-2)$$
$$\Delta T_j = T_{T2\_j} - T_{T1\_j} = (k-1)P(R_{thjc} + R_{thch}) - kPR_{water}$$

当采用方案 2 时，器件 T2 结温更低，且 T2 与 T1 的结温温差小于方案 1。因此，进行串联水路设计时，冷却水应从损耗由高到低逐级进行散热，可以达到优化水路的目的，其设计原则为：

（1）对于同时给多个器件散热的串联水路，采用水路优先设计方法，冷却液流向按照器件损耗从高到低的顺序依次散热。

（2）针对个别损耗尤其高的器件，可以考虑提高流量，必要时采用散热性能更优的专用散热器。

（3）根据散热器件的数量，综合优化水路并联支路数量、流量、压差，尽量做到器件结温裕度足够、冷却流量经济、冷却回路合理（小压差、少漏点）。

4. 子模块功率器件损耗优化设计

影响换流阀损耗的因素包括控制系统的控制策略、IGBT 驱动板的门极参数、功率模块的杂散参数等。通过优化可以降低 IGBT 的开通、关断以及通态损耗。

阀控控制策略设计时应对 IGBT 换流阀的开关频次进行优化，在纹波电压允许情况下，适当降低开关频率以减小器件开关损耗。

环流控制策略对桥臂电流有效值影响较小，但是对器件运行损耗影响显著。通过仿真计算，得到如图 3-2-11 所示的对比数据。无环流抑制的运行工况下，通态损耗、开关损耗均增加，对开关损耗的影响更为明显，投入环流抑制对于提升系统运行经济性有显著意义。

改变 IGBT 驱动的门极参数（包括开通电阻、关断电容和门极电容）和功率模块换流回路的杂散电感，会影响器件开关速度和开关过程中电压、电流变化轨迹，进而改变器件开关损耗。同时，也会影响开关过程中产生的电压尖峰、电流峰值、电压变化率

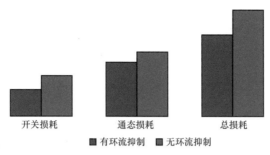

图 3-2-11　环流抑制对于损耗的影响

dv/dt、电流变化率 di/dt 应力。应在保证功率器件应力安全耐受范围内，对门极参数和回路杂散电感进行优化。

此外，器件导通损耗、开关损耗与结温关系密切。一般而言，器件工作结温越高，导通损耗和开关损耗也越大。所以，在功率模块水冷散热设计中，应尽量使器件工作在更低的结温，从而优化器件损耗。

5. 子模块功率器件压装设计

压接 IGBT 器件内部均为多芯片并联结构，为了保证各芯片结构均匀受力、均匀通流、均匀散热，对压装结构工艺要求较高。目前主要有两种不同的压接器件封装路线：① 以东芝、英飞凌为代表的密封无弹簧压接结构；② 以 ABB 为代表的非密封有弹簧压接结构，如图 3-2-12 和图 3-2-13 所示。两种结构各具特点，具体表现在：

图 3-2-12　密封无弹簧压接器件及内部结构（图中为东芝压接器件）

（1）密封无弹簧压接结构为硬压接，芯片受力由多种结构件依次传递，最终通过器件外壳传递至芯片表面，整个过程受影响因素多，压力分布对压力精确性和均匀性要求高，相应地对器件压接机构要求较高。

（2）非密封有弹簧压接结构为柔性压接，芯片的受力通过内部弹簧结构可实现解耦,当外部施加应力过大时,多余压力由器件边框承担,芯片受力完全由弹簧压缩产生的弹簧力施加,各芯片受力基本均匀。因此,与密封无弹簧压接结构不同,该结构对压接机构要求不高。

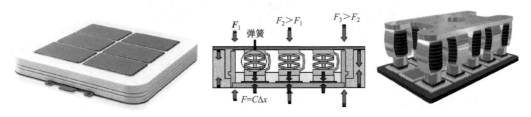

图 3-2-13 非弹簧有弹簧压接器件及内部结构(图中为 ABB 压接器件)

针对无弹簧的压接器件 IGBT 进行压装设计研究,与晶闸管单晶圆结构不同,IGBT 是多芯片并联密封无弹簧封装功率器件,为了保证各芯片的均流特性,对器件表面压紧力的精度和均匀性要求很高。为了保证压接力的准确度,需设计阀串压力精确测量与控制系统。为了保证器件的同心度和压力分布均匀性,应采用精密自校正压接工装平台固定器件。为进一步增强压装效果,在功率器件表面均匀涂抹导热硅脂,将功率器件与散热器之间的微观间隙进行填补,从而达到降低热阻、提高热稳定性的效果。

6. IGBT 器件芯片接触界面优化设计

IGBT 器件芯片两边都有钼片以增加芯片子单元强度。但芯片和钼片的接触表面并非光滑的,而是粗糙、凹凸不平的,局部金属接触形成半导体芯片表面的电流通流路径(局部),在循环工作情况下存在局部过电流和过热现象,芯片表面对此类局部异常非常敏感。为了进一步实现芯片和钼片的低应力电气互联,在以往单面银烧结设计基础上,在芯片集电极、发射极与钼片之间分别加入一层银烧结缓冲层,即利用纳米银材料加入芯片和钼片之间,在高温下熔化后将芯片和钼片紧密连接在一起,消除界面接触不良,为芯片和钼片增加缓冲。IGBT 双面银烧结示意图如图 3-2-14 所示。

3.2.3.2 电容器可靠性设计

直流电容器起到存储能量、支撑母线电压、抑制电压波动以及为板卡提供供电电源的作用。选型时,应综合考虑电容器的额定电压、容值、纹波电流、纹波电压、损耗、温升、寿命等参数。柔性直流换流阀一般选用干式自愈金属化薄膜电容器,内部填充树脂,具有耐压等级高、容值大、安全、寿命长等优点,如图 3-2-15 所示。限于体积、重量、加工等因素影响,当前单体电容器最大容值不超过 10mF,当所需电容超过该值时,一般采用两个电容器并联。

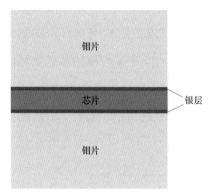

图 3-2-14 IGBT 双面银烧结示意图

图 3-2-15 自愈金属化薄膜电容器

电容器容值的选取需要兼顾子模块稳态电压的波动、暂态电压波动、直流系统动态响应特性及直流双极短路时的设备安全裕度等多方面考虑。电容器容值一般由成套设计基于系统各种工况仿真结果给出，在综合考虑性价比前提下，电容器容值需足够大，确保稳态和暂态工况下电容电压可控制在 IGBT 安全器件范围内。随着运行时间增长，自愈式电容器容值会不断衰减，因此，为延长电容器寿命，选型时一般将电容器容值偏差设置为正偏差，例如 0～5%。

电容器电流需考虑正常工况下工作的最大纹波电流以及极端工况下的短路放电电流。对于纹波电流选型，同样采用仿真分析方法，为了留有足够安全裕度，在环流抑制不使能且换流阀具备的长期过负荷能力为基本工况时计算电容器纹波电流。基于纹波电流，可进一步校核计算电容器损耗和热点温度，确保在安全范围之内。当子模块发生上下管直通放电且保护失效时，由于电容器存储能量较大，回路阻抗较小，电容器放电产生的浪涌电流会达到数百千安以上。在电容器选型时，以电容器直通放电可达到的最高电压以及短路回路的最小阻抗对浪涌电流进行计算，原则上在寿命周期内，电容器承受浪涌电流具有一定次数限制。

电容器电压波动幅度不能太大。MMC 换流器桥臂电流随开关动作耦合到子模块电容器中，引起子模块电容器电压的波动。电容器电压波动会给开关器件带来额外的电压应力，威胁开关器件的安全运行，为此需要将电容器电压波动限制在一定范围之内。子模块中所需的电容器成本与功率器件成本相近，而电容器在子模块中所占的体积更是达到约 80%。电容器电压波动幅度受到电容值大小的影响，允许的电容器电压波动幅度越小，所需的电容值就越大，为了降低成本和体积，子模块电容器电压值的选取不能太大，电容器电压波动幅度不能太小。

基于以上原因,电容器电压纹波设计一般应考虑在系统运行于有功功率最大过负荷(如有)或额定工况,无功功率为该有功功率下的最大值,同时考虑环流抑制失效,仿真计算峰峰值最高的子模块电容器纹波电压作为基准值。在基准值的基础上再综合考虑一定的测量误差(如1%)和设计裕度(如36%)作为子模块电容器纹波电压的初选值,并通过试验测试子模块的纹波电压值,验证纹波电压初选值的合理性,最终确认子模块电容器电压纹波取值,如图3-2-16所示。

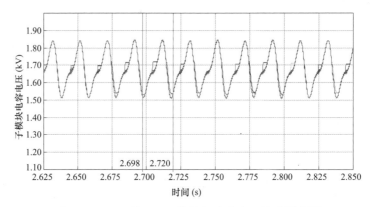

图3-2-16 渝鄂工程换流阀电容电压波动仿真图

3.2.3.3 均压电阻可靠性设计

均压电阻为直流电容提供放电回路,因此有时也称为放电电阻,系统掉电时在指定时间内可将直流电容器电压放电至安全值;也可作为换流阀启动时的均压电阻,防止各子模块电压静态发散。产品选型时,除了阻值及精度以外,考虑工作过程中的发热特性,需重点考察其功率选型及散热设计。

一般采用有限元仿真软件建立均压电阻热模型,结合子模块散热设计,对均压电阻壳温进行仿真,需满足图3-2-17所示的均压电阻功率曲线,必要时还需留有足够的安全裕度。

除热设计之外,均压电阻选型还需考虑其均压特征。换流阀充电阶段,影响子模块直流电容电压均衡因素有很多,包括电容容值、均压电阻阻值、中控板卡损耗不一致等。不控充电开始阶段,换流阀功率模块电容电压较低,充电电流较大,此时导致电容电压分散的主要因素为电容容值的差异,在相同类型子模块下,容值大的模块充电电压偏高;当电容电压达到不控充电所能达到的最大值时,充电电流为毫安级别,此时导致功率模块电容电压分散的主要因素为控制板卡的损耗与均压电阻阻值。

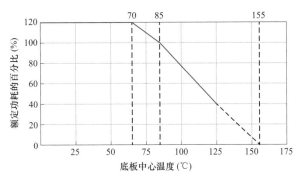

图 3-2-17 均压电阻功率曲线

均压电路利用并联在直流电容器两端的泄放电阻和直流电容器进行配合,达到多模块串联均压的目的,均压电路示意图如图 3-2-18 所示。

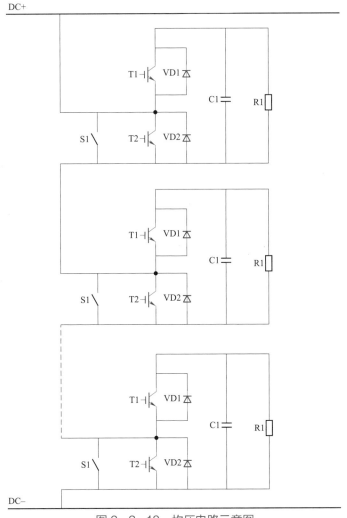

图 3-2-18 均压电路示意图

对于换流阀各个功率模块的静态均压效果，需分析功率模块内部器件的静态工作电流，主要包括电容的静态漏电流 i_c、放电电阻电流 i_R、取能电源的输入电流 i_S。因此，单元总静态工作电流为：

$$i_{static} = i_c + i_R + i_S = \frac{U}{R_{ic}} + \frac{U}{R} + \frac{P_S}{U} \approx \frac{U}{R} + \frac{P_S}{U} \qquad (3-2-3)$$

式中：U 为单元母线电压；R_{ic} 为电容绝缘电阻，阻值约为 $3M\Omega$；R 为放电电阻。$R_{ic} \gg R$，因此电容静态漏电流可忽略。P_S 为取能电源板卡输入功率。由于 P_S 分散性较 R 分散性大，为保证均压效果，需保证 $i_R > i_S$，且差值越大，均压效果越好。可以计算，评价均压效果好坏的临界工况为：

$$i_R = i_S \qquad (3-2-4)$$

$$U = \sqrt{P_S R} \qquad (3-2-5)$$

均压电阻阻值需确保不控充电过程各子模块电压高于临界电压，避免子模块电压发生发散。

3.2.3.4 旁路开关可靠性设计

旁路开关结构复杂，动作速度极快、冲击力大且不允许弹跳，绝缘及电流耐受要求高，且内部各种机械、电磁力相互耦合，因此，其设计、制造难度大，以往工程多次发生由旁路开关失效引发的换流阀故障，影响换流阀及直流工程的安全运行。考虑到柔直阀中旁路开关数量庞大，亟需开展可靠性提升研究。

已有旁路开关可靠性提升措施主要是针对旁路开关触发控制电路的问题，并非针对旁路开关本体问题。然而在以往工程中生产、调试及运行过程中，发现旁路开关本体的设计制造存在以下问题：

（1）结构及电气设计不严谨，不满足柔直阀应用要求。

（2）工艺质量管控及核心元器件选型不严格。

（3）现有试验方案不严苛，适用性、等效性差，难以有效发现质量问题。

针对上述情况，从旁路开关生产、调试及运行过程中的典型问题出发，提出了旁路开关本体可靠性提升方案。

1. 主通流回路异常导致旁路开关误动问题

（1）问题描述。

1）绝缘拉杆联接螺母松动，导致误合。张北站调试过程中出现 1 例旁路开关操动机构与绝缘子连接的开槽螺母松动导致开关误合的案例，如图 3-2-19 所示，经追溯发现该开关在出厂前进行过更换绝缘子返修的操作，返修中未按工艺要求等绝缘胶充分固化后进行操作，导致开槽螺母紧固不牢靠。

2）主通流回路分闸保持力不足，导致换流阀振动情况下开关误合。旁路开关分闸状态下，若分闸保持力不足，在换流阀振动情况下会导致旁路开关误合。

图 3-2-19　张北站旁路开关主通流回路组部件松动

（2）可靠性提升措施。

1）分闸保持力设计优化。为避免分闸状态下旁路开关误合，分闸保持力设计和计算时应考虑外界振动冲击等产生的加速度，建议分闸保持力增加到 300N。

2）加强原材料组部件入厂检验。为保证实际旁路开关分闸保持力等参数满足设计要求，应严格控制关键原材料组部件的参数分散性，在入厂检验时进行逐个检测，建议每条弹簧力矩偏差不大于 5%，每片磁铁磁场强度偏差不大于 3%。

3）加强返修件管控。针对旁路开关开槽螺母松动导致误合案例，应加强对旁路开关厂家的质量管控，杜绝返修件及不合格品的使用、流转或交付，确保提供符合要求的产品。

4）开展振动验证。每个厂家每个型号抽千分之三，建议按 x、y、z 三个方向开展振动耐久性试验，加速度不低于 $3g$、每个方向 20 次、每次 8min、每次扫频 10～150Hz，试验过程中不应出现误合闸，试验后各紧固件不应出现松动。

5）开展冲击振动验证。每个厂家每个型号抽千分之三，建议按 x、y、z 三个方向开展旁路开关振动冲击试验，各方向次数不低于 35 次、加速度不低于 $6g$，脉宽 11ms，试验过程中不应出现误合闸，试验后各紧固件不应出现松动。

6）开展分闸保持力测试。对旁路开关逐台进行分闸保持力测试，分闸保持力应不低于 300N。

2. 微动开关异常导致旁路开关分合位误报问题

（1）问题描述。

1）微动开关接线端子存在异物，形成通路，导致开关位置误报。例如，张北站调试中出现 1 例旁路开关分合位误报故障，检查发现微动开关的接线端子间存在异物附着，使检测回路端子、异物、板卡地之间构成通路，导致误判为合位。

2）微动开关动断触点表面存在异物，造成接触不良，导致开关位置误报。如北京站调试过程中曾出现 1 例旁路开关分合位置误报故障，拆解分析发现微动开关内部动断触点表面存在絮状杂质，接触不良导致旁路开关位置误报。

（2）可靠性提升措施。

1）冗余配置。旁路开关建议至少配置两套互为冗余、相互独立的微动开关。可选用两个一样的微动开关，或选用一个带有两组同类型节点的微动开关。

2）接线端子设计优化。对于配有接线端子排的微动开关，建议在两副节点的接线端子之间增加 1 个空端子，避免异物附着导致的两个回路直接相互影响。

3）触点设计优化。对于采用常闭节点的微动开关，建议将触头设计为多点接触（例如将触点的平面或球面结构改为网格状结构），增加触头的接触点。

4）出厂及入厂检测。在旁路开关厂家出厂检验、换流阀厂家入厂检验时，均逐台对旁路开关的微动开关进行检测，确保微动开关接线端子无异常短接，动断触点的电阻小于 1Ω。

3. 旁路开关拒动问题

（1）问题描述。旁路开关合闸的可靠性对保护子模块安全至关重要。但在旁路开关研制、调试等环节曾出现旁路开关拒动的故障情况，经分析，导致拒动的原因主要有电源失效、电气元件故障等。

（2）可靠性提升措施。

1）电路设计优化。对旁路开关电路部分（如有）进行优化设计，增大电路板焊脚之间的设计距离，增加焊接和接线的可靠性，将导线连接方式改为端子排连线方式，减少飞线搭接，避免因出现短路等现象而导致电路功能异常，从而降低旁路开关拒动风险。

2）合闸线圈放电回路冗余设计。旁路开关合闸线圈的触发回路建议按双冗余配置，以提高可靠性。

4. 旁路开关大电流合闸问题

（1）问题描述。旁路开关合闸过程中存在预击穿，流经旁路开关的脉冲电流达数百千安，旁路开关在闭合前动静触头之间会产生电磁斥力，从而会导致开关减速，甚至反弹至分位。

（2）可靠性提升措施。

1）开距及触头压力设计优化。建议将旁路开关触头开距增加至 2mm±10%；建议合闸状态下触头压力不低于 1200N。

2）开展大电流合闸型式试验，建议选择以下方案之一进行试验：

a. 使用 18mF 电容，试验电压 $3400V_{dc}$，试验回路的阻抗应与实际子模块中一致。

b. 合闸电流第一个波峰的峰值不低于 500kA，半峰值时间不低于 200μs。

5. 旁路开关击穿问题

（1）问题描述。根据南网某工程技术反馈，旁路开关有个别产品在现场测试中出现击穿现象，且开关厂家在厂内复现击穿现象。经过旁路开关厂家、阀厂与业主方共同研究，最终分析认为击穿主要与开距过小、同心度差、触头存在毛刺或杂质等原因有关。

（2）可靠性提升措施。

1）绝缘优化设计。建议将旁路开关开距增加为 2mm±10%。

2）结构优化设计。旁路开关轴向运动部分建议增加导向装置，增加同心度。

3）触头表面毛刺、杂质的控制。对真空灭弧室触头进行工艺和质量要求改进，每台设备增加研磨或电压老炼工艺，消除电极表面的微观凸起、杂质和缺陷。电压老炼试验在 2mm 开距下进行，在 25kV 进行 2min，随后在 30kV 进行 2min。

4）机械老炼试验。建议每台旁路开关出厂增加分合闸机械操作老炼试验，通过机械磨合使其动作性能达到稳定。前期 10 台，每台做 2000 次，每 200 次进行一次性能参数测试；批量生产时，每台做 200 次。

5）高压绝缘筛选试验。在旁路开关出厂试验中通过高压绝缘试验筛选，具体如表 3-2-3 所示。

表 3-2-3　　　　　　　消除杂质或毛刺影响的例行试验项目

项目	试验方法	合格判据	试验方式
交流工频耐压试验	在分闸状态下对真空灭弧室两端、一次对壳体之间施加工频电压 12kV（有效值），时间为 1min	试验过程中，无绝缘闪络、击穿或任何破坏性放电现象发生，试验装置漏电流小于 1mA	全检
雷电冲击耐受电压试验	在分闸状态下对真空灭弧室两端、一次对壳体之间施加雷电冲击电压 40kV（峰值），正负极性各 3 次	试验过程中，无绝缘闪络、击穿或任何破坏性放电现象发生	抽检
方波电压耐受试验	在旁路开关分闸状态下对真空灭弧室两端施加峰值电压大于 6kV 方波电压，电压变化率大于 6kV/μs，开关频率不小于 100Hz，占空比不小于 0.8	试验过程中，无绝缘闪络、击穿或任何破坏性放电现象发生	全检

3.2.3.5　晶闸管可靠性设计

旁路晶闸管的主要功能是保护子模块 IGBT 器件的 FWD，在直流侧短路故障发生后，短路电流将通过子模块上的二极管进行流通。该电流一般会超过二极管的额定电流并产生大量热量，较高的热应力有可能导致功率器件损坏。由于二极管为不控器件，无法进行关断，需采取其他措施来降低这个应力造成的负面影响。因此，在子模块下管 IGBT 两端并联一个晶闸管，晶闸管的通态电阻小于 IGBT FWD 的通态电阻，在系统发生直流侧短路故障后，触发导通该晶闸管对故障电流进行分流，从而保护二极管不致损坏。

旁路晶闸管与下桥臂 IGBT 并联，因此承受子模块直流电压和 IGBT 关断尖峰电压，应参考 IGBT 器件的耐压要求进行设计并留有裕度。同等电流条件下，晶闸管通态压降不能大于二极管，并联后应能承受大部分故障电流，从而起到保护 IGBT 模块的目的。根据压接型普通晶闸管特点和热应力计算结果，通过参数优化匹配可确定短路故障时晶闸管最大分流比，一般设置为 85% 左右。旁路晶闸管应具有很强的通态浪涌电流能力，图 3－2－20 为晶闸管通态浪涌电流与周波数的关系曲线，通过晶闸管的电流波形为正弦半波，频率为 50Hz。通过该曲线可知，该晶闸管可以承受 85.2kA（10ms）暂态电流峰值以及 48kA、5 周波的浪涌电流。

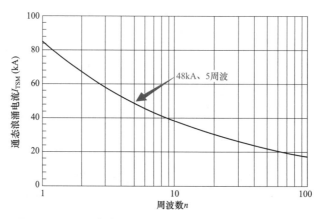

图 3－2－20　旁路晶闸管浪涌电流与周波数的关系曲线

3.3　二次系统可靠性设计

MMC 柔直阀高电位子模块均需具备独立控制能力，其二次系统功能设计及配合逻辑极为复杂，单一元件故障即可能导致子模块旁路拒动进而引起系统跳闸。子模块控制、保护、通信及供能等二次系统功能模块所用的底层板卡元件为常规工业化产品，在实际工程用量多、运行时间长且环境恶劣，其固有失效率较高。以往子模块级二次系统设计容错率低，与工程可靠性需求不匹配，导致"小错误"频发进而引起系统停运的"大问题"，前期工程年强迫停运次数居高不下。

本节旨在提出具备高容错机制的换流阀控制保护二次系统设计方法，形成标准化的 MMC-VSC 换流阀二次系统功能架构与接口规范，明确每个层级的功能，完善逻辑策略，解决控制芯片、电源及通信等功能模块的固有失效率与系统可靠性需求不匹配的应用技术难题，以降低因单一元件失效导致系统跳闸的风险。

3.3.1 阀控级可靠性设计

3.3.1.1 阀控系统冗余设计

1. 双重化冗余方式

阀控系统采用双重化冗余配置提高系统工作可靠性。极控制保护系统与换流阀控制系统之间采用"一对一"连接方，如图 3-3-1 所示，正常运行中采用"一主一备"方式。

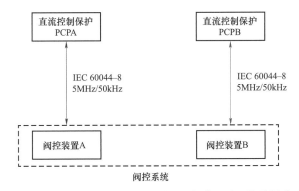

图 3-3-1 控制保护系统与阀控系统"一对一"连接方案

阀控系统为冗余配置，系统之间可在故障状态下跟随极控系统进行自动切换，或由运行人员通过极控系统进行手动切换。系统切换应保证在任何时刻的有效系统应是双重化系统中较为完好的一重系统。

2. 冗余电源方案设计

阀控系统完全双重化配置，各屏柜均为双重化供电且每路电源及对应的电源模块彼此独立。任一屏柜中的单一电源或模块发生故障，均不导致控制设备失电，不影响控制系统运行。

冗余双重化系统为两台独立装置时，每一控制主机均采用两路供电电源，即配备输入独立的两块电源板卡。冗余双重化系统为同一装置时，其中任一系统电源均采用两路供电，即每个系统的电源板卡配备输入独立的两路电源输入端子，如图 3-3-2 所示。

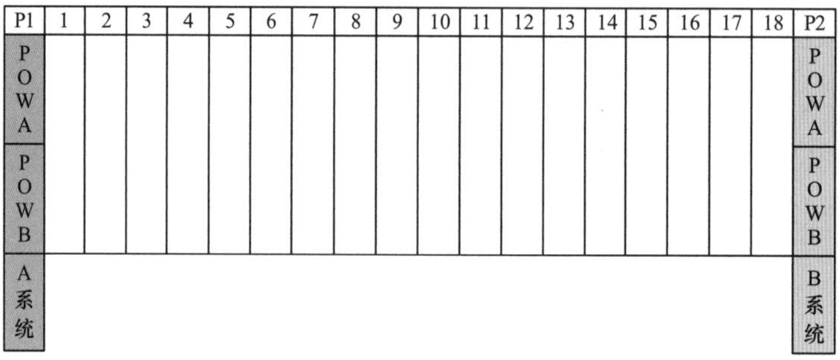
P1
1
2
3
4
5
6
7
8
9
10
11
12
13
14
15
16
17
18
P2
POWA
POWB
A系统
POWA
POWB
B系统

图 3-3-2　冗余系统为同一装置的电源配置方案

3.3.1.2　阀控系统标准化接口与故障录波标准化设计

1. 阀控接口标准化设计

柔性直流输电工程换流阀设备一般由多个厂家供货，不同技术路线设备接口信号、通信方式、功能逻辑不同，导致接口复杂、调试难度大。开展阀控与直流控制保护的接口调试通常需要 3～4 个月时间，消耗了大量人力及时间成本，增加了柔性直流输电工程控制保护系统设计、调试和运行维护难度；由于每个工程均需要根据不同产品修改接口，一定程度上引入设计隐患，影响柔性直流输电系统的可靠性。

为适应柔性直流输电工程的大规模建设，简化换流站关键设备的接口方案、形成通用的接口技术原则，对保障工程工期、提高工程建设质量及可靠性具有重要意义。

（1）阀控与极控之间接口标准化。VBC 与 PCP 系统之间的所有信号均采用光纤通道，通信协议采用 IEC 60044-8 通用协议或者光调制协议，其中从 PCP 至 VBC 的信号包括主备信号和控制信号，从 VBC 至 PCP 的返回信号为阀控系统的状态信息，如图 3-3-3 所示。

1）PCP-VBC：值班备用信号。采用 5M/50k 调制信号，其中值班信号为 5M，备用信号为 50k。

2）PCP-VBC：控制命令信号。PCP 下发 VBC 信号列表如表 3-3-1 所示。

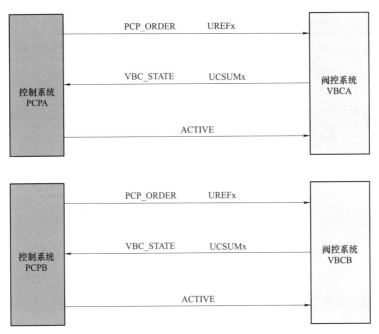

图 3-3-3 极控与阀控之间接口通信信号示意图

表 3-3-1 PCP 下发 VBC 信号列表

信号名称	说明
THY_ON	投晶闸管
DEBLOCK	解锁
DC-ENERGIZE	直流充电
AC-ENERGIZE	交流充电
ACR_BK_CLOSE	交流充电电阻合位
DCR_BK_CLOSE	直流充电电阻合位
Upref1~Upref6	桥臂电压参考值

3）VBC-PCP：VBC_OK。采用 5M/50k 调制信号，其中 5M 表示 VBC_OK=1、50k 表示 VBC_OK=0。

4）VBC-PCP：VBC_TRIP。采用 5M/50k 调制信号，其中 5M 表示 VBC_TRIP=1，50k 表示 VBC_TRIP=0。

5）VBC-PCP：阀控返回信息。VBC 上传 PCP 信号列表如表 3-3-2 所示。

表 3-3-2   VBC 上传 PCP 信号列表

信号名称	说明
VBC_OK	阀控可用
VAVLE_READY	阀组就绪
TRIP	请求跳闸
TB_AU/BU/CU/AD/BD/CD	6 个桥臂暂时性闭锁状态
Up1~6	6 个桥臂子模块总电压
Uav1~6	6 个桥臂子模块平均电压
Np1~6	6 个桥臂子模块投入数

（2）阀控与子模块之间接口标准化。阀控系统通过下发控制信号，同时接收子模块上传的状态信号，实现阀基控制设备对子模块的控制、保护及监视功能。接口方式要求如下：

1）阀基控制设备与每个子模块之间通过一收一发两根光纤通信。

2）阀基控制设备与子模块之间宜采用芯径为 62.5/125μm 多模玻璃光纤。

3）阀基控制设备与子模块之间的通信规约宜采用标准的国际通用协议，数字标准接口宜采用 GB/T 20840.8—2007《定义的通信协议》或根据实际情况自行定义。

4）阀基控制设备与子模块之间的通信速率应不小于 10Mbps。

5）阀基控制设备应在每个控制周期的同一时刻向所有子模块发送控制指令。

6）子模块应在每个控制周期向阀基控制设备发送电容电压和状态信息。

阀基控制设备与子模块之间的接口信号示意图如图 3-3-4 所示。

图 3-3-4　阀基控制设备与子模块之间的接口信号示意图

接口信号范围如下：

1）控制指令主要包括 IGBT 触发信号、晶闸管触发信号、旁路开关触发信号、解/闭锁状态等。

2）状态信号主要包括 IGBT 导通状态、旁路开关状态、驱动故障、子模块电压保护、电源故障、旁路开关故障、通信故障等。

3）电容电压信号主要包括子模块电容器电压采样值。

2. 阀控故障录波标准化设计

阀基控制设备监测每个子模块上传的状态信息，并将阀控命令、阀控状态、子模块上传的电容器电压、运行状态、故障状态进行录波，故障录波数据存储在本地或远端存储设备中。

（1）录波范围。阀控系统的内置录波至少包含桥臂电流值、极控下发命令、调制波、阀控系统返回状态、子模块电压等重要信息。

子模块录波数据应能够准确定位故障，故障录波信息包括电容电压、运行状态、故障状态信息等，故障类型应进行详细区分，详见第 3.3.2.7 节。

子模块录波数据应与所对应的桥臂电流录波数据存储在同一个录波文件中。

（2）启动方式。

1）子模块录波设备自动触发。子模块录波设备通过本地工作站可设置子模块故障录波的触发条件，通常通过设置电容器电压启动阈值和故障状态作为自动启动录波的条件。

2）阀控控制手动触发。阀控控制中加入手动录波命令，通过在阀控工作站操作下发录波命令，子模块录波设备接收到阀控的启动录波命令后，执行录波操作，存储当前子模块运行数据发送至本地工作站或阀控工作站。

3）阀控控制自动触发。子模块录波设备监控的是所有子模块的运行状态，无法实现整个换流阀运行设备的监视，例如桥臂电流、电压异常等情况需要，阀控控制设备具备同时自动触发阀控控制保护录波和子模块录波，便于记录故障时刻的所有数据。

4）上层控制保护触发。阀控控制设备接收上层控制保护下发录波触发命令，阀控制设备接收到上层控制保护的触发命令时需同时启动阀控控制保护录波和子模块录波，便于辅助控制保护系统从系统角度实现换流阀设备的整体数据记录存储。

（3）存储方式。录波主机数据缓存单元应具有足够的容量，将采集的数据存储在缓存区中，一旦故障录波启动，则按照预先设定时间精度和采样频率将故障波数据存储并发送到本地和远端的存储单元。

3.3.1.3　阀控系统保护设计

1. 分桥臂暂时性闭锁

为了提高换流阀的故障穿越能力，在发生某些直流线路故障及故障清除期间，避免对换流阀进行全局闭锁，而采用暂时性闭锁，如图3-3-5所示，待故障清除后自动解锁。相比于分相闭锁，分桥臂暂时性闭锁策略下故障穿越过程中闭锁桥臂个数较少，系统功率波动较小。

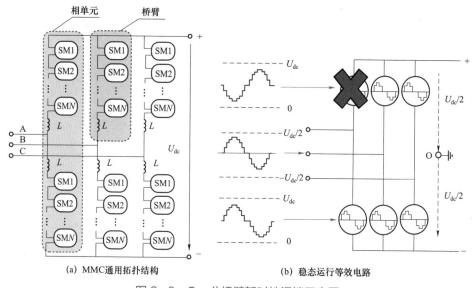

图3-3-5　分桥臂暂时性闭锁示意图

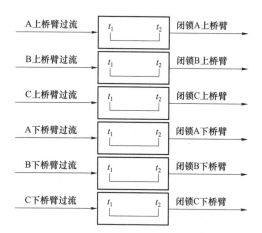

图3-3-6　柔性直流换流阀分桥臂保护示意图

当检测到换流器某一桥臂电流超出保护定值时触发分桥臂暂时性闭锁，闭锁对应的过电流桥臂；当检测到故障桥臂电流低于返回值一定时间后，暂时性闭锁的桥臂自动解锁。当4个及以上桥臂同时因过电流发生暂时性闭锁时，整个换流器闭锁、跳闸，如图3-3-6所示。

当桥臂电流瞬时值大于过电流保护跳闸段整定值，并维持一段时间，则投整个换流器晶闸管、执行系统跳闸。为了保证换流阀安全可靠运行，阀控过电流保护定值的选取需要遵循以下原则：

（1）保证保护功能的可靠性，应防止阀控过电流保护误动导致换流阀闭锁。

（2）保证设备的安全性，需校核各类故障下IGBT最大关断电流。

（3）暂时性闭锁后再次解锁时，换流阀将承受第二次过电流冲击，故障电流较第一次可能上升速度更快，需要合理设置分桥臂闭锁延时时间。

（4）根据对各类故障下关断电流的理论计算和仿真分析结果，合理设置过电流保护定值。

（5）选择合适的安全裕度。

2. 桥臂不平衡保护

以往工程中对于换流站内故障，如阀侧单相接地、桥臂电抗器接地等，阀控系统通常根据极保护系统下发的保护信号闭锁换流阀，从故障发生到阀控系统闭锁通常需要 3ms 以上，极端条件下会引起换流阀子模块发生整体过压。为应对阀侧接地故障等极端条件下，极控保护动作时间内子模块续流过电压过高的问题，采用换流阀 6 个桥臂 TA 构建不平衡电流保护，实现较极保护更快的故障检测与保护动作，确保换流阀子模块续流过电压在安全范围内，从而提高换流阀运行的可靠性。

当上、下桥臂电流瞬时值差异大于桥臂不平衡保护定值，并维持一段时间后，判定为发生桥臂电流不平衡故障，整个换流器闭锁、跳闸。

换流阀阀控不平衡保护的判据为：

$$(i_{pa} + i_{pb} + i_{pc}) - (i_{na} + i_{nb} + i_{nc}) > \Delta I$$

式中：i_{pa}、i_{pb}、i_{pc}、i_{na}、i_{nb}、i_{nc} 分别为 6 个桥臂 TA 电流测量值，ΔI 为阀本体不平衡保护定值。保护动作后，阀控立即闭锁整个换流器并向极控发送跳闸信号。

配置本体不平衡电流保护后，对于换流变网侧故障、换流变阀侧相间短路故障及直流线路故障能够实现有效穿越，显著提高系统运行可靠性。各类站内故障下阀控不平衡保护的动作情况如表 3-3-3 所示。

表 3-3-3 阀控不平衡保护动作表

故障类型	阀控不平衡保护是否动作
换流变阀侧单相/两相/三相接地故障	是
换流变阀侧两相短路故障	否
换流变阀侧三相短路故障	否
桥臂电抗器阀侧单相/两相/三相接地故障	是
桥臂电抗器阀侧两相短路故障	否
桥臂电抗器阀侧三相短路故障	否
阀顶接地故障/直流母线接地故障	否

3. 单路测量系统故障下的阀控系统保护逻辑优化

当阀控系统的电流测量信号单路发生故障，该故障同时引起主用控制和过电流保护接收信号均异常时，由于保护采用三取二方式，不影响保护阈值判断；主用控制因电流测量信号异常，可能造成阀电气量变化引起保护动作而请求跳闸，极控系统收到请求跳闸指令后执行闭锁、跳闸。此类故障下阀控系统不能及时切换系统，造成不必要跳闸。

在阀控控制机箱中加入桥臂电流检测逻辑，桥臂电流大于过电流保护 I 段定值，持续时间超过设定值，且当前阀控三取二保护无出口，则阀控向极控发送切换系统请求，极控执行切换操作。

采用改进策略后，在发生无法自检出的测量系统故障时，可以有效执行系统切换逻辑，避免引起跳闸。

3.3.2 子模块级可靠性设计

3.3.2.1 子模块过电压保护

在子模块过电压异常保护策略中，根据过电压阈值高低通常分为解锁态过电压异常保护、闭锁态过电压异常保护及极端工况过电压异常保护三级。其中解锁态和闭锁态过电压异常保护往往分为软件保护和硬件保护两种方式。实际工程中，在进行过电压保护设计时，可综合考虑系统工况和板卡可靠性对上述各种保护方式进行分项选取，通常解锁态软件过电压和闭锁态软件过电压为必选方式。

1. 解锁态软件过电压异常保护

当功率器件工作在解锁态时，电容电压达到解锁态软件过电压阈值时，子模块闭锁并向阀控上报过电压异常，同时进入机械开关旁路流程。解锁态软件过电压阈值整定需覆盖系统各种工况，包括故障穿越可能出现的最大电压，适当留有裕度，且不超出功率器件承诺的安全工作区。子模块判定发生解锁态软件过电压异常，中控板需检测到连续一段时间（例如 200μs）电容电压值超过设定的过电压阈值，如图 3-3-7 所示。

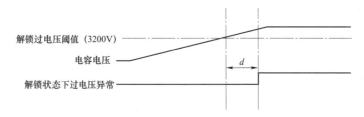

图 3-3-7 解锁态过电压保护逻辑

2. 解锁态硬件过电压异常保护

当功率器件工作在解锁态时，电容电压达到解锁态硬件过电压阈值时，子模块闭锁并向阀控上报过电压异常，同时进入机械开关旁路流程，旁路开关触发逻辑不需要中控板 FPGA 参与，直接由硬件电路实现。硬件过电压阈值整定需覆盖系统各种工况，包括故障穿越可能出现的最大电压，适当留有裕度且通常略高于解锁态软件过电压阈值，同时不超出功率器件承诺的安全工作区。解锁态硬件过电压往往作为解锁态软件过电压的后备保护起作用，判定发生解锁态硬件过电压异常，中控板需检测到连续一段时间（例如 200μs）电容电压值超过设定的过电压阈值。

3. 闭锁态软件过电压异常保护

当功率模块处于闭锁状态下，中控板检测到电容电压超过闭锁态软件过电压阈值时，子模块闭锁并向阀控上报过电压异常，同时进入机械开关旁路流程。闭锁态软件过电压阈值整定需覆盖系统闭锁下各种工况可能出现的最大电压，适当留有裕度，且不超出功率器件承诺的最大静态电压。

4. 闭锁态硬件过电压异常保护

当功率模块处于闭锁状态下，中控板检测到电容电压超过闭锁态硬件过电压阈值时，子模块闭锁并向阀控上报过电压异常，同时进入机械开关旁路流程，旁路开关触发逻辑不需要中控板 FPGA 参与，直接由硬件电路实现。闭锁态硬件过电压阈值整定需覆盖系统闭锁下各种工况可能出现的最大电压，适当留有裕度且通常略高于闭锁态下软件过电压阈值，同时不超出功率器件承诺的最大静态电压。闭锁态硬件过电压保护一方面作为闭锁态软件过电压的后备保护，另一方面，在取能电源板卡或中控板等失效时起作用，可自主触发旁路开关执行旁路逻辑。因此，闭锁态硬件过电压电路往往不由取能电源板卡供电，而是设计独立的供电电路或者直接设计为 BOD 触发电路。

5. 极端工况过电压异常保护

当上述所有保护策略均失效时，例如旁路开关发生拒动，则可设计极端工况过电压保护策略，例如增加可过电压自击穿的辅助功率器件，可替代旁路开关执行子模块的长期通流功能。极端工况过电压阈值整定一般高于上述所有过电压阈值，且留有一定裕度防止误触发，在此基础上尽量减小该阈值电压从而减小电容短路时的泄放能量。

3.3.2.2 黑模块应对策略

黑模块指除已知旁路的子模块外，在启动或运行过程中与阀控一直无法建立正常通信联系的子模块。由于黑模块真实状态不能正常上报（大部分情况下子模块已正常旁路），早期控制保护系统往往采取跳闸保护应对方案，不利于直流系统持续、稳定运行。针对上述问题，首先应采取各种措施从源头上降低黑模块产生概率，其次确保即使产生黑模块也不会导致系统闭锁及停运。

针对供能板卡故障导致的黑模块问题，设置主、备两套子模块供能方案，可采用独立的备用电源模块形式、相邻子模块交叉供电形式等其他可行方案，使子模块不因本体取能电源故障而影响信息上送。

针对光纤通信异常、中控板或阀控接口板光模块故障导致的黑模块问题，应采用冗余通信设计。以往工程中子模块与 VBC 通信为点对点通信架构，存在光通信冗余不足的问题。为进一步降低通信故障导致的黑模块概率，应采用相邻子模块（或若干临近子模块）互为通信冗余的方案，提高系统容错能力。在本模块中控板或阀控接口板光模块故障、光纤通信异常情况下，由相邻模块中控板传送故障模块信息，且不影响原通信链路，提高子模块通信可靠性。

相应地，子模块中控板配置软件、硬件过电压两段保护，保护定值可动态调整，且硬件保护不依赖于可编程逻辑器件，进一步提高了保护的可靠性。针对上述所有保护策略均失效的情况，仍可通过击穿旁路晶闸管将故障子模块可靠旁路，确保不影响系统正常运行。

3.3.2.3 板卡故障监视功能

子模块典型故障主要包括 IGBT 驱动异常、取能电源异常、电容压力告警异常（如有）、欠电压异常、过电压异常、光纤通信异常、旁路开关拒动异常、频率超限异常等。其中，IGBT 驱动异常和取能电源异常为板卡自身故障或其他元器件引发板卡故障。由于驱动板与功率器件直接连接，功率器件状态通过驱动板反映。以往工程中，驱动板未实现故障分类，所有故障均统一识别为驱动板异常。为提升板卡故障诊断能力，根据驱动板不同故障所表现的状态差异，对驱动板故障进行分类。驱动板与中控板的通信由收、发各一根光纤完成，接收光纤传输 IGBT 的开关命令，发射光纤传输驱动板的状态反馈。无故障时，会在开通命令的上升沿和下降沿后，反馈应答信号，如图 3-3-8 所示。

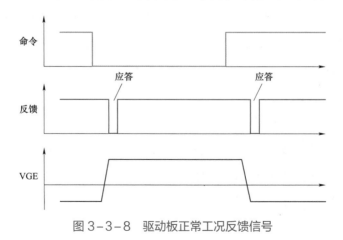

图 3-3-8 驱动板正常工况反馈信号

发生故障时，可根据反馈波形区分各类故障如下：

（1）短路故障。IGBT 开通时，如发生短路退饱和现象，驱动板会上报此故障，中控板可通过故障反馈出现时刻及故障信号宽度进行判定，故障反馈波形如图 3－3－9 所示。

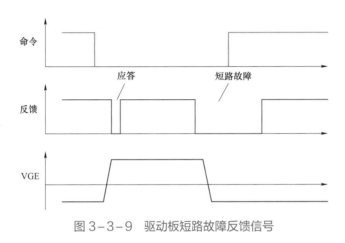

图 3－3－9　驱动板短路故障反馈信号

（2）可恢复的电源故障。当隔离电源原边电路输出欠电压、副边电路短路或过载、IGBT 门极短路时，上报电源故障。反馈光纤会较长时间的熄灭，故障波形如图 3－3－10 所示。

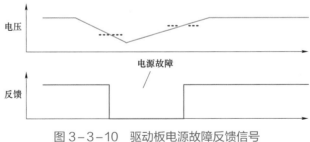

图 3－3－10　驱动板电源故障反馈信号

（3）反馈光纤故障及不可恢复电源故障。驱动板正常上电后，反馈光纤应保持常亮状态；如出现光纤断开或者光收发器失效，反馈光纤会长时间熄灭。当驱动一次侧或二次侧电源出现永久性损坏后，反馈光纤也会长时间熄灭，不可恢复。

驱动板和中控板接口信息中应包含驱动控制信号和驱动反馈信号。表 3－3－4 所示为通信信号定义。

柔性直流输电工程可靠性设计及应用

表 3-3-4 通 信 信 号 定 义

序号	信号	定义	信号内容	脉冲方式	备注
1	控制命令	中控板发出的开通/关断的信号	开通指令	电平	接收到光信号有效
			关断指令	电平	无光信号有效
2	反馈信号	驱动板回报的应答信号或者故障信号	短路保护动作	脉冲（光纤熄灭）	光纤反馈熄灭时间为 10μs 左右脉冲，且光纤反馈熄灭的起始时间，在开通命令开始之后指定时间至开通命令关闭的期间
			电源欠电压保护动作，但可恢复	脉冲（光纤熄灭）	光纤反馈熄灭时间在 10μs 左右，但光纤反馈熄灭的起始时间，不在开通命令之后指定时间至开通命令关闭期间；或光纤反馈熄灭时间更长且小于 500μs，但起始时间在开通命令开始之后指定时间，至开通命令关闭的期间
			反馈光纤故障及不可恢复电源故障	脉冲（光纤熄灭）	光纤反馈熄灭时间超过 500μs

3.3.2.4 保护定值优化

早期换流阀子模块 IGBT 器件电流变化率 di/dt 保护动作时间设置较短（2μs），考虑 IGBT 开通阶段（2μs 左右）电流快速上升，di/dt 保护无法避开该阶段，导致换流阀解锁时驱动保护误动，换流阀无法正常投运，提高了 di/dt 保护动作时间（4μs）后，可防止误动。

部分换流阀产品子模块驱动门极钳位电压保护定值设定过高（18V），接近门极工作最高电压（20V）。当系统电压变化率 du/dt 过大时，驱动门极电压升高可能导致 IGBT 栅极损坏，因此，可将门极钳位电压调整为 15.5V。

以往工程中驱动板的保护功能均在 IGBT 导通时投入，关断时不投入保护，存在风险点。关断期间一旦有故障（例如过电流）产生，驱动保护功能无法动作，子模块可能处于失控状态。因此增加在关断期间过电流保护使能要求。

对静态有源钳位保护定值设置进行了优化和规范。以往工程中部分厂家静态有源钳位保护动作值设计不合理（偏低），钳位保护频繁动作导致子模块直通短路。梳理后综合考虑 IGBT 耐受能力和系统要求，适当提高了保护定值，避免钳位保护频繁动作。

不同换流阀供应商产品的子模块下行通信故障判据不等（250μs～2ms），综合考虑下行通信故障特点、系统故障容错率等要求，将时间阈值设定为 2ms，建议保护策略采用只闭锁 IGBT 器件的方式，以其他保护（如过电压保护等）作为后备保护方式。

3.3.2.5 板卡元器件降额

元器件降额是使元器件电气应力低于其额定应力的一种设计方法。工程经验证明，元器件在低于额定应力条件下工作时，其故障率较低，可靠性较高。进行降额设计时，需综合考虑可靠性和成本，可参考 GJB/Z 35—1993《元器件降额准则》规定的降额准则进行设计。对于二次板卡中的关键元器件，可以在通用降额准则的基础上再进一步降低元器件电气应力，子模块二次板卡关键元器件供参考的降额原则如表 3-3-5 所示。

表 3-3-5　　　　　　　　　　单元控制板关键元器件选型

序号	名称	降额参数	降额使用原则及数值
1	FPGA	温度	工程应用结温不超过 85℃
		运算资源使用率	降额因子不大于 0.85
2	A/D 采集芯片	温度	工程应用结温不超过 85℃
3	采样电阻	电压	降额因子不大于 0.75
		稳态功率	降额因子不大于 0.35
4	光纤收发器	峰值光输出功率	降额因子不大于 0.7
		驱动电流	降额因子不大于 0.9
5	电位隔离芯片	绝缘等级	降额因子不大于 0.1
6	电解电容	工作电压	降额因子不大于 0.65
		环境温度	最高环境温度降额幅度不低于 30℃
7	驱动板隔离变压器	绝缘等级	降额因子不大于 0.65
8	栅极钳位二极管	电压	降额因子不大于 0.65
		电流	降额因子不大于 0.3
9	Vce 监视电阻	峰值功率	降额因子不大于 0.5
		电压	降额因子不大于 0.75
10	TVS 管	峰值耗散功率	降额因子不大于 0.7
11	隔离变压器原边主振 Mos 管	漏源电流	降额因子不大于 0.6
		漏源电压	降额因子不大于 0.7

3.3.2.6　板卡电磁兼容与防护

子模块工作电压、电流、功率密度大，内部一次和二次结构布局及设计复杂，给系统电磁兼容设计带来了挑战。采用多重滤波、屏蔽和合理接地等多种手段对二次板卡进行设计，充分考虑板卡的工作特性和对象，合理布局和连接，尽量减小强电磁环境对器件特性影响。

1. 接地设计

（1）防止地弹。如图 3-3-11 所示，供电端的地电位和负载端的地电位之间存在

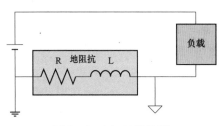

图 3-3-11 回路阻抗

寄生电阻和寄生电感，当负载电流较大或负载电流存在突变时，会在寄生电阻和寄生电感两端产生压降。

当逻辑器件内部和 PCB 上大量芯片的输出同时开启时，电路中将有一个较大的瞬态电流流过，该电流可能引起地弹，如果地弹噪声足够大，可能导致电路工作电源电压发生偏移，从而导致芯片工作异常，或引起其他集成电路非正常工作。一般采取减小瞬态电流或地电感（如大面积覆铜等措施）解决地弹问题。

（2）单点接地。地回路无法做到阻抗很低时，宜采用单点接地方式。如图 3-3-12 所示，单点接地分为串联形式和并联形式。对于大功率回路与小功率回路混合的系统，不适合采用串联形式，适合选择并联形式，但须注意并联形式会引起引线电感增加。

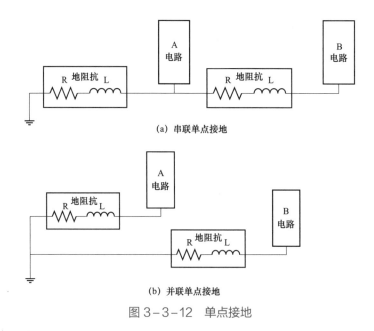

(a) 串联单点接地

(b) 并联单点接地

图 3-3-12 单点接地

（3）多点接地。在要求地回路阻抗很低的场合，宜采用多点接地的方案，如图 3-3-13 所示。

为了减小地线电感，在高频电路和数字电路中经常使用多点接地。在多点接地系统中，每个电路就近接到低阻抗的地电位上，如机箱。电路的接地线要尽量短，以减小电感。在频率较高的系统中，接地回路长度应控制到毫米级。

2. 布局设计

高压电路与低压电路分开布局，数字电路、模拟电路分开布局，电磁兼容敏感部件远离强磁场、强电场区域。

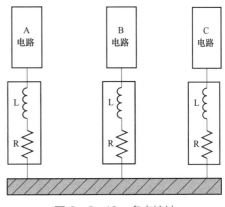

图 3-3-13　多点接地

3. 布线设计

串扰是电磁干扰的主要途径之一，异步信号和时钟信号会产生串扰。串扰中的耦合包括容性耦合和感性耦合。通常情况下，信号线离地线越近、信号线间距越大，产生的串扰信号越小。电路板设计时应注意避免同层长距离并行临近布线；避免相邻层长距离重合布线；长距离平行走线遵循 3W 原则。

4. 电源设计

电源设计遵循如下原则：① 电源端口去耦；② 尽可能降低电源回路的阻抗；③ 对时钟产生电路附加电源滤波器，如 LC 或 LRC 滤波器。滤波器应选用引线电感小的表面安装电容器，并尽量靠近振荡器的电源引脚，最大程度减小射频环路电流。

5. 屏蔽设计

屏蔽设计应遵循如下原则：① 地层覆铜，重要的信号线两侧可采用覆铜接地保护；② 外壳屏蔽，板卡宜采用金属外壳并接地，阻挡外部电磁信号进入板卡及板卡对外的电磁辐射。

6. 滤波及防护设计

板卡电源与地、模拟信号与地之间，根据需要增加差模滤波电路，滤除串扰引起的差模干扰；电源引线或信号引线的端口，应对引线可能引入的共模干扰增加共模滤波措施，防止共模电流干扰敏感电路；在接口处增加放电管、压敏电阻、瞬态电压抑制二极管等防过电压、静电器件，以防电磁干扰对板卡造成损伤。

3.3.2.7　子模块故障录波标准化

子模块是组成柔性直流换流阀的基本单元，阀控设备实时接收子模块上传的状态信息，实现对所有子模块的状态监测，同时将接收的电容电压、运行状态、故障状态等信息转发至录波设备。录波设备通过接收到的数据检测子模块状态是否异常，任一子模块运行状态异常自动触发数据录波，并将故障录波数据发送至本地录波存储设备、阀控远端存储设备以及运行人员工作站中。

各供应商换流阀产品子模块录波数据格式和报文内容各不相同，对现场运维和系统整体的可靠性评估分析引入了不便因素，因此规范子模块录波的数据格式和报文内容显得尤为重要。

1. 子模块故障录波配置

柔性直流输电每个桥臂子模块数量较多，因此子模块录波设备需要处理数据比较大，一般子模块录波设备配置与阀控控制设备相互独立，子模块故障录波架构如图 3-3-14 所示。

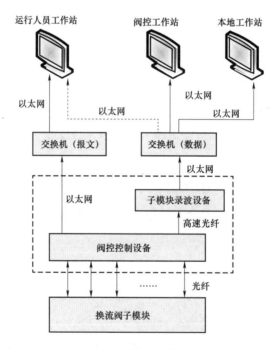

图 3-3-14 子模块故障录波架构

阀控控制设备接收换流阀子模块上传的状态信息，上传远端设备运行人员工作站，上传数据为换流阀和子模块的总的故障报文，阀控控制设备上传子模块录波设备数据为所有子模块的电容电压、运行状态、故障状态详细信息。录波本地工作或阀控本地工作站均可通过以太网接收并存储子模块录波单元发送的录波数据，方便数据查询和子模块故障时刻数据分析。

2. 录波数据内容及格式

子模块录波数据应能够准确定位故障，故障录波信息包括电容电压、运行状态、故障状态信息等，故障类型应进行详细区分，录波数据及格式如表3-3-6所示，对于不适用的故障类型以备用通道处理。

录波数据存储格式为符合 IEC 60255-24—2013 的 COMTRADE 格式，使用支持 COMTRADE 数据格式的软件可实现录波数据可查看和分析。

表3-3-6   录波内容及格式

序号	信号名称	信号含义	光信号编码形式
1	电容电压	子模块电容电压	可表示范围 0～65535
2	IGBT 导通状态	IGBT 导通、关断的状态信号	1 为导通，0 为关断
3	旁路开关状态	旁路开关分闸、合闸的状态信号	1 为合闸，0 为分闸
4	子模块电容过电压故障	子模块电容过电压	1 为过电压故障，0 为无过电压故障
5	子模块电容欠电压故障	子模块电容欠电压	1 为欠电压故障，0 为无欠电压故障
6	IGBT 有源钳位动作	IGBT 有源钳位动作信号	1 为有源钳位动作，0 为有源钳位无动作
7	IGBT 退饱和保护动作	IGBT 退饱和保护动作信号	1 为退饱和动作，0 为退饱和无动作
8	IGBT 驱动板电源欠电压故障	IGBT 驱动板电源欠电压故障的状态信号	1 为有欠电压故障，0 为无欠电压故障
9	IGBT 门极欠电压故障	IGBT 门极欠电压故障的状态信号	1 为有欠电压故障，0 为无欠电压故障
10	IGBT 过电流保护动作	IGBT 过电流保护动作	1 为 IGBT 过电流保护动作，0 为 IGBT 过电流保护无动作
11	旁路开关误动故障	旁路开关误动故障	1 为误动故障有效，0 为误动故障无效
12	旁路开关拒动故障	旁路开关拒动故障	1 为拒动故障有效，0 为拒动故障无效
13	取能电源故障	取能电源故障	1 为电源故障有效，0 为电源故障无效
14	中控板电源过电压或故障	中控板电源过电压或故障	1 为中控板电源有故障，0 为中控板电源无故障
15	中控板电源欠电压或故障	中控板电源欠电压或故障	1 为中控板电源有故障，0 为中控板电源无故障
16	投入	子模块投入指令	1 为投入状态，0 为切除状态
17	切除	子模块切除指令	1 为切除状态，0 为投入状态
18	闭锁	子模块闭锁指令	1 为闭锁状态，0 为解锁状态

序号	信号名称	信号含义	光信号编码形式
19	晶闸管触发信号	晶闸管触发指令	1 为有晶闸管触发指令，0 为无晶闸管触发指令
20	下行通信校验故障	下行通信校验状态信号	1 为有下行通信校验错误，0 为下行通信校验正确
21	下行通信中断故障	下行通信中断状态信号	1 为有下行通信中断，0 为无下行通信中断
22	上行通信校验故障	上行通信校验状态信号	1 为有上行通信校验错误，0 为上行通信校验正确
23	上行通信中断故障	上行通信中断状态信号	1 为有上行通信中断，0 为无上行通信中断

3. 子模块录波时间精度与采样频率

子模块故障设备 GPS 信号保持与控制保护、阀控控制、系统录波一致，在故障时刻可通过系统录波的时间尺度来查看当前子模块的运行状态，为了保证子模块录波数据能够包含故障时刻的数据，子模块故障录波的数据至少包含故障点及其前、后各 500 ms 的数据。

子模块故障录波数据采样频率可通过子模块录波设备本地监控进行设置，故障时刻录波数据的采样频率和阀控控制设备控制频率一致，保证在故障录波时刻不存在数据丢点的情况。

4. 录波数据缓存和存储

子模块录波设备实时接收阀控控制设备发送的子模块运行状态，同时将采集的数据实时缓存在缓存区中，缓存区可存储故障前后的数据，一旦故障录波启动，则按照预先设定时间精度和采样频率将故障波数据存储并发送到本地和远端的存储单元，考虑到一个桥臂的子模块数量较多，可能存在子模块连续故障的情况，因此子模块录波设备对子模块录波数据缓存具备存储 5 次连续故障录波的能力。

5. 子模块故障报文

子模块故障时刻上传到阀控工作站和运行人员工作站的报文需能够准确清晰描述故障子模块具体位置和故障类型，辅助运行人员确定换流阀及子模块运行状态，在检修时能够准确快速的实现故障子模块的更换。阀控控制设备上传本地工作站或阀控远端工作站的故障子模块报文信息应明确编号信息，具体到阀塔、阀层、组件和编号。阀控控制设备上传阀控本地或远端工作站子模块故障报文信息如表 3-3-7 所示。

表 3-3-7　　　　阀控本地或阀控远端工作站故障子模块报文信息

序号	信号名称	信号含义
1	IGBT 退饱和保护动作	IGBT 退饱和保护动作信号
2	IGBT 驱动器电源欠电压故障	IGBT 驱动器电源欠电压故障信号
3	IGBT 门极欠电压故障	IGBT 门极欠电压故障信号
4	IGBT 有源钳位动作	IGBT 有源钳位动作信号
5	IGBT 过电流保护动作	IGBT 驱动器过电流保护动作信号
6	子模块电容过电压故障	子模块电容过电压保护信号
7	子模块电容欠电压故障	子模块电容欠电压保护信号
8	旁路开关误动故障	旁路开关误动故障信号
9	旁路开关拒动故障	旁路开关拒动故障信号
10	取能电源故障	取能电源故障信号
11	中控板电源故障	中控板电源故障信号
12	下行通信校验故障	下行通信校验故障信号
13	下行通信中断故障	下行通信中断故障信号
14	上行通信校验故障	上行通信校验故障信号
15	上行通信中断故障	上行通信中断故障信号

　　当换流阀子模块故障时，阀控控制设备上传至运行人员工作站故障子模块信息包含详细的子模块编号，具体到阀塔、阀层、组件和编号，并且报文信息应明确来自阀控控制设备 A 系统或阀控控制设备 B 系统。子模块故障上传运行人员工作站报文信息见表 3-3-8。

表 3-3-8　　　　运行人员工作站故障子模块报文信息

序号	名称	信号含义
1	IGBT 驱动故障	IGBT 退保和保护动作、IGBT 驱动板电源欠电压故障、IGBT 门极欠电压故障、IGBT 过电流保护动作
2	子模块电容过电压故障	子模块电容过电压故障信号
3	旁路开关闭合	旁路开关正常闭合信号
4	旁路开关拒动故障	旁路开关拒动故障信号
5	电源故障	取能电源故障信号
6	上行通信故障	上行光纤通信故障信号
7	下行通信故障	下行光纤通信故障信号

3.4 阀冷系统可靠性设计

3.4.1 阀冷系统容量裕度设计

柔直工程对阀冷系统容量裕度的设计要求，根据纯水冷、空气冷却器串冷却塔、纯空冷等外冷散热方式不同，其设计原则也存在差异。

3.4.1.1 纯水冷冷却方式

纯水冷冷却方式的阀冷裕度一般在满足 $3 \times 50\%$ 的额定冷却容量的基础上，要求一台冷却塔故障后，换流阀额定运行工况下混水温度不允许超过换流阀要求的进阀温度高报警值。该设计原则是考虑到实际运行过程中，极端情况下，某台冷却塔完全退出运行时，且运维人员无法及时关闭进出冷却塔蝶阀的工况下，阀冷系统仍然可以保证换流阀的安全稳定运行。纯水冷冷却方式基于该原则设计阀冷裕度，可以防止正常运行过程中，外冷换热设备任一单一设备异常不导致直流闭锁，对提高柔性直流输电可靠性具有重要意义。

对于仅采用闭式冷却塔的换流阀冷却系统，闭式冷却塔的选型依据换流阀厂家提供的冷却介质、极端环境湿球温度、换流阀冷却容量和进塔流量（额定流量及内冷水处理流量）等参数，对冷却塔进行选型，应满足在换流阀冷却容量基础上考虑失去一个冷却塔后且未关闭阀门时，进阀温度不高于换流阀最高进水温度（额定值）。

3.4.1.2 空气冷却器串冷却塔方式

对于采用空气冷却器与密闭式蒸发冷却塔串联方案的换流阀冷却系统，空气冷却器的选型依据极端环境温度并考虑一定热岛效应、换流阀冷却容量和进塔流量（额定流量及内冷水处理流量）等参数，对空气冷却器进行选型，应满足在失去一组空气冷却器后还具有设计的冷却容量，或总的冷却容量有 30% 的冗余；闭式冷却塔的选型依据换流阀厂家提供的冷却介质、极端环境湿球温度、换流阀冷却容量和进塔流量（额定流量及内冷水处理流量）等参数，对冷却塔进行选型，应满足两台冷却塔同时运行冷却水进阀温度不大于进阀额定水温，失去一个冷却塔后且进出水阀门不关闭，考虑混水的情况，则应保证进阀水温小于进阀报警水温。

1. 空气冷却器的选型

一般不按极端最高环温作为空气冷却器选型依据，而应该考虑该冷却方式的实际应用工况，为一年中除了当地极端高温的 3 个月左右时间外，确定一个经济合理的空气冷却器设计环境温度以确保设备的一次性投资成本和设备运行成本均相对较低,该温度一般为招标规范书明确要求。根据招标规范书要求的设计温度选择空气冷却器时,一般还应考虑 3℃的热岛效应,设计温度加3℃作为最终选择空气冷却器的设计依据。该原则下,空气冷却器的换热能力应满足 N 台空气冷却器在设计依据温度下的额定冷却容量, N+1 台空气冷却器满足换流阀该温度下额定运行工况 30%的阀冷裕度。

2. 冷却塔选型

当环境温度升高时,纯空气冷却器不能将进阀水温控制在额定值时,需投入辅助冷却塔,一般空气冷却器串冷却塔的方式中,配置两台闭式冷却塔用于辅助水冷,一用一备。

当室外环境温度到达极端环境最高温度时,核算空气冷却器周围的空气温度还可能会升高,在热岛效应为 3℃(以招标规范书明确要求为准)时,核算空气冷却器在该工况下具备的冷却能力(设为 $Q_{空冷器}$),设换流阀要求的额定冷却容量为 $Q_{额定}$,所选的冷却塔需要满足的额定冷却容量 $Q_{冷却塔}=Q_{额定}-Q_{空冷器}$;选择的两台冷却塔的冷却容量必须满足 $2\times100\%Q_{冷却塔}$ 的要求,且其中任意一台冷却塔退出运行时,在极端苛刻条件下,混水温度不高于换流阀进阀温度高报警值。

空气冷却器串冷却塔方式的阀冷裕度设计,不仅可满足在全年大部分时间以空气冷却器冷却为主的需求,也可以满足夏季极端高温环境下,空气冷却器冷却能力严重下降无法满足换流阀正常运行需求的矛盾。既可节约水资源,也能解决夏季环温过高空气冷却器冷却能力不足的难题。这对提高换流阀可靠性是必要的。

3.4.1.3 纯空冷方式

纯空冷冷却方式的阀冷裕度设计,按当地环境极端最高温度加3℃(招标规范书明确要求为准)时的温度作为选型依据。该原则下空气冷却器的换热能力应满足 N 台空气冷却器满足换流阀在设计依据温度下的额定冷却容量, N+1 台空气冷却器满足换流阀该温度下额定运行工况 30%的阀冷裕度。该设计可满足任一管束在线检修维护时,不影响换流阀的稳定运行。

3.4.2 阀冷系统一次设备可靠性设计

3.4.2.1 等电位电极优化设计

阀冷系统的冷却水要流过不同位置和不同电位的金属件,而不同电位金属件之间的水路中会产生微弱的漏电流,因此,这些金属件可能受到电解腐蚀。由于冷却系统中的

柔性直流输电工程可靠性设计及应用

冷却液电导率被控制在较低的水平，水管中压差产生的漏电流密度控制在 $\mu A/cm^2$ 数量级。然而，即使是如此低的电流密度，如果不采取保护措施，仍可能发生铝制散热器的电解腐蚀。

针对铝制散热器的电解腐蚀问题，可以从以下几个方面进行防治：

（1）提高散热器的耐腐蚀能力。铝散热器和其他的金属器件（如均压电极、其他散热器等）存在高电动势差，与内冷水等形成腐蚀回路，散热器内腔表面铝失去电子形成电化学腐蚀电流。针对腐蚀源头，有如下措施：

1）提高铝散热器的耐腐蚀能力，尤其是提高铝散热器与含卤素元件连接的进出水口处的耐腐蚀能力。如对散热器的结构进行微调，降低尖锐部分的面积，从而降低表面的电荷密度。

2）优化内冷水回路中的各级过滤网。避免吸附塔内的吸附树脂因破碎随水流带入内冷水循环回路中。

（2）增设防腐电极。在每个散热器的进出口安装防腐电极，可避免铝散热器铝管与冷却剂接触表面的电解腐蚀，电极材质为耐腐蚀的铂或者不锈钢，可以调整均压电极表面的局部 pH 值和沉淀离子浓度防止结垢。

3.4.2.2 水管工艺优化设计

柔直工程换流阀配水管路由直管件、弯管件及非标接头等组成。若无特殊说明，管件均采用聚偏氟乙烯 PVDF 材质。管件应采用原装进口管材制造，注塑成型的 PVDF 非标接头的注塑原料应采用原装进口原生料。

1. 管材材质

聚偏氟乙烯 PVDF 材料性能如表 3-4-1 所示。

表 3-4-1　　　　　　　　聚偏氟乙烯 PVDF 材料性能

项目	数值
密度（g/cm³）	1.75～1.79
硬度（D）	77
导热系数 [W/（m·K）]	0.13
线性膨胀系数 [mm/（m·K）]	0.12～0.14（20℃时）
拉伸强度（MPa）	38～57
断裂伸长率（%）	50～250（20℃时）

项目	数值
吸水率（mg/4d）	<0.04
长期使用温度（℃）	−20～100
熔点（℃）	173
最大工作压力（MPa）	1.6
介电常数	7.25（20℃时）
表面粗糙（μm）	≤0.5

2. 管件外观

（1）（半）透明颜色，冷却水管的内外表面应光滑、平整、干净，不应有可能影响产品性能的明显划痕、凹陷、气泡等缺陷。

（2）冷却水管管壁应无可见的杂质，冷却水管表面颜色应均匀一致，不应有明显色差。

（3）冷却水管端面应切割平整，并与冷却水管的轴线垂直。

（4）冷却水管焊接接头翻边均匀一致，无污物。

（5）所有冷却水管螺母、开口需有盖子或拉伸膜加塑料袋密封。

3. 管件结构尺寸

管件结构尺寸按照表 3-4-2 中规定对配水管路的尺寸进行控制。未注明的尺寸参考 GB/T 19804—2005《焊接结构的一般尺寸公差和形位公差》要求。

表3-4-2 尺寸检验标准

序号	尺寸类型	尺寸范围	检验判据	检验量具
1	直管长度	≤1000mm	±1.0mm	钢尺或卷尺
		1000～2000mm	±1.5mm	
		2000～4000mm	±2.0mm	
		>4000mm	±3.0mm	
2	螺旋管长度		±5.0mm	钢尺或卷尺
3	直径	≤50mm	±0.5mm	游标卡尺
4	壁厚	≤5mm	±0.2mm	游标卡尺
5	角度	0～90°	±30	量角规
6	注塑件螺纹	M24×1.5、M30×2、M36×2	通过标准环规	M24×1.5、M30×2、M36×2 环规
7	金属螺纹	M24×1.5、M30×1.5、M36×1.5	通过标准环规	M24×1.5、M30×1.5、M36×1.5 环规

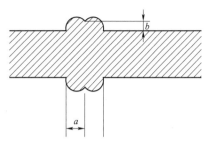

图 3-4-1 标准对接焊缝示意图

a—熘边宽度；b—焊缝高度

4. 焊接

（1）红外焊接。

1）采用红外对焊工艺应满足 DVS 2207-6《热塑性塑料的焊接 管道、管道部件和板材的非接触加热工具对焊 方法、设备、参数》的要求。

2）采用红外对焊时焊缝翻边大小、高低均匀，焊缝表面无污物，对焊后有两道翻边（熔熘）围绕管子内外整一周，标准焊缝如图 3-4-1 所示。

3）采用红外对焊时，焊缝高度及宽度要求见表 3-4-3。

表 3-4-3 焊缝高度及宽度参数

管件规格	熘边宽度（mm）	焊缝高度（mm）
$\phi20$	2.0～3.5	1.0～1.5
$\phi25$	2.0～3.5	1.0～1.5
$\phi75$	3.0～4.5	1.0～2.5
$\phi90$	3.0～4.5	1.0～2.5

（2）热熔焊接。

1）部分配水管接头与管件焊接采用热熔焊接工艺，满足 DVS 2207-15《热塑性塑料的焊接 PVDF 制成的管道、管道部件和面板的加热工具焊接》要求，异径的管件轴线交角为 90° 的相互接触加热的焊接为熔接，熔接焊缝见图 3-4-2。

2）热熔焊焊缝高度、宽度均匀一致，形成完整一周。焊缝不存在倾斜、表面气泡、未熔合、夹渣、污点等表面缺陷。焊缝高度、宽度要求按红外对焊的熘边宽度执行。

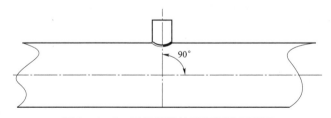

图 3-4-2 异径管件热熔焊焊接示意图

3.4.2.3 检测仪表及阀门设计

1. 检测仪表设计

为保证换流站运维人员在运维检修或日常巡检过程中，就地判断阀冷系统的运行工况是否正常，在阀冷系统中设置压力表、压差表、磁翻板液位计等可就地读数的检测仪表。所有的直流工程中检测仪表均为国际知名品牌，且均具有直流或柔直工程成熟应用经验的选型。检测仪表的接液部分材质至少为 304L 及以上。所有检测仪表均设计有在线检修阀门，即检测仪表异常时，可在线更换和维护。

2. 阀门设计

（1）阀冷系统中选用的阀门。冷却系统中所有阀门接液材质均采用 304L 及以上优质不锈钢。蝶阀、球阀及止回阀均采用国际知名品牌的相应产品，阀门均采用 PTFE 的软密封形式。该密封材料可确保阀门在极端温度下正常使用。

（2）阀门定位锁紧装置。由于阀冷系统对冷却水的流量稳定性有十分苛刻的要求，冷却水管路系统中阀门的定位和稳定性有较高要求，需要对阀冷系统中的阀门在定位后加装相应的锁紧装置，防止因震动或非专业人员的误操作引起流量变化。阀冷系统阀门及锁紧装置种类如表 3-4-4 所示。

表 3-4-4 阀冷系统阀门及锁紧装置种类

序号	阀门	锁紧装置
1	涡轮蝶阀	定位锁紧装置
2	手柄蝶阀	安全锁
3	球阀	安全锁

1）涡轮蝶阀定位锁紧装置。涡轮蝶阀需安装涡轮蝶阀定位锁紧装置，该涡轮蝶阀定位锁紧装置由摩擦轮、锁紧块、紧定螺钉及弹簧销组成，摩擦轮与涡轮蝶阀通过弹簧销与蜗杆连接固定，摩擦轮与锁紧块间可以通过紧定螺钉实现 360° 任一方向定位功能，锁紧块伸长臂与涡轮蝶阀贴紧实现最终定位，如图 3-4-3 所示。

图 3-4-3 加装定位锁紧装置的涡轮蝶阀

2）手柄蝶阀、球阀安全锁。在阀冷系统中，为了防止因震动或非专业人员的误操作引起的检修球阀或手柄蝶阀造成阀门关闭或开启，从而引起阀冷设备运行事故，选型的球阀或手柄蝶阀均带有锁孔，可以加装安全锁避免上述情况出现，如图 3-4-4 和图 3-4-5 所示。

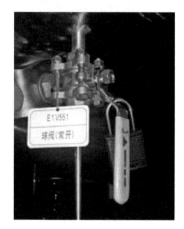

图 3-4-4　加装安全锁的手柄蝶阀　　　图 3-4-5　加装安全锁的检修球阀

3.4.2.4　空气冷却器优化设计

1. 空气冷却器关键部件优化设计

（1）换热管束。

1）换热管束采用水平引风式换热管束。

2）空气冷却器换热管束设置了一定的坡度，每管程的排管均向流体流动方向倾斜，以便管束内的水顺利放空，这样能保证冬季设备不运行时的防冻需要。空气冷却器管程的最高点设置有排气口，配置不锈钢排气阀。最低点设置有排污及泄空口，配置不锈钢泄空阀。

3）换热管束为不锈钢翅片管，管材选用不锈钢 304L，采用水平布置形式，设计压力为 1.6MPa。

4）在洁净环境中制造，并经过严格的酸洗、脱脂、漂洗等多道工艺，防止污染内冷却介质。

5）为保证生产出的空气冷却器长期稳定可靠运行，对空气冷却器管束施加 1.1 倍设计压力的试压压力进行检漏。

（2）接管与法兰。空气冷却器所有接管法兰均应采用带颈对焊法兰，法兰密封面为突面。法兰按 HG/T 20635—2009《钢制管法兰、垫片、紧固件选配规定》美洲体系执行，管程接管均与管板内表面平齐。管箱法兰、管箱、管板均考虑腐蚀裕度，腐蚀裕度的最小值为 3mm。接管法兰和接管的内表面考虑腐蚀裕度，腐蚀裕度的最小值为 3mm。

（3）检修平台及构架。空气冷却器的构架、巡视及检修用的楼梯、平台采用热镀锌 Q235 钢制成，锌层厚度大于 80μm，有效防止沙尘冲刷及腐蚀。按照 GB/T 699—2015《优质碳素结构钢》，主要受力构件应为 D 级钢材，其他不低于 B 级，采用碱性焊条。

（4）法兰与螺栓。管箱法兰强度符合 HG/T 20635—2009《钢制管法兰、垫片、紧固件选配规定》美洲体系的要求。

管箱法兰之间的螺栓采用等长双头高强度不锈钢螺栓，螺栓遵循 NB/T 47027—2012《压力容器法兰用紧固件》标准。其他连接用螺栓均采用热浸锌高强螺栓。空气冷却器结构坚固、焊缝连接平整，连接件的尺寸配合公差与配合精度符合国家标准。

（5）空气冷却器所用材料。所选用的材料和零件全新、高质量，无任何影响性能的缺陷，满足环境条件及运行工况要求。除密封材料外，所有与冷却介质接触的材料均为不锈钢 304L，所有密封材料无含石棉、石墨、铜等影响水质的材质。

（6）空气冷却器表面整理和涂层。

1）所有碳钢部件均采用热浸锌，涂层厚度为 80μm，并喷涂底漆一道，面漆两道，面漆应采用耐氧化知名品牌的氟碳油漆。确保表面防腐以及设备外表的美观。

2）非接液部分不锈钢表面进行机械清理处理，焊缝处采用涂刷酸洗膏、抛光等工艺进行，以保持金属的光泽及表面一致，不锈钢管道外表采用酸洗抛光处理。

3）所有换热管束、管箱、联箱、接管、法兰阀门等接液部分采用与内冷系统同样的洁净制作工艺，进行酸洗、中和、冲洗等清洗工作；酸洗所用的酸液浓度和酸洗的时间、次数、强度等严格按工艺程序进行，保证接液材质内部氧化层等彻底清除；管道内部的油、油脂等采用特殊配置的专业洗涤剂进行洗涤、冲洗，保证内部不存在任何的残留；对难于处理的焊缝、接口、氧化层等采用打磨、抛光、刷洗等工艺，确保各种金属碎屑、颗粒、异物等能完全冲洗出来，循环冲洗等工艺过程中采用高精度的过滤装置，防止冲洗水中杂质等的二次污染。所有需要现场拼装的接口、空洞均有严密的封堵，保证与接液部分的洁净。空气冷却器结构设计优化情况如表 3－4－5 所示。

表 3-4-5　　　　　　　　　　　空气冷却器结构设计优化

序号	优化点	要求	故障模式	故障后果	现行预防/设计控制
1	冷却容量	满足被冷却器件的发热要求，满足设计冷却容量要求	冷却容量不够，出水温度过高	外冷系统工作不正常，严重时可能导致跳闸	采用 HTRI 核算，增加冗余量，如 N+1 设计，增加冷却塔串联等。采用引风式设计，减少热风循环。增加进风面积和高度
2	风机	在额定工况下提供稳定的设计风量	卡死、振动、生锈、轴承损坏	堵转、风机停运	采用直连（无皮带设计），定期加油、调整皮带，定期更换轴承
3	电机	在额定工况下为风机提供动力	振动大、温度高、轴承损坏	工作不正常、风机停运	采用直连无皮带设计，定期加油、调整皮带，定期更换轴承
4	进风温度	减少热风循环对进风温度的影响	冷却容量不够，出水温度过高	外冷系统工作不正常，严重时可能导致跳闸	采用引风式设计。增加进风面积和高度。采用防冻棚与空气冷却器钢构一体化设计防止热风循环
5	换热管束	可靠换热，不渗漏	基管腐蚀、渗漏	工作不正常	采购技术规范明确管壁厚度和使用寿命
5	换热管束	换热量满足要求	翅片结垢、堵塞	换热效率降低，出水温度高	每年年检时对管束进行清洗
6	安全开关	防水、可靠断开、电缆走线方便	渗漏、电缆过长	短路、现场难以施工	由管束厂家统一供货，由风机旁的端子箱改为安全开关箱
7	对接接口	柔性连接	金属软连接出现渗漏	渗漏	金属软连接两端均要有法兰，出现问题后方便更换
8	排空	快速排空内部介质	排空时间长、无法排尽	长期停运后生锈、结冻	新工程增大空气冷却器坡度，加大排空阀、进气阀数量和直径

2. 空气冷却器结构形式选择

空气冷却器和换热管束的进风方式分为引风式（风机位于管束上方）与鼓风式（风机位于管束下方）两种，其优、缺点比较如表 3-4-6 所示。

表 3-4-6　　　　　　　　　　　进风方式优缺点比较

进风方式	优点	缺点
鼓风式	（1）电机温度相对较低； （2）风机维修较方便； （3）翅间易发生端流； （4）电机、轴承不受热空气影响，使用寿命长； （5）百叶窗防冻效果好，具有较好的防风沙效果	（1）风流分布不均匀； （2）噪声略高
引风式	（1）风流分布均匀，有利控温； （2）不易发生热风再循环； （3）噪声相对较小； （4）具有烟囱效应，比较节能	（1）维修风机、电机均相对不便； （2）防冻效果略差

综合上述两种方式比较，考虑到新建柔直工程对噪声的要求，推荐空气冷却器为引风式设计。

3. 空气冷却器风机电机优化设计

为了保证换流阀冷却系统温度控制平滑稳定，空气冷却器风机电机至少满足 30% 的变频电机配置。在控制逻辑上，空气冷却器变频风机先启动，所有变频风机启动完成且全部工频运行仍无法满足冷却容量要求时，轮询分组启动工频风机。当进阀温度下降到停止风机条件时，应先停止工频风机，最后停止变频风机。一次设备的配置结合逻辑控制，可有效防止温度的陡升、陡降，保证换流阀安全可靠稳定运行。

3.4.2.5 传感器优化设计

柔直工程中进阀温度、出阀温度、主循环水流量、进阀压力、液位、主循环水电导率等重要保护用测量均配置 3 个冗余传感器，其他传感器至少采用双冗余配置。为了提高阀冷系统的可靠性，阀冷系统的所有传感器（流量计除外）均能在线更换，即不停阀冷系统的同时在线更换故障仪表。进阀压力传感器、进阀温度传感器、电导率传感器测量进水支路应统一安装于进阀主水管上，并位于水处理支路之后。

传统阀冷系统中，三取二逻辑为先从 3 个测量值中选出最接近的两个值，作为与定值比较的依据，测量值差异较大的数值直接不参与判断，不利于及时发现传感器异常。借鉴直流系统控制保护系统设计思路，传感器按照三取二设计，按图 3-4-6

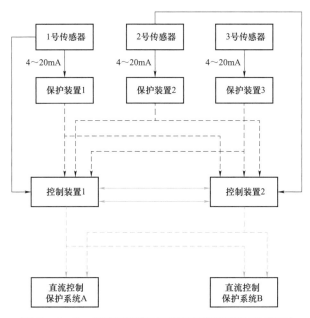

图 3-4-6　柔直工程阀冷系统传感器三取二示意图

进行，即 3 冗余传感器分别送至冗余保护装置，独立采样和判断，3 个保护装置将判断结果送至阀冷冗余控制系统，通过阀冷控制系统对来自 3 个保护装置的结果进行三取二处理后出口。当一套传感器故障时，出口采用二取一逻辑；当两套传感器故障时，出口采用一取一逻辑出口；当 3 套传感器故障时，应发闭锁直流指令。

早期阀冷系统中，每个保护未设独立的功能压板，若遇到不合适的保护配置，需要取消该保护必须升级阀冷软件。经改良后，所有阀冷保护均有功能压板，可独立投退控制；任一保护功能压板退出后均应有事件上送后台监控系统提示运维人员。各保护功能采样仪表如表 3-4-7 所示。

表 3-4-7　　　　　　　　各保护功能采样仪表一览表

代号	名称	作用	精度	备注
FT01、FT02、FT03	冷却水流量变送器	监控进出阀流量	±0.75%	冗余配置 4~20mA
FT11	去离子水流量变送器	监控去离子回路流量	±1%	冗余配置 4~20mA
LT11、LT12、LT13	膨胀罐液位变送器	监控膨胀罐液位，检漏	±0.5%	冗余配置 4~20mA
LI15	膨胀罐磁翻板液位计	监控膨胀罐液位，检漏	±1%	4~20mA
LT14	原水罐磁翻板液位计	监控原水罐液位	±1%	4~20mA
PT01、PT02	主泵出水压力变送器	监控主泵出口压力	±0.5%	冗余配置，4~20mA
PT03、PT04、PT05	进阀压力变送器	监控系统进阀压力	±0.5%	冗余配置，4~20mA
PT06、PT07	回水压力变送器	监控主泵进口压力	±0.5%	冗余配置，4~20mA
PS21、PS22	氮气瓶压力开关	监控氮气瓶压力/更换氮气瓶	±1.5%	开关量输出
QT01、QT02、QT03	冷却水电导率变送器	监控系统冷却介质水质	±5%	冗余配置 4~20mA
QT11、QT12	去离子水电导率变送器	监控水处理水质	±5%	4~20mA
TT01、TT02、TT03	冷却水进阀温度变送器	监控系统冷却水进阀温度	≤±0.5℃	冗余配置，4~20mA
TT04、TT05	冷却水出阀温度变送器	监控系统冷却水出阀温度	±0.3℃	冗余配置，4~20mA
TRT01、TRT02	阀厅温、湿度变送器	监控阀厅室内温度	±2℃	4~20mA
TT07	P01 主泵电机温度变送器	监控电机内部温度	±1℃	4~20mA
TT08	P02 主泵电机温度变送器	监控电机内部温度	±1℃	4~20mA
dPS01、dPS02	主过滤器压差开关	现场指示，开关量输出	±2.5%	0~0.06MPa
PI01	P01 主泵出水压力表	现场指示	±2.5%	
PI02	P02 主泵出水压力表	现场指示	±2.5%	
PI13、PI14	补水过滤器压力表	现场指示	±2.5%	

代号	名称	作用	精度	备注
PI15	补水系统压力表	现场指示	±2.5%	
PI11	精密过滤器进水压力表	现场指示	±2.5%	
PI12	精密过滤器出水压力表	现场指示	±2.5%	
OI01	溶解氧变送器	检测冷却水溶解氧含量	—	1~20000ppb

各传感器电源均由两套直流电源同时供电，任一电源失电不影响保护及传感器的稳定运行，阀冷控制保护系统经直流电源模块转换后供电，A 控制系统接入两路直流电源，B 控制系统接入两路直流电源，对于不冗余的仪表、单一信号，由专用 C 路电源提供。

3.4.2.6 阀冷系统降噪设计

1. 空气冷却器降噪优化设计

空气冷却器是以环境空气作为冷却介质，对管内高温流体进行冷却或冷凝的设备，该设备不需要水源，适用于高温、高压的工艺条件，被天然气站场广泛应用。在空气冷却器运行时，会产生噪声和振动，需要通过采取相应的设计措施来控制噪声，减小对周边环境影响。

空气冷却器在正常运行时产生的噪声包括：

（1）风机运行时叶轮转动打击空气而引起的气体压力脉动噪声和风机叶片旋转时附着在叶片上的空气不断滑落成漩涡而产生的噪声。

（2）电机运行时旋转子的旋转噪声，旋转子切割磁场引起的电磁噪声以及轴承摩擦产生的机械噪声等。

（3）空气在空气冷却器腔体内流动形成的噪声。

目前，噪声的控制形式有源头控制、传播途径控制和受体控制三种，即削减噪声源、阻隔噪声传播途径和从人耳处减弱噪声。空气冷却器降噪设计优化采用前两种方式。

（1）噪声源控制。即在现有风机基础上进行性能优化改进，较为常用的思路有以下几种：

1）选择较大叶轮直径和较小转速及功率的风机，能有效地降低噪音。风机的噪声最主要受风机叶尖速度的影响，叶尖速度越低，噪声值越低，风机静压值越大，表明风阻越大，因此风机要降噪最有效的手段是降低风机转速。因此在满足冷却要求前提下，选用风量、风压尽可能低的风机。除此以外，还可改善风筒设计，增大风筒出风口高度，采用风机变频运行等方式将空气冷却器噪声声功率控制在噪声要求的范围以内。

2）选用高效的叶栅，减少气流损失。

3）选择流型时，使静压沿径向逐渐加大，从而使叶片底部附面层更多地集中在靠近叶根处。

4）降低叶片表面粗糙度，从而减小附面层的厚度。

（2）噪声传播途径控制。在风机工作的情况下，噪声将会伴随着风机的进气口、排气口及管道的位置而辐射出来，其中风机排气口及进气口对环境的影响最为明显。控制风机噪声传播途径的处理措施主要有以下几种：

1）加装隔声罩。将风机安置在风机隔声间内，通过隔声罩的作用对风机进行吸声、隔声的处理，从而降低风机所产生的空气动力噪声及电机电磁噪声。声屏障是降低噪声传播的有效措施之一。其声影区内降噪效果在 5～12dB。当噪声源发出的声波遇到声屏障时，将沿着三条路径传播：① 越过声屏障顶端绕射到达受声点；② 穿透声屏障到达受声点；③ 在声屏障壁面上产生反射。声屏障的插入损失主要取决于声源发出的声波沿这三条路径传播的声能分配。

2）安装消声器。在消声器中内置消声芯片，再将消声器放在风机的排风口位置，从而适当削弱风机产生的噪声。消声器是利用多孔吸声材料来吸收声能的，当声波通过衬贴多孔吸声材料的进风口及排风口处时，声波将激发多孔吸声材料中的无数小孔中的空气分子产生剧烈的运动，其中大部分声能用于克服摩擦阻力和粘滞阻力并转变成热能而消耗掉，从而降低风机所产生的空气动力噪声。因此消声器的增加将会导致风机性能的下降，从而影响设备的散热能力。

3）百叶窗使用消声百叶，设置于空气冷却器进风侧。

4）风机的吊挂采用阻尼弹簧吊架减振器。

除以上方式外，还可以通过控制策略优化的途径降低噪声水平，如：空气冷却器变频风机按照先启后停原则，有工频风机运行工况下，变频风机不停运，变频风机目标温度根据启动的工频风机组数变换，大组工频启动时取启动温度加补偿量为变频目标温度，大组工频在停止时取停止温度为变频目标温度。

2. 冷却塔降噪优化设计

（1）噪声组成。冷却塔噪声主要由以下几部分组成：

1）风机噪声。冷却塔轴流风机产生的空气动力性噪声，由旋转噪声和涡流噪声组成。风机噪声的大小和风机的风量、风压有密切关系。由于空气在冷却塔顶导流管内产生湍流和摩擦激发的压力扰动，产生噪声，同时风机叶片与空气作用产生振动向外辐射噪声，冷却塔风机产生的空气动力噪声是主要声源，此部分噪声分别通过冷却塔进风口和排风口向外传播，形成进风噪声和排风噪声两部分。由于风机噪声声波长，穿透能力强，声音衰减不明显，治理困难。

2）淋水噪声（即水落噪声）。冷却塔的循环水在塔内循环流动的过程中，水流经填料层自由下落到集水盘，对水面冲击产生的噪声。淋水噪声在冷却塔总噪声级中仅次于风机噪声。淋水声与冷却塔淋水量、水流落差等因素有直接关系。经过对频谱特性的分析，淋水噪声主要为中高频噪声，此部分噪声主要通过进风口向外传播，但随着传播距离的增加，其低频成分亦不能忽略。

3）风机电机噪声。冷却塔风机电机运行时产生的噪声强度较大，噪声与风机转速、功率、摩擦系数等有关，主要为中高频率噪声。

综上分析，冷却塔噪声主要以轴流风机产生的空气动力性噪声为主，其次为淋水声。风机噪声主要是低频噪声，而淋水噪声和风机电机主要是中高频噪声。

（2）降噪设计优化措施。冷却塔的噪声对环境影响很大，应采取积极措施降低噪声。冷却塔的噪声主要来自于风机运转的噪声和喷淋水流经盘管时的水声。在产品的设计及选型阶段，综合考虑这两方面的噪声因素，尽力采取提前预防的措施。主要的噪声优化方式有如下两种。

1）消声。对空气动力性噪声一般采用消声器进行治理，消声器主要是利用多孔吸声材料来降低噪声的。把吸声材料固定在气流通道的内壁上或按照一定方式在管道中排列，就构成了阻性消声器。当声波进入阻性消声器时，一部分声能在多孔材料的孔隙中摩擦而转化成热能耗散掉，使通过消声器的声波减弱。噪声源采取消声器治理后，要求既要有适宜的消声量（即声学性能），同时对设备的运行不能有明显的影响（即良好的空气动力性能）。

2）隔声。一般采用木板、金属板、墙体等固体介质阻挡并减弱声波在空气中的传播，这些用来隔绝声波的介质称为隔声材料。在噪声治理工程中，为了提高隔声效果，常将隔声材料与其他声学材料如吸声材料、阻尼材料或空气层复合在一起组成隔声构件。隔声构件可以组装成不同形式和用途的隔声结构，如隔声间、吸隔声板、隔声门窗、隔声控制室、设备隔声罩和隔声屏障等。

根据以上两种方式，冷却塔主要采取的降噪设计优化措施如下：

1）合理的设计。采用的冷却塔可提供用于计算冷却塔的声压级的声学额定值资料。在进行此类计算的基础上，设计人员充分考虑安装具体几何尺寸的影响，以及冷却塔与噪声敏感区域之间的距离和方位。将冷却塔的噪声从设计之初就降到最低。

2）风机选择。在满足冷却要求的前提下，为了降低冷却塔运行时的噪声，冷却塔风机选用风量、风压尽可能低的风机，风机转速和风机叶尖速度控制在允许的范围内。

3）减弱水噪声。冷却塔的挡风板设计主要是挡水用的，防止水的飞溅；另一个作用就是降低喷淋水的噪声。水喷溅在挡水板上后，会顺着挡水板向下流淌，形成一个水帘，喷淋水噪声被水帘吸收，减弱了水的噪声。

4）变频风机降噪。一般说来，冷却塔冷却容量均有至少 50%以上裕度，故在正常运行工况下，所有冷却塔不需要工频运行所对应冷却容量即可满足换流阀的需求。冷却塔所有风机均配置变频风机，阀冷控制系统根据实时冷却容量的需求调节温度，分组投退和控制风机运行频率，可有效将冷却塔噪声控制在要求的范围内。

3.4.3 阀冷控制保护系统可靠性设计

3.4.3.1 阀冷控制系统可靠性设计

1. 阀冷控制配置优化设计

（1）阀冷系统控制应至少配置主泵控制、电加热器控制（内冷）、补水控制（内冷）、冷却塔风机控制和外冷喷淋泵控制（外水冷方式）或空气冷却器风机控制（外风冷方式）、冗余冷却能力判断等。

（2）阀冷系统还应根据外冷却系统配置情况配有吸盐泵控制（若有盐池且配置有吸盐泵）、补气排气电磁阀控制（配置有氮气稳压系统）、反洗泵控制（若有碳滤器）、反渗透控制（反渗透高压泵及开关阀控制、反渗透加药泵控制）、旁滤循环泵控制、加药泵控制、集水池排水泵控制、外冷加热器控制（若有）、外冷补水控制等。

（3）阀冷系统应配置冗余的主/从控制系统，控制主机接收保护的动作信号并完成三取二逻辑。

（4）建议另设主机配置外冷系统部分不重要的控制功能，如加药泵、排水泵、反洗泵、反渗透等控制。

2. 阀冷控制逻辑标准化设计

（1）主循环泵控制。

1）两台冗余的主泵分别有独立的工频回路和软启动回路，正常时软启先启动，启动完成进入全压工作后自动转入工频。

2）主泵应具备定时、手动、远程切换功能和故障切换功能，切换时应尽量保证流量/压力稳定，不引起保护误动。

3）控制系统根据主泵和备用泵的故障信号判断并投入运行状态更好的泵。工频回路和软启动回路只有一个回路故障时，该主泵应可以长期运行。

4）主泵的切换逻辑包括旁路/软启动回路电源开关断开、旁路/软启动回路接触器故障、旁路/软启动回路控制开关断开、旁路/软启动回路交流电源故障、主泵过热、软启动信号开关断开、流量低（或进阀压力低、泵前后压差等）。主泵不应频繁切泵。

5）流量低（或压力低）保护切换主泵后如果判据仍满足，不再因为流量压力低再次切泵。

（2）电加热器控制。

电加热器启动和停止定值应合理，当阀冷系统停运、冷却水流量超低及进阀温度高报警三套传感器故障引起跳闸时，电加热器禁止运行。

（3）补水控制。

1）内冷水有自动和手动补水两种方式，当补水罐液位低报警或者膨胀罐液位高于停止补水液位时系统均应强制停止补水。

2）自动补水定值应与膨胀罐液位保护配合并留有裕度。

3）控制系统监视两台补水泵运行状态，故障时执行切换。

4）外冷水补水泵根据缓冲水池液位启停，控制系统应监视两台泵运行状态。

（4）冷却塔风机控制。

1）冷却塔风机应配置工频和变频回路，由控制系统监视故障并切换，正常运行时控制系统根据进阀温度变化 PID 调节风机频率。

2）风机应有整组定时切换、手动投入功能。

（5）冷却塔喷淋泵控制。

1）控制系统监视每个冷却塔两台喷淋泵的运行状态，完成定期切换、故障切换，并具备手动投入功能。

2）喷淋泵启停条件宜根据进阀温度控制，采用风冷混合水冷的还应与空冷器风机逻辑配合。

（6）空气冷却器风机控制。

1）空气冷却器宜采用部分风机工频和部分变频配置方式，由控制系统监视故障、控制启停，并根据进阀温度变化 PID 调节风机频率。

2）风机启动时优先变频，停止时优先工频。

（7）氮气稳压控制。应设置冗余的氮气补气回路，由控制系统监视状态、自动故障切换。

（8）反洗泵控制。反洗泵启动判据宜设为碳滤器反洗启动信号有效或定期启动。

（9）集水池排水泵控制。

1）控制系统应监视两台排水泵故障信号，根据集水池液位实现启停。

2）应支持手动启停单台排水泵功能，紧急情况下支持两台排水泵可同时运行。

（10）冗余冷却能力判断。外冷设备风机或喷淋泵失电，或空气冷却器风机故障数量大于一定数值（根据工程确定），或外水冷系统投入时单个冷却塔中的两台喷淋泵均故障或者任一台风机故障，应判断冗余能力不足。

3.4.3.2　阀冷保护系统可靠性设计

1. 阀冷保护配置优化设计

（1）阀冷保护应配置温度保护（含进阀温度保护、出阀温度保护）、流量保护、液位保护（含微分泄漏保护、24h 泄漏保护和低液位保护）、电导率保护。其中进阀温度保护、流量保护、微分泄漏保护、低液位保护为主保护并作用于跳闸；出阀温度保护、24h 泄漏保护、电导率保护为后备保护，仅作用于报警。

（2）新建工程阀冷保护系统应配置相互独立的三套保护主机，各自接收传感器信号，每套保护主机可独立运行，不受其他主机影响。

（3）主循环水流量、液位、进阀温度配置 3 个冗余传感器的工程，阀冷保护［进阀温度保护、流量（压力）保护、液位保护和泄漏保护］跳闸采用出口三取二策略。

（4）传感器测量值直接参与逻辑计算，如图 3-4-7 所示（如进阀温度传感器 A 的检测值"进阀温度 A"直接与定值比较，超出定值时发出"进阀温度 A 高跳闸告警"，并送至三取二逻辑判断出口，三取二逻辑满足才出口）。

（5）应配置进阀温度保护、流量（压力）保护、液位保护、泄漏保护出口压板，阀冷系统的保护投退、屏蔽均应有事件。

（6）极控系统收到阀冷系统的保护跳闸命令时应先切换系统再执行跳闸命令。

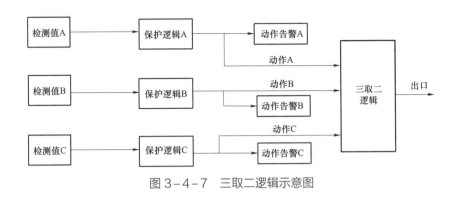

图 3-4-7　三取二逻辑示意图

2. 阀冷保护逻辑标准化设计

（1）进阀温度保护。进阀温度保护应包括一段低温保护和两段高温保护。其中进阀温度低保护定值按换流阀最低运行温度整定，延时 3s，不满足要求时应禁止阀解锁（RFO 条件）。进阀温度高保护定值按换流阀最高允许温度整定（具体按换流阀厂家提供的技术规范设置），设置告警段和跳闸段，跳闸段动作延时应小于换流阀过热允许时间。

（2）流量（压力）保护。

1）配置两个流量传感器时，满足以下条件之一出口跳闸：① 流量超低且进阀压力低；② 流量超低且进阀压力高；③ 流量低且进阀压力超低；④ 两个流量传感器故障时系统跳闸；⑤ 三个进阀压力传感器故障时系统不跳闸且仅依靠流量超低出口跳闸。其中流量判据采用出口二取一策略，进阀压力判据采用出口三取二策略。

2）配置三个流量传感器时，满足冷却水流量超低（三取二策略）出口跳闸。

3）流量保护应至少设置两段，定值按照换流阀要求整定。

4）采用流量/压力联合判据的定值整定应经现场测试；工程完工时各厂家应提供整定及测试报告。

5）跳闸延时应大于主泵切换不成功再切回原泵的时间。在阀冷系统现场调试时，主泵切换应至少模拟以下试验：① 站用电切换；② 切换到故障泵再切回。

6）水冷保护切泵逻辑可有以下三种：① 主泵出口压力低（二取一）且进阀压力低（三取二）；② 流量低（三取二）且进阀压力低（三取二）；③ 主泵前后压力差（二取一）。厂家应根据工程现场进行试验确定合适定值和保护切泵方案。该保护定值应与流量（压力）保护配合。

（3）液位保护。

1）设置三个电容式液位传感器，同时保留磁翻板式液位计。

2）液位保护采集膨胀罐或高压水箱液位，应设置一段液位高保护和两段液位低保护。其中液位高保护只告警，液位低保护设告警和跳闸段。跳闸段应停运直流并在收到换流阀闭锁信号后阀冷自动停主泵，延时建议 10s。

（4）泄漏保护。

1）泄漏保护逻辑策略为：阀冷控制系统采集膨胀罐液位，采样周期为 2s，计算当前液位采样值与 10s 前的液位采样值的差值作为液位下降速率，当液位连续 15 次下降速率均超过泄漏保护定值时（泄漏有效计算时间为 30s），发跳闸请求并停运主泵。

2）以下情况应屏蔽泄漏保护：① 大组外冷风机投运和喷淋泵启停，屏蔽 10min；② 进阀温度剧烈下降（判据依据为厂家试验值或经验值）屏蔽 1 次泄漏保护下降速率计算值出口计数，重新开始计算；③ 三通阀动作，屏蔽 10min；④ 切主循环泵，屏蔽 3min。

3）泄露保护定值设置时应根据换流阀技术报告设定，并有合适延时。

4）阀塔应设置可靠的漏水检测装置。

3.5　换流阀试验检测方法设计

3.5.1　柔性直流换流阀型式试验方法设计

相比基于晶闸管的常规直流输电技术，柔性直流输电技术起步晚，经验积累少，工程参数不断提高，对换流阀设备的技术参数、性能指标要求同步提升，因此有必要开展全方位、高标准的型式试验测试与考核。

柔性直流换流阀型式试验包括绝缘型式试验及运行型式试验两部分。绝缘试验包括阀支架直流耐压试验、阀支架交流耐压试验、阀支架操作冲击试验、阀支架雷电冲击试验、湿态直流耐压试验、阀端间交直流耐压试验，试验对象为一个完整的阀塔，包含水路和光纤连接；运行型式试验包括最小直流电压试验、最大持续运行负荷试验、最大暂时过负荷运行试验、IGBT 过电流关断试验、短路电流试验、阀抗电磁干扰试验，试验对象为一个完整的阀段，包含水路和光纤连接。柔性直流换流阀型式试验具体项目如表 3-5-1 所示。

表 3-5-1   柔性直流换流阀型式试验项目

序号	项目		试验目的及判据
1	绝缘型式试验	阀支架直流耐压试验	（1）验证阀和地电位间所有绝缘介质的电压耐受能力，这些绝缘介质包括悬吊支架、冷却水管、光纤和其他与阀支架相关的任何绝缘部件； （2）验证绝缘介质的局部放电值在规定范围内； （3）在 3h 电压试验的最后 1h，整个记录期间，局部放电水平应满足：>300pC，最大 15 个/min；>500pC，最大 7 个/min；>1000pC，最大 3 个/min；>2000pC，最大 1 个/min； （4）正负两种极性
2		阀支架交流耐压试验	（1）验证阀和地电位间所有绝缘介质的电压耐受能力，这些绝缘介质包括悬吊支架、冷却水管、光纤和其他与阀支架相关的任何绝缘部件； （2）在 30min 试验的最后 2min，测量并记录局部放电水平。局放水平应不超过 200pC
3		阀支架操作冲击试验	（1）验证阀和地电位间所有绝缘介质的电压耐受能力； （2）试验过程中无异常现象，如放电、电压/电流的波形变化、渗漏水等； （3）试验波形 250/2500μs； （4）阀主端子（短接）对地之间，施加 3 个正向和 3 个负向的操作冲击
4		阀支架雷电冲击试验	（1）验证阀和地电位间所有绝缘介质的电压耐受能力； （2）试验过程中无异常现象，如放电、电压/电流的波形变化、渗漏水等； （3）试验波形 1.2/50μs； （4）波形 1.2μs（±30%）/50μs（±20%），阀主端子（短接）对地之间，施加 3 个正向和 3 个负向的雷电冲击
5		阀端间交直流耐压试验	（1）验证阀端间所有绝缘介质的电压耐受能力，这些绝缘介质包括冷却水管、光纤和其他相关的任何绝缘部件； （2）验证绝缘介质的局部放电值在规定范围内； （3）试验电压为交直流合成电压； （4）对于交流局放测量而言，在 3h 测试期间的最后 1min 中周期性局放记录的最大值小于 200pC； （5）直流局放测量记录时间为 3h 测试期间的最后 1h，整个记录期间，局部放电水平应满足：>300pC，最大 15 个/min；>500pC，最大 7 个/min；>1000pC，最大 3 个/min；>2000pC，最大 1 个/min
6		湿态直流耐压试验	（1）验证阀在水冷管道发生漏水时的绝缘性能； （2）泄漏量：15L/h； （3）漏水位置为顶部阀组件的电容器侧； （4）在施加试验电压时（5min）和在此之前至少 1h 内泄漏量保持恒定交直流合成电压
7	运行型式试验	最小直流电压试验	（1）证明阀设计的正确性，验证从直流电容取能的板卡电子设备性能； （2）试验持续时间为 30min
8		最大持续运行负荷试验	（1）检验阀中功率器件及其相关的电路，在运行状态中最严重的重复作用条件下通态、开通和关断状态时，对于电流、电压和温度的作用是否合适； （2）试验期间需考虑环流分量与基频分量峰峰值叠加，试验时长为稳定后 120min
9	运行型式试验	最大暂时过负荷运行试验	（1）根据阀暂时过负荷运行要求，考察 IGBT 换流阀的最大暂时过负荷运行能力； （2）试验电流为额定运行桥臂电流有效值（考虑环流抑制失效，环流分量为桥臂基频电流分量的 35%）的 1.1 倍，试验期间需考虑环流分量与基频分量峰峰值叠加

序号	项目		试验目的及判据
10	运行型式试验	IGBT 过电流关断试验	(1) 在发生特定的短路故障或误触发下关断时的电流和电压应力作用下，检查阀设计是否合适，尤其是 IGBT 及其相关电路； (2) 监测是否有模块发生误触发、发送错误报文现象，检查阀的抗电磁干扰性能； (3) 阀模块运行在最高稳态结温下进行 IGBT 过电流测试，要求电流值在小于最大安全关断电流值时关断 IGBT。最大电流值根据系统分析确定，为实际情况中可能出现的最大值，要求满足实际情况的电流上升率
11		短路电流试验	(1) 在特定短路条件的电流应力下，例如直流侧短路直到控制和保护电路关断故障电流之前，检测二极管和相关电路是否合适。主要考核子模块保护晶闸管的分流能力，要求其分流能力超过 85%； (2) 根据 IEC 62501 的要求，阀组件运行在最高稳态结温下进行 IGBT 过电流测试，要求电流值在小于最大安全关断电流值时关断 IGBT。最大电流值根据系统分析确定，为实际情况中可能出现的最大值，要求满足实际情况的电流上升率； (3) 根据 IEC 62501 的要求，阀组件运行在最高稳态结温情况下，启动最严重故障电流事件。故障电流的幅值、持续时间、波次是实际中预期的最大值，不加安全系数，注意恢复后的电压需要加 1.05 倍的安全系数，故障电流峰值为 32kA，持续时间为 100ms
12		阀抗电磁干扰试验	(1) 验证阀抵抗从阀内部产生的及外部强加的瞬时电压和电流引起的电磁干扰的能力。阀中敏感的元件主要是用于 IGBT 驱动、保护和监测的电子电路； (2) 运行型式试验 7~10 项，所有模块的电子电路板卡能正常工作，无功率器件的误触发现象，模块对上通信正常，无数据丢失、报文错误等现象

试验判据包括阀的外部闪络、阀冷却系统的损坏以及触发脉冲传输和分配系统的任何绝缘材料均不允许有破坏性放电。任何元件、导体及其接头的温度及附近物体的表面温度应在设计允许限值内。

关于试验判据的辅助说明，包括以下几点：

（1）任何一项型式试验，有一个以上的阀级发生短路或开路（大于试品阀级数 1% 时），则认为该阀未通过型式试验。

（2）若任何一项型式试验后，有一个阀级（或更多，若仍在 1% 限制以内）发生短路或开路，应当修复故障级重复该试验。

（3）若在所有型式试验期间，短路或开路的阀级数量累计大于一个试品阀级数的 3%，则认为该阀未通过型式试验。

（4）每次型式试验后，都应检查阀或阀段，以判断是否有阀级发生短路或开路。在进一步试验前，型式试验中或型式试验后发现的故障的 IGBT/二极管或辅助元件可以更换。

（5）检查试验期间，发生的阀级短路应作为上面定义的验收准则的一部分计算。除了短路的级之外，在型式试验程序和后来的检查试验中发生的、未导致阀级短路后果的故障阀级总数，也不得超过一个完整阀串联阀级的 3%。

（6）当用百分比准则来决定允许的短路阀级最大数目和允许的未导致短路的故障阀级最大数目，通常是取整数，如表 3-5-2 所示。

表 3-5-2 型式试验中允许损坏的阀级（子模块）数量

被测试的阀级数	在任何单项试验中允许出现的短路或开路阀级数	在全部型式试验中允许出现阀级短路或开路的总数	在全部型式试验中其他的未导致短路或开路的故障阀级数
35 及以下	1	1	1
34~67	1	2	2
68~100	1	3	3
101~180	2	6	6

3.5.2 关键组部件可靠性试验方法设计

3.5.2.1 IGBT 器件可靠性试验

大量的试验和应用经验表明，功率半导体器件的失效率与其使用时间呈现如图 3-5-1 所示"浴盆曲线"的关系，曲线特点为两端高，中间低且平整，类似于浴盆形状。

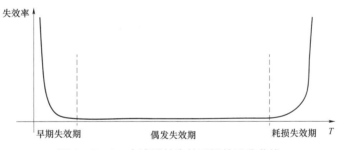

图 3-5-1 表述器件失效区间的浴盆曲线

IGBT 器件使用初期，通常失效率会处于较高水平，称为早期失效期。造成早期失效的原因很多，主要包括芯片制造或封装工艺引入的缺陷、器件安装不当或受其他部件（如驱动、电源）影响等。器件使用一段时间后，失效率会逐步下降到较低水平，保持较长时间平稳运行状态，这个时期被称为稳定运行期或偶发失效期。这个时期的失效主要是偶发因素引起，如宇宙射线、偶发的外部电场及磁场的剧烈变化等，目前工业级的 IGBT 的失效率标准在 100 FIT 左右。当 IGBT 长时间运行后，失效率迅速持续增加，失效原因主要为 IGBT 器件内部结构和零部件老化或磨损，已接近使用寿命终点，该阶段被称为耗损失效期。

为进一步降低换流站现场调试或运行初始阶段，由于 IGBT 器件早期失效导致的换流阀设备故障率，进而减少直流系统跳闸或停运次数，缩短现场调试及运行维护工期，在 IGBT 器件例行试验（见表 3-5-3）基础上，补充开展 IGBT 器件老化筛选测试，强化器件封装工艺可靠性抽检测试，提前暴露潜在失效隐患，全面考核 IGBT 器件产品质量。

表 3-5-3　　　　　　　　　　IGBT 器件例行试验项目

序号		试验项目
1	静态测试	阈值电压
		栅极—发射极漏电流
		饱和压降
		二极管压降
		集电极—发射极漏电流
2	动态测试	IGBT 开通（开通延迟时间、上升时间、开通时间、开通损耗）
		IGBT 关断（关断延迟时间、下降时间、关断时间、关断损耗）
		FRD 反向恢复（反向恢复电荷、反向恢复电流、反向恢复时间、反向恢复损耗）
		IGBT 短路测试

1. 高温反偏试验

高温反偏（high temperature reverse bias，HTRB）试验属于应力加速试验，有助于发现 IGBT 器件在加工过程中的早期缺陷。国外供应商（如东芝、英飞凌等）普遍采用 10～30min 高温反偏测试对 IGBT 器件进行质量检验和耐久性评估，为进一步提升器件早期缺陷筛查率，可将高温反偏试验考核时长提升至 8h，对不低于全部供货器件 5%进行测试。

IGBT 器件 HTRB 试验结构及电路原理图如图 3-5-2 所示。试验中，固定 IGBT 器件的外部加热板维持基板温度（或壳温）为设定值（该值由器件结温为 125℃算出），同时散除器件漏电流产生的热量，维持系统热稳定；否则漏电流带来的热量将进一步提升器件结温，热量累积导致漏电流持续上升。因此 IGBT 器件固定底座应有足够大的热容和较低的热阻，将试验温

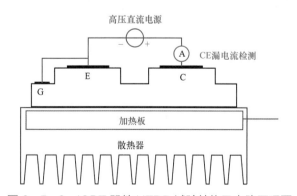

图 3-5-2　IGBT 器件 HTRB 试验结构及电路原理图

度稳定在设定值范围内。

试验过程中，IGBT 器件外部加热板应与 IGBT 基板保持良好接触，在 IGBT 器件集电极和发射极之间施加额定电压的 80%；栅极和发射极保持短接，保证 IGBT 不发生误导通。以温度稳定后的漏电流 I_{CES} 作为基准值，漏电流变化量超过基准值的 100%，或最大漏电流超过产品承诺值，均判定为器件失效。试验过程中实时记录器件失效时间，采样间隔不大于 60s。

在上述条件下，IGBT 器件芯片硅体不会发生退化，但是在封装过程或者芯片加工过程中产生的异常残留物或细微损伤，如飞溅焊料、微小表面裂纹等，都会不同程度地改变芯片表面原有的电场分布，进一步引发漏电流；持续异常升高的漏电流，会产生更多热量，破坏器件热平衡，进一步提高 IGBT 器件漏电流和结温，最终导致器件失效。渝鄂工程换流阀 IGBT 器件 HTRB 试验漏电流数据如图 3-5-3 所示。

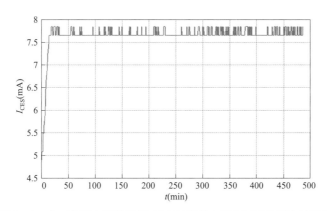

图 3-5-3　渝鄂工程换流阀 IGBT 器件 HTRB 试验漏电流数据

2. 功率循环试验

柔性直流换流阀运行过程中，各子模块根据系统电压调制命令执行投切动作，IGBT 器件长期工作于开通、关断状态交替切换模式，通流电流的断续导致器件温度持续波动。结温、壳温变化曲线如图 3-5-4 所示。

由于热膨胀系数不同，器件内部材料在界面处产生机械应力，长期热应力可能导致材料及互联层疲劳，进而引发器件失效。为进一步评估 IGBT 器件键合点、芯片焊层耐热疲劳退化能力，对全部产品按照 1‰ 比例抽样开展

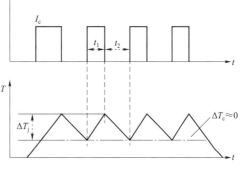

图 3-5-4　结温、壳温变化曲线示意图

功率循环试验，试验电路拓扑图如图 3-5-5 所示。

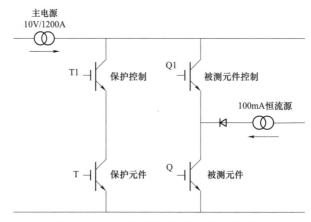

图 3-5-5　功率循环试验电路拓扑图

试验中，被测 IGBT 器件始终处于导通状态，通过试验回路控制（控制 Q1 的开关）实现被测元件电流的通断，模拟实际运行中的温度波动过程。单次循环周期（含通电时间和断电时间）不超过 10s，器件结温需达到产品数据手册中承诺的最高结温，且最高温度与最低温度差不小于 60℃，循环 10 万次以上。试验后，测试产品动、静态参数是否满足产品数据手册中的承诺值。

3. 结壳热阻测试

IGBT 模块内部结构复杂，各物理层材料多样，为进一步评估 IGBT 器件热阻特性及封装工艺质量，对全部产品按照 1‰比例抽样开展热阻测试。IGBT 热阻测试电路拓扑图如图 3-5-6 所示。

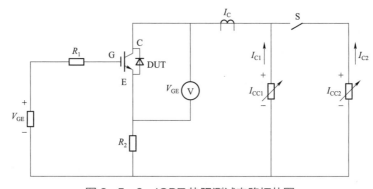

图 3-5-6　IGBT 热阻测试电路拓扑图

当半导体器件在工作状态下达到热平衡状态时，PN结与参考点（如散热器、环境）之间温度差稳定，其与该传热通道上耗散的功率之比称为稳态热阻。由于芯片结温无法直接测试，因此首先在小电流条件下测试得到结温与 V_{ce} 电压关系。

采用双界面法进行热阻测试，即分别对散热器与被测器件之间是否使用导电膏或其他材料导电层隔离的两种情况分别进行测试，通过大电流将被测器件从常温加热至规定温度，记录加热功率；切断大电流后，在小电流条件下通过测量 V_{ce} 电压得到器件芯片结温，经计算与对比得到界面分离点。两次测试中，器件外壳以外的路径是不同的，所以曲线会在外壳处发生分离。

通过分离点之前的曲线可得到结壳瞬态热阻抗曲线，测试结果应小于产品数据手册中承诺值。

3.5.2.2 子模块二次板卡可靠性试验

子模块二次板卡主要包括中控板、驱动板等，主要功能为接收阀控 VBC 的各项指令，驱动 IGBT 按照指定时序完成开关动作；同时监视、采集及传输子模块当前状态信息，用于实现子模块层级的控制、保护、监视与通信功能，直接影响换流阀设备的运行可靠性。结合二次板卡核心功能以及在厂内生产与试验、现场调试与运行阶段故障薄弱点分布特点，在已有型式试验（见表3-5-4）、例行试验（见表3-5-5）基础上，开展二次板卡功能可靠性测试。

表3-5-4　　　　　　　　　子模块二次板卡型式试验项目

试验内容	试验方式	备注
高温试验	湿度50%，分别在70℃/72h、60℃/168h条件下开展功能测试	
低温试验	（-10±3）℃，在额定负载/电流下运行，保温24h；恢复1h，进行功能测试	—
交变湿热试验	参照 GJB 150.9A—2009《军用装备实验室环境试验方法　第9部分：湿热试验》	—
温循试验	参照 GJB 1032—1990《电子产品环境应力筛选方法》，考核 VBC 机箱在承受极端高温和极端低温的能力，评价其在极端高温与极端低温交替变化对器件的影响，-10~55℃，高低温极限辖各停留3h，循环5次	—
长期湿热老化试验	65℃，湿度95%，额定负载/电流下运行，保温168h；带电连续运行	带电
盐雾试验	盐雾浓度5%±1%，温度35±2℃，喷雾量1~2ml/（h·80cm²），保持72h	带电
老化试验	55℃±2℃条件下通电连续老化不少于72h	带电

表 3－5－5 　　　　　　　　　　 子模块二次板卡例行试验项目

板卡	试验项目	备注
驱动板	老化试验	提前暴露设计、焊接工艺等缺陷
	电磁兼容试验（与子模块一同）	在子模块上考核板卡抗电磁干扰能力
	湿度循环试验	考核板卡同时耐受温、湿度循环的能力
	盐雾试验	考核板卡耐受盐雾的能力
中控板	老化试验	提前暴露设计、焊接工艺等缺陷
	电磁兼容试验（与子模块一同）	在子模块上考核板卡抗电磁干扰能力
	环境试验	考核板卡耐受极限环境的能力
	采样试验	考核采样精度、故障工作能力
	通信试验	考核通信链路的可靠性
	旁路开关触发试验	考核旁路开关触发电路的能力
	晶闸管触发试验	考核晶闸管触发电路的能力
取能电源	电磁兼容试验（与子模块一同）	在子模块上考核板卡抗电磁干扰能力
	过电压保护试验	考核最高工作电压过电压保护能力
	欠电压保护试验	考核最低工作电压欠电压保护能力
	输入电压范围测试	考核电源工作输入的上、下限电压
	老化试验	提前暴露设计、焊接工艺等缺陷
	温度循环试验	考核板卡耐受温度循环的能力
	盐雾试验	考核板卡耐受盐雾的能力
旁路开关控制板（若有）	分合闸功能试验	分闸操作，合闸操作，考核合闸时间是否满足要求
	老化试验	提前暴露设计、焊接工艺等缺陷
	电磁兼容试验	在子模块上考核板卡抗电磁干扰能力
	环境试验	考核板卡耐受极限环境的能力

1. 板卡电源短路试验

子模块取能电源从直流电容中获取电能，分别为驱动板、中控板、旁路开关提供能量。各板卡之间应设计电源隔离电路，防止单一板卡电源短路故障条件下，其他板卡储能电源向短路点迅速放电导致板卡失效，影响子模块故障保护命令下发与执行。板卡电源短路试验如图 3－5－7 和图 3－5－8 所示。

通过短路操作杆或开关将短路发生点引接到板卡外，模拟换流阀子模块驱动板电源短路状态，观测中控板保护命令是否按照逻辑设定下发，并触发旁路开关可靠动作。

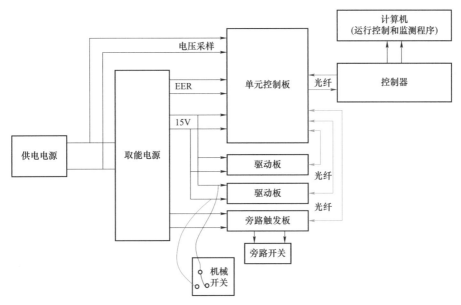

图 3-5-7　板卡电源短路试验示意图

图 3-5-8　张北工程换流阀子模块板卡电源短路试验

2. 中控板低压臂电阻开路测试

电容器电压通过高压臂电阻、低压臂电阻分压后，经中控板 AD 采样处理回路后输入核心控制芯片（一般为 FPGA 或 CPLD），用于直流系统电压调制以及子模块电压异常保护。当低压臂电阻因焊接不良或早期器件缺陷等原因导致开路时，AD 采样回路输入级电路电压将提高数千倍（接近电容器额定运行电压）。为了验证中控板的 AD 采样回路输入级钳位电路有效性，应对低压臂电阻开路条件下板卡工作状态进行测试，如图 3-5-9 所示。

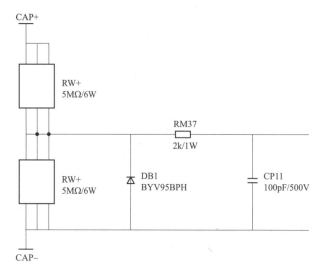

图 3-5-9　中控板低压臂电阻测试示意图

随机选取不少于 2 块工程用中控板，设置 AD 采样电路低压臂分压电阻为开路状态（去除中控板上低压臂分压电阻，如图 3-5-10 所示）。调节外部电源直流电压（一般按照 IGBT 器件耐压 90%选取），加至中控板 AD 采样输入端口，加压保持 5min。若加压后无异常，则恢复低压臂分压电阻焊接，并进行电压采样功能测试。

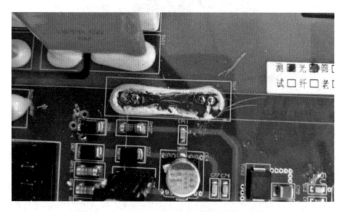

图 3-5-10　去除中控板低压臂电阻

3. IGBT 驱动板双脉冲试验

子模块驱动板的基本功能是从中控板接收控制命令，通过控制门极电压实现 IGBT 器件导通、关断。各子模块有序投切实现直流系统调制电压控制以及交、直流电能相互转换。应在出厂前对所有驱动板触发功能有效性进行双脉冲测试，测试原理如图 3-5-11 所示。

子模块电容器充电至额定电压后，对试验 IGBT（以下管 IGBT 试验为例）释放一组双脉冲，保持上管 IGBT 关断。通过调节试验回路电感，实现不同电流下 IGBT 的开通和关断。分别测试额定电流、2 倍额定电流下 IGBT 开通/关断性能及各项参数是否满足要求，如关断尖峰电压、开通电流变化率、反向恢复电流等。

4. IGBT 驱动板退饱和保护测试

IGBT 在短路电流下会发生退饱和过程，导致 V_{ce} 电压上升，驱动板通过监测开通后的 V_{ce} 电压是否达到饱和值判断 IGBT 是否发生短路，自主关断 IGBT 并生成短路故障信号上报中控板。应在出厂前对所有驱动板退饱和保护功能有效性进行测试，测试方法如图 3-5-12 所示。

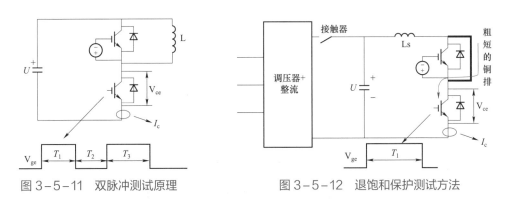

图 3-5-11　双脉冲测试原理　　　　图 3-5-12　退饱和保护测试方法

子模块电容器充电至额定电压后，对试验 IGBT（以下管 IGBT 试验为例）释放一个单脉冲，上管 IGBT 用铜排短接，形成直通短路。IGBT 驱动应在 10μs 之内可靠保护关断，反馈信号及故障报文正确。

3.5.2.3　电容器可靠性试验

为了进一步验证电容器绝缘性能，应对柔性直流换流阀电容器进行交、直流耐压加速老化试验，考核在高温、高电压条件下的电压耐受能力，测试过程中不应发生电容器绝缘失效。试验项目如下：

（1）交流耐压加速老化试验。极对壳施加交流电压（一般采用 1.7 倍电容器标称电压），试验温度 60℃，持续时间 500h；在试验前后对试品的电容值、介质损耗角、局放进行测量。

（2）直流耐压加速老化试验。极间施加直流电压（一般采用 1.3 倍电容器标称电压），试验温度 60℃，持续时间 500h；在试验前后对试品的电容值、介质损耗角、局放进行测量。

3.5.2.4 PVDF 水管可靠性试验

阀塔主水管与子模块分支水管均采用 PVDF（聚偏二氟乙烯）材质，如图 3-5-13 所示，兼具氟树脂和通用树脂的特性，除具有良好的耐化学腐蚀性、耐高温性、耐氧化性、耐候性、耐射线辐射性能外，还具有压电性、介电性、热电性等特殊性能。作为换流阀水冷系统的重要组部件，尚无针对 PVDF 水管材料检测、工艺管控、试验等方面的标准或规范。结合柔性直流换流阀阀冷系统要求，参考相关领域标准要求，针对管件焊接强度测试、压力测试等方面提出 PVDF 水管极限性能测试方案。

图 3-5-13　柔性直流换流阀阀组件及配套 PVDF 水管

1. 焊接强度拉伸试验

管件焊缝质量应进行拉伸强度试验，如图 3-5-14 所示，焊缝抗拉试验推荐标准见表 3-5-6，检测抽样比例为 5%，各种管径数量应不少于 2 件。

表 3-5-6　　　　　　　　　　焊缝拉伸强度试验标准

序号	规格尺寸（mm/mm）（管外径/壁厚）	抗拉值（kN）	合格标准
1	$\phi16-20/1.9$	≥4	
2	$\phi25/1.9$	≥4	
3	$\phi75/3.6$	≥38	样件试验拉力达到抗拉值后，无明显形变、开裂等异常现象
4	$\phi90-/4.3$	≥44	
5	$\phi110/5.3$	≥66	

2. 压力试验

以往试验中一般沿用在常温下进行压力测试，难以模拟实际工况的考核强度。结合柔性直流换流阀及阀冷系统实际运行特点，将管件压力测试水温提升至 65℃，试验过程中缓慢将冷却水管水压升至 1.6MPa（允许有 +5% 偏差），至少保持 30min，试品管件测试结果应无形变，无渗漏。PVDF 水管压力试验如图 3-5-15 所示。

图 3-5-14 PVDF 水管焊接强度拉伸试验

图 3-5-15 PVDF 水管压力试验

3. 高低温循环试验

由于单体管件测试对象受限，本方案以阀组件整体管路系统为试验对象，明确了高温、低温过程温度分别为 90℃、20℃，持续时间 15min，水流速不低于 2m/s，高低温切换时间小于 2min，循环次数推荐为 3 次，试品管件测试结果应无形变，无渗漏。PVDF 水管高低温循环试验如图 3-5-16 所示。

4. 冲洗测试

针对以往特高压直流工程、柔性直流工程中因水管冲洗不当导致的异物残留现象，PVDF 管件在包装前必须进行纯水冲洗，水管内部和

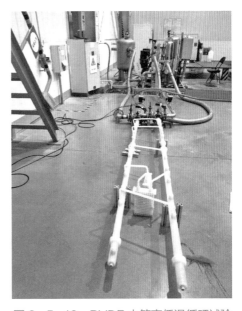

图 3-5-16 PVDF 水管高低温循环试验

水口不得留有任何杂质和污物（包含油污、灰尘和加工残余物等）。管路冲刷至少持续5min，水流速不低于2m/s，并以相反方向重复冲洗。直至排出的冲洗纯水为透明状态，无杂质及可见油花，pH 值为 6～9；排出水样本（取 100mL 水样）中，显微镜下直径大于 5μm 的颗粒数不大于 5000 个。冲刷结束后，拆除水路冲洗试验设备上的过滤器并清除杂质，若有任何明显杂质，应更换过滤器继续上述过程。

3.5.3 子模块级可靠性试验方法设计

3.5.3.1 功率循环试验

为进一步模拟换流阀设备现场运行工况，充分验证子模块结构和工艺、水冷回路、电气回路、二极板卡等整体性能，在厂内测试阶段最大限度筛查子模块早期故障缺陷，降低换流站现场故障率，对换流阀子模块开展功率循环试验。换流阀功率循环试验回路拓扑图如图 3－5－17 所示。

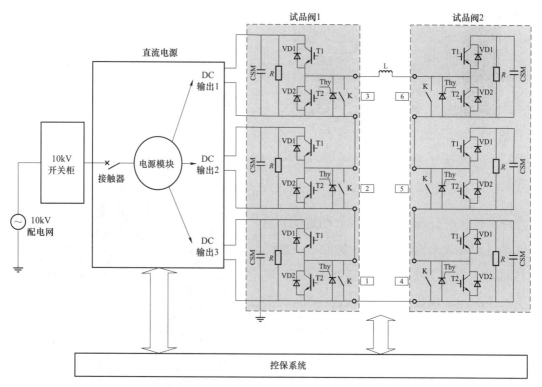

图 3－5－17　换流阀功率循环试验回路拓扑图

本试验项目依托换流阀功率对拖试验平台开展，试验装置主要包括负载电抗器、水冷系统、阀控装置以及试品阀组件。通过控制试品阀之间输出电压的相位及幅值，调整阀组件之间交换功率,进而控制试品阀组件电流的交、直流分量。

试验电压和电流一般应按照最大连续运行负载工况进行设置,其中,整流运行、逆变运行两种工况各占50%;冷却水入阀温度设定为阀冷系统温度保护告警阈值,待试验系统达到热平衡(即出阀温度稳定)后开始计时,时间一般设计为4~8h;也可根据工程可靠性要求,抽取首批次(一般按照供货量5%)开展72h功率循环试验,若子模块运行状况良好,无故障报文或旁路开关动作,后续批次功率循环试验时间可缩短到4~8h;否则继续按72h进行试验。

3.5.3.2 防爆试验

子模块 IGBT 爆炸后可能损坏水管、电容、旁路开关、晶闸管等元件,甚至波及相邻子模块,影响换流器整体工作状态。应在厂内测试阶段对子模块防爆性能进行充分考核,通过上、下管 IGBT 直通短路的方式模拟子模块爆炸的物理过程,试验电路图如图3-5-18所示。

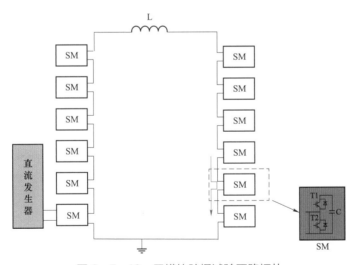

图3-5-18 子模块防爆试验回路拓扑

本试验应在换流阀功率对拖试验平台中进行,选取任一子模块作为试验对象,屏蔽 IGBT 驱动板卡过电流保护功能,对试品子模块电容进行充电并达到设定电压(设定为 IGBT 器件额定电压75%);触发导通上、下管 IGBT 形成直通短路。试验后,检查水路是否有明显漏水现象,子模块电容、旁路开关、晶闸管等器件是否损坏,其他子模块应正常持续运行。图3-5-19为渝鄂工程 IGBT(焊接型)爆炸现场。

(a) 渝鄂工程 IGBT（焊接型）爆炸瞬间　　　　　　　(b) 渝鄂工程 IGBT（焊接型）爆炸后

图 3-5-19　渝鄂工程 IGBT（焊接型）爆炸现场

3.5.3.3　旁路开关合闸试验

为了充分验证旁路开关误合后的 IGBT 过电流保护功能有效性，依托换流阀功率对拖试验平台开展子模块旁路开关合闸试验。选取任一子模块作为试验对象，保持 IGBT 驱动板卡过电流保护等功能正常运行，对试品子模块电容进行充电并达到设定电压（设定为 IGBT 器件额定电压 75%）；当上管 IGBT 开通时触发旁路开关闭合，形成电容器直通短路放电回路。IGBT 器件过电流保护应可靠动作，子模块各元件检查正常，相邻子模块持续运行未受影响。旁路开关合闸试验回路拓扑如图 3-5-20 所示。

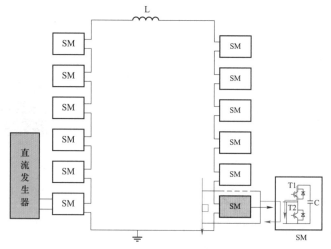

图 3-5-20　旁路开关合闸试验回路拓扑图

3.5.3.4　电磁兼容试验

柔性直流换流阀正常运行时，IGBT 器件周期性导通和关断导致高幅值、快速变化的瞬态电压和电流。上述瞬态电压/电流分布于 IGBT 内部、阀模块以及整个阀塔的各种导线上，产生高强度的空间电磁场，进而对布置于阀模块附近的控制电路板卡形成严重的电磁干扰。相比于常规直流换流阀控制板卡，柔性直流换流阀二次控制板卡整体结构及功能更为复杂，其包括中控板卡、取能电源板卡和驱动板卡等，用于实现控制、保护、逻辑运算和状态监控信息上传等多重功能，设计精准度要求更高，受电磁干扰后引发故障的概率更大。

为了充分验证柔性直流换流阀子模块级二次板卡电磁兼容性能，以整体子模块为试验对象，基于相关标准要求及工程运行条件进一步提升考核力度（见表 3-5-7），测试电路如图 3-5-21 所示。

表 3-5-7 电磁兼容试验项目及要求

序号	试验项目	试验参数
1	射频电磁场辐射抗扰度试验	频率范围 80MHz～3GHz，试验等级 4，试验场强 30V/m，点频 80、160、380、450、900MHz
2	静电放电抗扰度试验	试验等级：4 级，接触放电：±8kV，空气放电：±15kV
3	电快速瞬变脉冲群抗扰度试验	试验等级：4 级，重复频率 5kHz，100kHz，电压峰值 4kV
4	射频场感应的传导干扰抗扰度试验	开放等级（大于 3 级），未调制干扰信号的开路试验电平为 20V，频率范围为 10kHz～80MHz，点频为 27MHz、68MHz
5	工频磁场抗扰度试验	3 个自由度方向试验 5 级：稳定持续磁场：100A/m 5 级：短时磁场：1000A/m
6	脉冲磁场抗扰度试验	试验等级：5 级，脉冲磁场强度：1000A/m
7	阻尼振荡磁场抗扰度试验	试验等级：5 级，阻尼振荡磁场强度：100A/m（100kHz、1MHz）
8	阻尼振荡波抗扰度试验	试验等级：3 级，频率：100kHz、1MHz，共模 2kV、差模 1kV

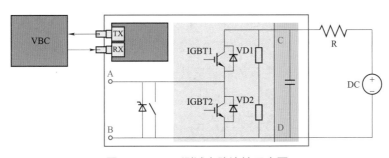

图 3-5-21 测试电路连接示意图

子模块电容可采用小电容代替组成被测模块，各供应商提供配套测试用 VBC 实现正常开通/关断，以及过程中各告警信息记录，辅助回路施加模块正常工作直流电压，干扰施加端口为交流母排（A、B）、直流母排（C、D）、控制模块金属外壳、光器件金属外壳。

静电放电抗扰度试验参照标准中规定的最高电压等级执行（接触放电 8kV，非接触放电 15kV），结合子模块结构布局特点进一步细化测点设置。针对可触碰到的子模块金属区和非金属区，进行子模块与 VBC 通信链路介质、电源和信号端子的静电试验。在金属位置进行接触放电，非金属位置进行非接触放电，验证子模块各个接口的抗静电干扰能力。

试验过程中子模块正常带电工作，工作电压为子模块额定电压，同时上位机观察子模块运行状态。试验布置图如图 3-5-22 所示。

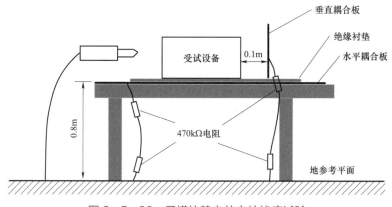

图 3-5-22 子模块静电放电抗扰度试验

射频电磁场辐射抗扰度试验主要用于检验子模块对由无线电发射机或任何其他发射连续波形式辐射电磁能的装置所产生电磁场的抗扰度。试验等级按照标准规定的最高等级（30V/m）执行，试验前确定电波暗室中实验场区满足频率和场强的均匀性（注意避免驻波和扰动反射），子模块置于暗室内并连接所有电气和光纤接线。

试验开始前要求直流高压电源放在暗室外面，通过高压电源对暗室内子模块供电，供电电压为子模块额定电压，下发 IGBT 触发指令，使子模块处于正常工作状态（该子模块应去掉均压电阻，因为该试验时间较长，避免过热影响试验），然后开始进行辐射试验，频率范围为 80MHz～3GHz，点频为 80、160、380、450、900MHz。试验过程中，通过上位机界面观察辐射对子模块运行情况的影响。张北工程子模块射频辐射试验如图 3-5-23 所示。

图 3-5-23　张北工程子模块射频辐射试验

3.5.4　阀控级可靠性试验方法设计

针对以往柔直工程、常规直流工程中阀控系统典型问题，结合可靠性提升要求，制定换流阀阀控厂内控制保护试验规范，主要包括阀控内部接口试验、阀控外部接口试验、阀控功能试验、保护逻辑详细测试等测试项目，全面覆盖子模块级、阀控级控制保护功能及不同层级间接口配合功能测试。

3.5.4.1　阀控内部接口试验

阀控内部接口试验主要分为阀控接口单元通信测试（如有）、阀控制单元通信测试、桥臂控制单元通信测试、桥臂接口单元通信测试（如有）、阀保护三取二单元通信测试（如有）等。

以阀控制单元接收桥臂控制单元通信测试为例，该试验目的为验证阀控制单元接收桥臂控制单元通信中断后，监控后台告警是否正确，阀控系统 VBC_OK 状态消失。

试验启动阶段，阀控制单元与桥臂控制单元通信连接正常；阀控监控后台通信连接正常。试验过程中，断开阀控制单元接收桥臂控制单元通信光纤，观察监控后台上送告警信号是否正确，VBC_OK 状态信号是否正确。验收标准为监控后台上报阀控制单元接收桥臂控制单元通信中断事件，VBC_OK 状态消失。

3.5.4.2　阀控外部接口试验

阀控外部接口试验主要分阀控接口单元接收测量系统通信测试、阀控制单元接收测量系统通信测试、阀保护单元接收测量系统通信测试、桥臂控制单元接收测量系统通信测试、阀控接口单元接收柔性直流极控制单元通信测试（如有）、阀控制单元接收柔性直流极控制单元通信测试、阀控系统与录波系统通信测试（如有）、监控系统通信测试、对时系统通信测试。

以阀控制单元接收柔性直流极控制单元通信测试为例，该试验目的是验证阀控制单元接收柔性直流极控制单元通信中断后，监控后台告警正确，阀控系统 VBC_OK 状态消失。

试验启动阶段，阀控制单元与柔性直流极控制单元通信连接正常；阀控监控后台通信连接正常。试验过程中，断开阀控单元接收柔性直流极控制单元一路控制命令数据通信光纤，观察监控后台上送告警信号是否正确，VBC_OK 状态是否消失。断开阀控单元接收柔性直流极控制单元值班信号通信光纤，观察监控后台显示的故障告警事件是否正确。验收标准为断开阀控单元接收柔性直流极控制单元一路通信光纤，监控后台显示故障告警事件，VBC_OK 状态消失。断开阀控单元接收柔性直流极控制单元值班信号通信光纤，监控后台显示故障告警事件，VBC_OK 状态消失。

3.5.4.3 阀控功能试验

阀控功能试验包括环流抑制功能测试、解锁后子模块均压功能测试、主动充电功能测试、系统切换功能测试、同步功能（与极控）测试、同步功能（桥臂间）测试、阀控系统间通信故障时系统切换测试、阀控系统自监视、报警与故障处理测试、录波功能测试。

以环流抑制功能测试为例，该试验目的是验证环流抑制功能投入/退出对桥臂电流的影响。柔性直流系统解锁运行后，分别测试环流抑制投入前后桥臂二倍频的分量。试验投入环流抑制功能后，桥臂电流的二倍频分量应低于额定电流的 3%。

3.5.4.4 保护逻辑详细测试

保护逻辑详细测试包括请求切换未响应时故障逻辑测试、无主（双备用）时故障逻辑测试、子模块冗余耗尽故障逻辑测试、子模块旁路开关拒动故障逻辑测试、桥臂过电流暂时性闭锁故障逻辑测试、桥臂过电流直接跳闸段故障逻辑测试、暂时性闭锁超时故障逻辑测试、暂时性闭锁频发故障逻辑测试、多桥臂暂时性闭锁故障逻辑测试、整体过电压故障逻辑测试（如有）、整体过电流故障逻辑测试（如有）、阀控不平衡故障逻辑测试。

4 直流断路器可靠性设计

直流断路器集成了电力电子器件、快速机械开关、供能变压器、避雷器、控制保护装置等众多组部件和设备，系统复杂度高，技术难度大，内部各组部件技术参数要求高、配合协同严、研制难度大。另外，直流断路器存在多种技术路线，且不同技术路线差异较大，缺乏针对各技术路线直流断路器整机和组部件的统一技术标准。此外，直流断路器大部分检测标准引用了其他设备的检测要求，与直流断路器本身要求相比匹配性较低，尚缺乏系统的试验和检测方法。以上问题使得直流断路器在实际工程应用中故障概率较高，运行维护较为复杂，而一旦直流断路器故障，将可能导致直流输电系统故障范围扩大甚至停运，进而对交流系统造成较大冲击。因此，可靠性问题已成为制约直流断路器由科学研究走向工程应用的主要瓶颈。

本章主要针对上述问题，对直流断路器系统集成、整机及各关键组部件的可靠性设计要点进行介绍。首先，介绍不同技术路线直流断路器的拓扑结构、工作原理及整体技术要求；然后，在此基础上，基于直流断路器结构原理的特点及整体技术要求，介绍各核心组部件的可靠性控制关键点，以及设计研制过程中应采取的针对性设计方法和可靠性提升措施；最后，基于直流断路器技术特性，构建涵盖整机和各组部件型式试验、特殊试验、出厂试验和现场试验的直流断路器试验体系，详细介绍各项试验的目的和要求。

4.1 直流断路器结构原理与电气应力要求

4.1.1 主要技术路线

在多端柔性直流输电系统或直流电网直流侧发生短路故障时，直流断路器能够快速切断直流短路电流，并可靠隔离故障元件。因此，直流断路器成为解决柔性直流系统直流侧故障隔离问题的有效甚至唯一技术手段。早期直流断路器主要包括传统机械式和全固态式两类。

传统机械式直流断路器结构由交流断路器、LC 振荡回路和耗能元件三部分构成，如图 4-1-1 所示。交流断路器断开后产生电弧，电弧电压与 LC 振荡回路发生谐振，当振荡电流峰值达到直流电流幅值时可完全抵消直流电流，使断路器端口出现电流过零点，促使电弧熄灭，实现关断直流电流的目的。20 世纪 80 年代，欧洲 BBC 公司和美国西屋公司分别研制了 500kV/2kA 和 500kV/2.2kA 的机械式直流断路器，并进行了现场试验。但是机械式直流断路器中机械开关触头运动和电流振荡形成人工零点的速度较慢，使得其整体开断速度较慢，开断时间达数十毫秒，而且一般能开断的直流电流较小，无法满足多端直流输电系统直流短路电流快速切除的需求。

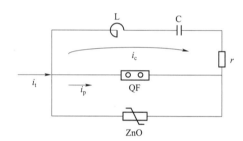

图 4-1-1　传统机械式直流断路器拓扑结构

QF—交流断路器；L、C—自激荡电路中的电感和电容；i_t—直流电流；
i_p—断路器电流；i_c—高频电流；r—电路阻抗

图 4-1-2　全固态式直流断路器
拓扑结构

全固态式直流断路器由可关断半导体器件组和耗能元件构成，如图 4-1-2 所示。可关断半导体器件组由很多个低压可关断半导体元件串联组成，由于可关断半导体器件的分断速度很快，为微秒级，可以快速地关断直流故障电流。1987 年，美国得克萨斯州大学和休斯敦大学分别研制出 200V/15A 和 500V 的全固态式直流断路器；2012 年底阿尔斯通公司研制出 120kV/1.5kA 的全固态直流断路器样机。但半导体器件组的通态压降大，通态下损耗严重，输电效率低，因此同样难以满足现代柔性直流输电系统发展要求。

20 世纪 90 年代开始，国内外研究机构和学者针对直流断路器的结构及原理开展了一系列新的探索和研究。

（1）将电磁斥力驱动机构引入机械开关，形成了快速机械开关，从而大幅提升了机械开关的开断速度。基于此，将快速机械开关与有源振荡熄弧技术结合，形成了开断速度远高于传统机械式直流断路器的新型机械式直流断路器（以下简称机械式直流断路器）。

（2）出现了将快速机械开关与固态开关结合而构成的混合式直流断路器，由快速机械开关和少量电力电子器件承载稳态电流，并由电力电子开关实现强制换流，从而解决了全固态式直流断路器通态损耗大的问题，并通过基于功率半导体器件的转移支路实现直流电流开断。

（3）在混合式直流断路器技术的基础上，为了进一步减小通态损耗，诞生了主支路不含电力电子器件而通过负压耦合装置产生负压实现强制换流的负压耦合式直流断路器。

上述三种新型直流断路器均具备分闸速度快、开断电流大及控制保护智能化程度高等优点，是高压直流断路器的理想解决方案，已在高压大容量柔性直流电网工程中得到了全面应用，有着广阔的发展前景。因此，本章将主要围绕上述三种新型直流断路器展开介绍。上述各类直流断路器在技术性能方面的比较如表4-1-1所示。

表4-1-1　　　　　　　　各类直流断路器技术性能比较

技术性能	传统机械式	全固态式	混合式	负压耦合式	机械式
换流方法	LC 振荡换流	功率器件强换流	功率器件强换流	有源负压耦合换流	有源 LC 振荡换流
水冷系统	无	有	有	无	无
触头有无烧蚀	有	无	无	有	有
熄弧难度	较大	—	—	断口熄弧后仅耐受转移支路导通压降，熄弧难度较小	断口熄弧后需耐受 MOV 残压，熄弧难度较大
通态损耗	无	很大	较小	无	无
开断速度	较慢	较快	较快	较快	较快
开断电流	较大	较大	较大	较大	较大
控制复杂度	较低	较低	较高	较高	较高

混合式直流断路器主支路采用电力电子器件转移开断电流，主支路快速机械开关无需开断电流，故障电流通过转移支路电力电子器件关断。主支路配置了电力电子器件，通态损耗较大，需配置水冷系统。

负压耦合式直流断路器采用负压耦合方式转移主支路开断电流，主支路快速机械开关开断电流相对较小，开断后瞬时耐受转移支路导通电压，开断要求能力低，故障电流通过转移支路电力电子器件关断。主支路无电力电子开关，通态损耗小，无需水冷系统。

机械式直流断路器采取转移支路 LC 振荡换流，通过主支路开断电流，主支路机械开关开断电流并耐受断口恢复电压，快速机械开关开断能力要求高。主支路无电力电子开关，通态损耗小，无需水冷系统。

4.1.2 混合式直流断路器结构原理

4.1.2.1 拓扑结构

混合式直流断路器是一种由快速机械开关、电力电子开关和能量吸收组件构成的直流断路器，主要包括主支路、转移支路和耗能支路三个并联部分，以及水冷、供能、控制保护和监视等辅助系统，其拓扑结构如图 4-1-3 所示。

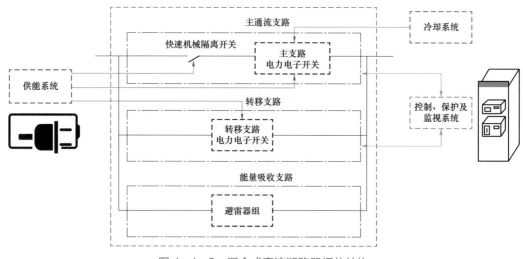

图 4-1-3 混合式直流断路器拓扑结构

混合式直流断路器结合了传统机械开关和全固态式直流断路器的优点，利用快速机械开关和少量电力电子开关承载稳态电流，同时利用电力电子开关实现内部强制换流和最终的直流遮断，因此具备通态损耗较低、开断速度快等特点。

混合式直流断路器主支路主要用于承载直流断路器稳态直流电流，由快速机械开关和电力电子开关构成。快速机械开关是触头能够在几毫秒内达到规定开距并能够耐受直流断路器分断过程暂态过电压和开断后恢复电压的机械型开关，通常采用多个中压真空断路器串联的结构，并通过多断口串联实现高耐受电压和快分闸速度。主支路电力电子开关由少量大功率半导体组件串、并联构成，通过闭锁半导体组件将主支路电流强制转换至转移支路。

1. 主支路电力电子开关

实际工程中混合式直流断路器的主支路电力电子开关通常采用矩阵直串式结构,由若干 IGBT 正反向串联构成,并由 IGBT 和二极管实现双向通流,如图 4-1-4 所示,该结构具有拓扑简单、节省器件、易于安装维护等优点。每个方向上 IGBT 的串联数由断态下电压耐受要求决定,IGBT 同向并联数量由通态下电流耐受要求决定。

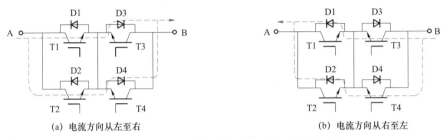

(a) 电流方向从左至右　　　　　　　　(b) 电流方向从右至左

图 4-1-4　矩阵直串式主支路电力电子开关

上述主支路电力电子开关拓扑按照均压方式的不同可分为图 4-1-5 所示的三种不同的结构形式。

(1) 并联 RCD 均压(结构形式 1)。任一通流方向上由若干个 IGBT 并联构成一个单向 IGBT 单元,每个单向 IGBT 单元并联一个 RCD 电路,采用电阻和电容实现静态和动态均压,并利用二极管控制电容充、放电的路径。

(2) 桥式 RCD 均压(结构形式 2)。由不同方向的 IGBT 和两个二极管构成 H 桥的四个桥臂,均压电阻和电容位于 H 桥内。对于不同方向的通流情况,均压电阻和均压电容可通过不同的桥臂二极管形成的通路并联于需要承受关断电压的 IGBT 两端,从而起到均压作用。

(3) 避雷器均压(结构形式 3)。不配置均压电容器,任一通流方向上若干个 IGBT 并联构成一个单向 IGBT 单元,两个不同方向的单向 IGBT 单元串联构成一个双向 IGBT 单元,每个双向 IGBT 单元并联一台避雷器,利用避雷器限制 IGBT 单元两端电压。

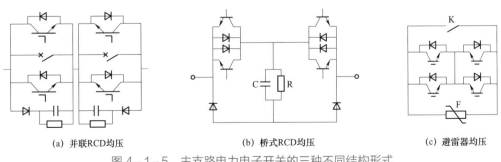

(a) 并联RCD均压　　　　　　(b) 桥式RCD均压　　　　　　(c) 避雷器均压

图 4-1-5　主支路电力电子开关的三种不同结构形式

上述三种主支路电力电子开关结构形式的比较如表 4-1-2 所示。

表 4-1-2　　　　　　　　三种主支路电力电子开关结构形式比较

结构形成	并联 RCD 均压	桥式 RCD 均压	避雷器均压
双向通流能力	具备	具备	具备
均压方式	阻容均压	阻容均压	避雷器限压
均压电阻	较多	较少	不需要
均压电容	较多	较少	不需要
独立二极管	需要	需要	不需要
避雷器	较少，仅配置于主支路电力电子开关两端	较少，仅配置于主支路电力电子开关两端	较多，每个 IGBT 串联单元两端均需配置
IGBT 闭锁后的端间 du/dt	有电容限制，du/dt 冲击较小	有电容限制，du/dt 冲击较小	du/dt 冲击较大
换流速度	较慢，换流需要先给电容充电	较慢，换流需要先给电容充电	较快

2. 转移支路电力电子开关

混合式直流断路器转移支路主要用于在断路器分、合过程中开断直流电流，由大规模大功率半导体组件串、并联构成，依靠半导体组件实现直流系统电流的开断和关合，通过半导体组大规模串联实现直流断路器分断过电压的耐受。

实际工程中混合式直流断路器的转移支路电力电子开关通常分为若干串联的子单元，每个子单元与一段耗能支路 MOV 并联，以实现均压和过电压限制。转移支路电力电子开关子单元通常采用 H 桥实现双向通流，由二极管作为 H 桥的桥臂，IGBT 作为控制转移支路开通关断的核心器件位于 H 桥内部。转移支路电力电子开关子单元主要有以下三种不同的结构形式。

（1）大 H 桥结构（结构形式 1）。大 H 桥结构子单元的拓扑如图 4-1-6 所示，每个子单元由一个大 H 桥构成，桥臂由二极管串、并联构成。IGBT 串、并联连接后整体置于 H 桥内部，桥臂二极管和 IGBT 的串、并联数量由子单元耐压和通流要求决定，每个 IGBT 和二极管配置有 RCD 均压电路。该结构形式的另一特点是与子单元并联的耗能支路 MOV 位于 H 桥内部。

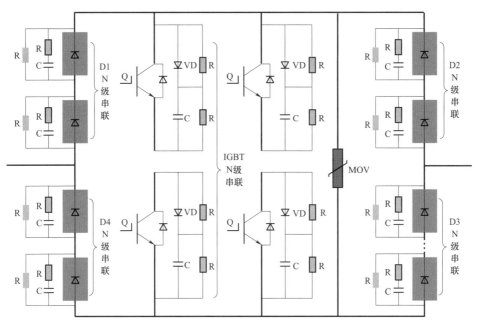

图 4-1-6 大 H 桥结构的转移支路电力电子开关子单元电气原理图

（2）小 H 桥结构。小 H 桥结构子单元的拓扑如图 4-1-7 所示，每个子单元由若干小 H 桥串联构成。每个小 H 桥的每个桥臂可由若干二极管并联构成，IGBT 并联后置于小 H 桥内部，桥臂二极管和 IGBT 的并联数量由小 H 桥的通流要求决定。小 H 桥的串联数量由其耐压要求决定，小 H 桥内部配置有 RCD 均压电路，以实现小 H 桥之间的均压。所有小 H 桥串联后与耗能支路 MOV 并联，MOV 位于 H 桥的外部。

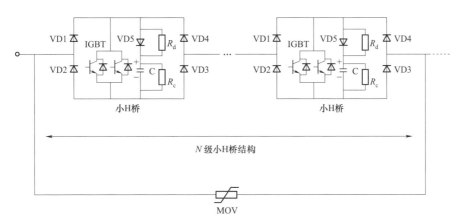

图 4-1-7 小 H 桥结构的转移支路电力电子开关子单元电气原理图

柔性直流输电工程可靠性设计及应用

（3）紧凑型小 H 桥结构。紧凑型小 H 桥结构子单元的拓扑如图 4-1-8 所示，无独立的子模块结构，相邻两组串联 IGBT 之间依靠两个二极管首尾连接，使得整个子单元在任意方向上都可以"之"字形串联导通，从而实现 IGBT 的串联和双向通流，通流路径如图 4-1-8 所示。IGBT 的串、并联数量由子单元耐压和通流要求决定，IGBT 并联有 RCD 均压电路。子单元整体与耗能支路 MOV 并联，即 MOV 位于紧凑型 H 桥的外部。此拓扑结构是小 H 桥结构的改进，相比于小 H 桥结构，此拓扑中桥臂二极管的数量减少了一半，节约了器件数量，优化了结构布置，但在 IGBT 关断后每个二极管需要承受两个 IGBT 串联后的端间电压，即耐压要求提高了 1 倍。

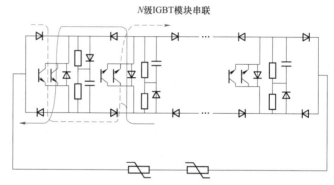

图 4-1-8　紧凑型小 H 桥结构的转移支路电力电子开关子单元电气原理图

上述三种混合式直流断路器转移支路电力电子开关结构形式的比较如表 4-1-3 所示。

表 4-1-3　　　　　三种转移支路电力电子开关结构形式比较

结构形式	大 H 桥结构	小 H 桥结构	紧凑型 H 桥结构
IGBT 连接方式	IGBT 器件直接压接串联，结构紧凑，但一致性设计难度高	IGBT 独立置于子模块中，占用空间大，但一致性设计难度低	IGBT 独立置于紧凑型子模块中，占用空间大，但一致性设计难度低
均压设计	桥臂二极管需要配置单独的均压电路	桥臂二极管依靠 IGBT 并联均压电路均压，不需单独配置二极管均压电路	桥臂二极管依靠 IGBT 并联均压电路均压，不需单独配置二极管均压电路
二极管配置	二极管数量为 IGBT 串联数量的 4 倍	二极管数量为 IGBT 串联数量的 4 倍	二极管数量为 IGBT 串联数的 2 倍，数量少，但二极管耐压要求高
MOV 配置	MOV 位于 H 桥内，避免了桥臂二极管断流后立刻承受反压，但二极管需要长时间耐受 MOV 衰减电流	MOV 位于 H 桥外，开断过程中二极管断流后立刻承受反向电压，需要采用快恢复二极管，但是通流时间短，器件通流能力要求低	MOV 位于 H 桥外，开断过程中二极管断流后立刻承受反向电压，需要采用快恢复二极管，但是通流时间短，器件通流能力要求低

3. 耗能支路

混合式直流断路器耗能支路由 MOV 组件串、并联构成，用于吸收储存在系统中的能量，并限制开断过电压。

4. 供能系统

供能系统主要由不间断电源（uninterruptible power supply，UPS）、主供能变压器、主支路和转移支路层间供能装置组成，分别完成对快速机械开关、主支路电力电子开关、转移支路电力电子开关及控制柜等组部件和装置供电。供能系统的详细介绍见 4.8 节。

5. 控制保护和监视系统

混合式直流断路器本体控制保护和监视系统主要由位于断路器塔上的高电位板卡、二次控制室内的控制保护装置，以及主控室内的控制和监视装置组成。本体控制保护和监视系统负责接收直流控制保护系统的指令命令，实现直流断路器各种动作控制和保护功能，以及对本体状态信息的采集、判断、录波和上报等。本体控制保护和监视系统的详细介绍见 4.9 节。

4.1.2.2 工作原理

混合式直流断路器的分、合闸动作主要包括 3 类，即分闸、正常合闸、永久故障下的"分—合—分"循环。三种动作的工作原理如下。

（1）分闸的工作原理。混合式直流断路器分闸过程中的各支路电流波形如图 4-1-9 所示。

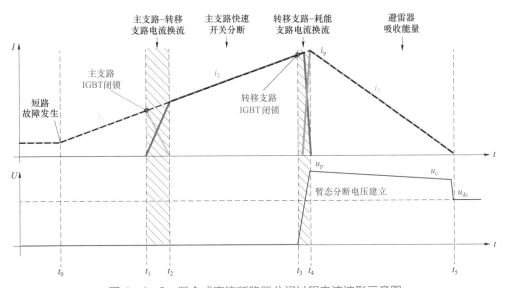

图 4-1-9　混合式直流断路器分闸过程电流波形示意图

$t_0 \sim t_1$：t_0 时刻之前，直流断路器主支路流过系统正常电流。t_0 时刻柔直系统发生短路故障，$t_0 \sim t_1$ 为柔直保护系统检测动作时间。t_1 时刻断路器接收到直流保护系统下发的分闸命令，主支路 IGBT 组件闭锁，同时转移支路 IGBT 导通。

$t_1 \sim t_2$：主支路 IGBT 组件闭锁，内部电容充电建立暂态电压，强迫电流换流至转移支路，待电流完全转移至转移支路后，主支路快速机械开关接收到分闸命令，如图 4-1-10 所示。

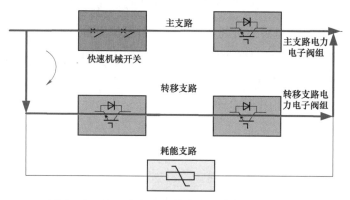

图 4-1-10　主支路向转移支路换流过程示意图

$t_2 \sim t_3$：主支路快速机械开关接收到分闸命令后，开始无弧无压分闸，并且在 t_3 时刻之前建立起能够承受开断过电压的绝缘开距，t_3 时刻转移支路 IGBT 闭锁，如图 4-1-11 所示。

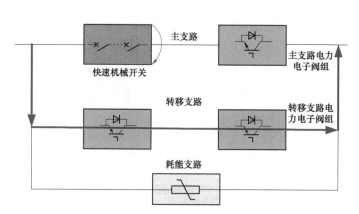

图 4-1-11　转移支路承担电流且快速机械开关无弧分闸过程示意图

$t_3 \sim t_4$：转移支路 IGBT 闭锁后，内部电容充电建立电压，当电压超过避雷器动作电压，电流迅速换流至耗能支路，如图 4-1-12 所示。

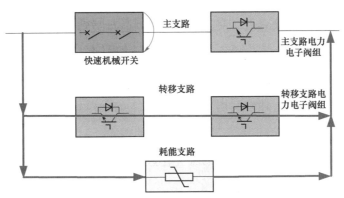

图 4-1-12　转移支路向耗能支路换流过程示意图

$t_4 \sim t_5$：短路电流流过耗能支路，耗能支路避雷器残压高于系统运行电压，故障电流逐步衰减，t_5 时刻衰减至 0，故障清除，如图 4-1-13 所示。

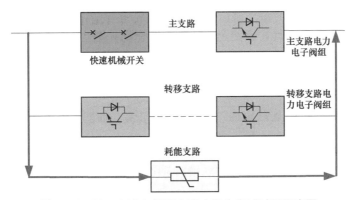

图 4-1-13　电流在耗能支路中逐步衰减过程示意图

（2）正常合闸的工作原理。当混合式直流断路器接收到直流控制保护系统下发的合闸指令后，首先开通转移支路电力电子开关，回路电流通过转移支路电力电子开关导通，如图 4-1-14 所示。

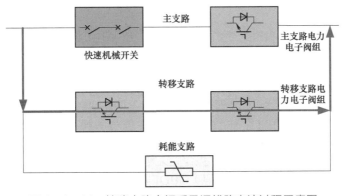

图 4-1-14　转移支路合闸后导通线路电流过程示意图

之后，主支路的快速机械开关合闸和电力电子开关导通，由于主支路通态阻抗远低于转移支路，电流从转移支路换流至主通流支路，如图 4－1－15 所示。

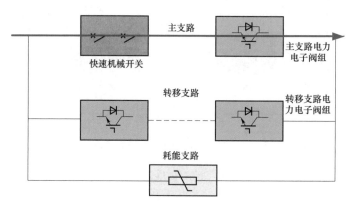

图 4－1－15　主支路合闸后导通线路电流过程示意图

（3）永久故障下"分—合—分"循环的工作原理。对于直流输电系统存在永久性故障的情况，首先混合式直流断路器接收到分闸指令后完成一次故障下的分闸操作，其工作原理如前所述。随后，经过一段系统去游离时间，混合式直流断路器接收到重合闸指令，进而导通转移支路电力电子开关，总电流流过转移支路。接着，由于永久故障存在，直流断路器总电流迅速上升，直流断路器检测到转移支路电流上升至合闸过电流保护定值，进而中止合闸过程，同时迅速关断转移支路电力电子开关，随后电流换流至耗能支路，并最终衰减到零，完成第二次分闸。

由上述"分—合—分"循环工作原理可知，混合式直流断路器合闸于故障后，由于转移支路电力电子开关闭锁速度极快，第二次分闸的峰值电流接近于本体合闸过电流保护定值，通常要小于首次分闸电流。因此第二次分闸耗能支路 MOV 吸收能量通常会小于第一次分闸的能量。由于"分—合—分"总时间在百毫秒级，可认为是绝热过程，因此混合式直流断路器耗能支路能量设计时需要覆盖该过程两次开断短路直流电流吸收的总能量。

4.1.3　负压耦合式直流断路器结构原理

4.1.3.1　拓扑结构

负压耦合式直流断路器是一种由快速机械开关、电力电子开关、负压耦合装置和能量吸收组件构成的直流断路器，主要包括主支路、转移支路和耗能支路三个并联部分，以及供能系统、控制保护和监视系统等，其拓扑结构如图 4－1－16 所示。负压耦合式直流断路器的主支路不配置电力电子开关，而是利用负压耦合装置实现强制换流，因此不需要配置水冷系统，且通态损耗几乎为零。

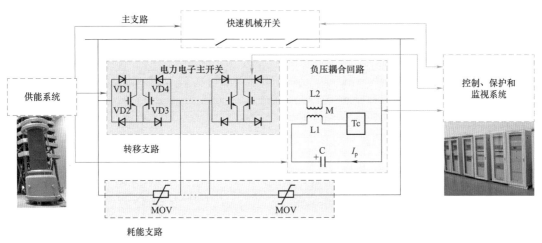

图 4-1-16　负压耦合式直流断路器拓扑结构

　　负压耦合式直流断路器主支路仅由快速机械开关构成。快速机械开关与混合式直流断路器类似，通常采用多个中压真空断路器串联，采用电磁斥力操动机构，其触头能够在几毫秒内达到规定开距，并能够耐受直流断路器分断过程暂态过电压和开断后的恢复电压；但是与混合式直流断路器不同的是，电流从主支路转移至转移支路不是通过电力电子开关实现的，而是利用负压耦合装置实现主支路向转移支路换流，以及在断路器分、合过程中转移直流电流，快速机械开关开断过程中存在电弧电流。转移支路主要由电力电子开关和负压耦合装置串联组成。

　　负压耦合式直流断路器转移支路电力电子开关与混合式直流断路器转移支路电力电子开关结构相同。张北柔直工程所用负压耦合式直流断路器的转移支路电力电子开关采用小 H 桥结构，其拓扑结构如图 4-1-17 所示。小 H 桥结构子模块串联数量可达 320个，每个子模块中，选用 2 个 IEGT 并联作为主开关器件，在 H 桥外侧并联 RC 缓冲均压电路。

　　负压耦合装置的拓扑结构如图 4-1-18 所示，主要包括预充电电容 C1 及其充电电源、触发电容放电的晶闸管串并联矩阵、晶闸管反并联二极管，以及紧耦合变压器。此外，还包括用于晶闸管和二极管串联均压的静态均压电阻、RCD 动态均压电路。

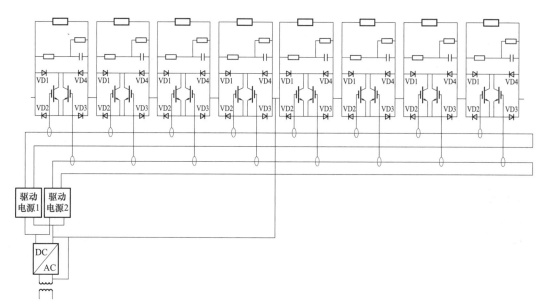

图 4-1-17 张北柔直工程负压耦合式直流断路器转移支路电力电子开关拓扑结构

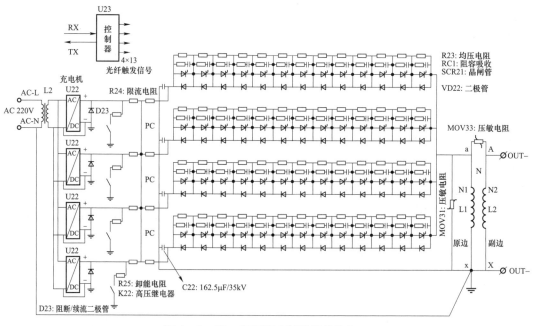

图 4-1-18 负压耦合装置拓扑结构

与混合式直流断路器相同，负压耦合式直流断路器耗能支路由 MOV 组件串、并联构成，用于吸收储存在系统中的能量，并限制开断过电压。耗能支路 MOV 与转移支路分段并联，并位于 H 桥外部。

负压耦合式直流断路器供能系统及本体控制保护和监视系统的详细介绍分别见 4.8 和 4.9 节。

4.1.3.2 工作原理

与混合式直流断路器相同，负压耦合式直流断路器的分合闸动作也主要包括三类，即分闸、正常合闸、永久故障下的"分—合—分"循环。三种动作的工作原理如下。

（1）分闸的工作原理。负压耦合式直流断路器分闸过程中的各支路电流波形如图 4-1-19 所示。

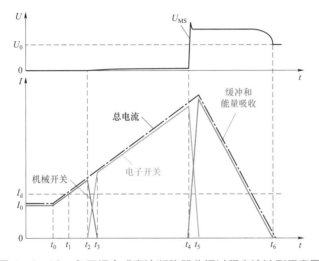

图 4-1-19　负压耦合式直流断路器分闸过程电流波形示意图

$t_0 \sim t_1$：t_0 时刻之前，直流断路器主支路流过系统正常电流。t_0 时刻直流系统发生短路故障，$t_0 \sim t_1$ 为直流控制保护系统检测动作时间。t_1 时刻断路器接收到直流控制保护系统下发的跳闸命令，快速机械开关开始分闸，同时导通转移支路电力电子开关。

$t_1 \sim t_2$：快速机械开关触头逐渐打开，t_2 时刻触头达到有效开距，负压耦合装置被触发并在转移支路中产生瞬时反向电压，激发出反向电流与主支路电流叠加，使得主支路电流开始减小，强迫电流开始从快速机械开关向转移支路换流。

$t_2 \sim t_3$：负压耦合装置产生的反向电流逐渐增大，主支路电流逐渐减小，转移支路电流逐渐增大，电流向转移支路换流，如图 4-1-20 所示。t_3 时刻，主支路电流减小到零，触头熄弧。由于触头间电压为电力电子开关的导通电压与负压耦合装置的瞬时负压之和，因此触头不会重燃。该过程根据开断电流方向的不同动作时间有所不同：开断正向电流时，负压耦合产生振荡电压使机械开关在 1/4 个振荡周期前熄弧，电流完全换流至转移支路；开断反向电流时，负压耦合产生振荡电压使机械开关在 3/4 个振荡周期前熄弧，电流完全换流至转移支路。

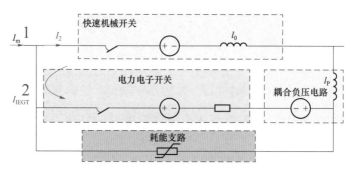

图 4-1-20　电流从主支路换流至转移支路的过程示意图

$t_3 \sim t_4$：快速机械开关真空断路器触头继续做分闸运动，触头距离继续增加。直至 t_4 时刻，触头间隙达到能够承受系统瞬态恢复电压，转移支路电力电子开关闭锁。

$t_4 \sim t_5$：转移支路电力电子开关闭锁后，转移支路电容充电建立电压，当电压超过避雷器动作电压后，电流迅速换流至耗能支路，如图 4-1-21 所示。

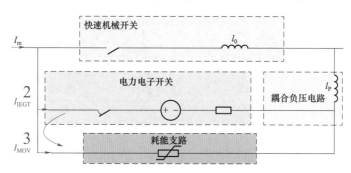

图 4-1-21　电流从转移支路换流至耗能支路的过程示意图

$t_5 \sim t_6$：短路电流流过耗能支路，避雷器残压高于系统运行电压，故障电流逐步衰减，t_6 时刻衰减至 0，故障清除，期间负压耦合装置不再产生反向电压，仅等效为电感。

（2）正常合闸的工作原理。当负压耦合式直流断路器接收到直流控制保护系统下发的合闸指令后，首先开通电力电子开关，之后关合机械开关，随后关断电力电子开关，机械开关导通稳态电流。

（3）永久故障下"分—合—分"循环的工作原理。负压耦合式直流断路器永久故障下"分—合—分"循环的工作原理与混合式直流断路器相同，且同样有第二次开断耗能支路吸收能量小于第一次开断的能量。负压耦合式直流断路器耗能支路能量设计时需要覆盖该过程两次开断过程耗能支路 MOV 吸收的总能量。

4.1.4　机械式直流断路器结构原理

4.1.4.1　拓扑结构

机械式直流断路器是一种由快速机械开关、振荡元件和能量吸收组件构成的直流断路器，主要包括主支路、转移支路（也称振荡支路）和耗能支路三个并联部分，以及供能系统、控制保护和监视系统等，其拓扑结构如图 4−1−22 所示。机械式直流断路器利用转移支路电感与电容振荡，与主支路电流进行叠加，创造电流零点实现直流电流开断，不需要配置主支路电力电子开关及水冷系统，通态损耗几乎为零。

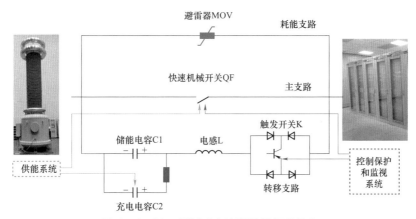

图 4−1−22　机械式直流断路器拓扑结构

机械式直流断路器主支路由快速机械开关构成。快速机械开关采用电磁斥力操动机构，能够实现毫秒级快速分断并恢复足够的绝缘强度，并采用多个中压真空灭弧室断口串联的技术路线，通过多断口串联实现高耐受电压等级。相比于负压耦合式直流断路器快速机械开关，机械式直流断路器的快速机械开关开断过程存在大电流电弧，且熄弧后要耐受 MOV 残压，恢复电压较高，因此对真空灭弧室的熄弧性能要求较高。

转移支路由储能电容、振荡电感及由触发开关组成的振荡控制回路构成。为实现机械开关快速重合闸功能，在储能电容上并联充电电容，通过充电限流电阻，实现在"分—合—分"循环的第一次分闸后快速给储能电容补充电能，使得断路器在重合闸后具备再次分闸的能力。储能电容与充电电容一般由多组电容器单元串联而成。

机械式直流断路器转移支路电力电子开关采用多个大 H 桥子单元串联结构。单个 H 桥拓扑结构如图 4−1−23 所示，桥臂采用快恢复二极管。由于该电力电子开关需要耐受大电流，而无需关断大电流，通常采用 IGCT 作为主开关器件，IGCT 串并联后位于 H 桥内部，并配置有缓冲均压电路。为保证每个 H 桥的均压特性，在每个 H 桥外部也配置均压回路。

机械式直流断路器耗能支路主要由 MOV 组件串、并联构成，用于吸收储存在系统中的能量，并限制开断过电压。耗能支路 MOV 与快速机械开关断口分段并联。

机械式直流断路器供能系统及本体控制保护和监视系统的详细介绍分别见4.8和4.9节。

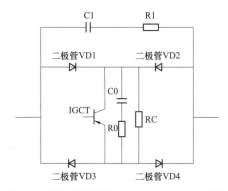

图4-1-23　机械式直流断路器转移支路电力电子开关子单元拓扑结构

4.1.4.2　工作原理

与混合式直流断路器相同，机械式直流断路器的分合闸动作也主要包括三类，即分闸、正常合闸、永久故障下的"分—合—分"循环。三种动作的工作原理如下。

（1）分闸工作原理。机械式直流断路器分闸过程中各支路电流波形如图 4-1-24 所示。

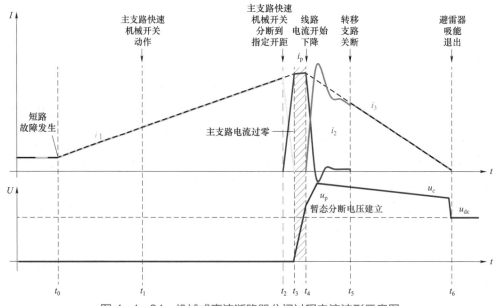

图4-1-24　机械式直流断路器分闸过程电流波形示意图

$t_0 \sim t_1$：t_0 时刻之前，直流断路器主支路流过系统正常电流。t_0 时刻直流系统发生短路故障，$t_0 \sim t_1$ 为直流保护系统检测动作时间。t_1 时刻断路器接收到直流保护系统下发的分闸命令，快速机械开关开始分闸。

$t_1 \sim t_2$：主支路快速机械开关触头开始分闸，t_2 时刻触头到达有效开距，转移支路触发开关动作。

$t_2 \sim t_3$：转移支路触发开关导通后，电感、电容开始振荡，转移支路振荡电流分量与主支路电流叠加，使主支路电流下降并向转移支路换流，如图 4-1-25 所示。t_3 时刻主支路电流过零点，快速机械开关熄弧。

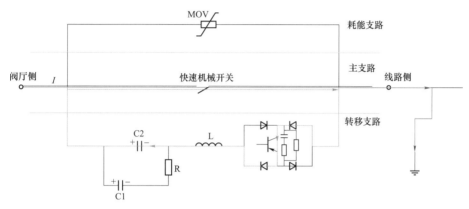

图 4-1-25　电流从主支路换流至转移支路的过程示意图

$t_3 \sim t_4$：电流全部由转移支路承担并继续增长，该电流对转移支路电容充电，逐渐建立电压，当电压达到耗能支路避雷器的动作电压后，避雷器动作，总电流转移至耗能支路。

$t_4 \sim t_5$：直流断路器端间电压达到 MOV 动作电压后，电流开始由转移支路向耗能支路换流，如图 4-1-26 所示。在转移支路电感、电容和电阻的作用下，转移支路电流过零后还会有一段振荡衰减过程。t_5 时刻转移支路电流降至关断定值，IGCT 关断，转移支路电流降为零。

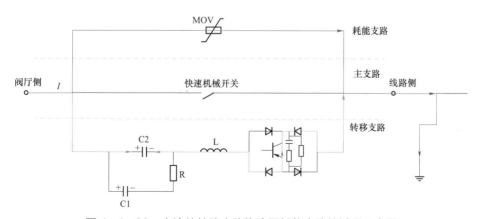

图 4-1-26　电流从转移支路换流至耗能支路的过程示意图

$t_5 \sim t_6$：短路电流流过避雷器支路，避雷器残压高于系统运行电压，故障电流逐步衰减，t_6 时刻衰减至 0，故障清除。

（2）正常合闸的工作原理。机械式直流断路器收到合闸命令后，直接控制主支路快速机械开关执行合闸指令，机械开关合闸完毕后直流断路器整体合闸完成。

（3）永久故障下"分—合—分"循环的工作原理。对于直流系统存在永久性故障的情况，首先机械式直流断路器接收到分闸指令后完成一次故障下的分闸操作，其工作原理如前所述。随后，经过一段系统去游离时间，机械式直流断路器接收到重合闸指令，进而闭合快速机械开关完成合闸。接着，由于线路上的故障电流上升，断路器会检测到转移支路电流上升至本体合闸过电流保护定值，进而机械式直流断路器会进行第二次分闸，其过程与第一次分闸相同。

由各类直流断路器"分—合—分"循环工作原理可知，混合式和负压耦合式直流断路器在合闸中途（转移支路导通后）即可通过本体保护发现永久故障，并能立即在电流较小时通过闭锁转移支路立刻开断电流，而机械式直流断路器只有在快速机械开关合闸后才能通过本体保护发现永久故障，因此其第二次分闸是一次完整分闸，分断电流较大，相应的 MOV 吸收能量也较大，甚至与第一次吸收能量接近。在此基础上，考虑机械式直流断路器 MOV 能量设计时也需要覆盖该过程两次分闸 MOV 吸收的总能量，因此其总能量设计值通常要大于混合式和负压耦合式直流断路器 MOV 能量设计值。以张北柔直工程为例，混合式和负压耦合式直流断路器 MOV 能量设计要求值为 150MJ，而机械式直流断路器 MOV 能量设计要求值为 185MJ。

4.1.5　电气应力要求

直流断路器在开断直流系统短路电流的过程中，自身会承受严酷电压、电流、能量应力。上述电气应力是直流断路器各支路、各组部件参数设计和器件选型的重要依据。只有对各类型电气应力特点、参数进行准确的分析和计算，正确指导直流断路器组部件设计选型，才能避免断路器各组部件电流应力超限，从而提升直流断路器运行和动作的可靠性。

下面以张北柔直工程为例，分析直流断路器各类型电气应力。张北柔直工程采用半桥 MMC 和真双极接线方式，电网结构如图 4−1−27 所示。以站 1 正极为例，主接线如图 4−1−28 所示。

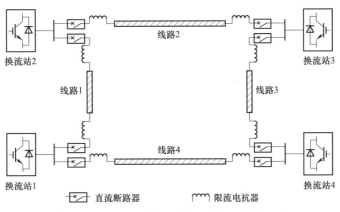

图 4-1-27 四端柔性直流电网的网架结构

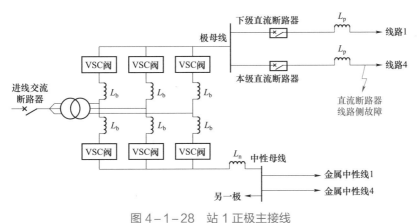

图 4-1-28 站 1 正极主接线

L_b—桥臂电抗器；L_p—极线限流电抗器；L_n—中性线限流电抗器

4.1.5.1 主要电流应力

直流断路器在直流系统故障后的暂态过程中，所承受的电流应力主要包括主支路短时耐受电流应力和转移支路开断电流应力。

（1）主支路短时耐受电流应力。对于直流电网线路故障后，距离故障最近的本级直流断路器因失灵而未能动作的工况，类比交流系统可知，本级元件失灵时需要通过电网中下级元件的动作来清除和隔离故障，但故障处理时间较长。上述故障处理过程中，失灵直流断路器的主支路中将持续流过故障电流，该故障电流等于电网中各换流器所馈入短路电流的总和，断路器主支路中组部件将承受严酷的短时耐受电流应力。

设 $t=0$ 时刻图 4-1-28 所示系统发生直流断路器线路侧单极对地故障，故障后本级直流断路器失灵，此时需要闭锁失灵断路器所连的换流器，跳开与失灵断路器共直流母线的下级直流断路器和换流器进线交流断路器，以实现故障隔离。此工况下失灵断路器主支路短时耐受电流应力典型波形如图4－1－29所示。

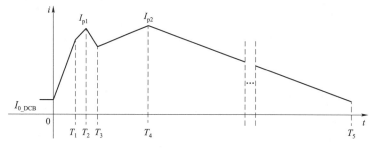

图4－1－29 直流断路器主支路短时耐受电流波形

I_{0_DCB}—直流断路器稳态电流

故障发生后，在各换流器馈入电流的作用下，失灵断路器主支路电流i逐渐增大。近端换流器闭锁（T_1时刻）使得i的增长速度开始变缓。在下级直流断路器开断完成时（T_2时刻），i达到峰值I_{p1}，随后随着下级断路器馈入电流的下降而下降。下级断路器电流降为0后，i在近端站交流系统馈入电流作用下转为逐渐增大。在近端换流器进线交流断路器开断完成时（T_4时刻），i达到峰值I_{p2}。之后，各站不再向失灵断路器馈入电流，换流站1正极换流器各桥臂反并联二极管、桥臂电抗器、限流电抗器和失灵断路器构成续流回路，i在回路阻尼作用下逐渐衰减到0。

主支路短时耐受电流应力对主支路元件设计选型的影响如下：

1）主支路短时耐受电流应力是主支路IGBT、二极管等元件并联数设计、器件选型，以及快速机械开关断口的通流能力设计的主要依据，需要对其进行准确分析计算。短时耐受电流应力主要对主支路元件造成热效应的考验。

2）上述热效应严酷程度主要取决于短时耐受电流应力的特征参数，包括峰值I_{p1}、峰值I_{p2}和衰减时间T_5等。

3）短时耐受电流应力的特征参数主要由直流断路器电流稳态值、故障通路中的电感和电阻值、交直流系统电压、直流断路器MOV残压、控制保护逻辑和动作时间等因素共同决定。

（2）转移支路开断电流应力。由柔性直流电网故障电流发展速度和直流断路器开断时间可知，直流断路器开断电流可达数十千安。这既要求直流断路器转移支路的组部件选型和设计能够满足如此大的直流电流的开断要求，也要求转移支路的结构和组部件能够在内部换流过程中短时耐受此电流。

设稳态下柔性直流电网各元件正常运行，直流断路器稳态电流为 I_{0_DCB}，$t=0$ 时发生直流断路器线路侧单极对地故障，$t=T_o$ 时本级直流断路器接到分闸指令，$t=T_b$ 时直流断路器完成开断动作，电流进入 MOV。在 $0\sim T_b$ 时间内，正常动作的本级直流断路器的暂态电流 i 主要由各站子模块电容放电造成。本级直流断路器典型开断电流如图 4-1-30 所示，其中 $T_o\sim T_b$ 阶段转移支路承受开断电流应力，转移支路需在该时间段内耐受如图 4-1-30 所示的电流并在 T_b 时刻利用大规模可关断电力电子器件关断该电流，关断电流值为 I_p。

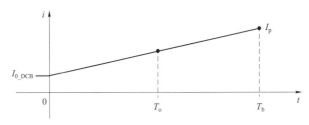

图 4-1-30 直流断路器开断电流

图 4-1-30 中转移支路承受的开断电流的表达式为

$$i(t) = k_1 U_{dc}t + k_2 U_{dc}t + k_3 U_{dc}t + k_4 U_{dc}t + I_{0\_DCB}$$
$$= \left(\sum_{j=1}^{4} k_j\right) U_{dc}t + I_{0\_DCB} \ (0 \leqslant t \leqslant T_b) \tag{4-1-1}$$

式中：j 为换流站编号；$k_j U_{dc}t$ 为各换流站等效电源贡献的暂态电流分量；I_{0_DCB} 为直流断路器稳态电流。系数 k_j 由 j 换流站等效电源向直流断路器馈入电流通路中的等效电感决定，电感越小则 k_j 越大。

转移支路开断电流应力对转移支路元件设计选型的影响如下：

1）转移支路开断电流应力是转移支路、二极管等元件并联数设计、器件选型的主要依据，需要对其进行准确分析计算。该电流应力主要对转移支路元件在短时耐受大电流后立刻关断电流的能力进行考验。

2）上述考核的严酷程度主要取决于开断电流应力的特征参数，包括峰值 I_p、持续时间 $T_b - T_o$ 等。

3）开断电流应力的特征参数主要由直流断路器电流稳态值、故障通路中的电感和电阻值、控制保护逻辑和动作时间等因素共同决定。

4.1.5.2 主要电压应力

直流断路器在直流系统故障后的暂态过程中，所承受的电压应力主要包括端间暂时电压应力、端子对地暂时电压应力。

（1）端间暂时电压应力。直流断路器开断直流短路电流时，最终需要将电流转入耗能支路，依靠该支路中 MOV 建立端间恢复电压，从而将电流逐渐抑制到 0。由于柔性直流电网中直流短路电流较大，MOV 将电流从峰值抑制到 0 需要数十毫秒；而由 MOV 的特性可知，在这段时间内其端间电压始终较高。这使得直流断路器中与 MOV 并联的其他支路需要耐受一个幅值较大、持续时间达数十毫秒的端间暂时电压应力，如图 4-1-31 所示。

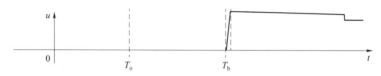

图 4-1-31　直流断路器端间暂时电压波形

上述电压应力在转移支路向耗能支路换流的过程中快速建立，从电压开始上升至达到峰值约数十微秒。电压峰值由开断电流峰值和 MOV 的 $U-I$ 特性曲线决定，当开断电流为额定开断电流时，电压应力的峰值也到达 MOV 残压设计值。随后，电压应力持续数十毫秒，直至电流降为 0。受 $U-I$ 特性曲线限制，在电流下降过程中，电压应力有微小下降。

端间暂时电压应力对直流断路器主支路和转移支路各元件设计选型的影响如下：

1）端间暂时电压应力是主支路快速机械开关断口和转移支路大规模电力电子器件等关键元器件串联数设计、均压设计、器件选型的主要依据，需要对其进行准确分析计算。该电压应力主要对主支路、转移支路的端间耐压能力进行考验。

2）上述考核的严酷程度主要取决于端间暂时电压应力的特征参数，包括峰值、持续时间等。

3）端间暂时电压应力的特征参数主要由 MOV 特性、开断电流大小、故障前系统中储能元件储存能量大小等因素共同决定。其中 MOV 的残压等关键参数的设计过程中应充分考虑系统绝缘配合的要求，确保直流断路器开断短路电流过程释放的能量由 MOV 所耗散。

（2）端子对地暂时电压应力。

如前所述直流断路器开断过程中，端间存在幅值较高、持续数十毫秒的过电压。受端间过电压影响，直流断路器端子对地也会产生暂时电压。该端子对地暂时电压应力的上升时间为数十微秒，波形接近直流，持续时间数十毫秒，严苛于操作过电压波形。

如图 4-1-32（a）所示，当直流断路器接收到直流控制系统指令而分闸时（以下简称控制分闸，通常为无故障情况下为实现系统运行方式转换而进行的分闸，分闸指令由直流控制系统发出），直流断路器开断电流方向使得其端间电压为母线侧高、线路侧低，由于线路侧无故障，直流断路器母线侧的端子对地暂时电压应力为线路侧电压与断路器端间电压的叠加，其幅值可达上千千伏（需要注意，在回路电抗的方向电压和系统中对地避雷器的限压作用下，上述过电压幅值略小于线路额定电压叠加 MOV 端间残压）。另外，由于直流断路器无故障开断，开断电流小且快速降为 0，使得 MOV 端间电压及对应的断路器端子对地暂时电压的持续时间较短。

同理，如图 4-1-32（b）所示，当直流断路器在线路侧接地故障下接到直流保护系统指令而分闸时（以下简称保护分闸，通常为故障情况下分闸，分闸指令由直流保护系统发出），其母线侧也会产生端子对地暂时电压应力。由于直流断路器线路侧有接地故障，上述电压应力幅值仅等于断路器端间电压，因此幅值相对较小。但是，由于直流断路器开断大短路电流，电流下降时间较长，使得 MOV 端间电压及对应的直流断路器端子对地暂时电压的持续时间较长。

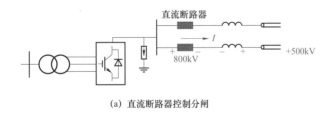

(a) 直流断路器控制分闸

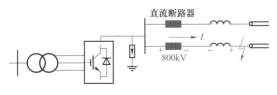

(b) 直流断路器保护分闸

图 4-1-32　直流断路器端子对地暂时电压产生原理图

柔性直流输电工程可靠性设计及应用

直流断路器端子对地暂时电压应力与图 4-1-31 类似。该电压应力主要考核直流断路器端子与地直接所有介质对于直流暂时过电压的耐受能力。该电压应力具有上升速度快、幅值高（高于端间电压）、持续时间长等特点，且出现较为频繁，需要通过专项试验对直流断路器耐受此电压应力的能力进行考核，以保证直流断路器运行和动作的可靠性。

4.1.5.3　主要能量应力

对于直流电网中直流极线路处的短路故障，在直流断路器开断并清除故障后，需要快速重合闸，将切除的线路重新接入电网，使得直流电网尽快恢复功率输送能力。若直流断路器重合闸于永久故障，则需要立刻再次分闸清除故障，避免短路电流再次迅速增大对柔性直流电网中的设备造成较大冲击。上述直流电网永久故障后的直流断路器"分闸—合闸—分闸"过程是直流断路器能量应力较大的工况之一，此工况下直流断路器的能量应力为两次分闸 MOV 吸收能量之和。

此外，如图 4-1-33 所示，当直流电网发生双极短路不接地故障且一台本级直流断路器失灵时，存在同一站正、负极换流器串联后接于一台正常开断直流断路器（失灵直流断路器对极的直流断路器）两端的情况，从而使得该正常开断直流断路器的 MOV 吸收能量较大。为解决此问题，在直流断路器失灵后，不仅要尽快闭锁失灵极的换流器，还要尽快闭锁该站健全极的换流器，即尽快中止正极和负极两个换流器向上述正常开断直流断路器馈入能量。此工况下，正常开断直流断路器所吸收的能量通常为直流断路器最大的能量应力。

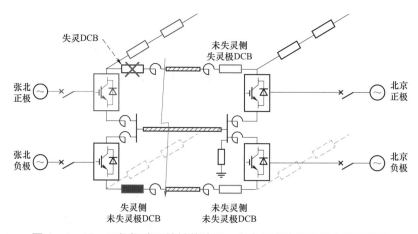

图 4-1-33　双极短路不接地故障且一台本级直流断路器失灵示意图

上述直流断路器能量应力是耗能支路 MOV 阀片串并联数设计、均压均流设计、阀片选型等的重要依据。直流断路器吸收能量巨大，以张北柔性直流电网中 500kV 直流断路器为例，单台直流断路器 MOV 吸收能量设计值可达上百兆焦，同时使得直流断路器并联柱数达数十柱。多柱并联大容量 MOV 的均压均流措施设计，是提升直流断路器MOV 运行可靠性的最关键环节。

4.2　快速机械开关可靠性设计

4.2.1　快速机械开关质量控制关键点

4.2.1.1　基本构成

直流断路器主支路快速机械开关通常采用多单元串联技术。快速机械开关单元由主开关断口、斥力操动机构、均压装置、储能及控制单元等组成，如图 4-2-1 所示。各部分均布置直流高电位平台，通过支撑绝缘子、隔离变压器设计达到对地绝缘要求。

图 4-2-1　快速机械开关单元组件示例

（1）主开关断口。主开关断口根据绝缘介质的不同分为 SF$_6$ 灭弧室断口及真空灭弧室断口，由于真空灭弧室具有绝缘恢复快的优良特性，故为满足直流断路器快速开断的要求，直流断路器中主开关断口一般采取真空灭弧室。真空灭弧室结构如图 4-2-2 所示，从上到下依次为静触头端盖、静触头、动触头、动触头端盖等，真空灭弧室外壳为瓷套。真空灭弧室动触头的瞬时操作速度可达 10m/s 以上，是常规交流断路器灭弧室动触头的 10 倍左右，因此对动触头的材料、内部结构强度都提出较高要求，需强化设计提高真空灭弧室的机械寿命及可靠性。

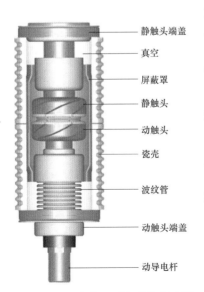

图 4-2-2　真空灭弧室结构示意图

静触头端盖
真空
屏蔽罩
静触头
动触头
瓷壳
波纹管
动触头端盖
动导电杆

（2）斥力操动机构。斥力操动机构作为快速机械开关运动的驱动部件，一般采用电磁斥力原理实现开关本体的快速分合闸。电磁斥力操动机构的作用是为

快速机械开关提供驱动，使真空灭弧室的动触头快速运动到能承受暂态恢复电压的绝缘
距离。电磁斥力操动机构一般由动拉杆、金属盘、分/合闸固定线圈、弹簧保持装置及
缓冲机构构成，如图4-2-3所示。动拉杆的作用是连接真空灭弧室动触头和电磁斥力
操动机构，当电磁斥力操动机构动作时带动灭弧室动触头动作，因此金属盘的运动位移
也就反映了灭弧室动触头的运动位移；弹簧保持装置的作用是提供保持力使快速机械开
关保持在分/合闸状态。缓冲机构为缓冲快速机械开关分闸到分闸位置、合闸到合闸位
置时的速度，起到保证快速机械开关的反弹特性、机械特性稳定及提高机械开关寿命的
作用。

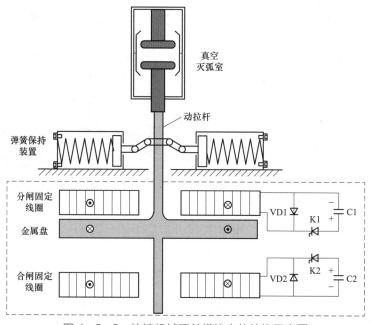

图4-2-3　快速机械开关模块本体结构示意图

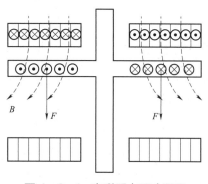

图4-2-4　电磁斥力驱动原理

电磁斥力驱动原理如图4-2-4所示。快速机械
开关驱动机构采用金属盘型电磁斥力机构。通过预
充电的储能电容向固定线圈放电产生励磁电流，励
磁电流在固定线圈周围产生交变磁场，从而使金属
盘产生感应涡流。由于感应涡流与励磁电流方向相
反，金属盘与线圈间产生电磁斥力。在电磁斥力的
作用下，金属盘与动拉杆带动真空灭弧室的触头运
动，实现快速机械开关的合分闸动作。

（3）均压装置。基于多断口串联结构的快速机械开关，设计时必须考虑多断口间的静态及动态均压问题。当各断口处于分断位置时，断口自身的阻抗无穷大，每个断口承受的直流电压将由真空灭弧室外壳沿面电阻及均压电阻决定。

（4）储能及控制单元。储能及控制单元作为快速机械开关的驱动电源及控制单元，通过控制储能电容的充放电实现开关的快速动作，其核心器件为储能电容。快速机械开关控制系统部分如图4-2-5所示，包括开关控制器、供能电源、电容充电电源、电容触发放电电路和开关位置传感器等，主要完成快速机械开关的储能电容充电、动作触发、位置检测、内部故障检测和状态上报等功能。快速机械开关控制器与上层断路器控制装置交叉通信。控制系统位于高电位支撑平台上，满足与开关本体同样的对地绝缘要求，并应具备以下功能：

1）接收并解析直流断路器控制装置的分、合闸命令报文，对快速机械开关断口单元进行触发，完成快速分、合闸操作；

2）分、合闸控制过程中开关运动位置及动作时间的监测；

3）储能电容状态的实时监控；

4）与直流断路器上层控制器的双向实时通信，将快速机械开关断口单元的开关状态及储能状态的监控信息实时发送给直流断路器上层控制器；

5）控制系统能完成快速机械开关系统的分—合—分操作时序。

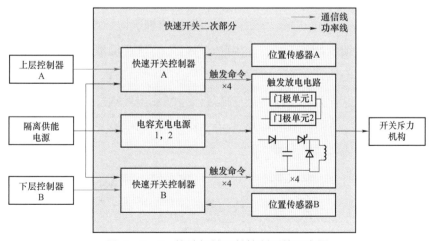

图4-2-5 快速机械开关控制系统示意图

4.2.1.2 可靠性控制关键点

快速机械开关具有结构复杂、动作速度快、电压和电流应力严酷、串联单元一致性要求高等特点，其设计和研制面临诸多困难，任何一个环节出现漏洞都会对其运行可靠性造成严重影响。为了保证快速机械开关的长期安全运行和可靠动作，在其设计研制过程中需要重点关注以下可靠性控制的关键点。

（1）动态耐压性能。在直流断路器开断故障电流过程中，转移支路关断电流后，系统电流流过 MOV，MOV 吸收系统中储存的能量，同时抑制线路电流并使之逐渐衰减到零。MOV 吸收能量过程中两端电压一般可达母线电压的 1.6 倍。以张北柔直工程为例，MOV 最大端间电压为 800kV，该电压波头属于操作波波头，持续时间可达数十毫秒。由于快速机械开关与 MOV 并联，快速机械开关必须耐受上述严酷的冲击电压应力。不仅如此，与普通静态耐压不同，快速机械开关在承受此冲击电压时刚刚达到有效开距，但各个断口的触头仍然处于运动过程中。因此，该冲击电压主要考验快速机械开关的动态耐压性能，这对断口的动态绝缘和一致性都提出了较高的设计要求。

（2）多断口均压性能。快速机械开关端间除了要耐受上述动态冲击电压，还要耐受雷电冲击电压、直流暂时电压等。而快速机械开关各串联断口之间的均压性能，是决定快速机械开关整体能否可靠承受上述电压应力的关键设计环节。对于多断口串联的快速机械开关结构，应根据所耐受电压的特点采取特定的均压措施。

（3）快速分合闸性能。直流断路器所用快速机械开关的分、合闸速度要求极高，尤其是分闸速度，通常要求达到有效开距的时间要小于 2ms，这对串联断口的动作速度、一致性、行程曲线提出了较高的设计要求。同时较快的触头运动速度也带来较大的冲击，对触头的抗冲击能力造成严酷的考验。因此，必须针对快速机械开关主断口、斥力机构等组件特点采取特定的设计方案，并采用针对性的防冲击措施。

（4）温升性能。现有柔直工程中运行环境的极端温度较高，设备长期运行温升允许范围上限较高，且比交流断路器的标准高出较多。为了满足以上温升要求，需对快速机械开关采取针对性的设计。

（5）主断口通流性能。快速机械开关主断口固封极柱采用环氧树脂自动压力凝胶成型工艺将真空灭弧室、上出线座和下出线座载流元件封装成一个整体，兼顾绝缘和机械支撑作用，缩小快速机械开关组件的零部件的体积。主断口需要长期耐受断路器最大持续运行电流，导致真空灭弧室动导电杆与固封极柱引出线之间的损耗增加和温升问题。因此，必须采取相应的控制措施，确保断口主回路通流和散热性能良好，一旦出现接触点过热等现象，将可能导致主断口固封极柱损坏。

（6）燃弧式快速机械开关性能。机械式直流断路器快速机械开关断口为有弧分断，且燃弧时的断口电压为 MOV 残压，灭弧要求极高。针对上述难点，必须采取特定的设计，以提升快速机械开关动作的可靠性。

4.2.2 动态耐压性能设计

直流断路器开断故障电流时，快速机械开关整体要在动态下耐受高 $\mathrm{d}u/\mathrm{d}t$、高幅值、长时间的暂态冲击电压。要保证快速机械开关动态耐压可靠性，最关键的环节是保证各个串联断口特性的一致，避免出现薄弱环节。

1. 动态耐压设计要求

需要从多个方面对各断口的一致性进行控制，结合直流断路器分闸逻辑和时序要求，给出断口特性参数的规范性设计要求。在多断口速度一致性控制方面，快速机械开关所有断口触头达到有效开距的时间应控制在 1.8～2ms，各断口触头达到额定开距时间为 1.8～2ms，偏差不宜超过 0.2ms。在多断口均压一致性控制方面，应配置相应的均压措施，保证各断口间的不均压系数在 ±5% 以内，具体均压措施见 4.2.3 节。在多断口机械特性一致性控制方面，对所有断口都应进行行程曲线测试，分闸回弹应控制在总行程 20% 以内，如图 4-2-6 所示。

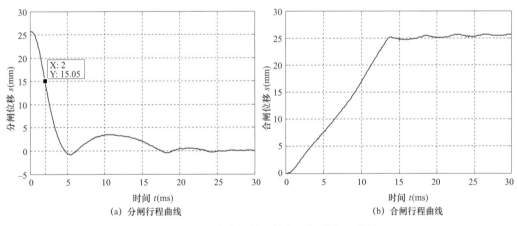

(a) 分闸行程曲线　　　　(b) 合闸行程曲线

图 4-2-6　快速机械开关断口标准行程曲线

在此基础上，为了实现快速机械开关所有断口触头达到有效开距的时间在 1.8～2ms 内，应采取以下控制措施：

（1）控制金属斥力盘与分闸线圈初始间隙对有效开距时间的影响，避免间隙分散性控制不合理引起有效开距时间差异大。

（2）控制分合闸储能电容器的容值偏差在 3%范围内，避免储能电容的容值偏差对快速机械开关动态绝缘性能的影响。

（3）储能电容的充电电源模块采用恒流充电限压输出，电压输出偏差在 10V 范围内。

（4）宜采用双稳态弹簧保持机构设计，确保动作无任何卡滞。双稳态弹簧保持机构结构如图 4-2-7 所示，该机构具有运动质量小、结构简单、体积小和设计加工成熟等优点。

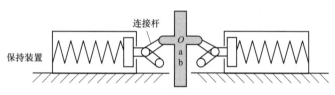

图 4-2-7　双稳态弹簧保持装置结构图

（5）直流断路器上层控制器与快速机械开关控制系统之间每 50μs 通信一次，有效减少通信延迟对快速机械开关断口同步性的影响。直流断路器上层控制器与快速机械开关控制系统之间采用曼彻斯特编码的报文进行信息交换，控制系统采用可编程逻辑阵列FPGA 实现高速串行数据的接收、解码和逻辑控制，保证控制系统内部的触发延迟在微秒量级，实现串联的快速机械开关断口间微秒级同步控制，保证每个断口接收和处理控制指令的时间延时误差达到微秒级，减少通信延迟对快速机械开关断口同步性的影响。

2. 动态耐压试验要求

此外，在快速机械开关动态耐压过程中，若断口建立的绝缘强度不够，则会造成断口击穿，进而引起主支路阀组击穿，导致混合式高压直流断路器开断失败。与普通静态耐压性能设计不同，动态耐压工况特殊，缺乏设计和工程经验，仅通过理论设计难以保证其可靠性。因此有必要通过端间动态冲击绝缘试验的方式，对快速机械开关的动态耐压性能进行验证。

针对快速机械开关的特殊性，给出了如图 4-2-8 所示的动态冲击绝缘试验方案。首先由试验控制装置给快速机械开关控制装置发送分闸指令，如图 4-2-9 中第 1 个高电平波形所示；延时 Δt（单位为 ms）后再给冲击发生器发送触发指令，如图 4-2-9 中第 2 个高电平波形所示；冲击发生器将电压施加到处于分闸过程中的快速机械开关断口两端，电压波形如图 4-2-9 中冲击电压波形所示。

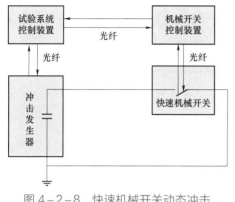

图 4-2-8　快速机械开关动态冲击
绝缘试验原理图

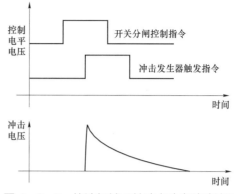

图 4-2-9　快速机械开关动态冲击试验波形

快速机械开关动态冲击试验的波形应尽量与实际一致。实际开断过电压的波前时间主要取决于短路电流将转移支路的等效电容充电至避雷器动作电压暂态过程的特性，为 20～50μs；而波尾特性取决于系统短路能量和避雷器，即波尾电压为避雷器相应配合电流下的残压，持续时间为电流消耗到 0 的时间，一般为数十毫秒。

4.2.3　多断口均压性能设计

快速机械开关断口间承受的暂态电压分布主要由断口电容、杂散电容和均压电容决定。断口电容由真空灭弧室结构特性决定，杂散电容受直流断路器整体结构影响。因此，需要结合快速机械开关结构特性针对均压电容及相应的均压电路进行合理设计，将动态电压差值控制在±5%以内，从而保证快速机械开关可靠耐压。

对于多断口串联的快速机械开关每个真空开关断口，由于动触头、静触头、屏蔽罩和大地之间存在杂散电容，因此当快速机械开关分闸后，开关两端所承受的暂态过电压会由断口间的杂散电容进行分配，从而可能导致断口间的动态电压分配不均匀。图 4-2-10 所示为单个真空开关与两个串联真空开关并联杂散电容以及两个串联真空间隙静态电压分布原理。

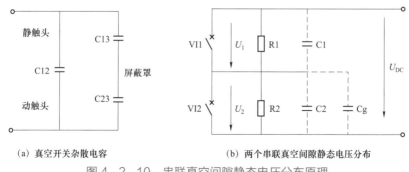

（a）真空开关杂散电容　　（b）两个串联真空间隙静态电压分布

图 4-2-10　串联真空间隙静态电压分布原理

1. 直流电压均压设计

高压快速开关塔由多断口串联组成，当各断口处于分断位置时，断口自身的阻抗无穷大，每个断口承受的直流电压将由真空灭弧室外壳沿面电阻及均压电阻决定，如图 4－2－11 所示。根据上述直流电压分布原理，应对开关断口配置均压电阻，保证在直流电压作用下各断口间电位分布均匀，偏差小于±5%。

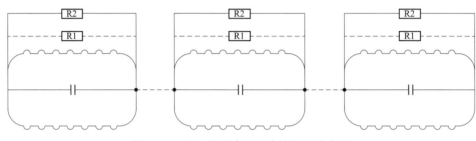

图 4－2－11　串联多断口直流均压分布图

2. 冲击电压均压设计

当各断口处于分断位置时，每个断口承受的冲击电压将由真空灭弧室断口电容 C0、杂散等效电容 C1、均压电容 C2 决定，如图 4－2－12 所示。灭弧室自身断口电容约为数十皮法；杂散等效电容的来源复杂，其值由多断口开关塔结构确定，同时，考虑到每个断口所处位置、对地距离、周围带电体的差异，离散性很大，其值在数十皮法至上百皮法之间，足以影响多断口雷电冲击电压的分布。

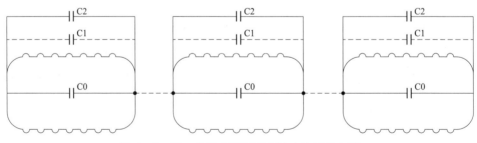

图 4－2－12　串联多断口雷电冲击均压分布图

针对上述快速机械开关结构特点和电压分布原理，在均压电容设计过程中，应首先通过电磁场仿真提取出各个断口对各个相关组部件的寄生电容，并建立开关等效电路图。根据上述冲击电压分布原理，采取以下两方面措施：

（1）合理设计开关塔均压结构，减小杂散电容分布的差异。

（2）根据分析结果，为各开关断口配置均压电容，进一步减小电压分布不均性。

3. 均压装置设计

综上所述，为了实现多断口串联的快速机械开关断口间的动态和静态均压，通常采用阻容均压装置，典型的阻容均压装置的电路原理如图 4-2-13（a）所示。

在上述设计的基础上，为了保证阻容均压装置的绝缘可靠性，均压电容、串联电阻和并联电阻通常组装于绝缘筒内，内部充 SF_6 气体（微正压），外部采用硅橡胶绝缘，如图 4-2-13（b）所示。

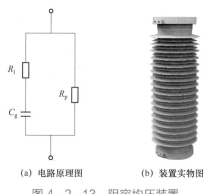

(a) 电路原理图　　　　(b) 装置实物图

图 4-2-13　阻容均压装置

4.2.4　快速分合闸性能设计

快速机械开关的关键功能之一是在接收到分闸控制信号后 2ms 内，能够驱动真空灭弧室的动触头快速拉开到有效开距，以保证建立足够的绝缘强度，从而保证成功开断。此外，快速机械开关的合闸速度要求虽然不及分闸速度要求严苛，但在直流电网等应用条件下，对于系统瞬时故障，直流断路器在分断故障电流后需要快速合闸，使电网尽快恢复功率输送通道，以避免出现功率盈余或其他线路过载，因此，对快速机械开关也有较高的合闸速度要求。

要保证快速机械开关的快速分合闸可靠性，首先，要对储能电容器（图 4-2-14）、斥力机构等分合闸直接执行机构进行合理的设计；其次，要设法提高相关组部件在高速和强电磁斥力条件下的耐受能力和使用寿命；再次，需要设计相应的缓冲措施以防止过大冲击导致组部件损坏。围绕快速机械开关快速分合闸性能控制的针对性设计和可靠性提升措施主要包括以下几个方面。

1. 储能电容设计

（1）应使用可靠性等级更高的储能电容，如金属薄膜电容，以提升充放电稳定性和使用寿命，在服役期中为产品提供稳定、可靠的驱动。

（2）设计时应充分考虑储能电容容值的寿命曲线及温度对容值的影响，保证直流断路器寿命周期内的最小容值仍然能够满足快速机械开关的分、合闸速度要求。此外，储能电容的容值会影响其耐压水平和体积尺寸，容值应根据实际情况综合确定，在满足满行程分闸时间要求的基础上综合考虑耐压水平和体积尺寸。

图 4-2-14　快速机械开关储能电容

2. 操动机构设计

（1）斥力盘是斥力机构关键零部件，选材时应在尽可能提升该零件强度的同时尽可能降低运动质量（如选用航空铝）。这样既能够提升斥力盘的机械使用寿命，也可以通过轻量化使电容的驱动负载降低，提升电容的使用寿命。

（2）拉杆与金属斥力盘在设计时应充分考虑电磁斥力作用下的机械应力，保证快速机械开关寿命周期内的机械强度及寿命要求。分/合闸固定线圈在设计时应考虑浪涌励磁电流电动力作用下的机械稳定性，避免出现形变导致的电感值变化。

（3）和动触头连接的金属波纹管是保证灭弧室内部真空度及绝缘性能的关键部件，通过优化设计材料、焊接工艺、压缩裕度，提高其在高速运动下的可靠性及寿命次数，满足开关断口的高速性能要求。

（4）快速机械开关缓冲一般采用液压缓冲的方式。由于快速机械开关的动作速度较高，若没有有效缓冲装置，会导致分闸回弹振荡，造成快速机械开关无法快速承受高耐压，分闸无法可靠保持而造成分闸失败，强烈撞击造成真空灭弧室波纹管等部件损坏。缓冲机构选型时应注意充分校核运动部件接触缓冲机构时的速度与动能，确保缓冲机构能够耐受运动部件的高速冲击。

（5）为提升真空管的使用寿命，降低动、静触头之间的碰撞及碰撞导致的触头变形，保证触头接触表面状态良好，具有良好的熄弧性能，应在合闸操作中设置缓冲器，控制合闸过程中动、静触头之间的冲击。同时，通过缓冲器控制合闸回弹，降低动、静触头在带电情况下的烧蚀程度。快速机械开关操动机构如图4-2-15所示。

图4-2-15　快速机械开关操动机构

3. 储能及控制单元设计

储能及控制单元在设计过程中应充分考虑一、二次各方面的可靠性需求，具体包括：

（1）放电晶闸管采用串联冗余配置，确保不会因为晶闸管的误触发导致开关误动。

（2）控制板卡采用双重化配置，保证一路故障的情况下，快速机械开关仍能正常工作。

（3）与上位机通信采用两路接收通道，确保可靠接收上位机下发的动作指令。

4.2.5　温升控制措施

通过实施温升测试，可以掌握实际工况下快速机械开关长期通流的温升表现。在此基础上，可针对超标部位进行有针对性的改善，改善的方法包括选用导热系数大的材料、增加部分零件相应位置的散热面积、改善开关外部柜体的通风结构设计。通过以上措施的不断迭代优化，最终快速机械开关达成工程要求的长期通流温升要求。

具体的改善措施如下：

（1）优化快速机械开关顶部散热器形状和结构，如图4-2-16所示，增加散热面积。

图4-2-16　快速机械开关顶部散热器

柔性直流输电工程可靠性设计及应用

图 4-2-17　快速机械开关机构箱

（2）通过增加触指数量，增加滑动链接处的电接触面积，改善热传导性能。

（3）通过选用导热系数较高的材料，改善固定连接处的金属导热性能，利于热量及时导出。

（4）在兼顾防护等级的同时，在机构箱上开孔，以增加快速机械开关机构箱的通风散热效果，如图 4-2-17 所示。

4.2.6　主断口通流性能控制措施

直流断路器快速机械开关主断口固封极柱结构如图 4-2-18 所示。该结构中，通过螺栓将上出线座与真空灭弧室连接，并将二者的接触面压紧。一旦螺栓出现松动，极易导致出现静端面和上出线座端面接触不良的情况，此情况下若极柱长时间流过较大的稳态电流，上述接触不良点会因接触电阻过大而导致接触面过热。过热的温度有可能导致绝缘材料发生裂解产生气体，在温度效应和压强效应的持续作用下，甚至会导致环氧树脂发生断裂。

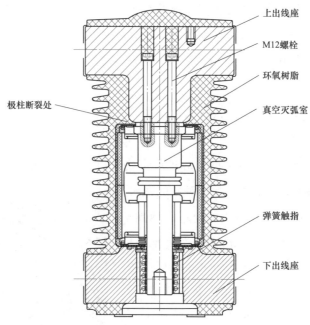

图 4-2-18　固封极柱内部结构

针对上述可靠性风险点，应采取以下预防性措施：

（1）紧固螺栓时应采用自检和专检两道工序，并做好相应标识后才可转向下一道

246

工序。

（2）对自检和专检两道工序操作要求如下：

1）操作人员应按规定的力矩要求逐一对螺栓进行拧紧装配，有多颗螺栓时应按对角顺序拧紧，拧好 1 颗螺栓后用规定颜色的记号笔在螺帽或对应的沉孔口部做好标记，才能进行下一颗螺钉的拧紧，如图 4－2－19 所示。

2）专检人员按规定的力矩要求逐一对螺栓进行拧紧检验，要求检验完 1 颗立即用另一种颜色（与前一种颜色标记不重叠）记号笔在螺帽或对应的沉孔口部做好标记，才能进行下一颗螺栓的检验，如图 4－2－20 所示。

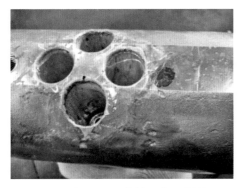

图 4－2－19　自检工序示意图

图 4－2－20　专检工序示意图

（3）开关出厂之前建议进行不少于 300 次的磨合。磨合后测量单断口总回路电阻（包括接触面和导体），如果发现回路电阻值升高到额定值 110%以上，应立刻进行报废处理并更换新的极柱。

4.2.7　燃弧式快速机械开关的特殊设计

机械式直流断路器与混合式直流断路器的本质区别是其通过真空灭弧室实现电流的有弧开断。特别是在直流短路电流条件下，需要在分闸后极短时间内投入高频、高幅值的振荡电流，因此电弧在触头间隙之间的能量密度将远高于交流开断情况，其对真空灭弧室的设计提出了极高的要求。触头材料的选择、触头结构的设计、振荡电流参数的设计、安全开断区间（见图 4－2－21）的设计等是机械式直流断路器的关键技术。

真空灭弧室触头材料在电气性能上将影响短路电流的电弧形态、开断后绝缘恢复速率和耐电弧烧蚀能力（电寿命），在机械性能上将影响高速机械开关在快速合闸条件下的触头机械寿命并导致重击穿概率的提高。因此，触头材料需要选择导电性能好、耐烧蚀性能较好且机械强度较高的合金材料。当前真空灭弧室的触头材料主要有铜铋合金、铜铬合金、铜钨合金等。经过验证，铜铬合金能够满足机械式直流断路器的特殊要求。

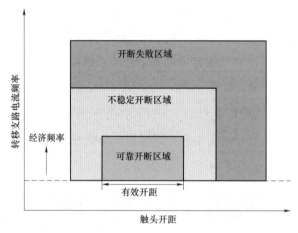

图 4-2-21　安全开断区间定义

机械式直流断路器与常规交流断路器在开断原理上的差异在于需要通过转移支路注入高频、高幅值的振荡电流来创造人工电流过零点。真空灭弧室的开断性能受到振荡电流幅值和频率的限制，转移支路中的电容、电感及充电电压决定了高频电流的频率和幅值，因此真空灭弧室自身的高频开断性能需要与转移支路高频振荡电流输出特性合理匹配。

直流输电通常需要满足正、反向开断要求，真空灭弧室必须在相同的开距条件下分别满足正、反向短路电流叠加高频电流的开断能力。由于正、反向开断时的电弧形态差距很大，开断性能受真空灭弧室触头结构的影响较大，因此需要进行大量的选型研究。由于机械式直流断路器开断时注入的高频、高幅值振荡电流具有快速衰减特性，因此真空灭弧室必须在直流电流和注入振荡电流的叠加电流的第一个过零点可靠开断。在机械式直流断路器开断技术参数的设计中，需要研究"安全开断区间"，即在开断指令发出后灭弧室触头必须达到安全的开距范围，然后转移支路被触发输出指定频率和幅值的振荡电流，真空灭弧室能够对正、反向短路电流叠加振荡电流后的合成电流实现第一个电流过零点可靠开断。

4.3　主支路电力电子开关可靠性设计

4.3.1　主支路电力电子开关可靠性控制关键点

在混合式直流断路器中，主支路电力电子开关是实现直流电流从主支路向转移支路转移的关键部件。相比于柔性直流换流阀中的电力电子器件，直流断路器主支路电力电子开关拓扑结构有所不同，在直流断路器动作过程中需要承受特定的电流和电压应力，并需要具备快速实现支路间换流的功能。基于上述结构、应力和功能等方面的特殊性，主支路电力电子开关设计研制过程中的可靠性控制关键点主要包括电流耐受性能、均压性能、换流时间、IGBT 冗余度等。

1. 电流耐受性能

根据混合式直流断路器的工作原理，主支路电力电子开关在不同工况和动作过程中需要承受不同形式的电流应力，如 4-3-1 所示。

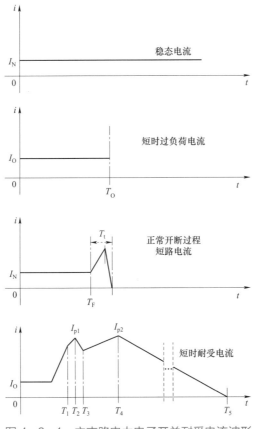

图 4-3-1　主支路电力电子开关耐受电流波形

在直流断路器正常导通情况下，一方面主支路电力电子开关需要承载断路器所在线路上的稳态电流 I_N，该稳态电流的计算需要考虑最严酷潮流分布情况下该线路上的最大持续电流，该电流应按长期耐受考核；另一方面，主支路电力电子开关需要承受直流断路器所在线路上的短时过负荷电流 I_O，该过负荷电流是在柔性系统部分元件退出时的过渡过程中该线路上导通的电流，其持续时间 T_O 通常由线路过负荷能力决定。

在直流断路器正常开断故障电流的过程中，主支路电力电子开关在完成换流前需要耐受一段时间的短路电流，该电流在短路故障发生（T_F 时刻）后快速上升，并在接到换流指令后迅速降为 0，其持续时间 T_t 通常在毫秒级，峰值可达数千安培。

在直流断路器失灵情况下，主支路将流过 4.1.5.1 所述的故障电流，由于直流断路器未动作，主支路电力电子开关需要承受该短时耐受电流，在主支路电力电子开关电流耐受性能设计过程中，需要按照承受短时过负荷电流后立刻承受该短时耐受电流考核。

围绕上述电流耐受性能要求，需要对主支路 IGBT、二极管等组件的结构参数采取针对性设计，以提高主支路电力电子开关的运行可靠性。

2. 均压性能

直流断路器开断过程中主支路电力电子开关闭锁后，其端间会快速建立起恢复电压 u_b，如图 4-3-2 所示。以 4.1.2.1 所介绍的主支路电力电子开关结构形式 1 为例，电力电子开关闭锁后电流迅速对其并联电容充电，建立起端间电压，当端间电压大于转移支路电力电子开关总导通压降后，电流开始向转移支路快速转换。上述为实现换流而建立的端间电压，会在主支路电力电子开关端间产生电压应力，而主支路电力电开关中模块或器件的串联数量较少，模块或器件之间的均压性能设计是决定其能否可靠承受该电压应力的关键设计环节。通常串联模块或器件之间的均压分散性不应超过 ±5%。

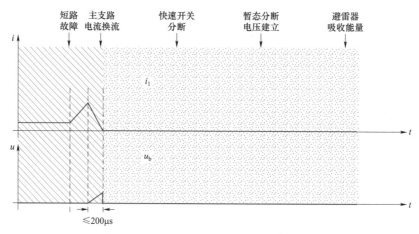

图 4-3-2 主支路电力电子开关电压和电流应力波形

3. 换流时间

直流断路器主支路向转移支路换流的速度与主支路电力电子开关的设计密切相关。由于柔直系统故障电流发展速度快，且核心设备的暂态电流耐受能力有限，通常柔直工程对直流断路器故障分闸时间的要求较高,而其中机械开关的动作时间占据了直流断路器整体分闸时间中的绝大部分,因此对主支路向转移支路换流时间的要求更加严苛。以张北柔直工程为例,图4-3-3为张北柔直工程混合式直流断路器主支路向转移支路换流过程示意图,保护分闸时,开断电流为0~0.1kA的分断时间应不大于13ms,开断电流为0.1~1kA的分断时间应不大于4ms,开断电流为1~3kA的分断时间应不大于3ms,而其中对于保护分闸时主支路向转移支路内部换流时间的要求更高,应当根据快分要求3ms设计,换流时间不大于0.2ms。

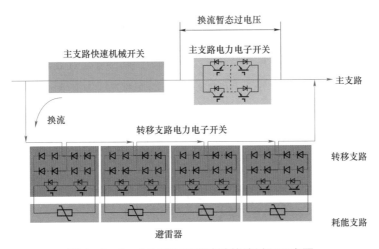

图4-3-3 主支路向转移支路换流过程示意图

4. IGBT 冗余度

主支路电力电子开关中的模块单元采用矩阵式串并联设计,以满足电压和电流耐受要求。为提升运行可靠性,主支路电力电子开关应配置一定数量的冗余单元,并对子单元的串并联结构进行合理设计,以保证个别元件故障情况下不影响其他元件及主支路电力电子开关整体的正常运行和动作。

4.3.2 电流耐受性能设计

主支路电力电子开关工作状态下需耐受系统最大持续电流、过负荷电流、分断过程换流完成前的暂态过电流,以及直流断路器失灵情况下的短时耐受电流,其中分断过程换流完成前的暂态过电流的波形可被短时耐受电流的波形覆盖。为此,需要对主支路电力电子开关采取针对性设计,以满足各类电流耐受要求。

1. 最大持续电流和过负荷电流耐受性能设计

主支路电力电子开关的最大持续电流耐受和过负荷电流耐受能力主要受IGBT器件

柔性直流输电工程可靠性设计及应用

结温的限制，需要保证在上述电流应力作用下 IGBT 结温在安全范围内。主支路电力电子开关采用器件或子模块并联结构，由图 4-1-4 可知，正常导通过程中 IGBT 和反并联二极管均在通流，因此需要在总并联数下对 IGBT 和二极管分别进行损耗计算和结温校验。

IGBT 模块的结构比较复杂，主要由芯片、绑定线、陶瓷基片、焊接层和铜底板等组成。其中主要的发热部分是芯片，在 IGBT 工作时，在电压和电流作用下，芯片的 PN 节上会产生损耗发热，这些热量通过 IGBT 模块的其他组成部分传到铜底板上，最后通过外加的散热器散发掉。IGBT 芯片 PN 结上产生的热量可以看作是通过芯片—外壳、外壳—散热器和散热器—环境 3 个环节散发掉的，如图 4-3-4 所示，每个环节都有热阻。据此，在给定的水冷和散热条件下，可对各种电流应力作用下的通流器件在各个环节的温升进行计算，进而得到器件的稳态结温及结温裕度，从而验证器件选型、并联数量设计及水冷和散热设计等是否满足最大持续电流和过负荷电流耐受性能要求。

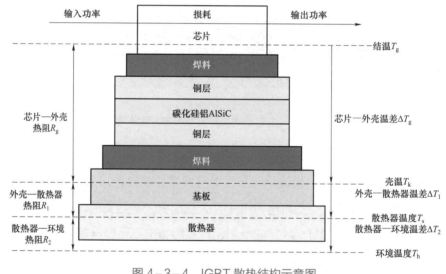

图 4-3-4　IGBT 散热结构示意图

2. 短时电流耐受性能设计

直流断路器主支路电力电子开关与柔性直流换流阀中电力电子器件的最大区别在于，前者需要在过负荷电流过后立刻承受幅值达数十千安、持续时间达数秒的短时耐受电流。短时耐受电流会在 IGBT 内部产生大量的热量，由于热量不能被及时带走，大部分积聚在硅片中使得结温急剧上升，因此必须在工程设计阶段进行充分论证，确保在最恶劣的短时耐受电流作用下 IGBT 结温不大于设计值，并留有足够裕度。

252

针对于此，直流断路器主支路电力电子开关需要采用多支路并联方案。与稳态结温计算方法不同，暂态结温计算是一个动态平衡过程，需要同时考虑材料的热阻和热容作用。针对暂态温升计算，需要分析 IGBT 器件内部各种材料的暂态热阻抗特性，通常采用图 4-3-5 所示的基于考尔网络模型的 IGBT 和散热器整体暂态结温模型，提取关键动态参数，校核 IGBT 结温设计。

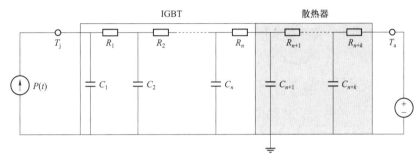

图 4-3-5 IGBT 和散热器暂态结温模型

此外，通过配置旁路开关并在结温超限前将旁路开关闭合从而将电力电子开关短路，也是实现主支路电力电子开关短时电流耐受的措施之一。但是，必须确保旁路开关配置方案和参数设计的合理性，具体设计要求将在本节器件选型设计部分介绍。

3. 结温裕度设计

设计过程中，还需要重点考虑主支路电力电子开关在上述电流应力作用下的 IGBT 结温裕度。由于 IGBT 在工作状态下会产生一定的通态损耗，损耗最终转换为热量。因此，主支路阀组需要配置稳定可靠的冷却系统，通过散热器实现热量耗散，形成热交换平衡。主支路电力电子开关的结温裕度设计需遵循以下原则：

（1）核算各类电流应力下的器件结温时，应考虑主支路并联冗余全部丢失工况下的器件结温。

（2）器件结温校核的初始结温应为主支路水冷系统最高运行温度。

（3）对于多器件并联使用的情况，应考虑并联支路的不均流特性。

（4）器件容许的最高运行结温应在厂家给出的最高结温的基础上，根据工程要求考虑适当的裕度。

4. 器件选型设计

（1）全控型大功率开关器件的选型设计。全控型大功率开关器件是主支路电力电子开关最为核心的部件，是主支路电力电子开关实现电流耐受性能的基础。全控型开关器件价值高、易损坏，需要散热设计来配合等一系列难题也决定了其在直流断路器中的核心地位。因此，如何选择合适的全控型开关器件成为主支路电力电子开关可靠性设计的关键环节。全控型大功率开关器件选型必须从多个方面入手，实现综合性能的提升：① 开关过程中的安全性；② 损耗和热设计的安全性；③ 通过和驱动的适配。

根据目前现有电力电子器件调研和对比分析，IGBT、IEGT、ETO 及 IGCT 各具优势，如表 4-3-1 所示，需根据实际情况进行选择。IGBT、IEGT 关断电流大，额定电流 3kA 的器件可瞬态（5~8ms）导通并关断 14~18kA 电流，且为压控型器件，驱动功率小，对供电系统要求较低，但耐浪涌能力较差，导通 20kA 以上电流会出现退饱和现象，导致导通压降迅速升高、功率增大而损坏。IGCT 瞬时关断电流与额定电流相同，现有产品中最大可关断 5kA 电流，为流控型器件，驱动功率较大，但抗干扰能力强，耐浪涌能力强，可耐受 33kA/10ms 半波。

表 4-3-1   现有的大功率电力电子器件技术性能对比

技术性能	IGBT/IEGT	IGCT	ETO
器件类型	压控	流控	流控
通态压降	较大	小	较小
关断电流	很大	一般	一般
浪涌电流	小	大	大
串联均压方法	门极和负载侧	负载侧	负载侧
驱动功率	小	大	大
器件差异	较小	较小	一般
失效特性	短路	短路	短路

在混合式高压直流断路器应用中，为提高关断可靠性，应选取单次关断电流能力大的器件从而减少并联数量。为保证串联可靠性，应选取失效后呈短路特性的器件，使得故障模块不影响设备运行。综上考虑，工程中通常选择稳态和暂态电流冲击耐受能力大、瞬态关断能力强的 IGBT 或 IEGT，同时也和转移支路器件类型保持统一。二者在断路器应用中的失效机理类似：① 器件通流时，其内部结温会迅速上升，温度过高会导致器件失效率增加；② 器件关断短路电流的过程中，电流下降的同时电压上升，会承受

10MW 以上的瞬态功率，过大的瞬态功率会造成器件内部芯片局部过热，导致器件失效率增加；③ 器件完成一次关断动作，由于内部结温较高，此时的耐压能力相对减弱，当电压过高时也容易发生失效。4500V/3000A 压接型 IGBT 如图 4－3－6 所示。

图 4－3－6　4500V/3000A 压接型 IGBT

全控型大功率开关器件定型后还须对其热应力进行校核。流过全控型大功率开关器件的电流最终转换为热量，需要水冷散热片将热量带走，形成热交换平衡，稳定在一个安全的水平上。全控型大功率开关器件的损耗会带来器件结温的上升，在各种可能运行工况下的结温不应超过器件允许的最大结温，并在最大结温设计上应考虑留有适当的安全裕度。

全控型大功率开关器件或模块并联数影响因素如下：① 决定了主支路电力电子开关的过电流能力；② 决定了 IGBT 在各种电流耐受工况下的结温及结温裕度。

（2）旁路开关的选型设计。电力电子开关的旁路开关用于实现冗余 IGBT 和故障 IGBT 的快速投切，实现子模块故障情况下或短时耐受电流应力作用下的子模块快速旁路，维持主支路电力电子开关正常工作。应结合主支路电力电子开关的串并联设计方案和冗余配置，综合考虑空间、电气特性和可靠性要求，决定旁路开关的布置方案。可采用每个电力电子开关器件或模块配置一个旁路开关，或若干个串并联器件或模块配置一个旁路开关。图 4－3－7 给出了 2 种典型的旁路开关配置方案。

在控制和供能方面，旁路开关和 IGBT 组件单元应相互独立。旁路开关的合闸时间不宜过长，一般采用配有永磁操动机构的低压真空接触器。由于在直流断路器换流失败或拒动工况下，可以依靠主动闭合旁路开关耐受系统故障电流应力。此时，旁路开关需具备一定的关合系统故障电流的能力。另外，旁路开关应能够满足系统各种工况下的通流能力要求，以及灭弧室、铜排的温升要求。

4.3.3　均压性能设计

为实现电流快速可靠转移，主支路半导体组件需要建立并耐受超过转移支路通态压降的暂态电压。因此，单个 IGBT 模块额定电压确定之后，该暂态电压决定了主支路 IGBT 的最少串联个数。串联 IGBT 模块的均压性能设计是主支路电力电子开关可靠性保证的重要环节。IGBT 模块的均压控制措施主要包括一次措施和二次措施。

柔性直流输电工程可靠性设计及应用

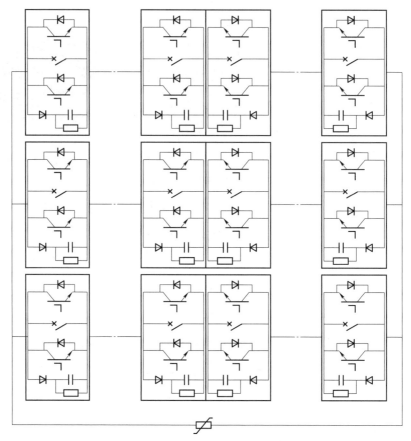

（a）方案一：每个方向两并联器件配置一台旁路开关

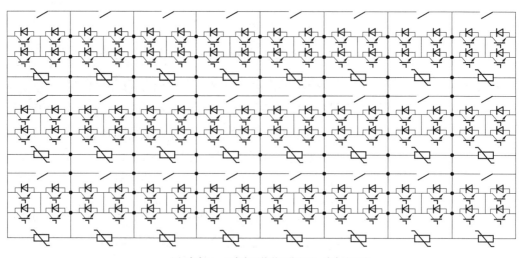

（b）方案二：双方向两并联器件配置一台旁路开关

图 4-3-7　典型的旁路开关配置方案

256

1. 一次均压措施

通过一次电路的设计来满足主支路电力电子开关的均压性能要求主要有 RC 均压和并联避雷器过电压保护两种方法。

（1）方式一：RC 均压。RC 均压方式典型拓扑如图 4-3-8 所示，图为 IGBT 全桥结构，其中 R 为均压电阻、C 为均压电容。

均压电阻 R 的作用是在直流断路器稳态工况下实现主支路电力电子开关各全桥模块的静态均压；同时，直流断路器完成开断后，均压电容器可通过该电阻进行放电。

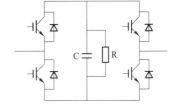

图 4-3-8　RC 均压方式典型拓扑

均压电容 C 的作用是在直流断路器主支路电力电子组件关断瞬间实现多串联模块间的动态均压，同时抑制 IGBT 的关断过电压。电力电子开关关断过程中的均压主要由均压电容 C 实现。

根据缓冲吸收电路的工作原理，前后 IGBT 关断的不一致性和电容误差，会导致 IGBT 电压的差别。考虑极限情况下 IGBT 关断不同步时间和电容容值偏差，以及根据主支路电力电子开关最大关断电流折算的缓冲吸收电路关断电流，根据过电压的产生原理 $I\Delta T = C\Delta U$，可以计算得到每个电容值。在均压性能设计中，均压系数通常不超过 $\pm 5\%$。

主支路电流转移过程中，电流转移时间不宜过长，考虑杂散电感的影响，电容电压峰值不应超过 IGBT 器件的安全使用电压。主支路电容器宜选择防火性能好的干式金属薄膜自愈式电容器，能够满足主支路电力电子开关在转移电流过程中全桥模块动态均压要求。

（2）方式二：并联避雷器过电压保护。避雷器 MOV 的作用是实现子模块过电压保护，嵌位 IGBT 模块最高电压，并联避雷器过电压保护的典型拓扑结构如图 4-3-9 所示。对比两种方案，RC 均压方式在 IGBT 关断后线路电流给模块电容充电，直至超过转移支路通态压降，电流完成转移。而并联避雷器的设计，在 IGBT 关断后，模块两端电压上升速度更快，换流时间更短。即使模块不均压，模块电压也能够被 MOV 有效嵌位，确保模块电压峰值不超过 IGBT 的安全使用电压。并联避雷器过电压保护方式难点在于 MOV 阀片伏安特性和一致性筛选。对于模块用过电压保护避雷器，避雷器动作电压应小于 IGBT 器件的安全工作电压。

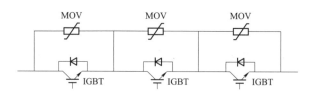

图 4-3-9　IGBT 并联避雷器过电压保护设计

2. 二次均压措施

通过二次手段提升主支路电力电子器件的均压性能，驱动信号应由控制装置统一同步发出，确保驱动电源和脉冲信号同源，如图 4-3-10 所示。同时并联 IGBT 驱动电路应解耦，关断独立。

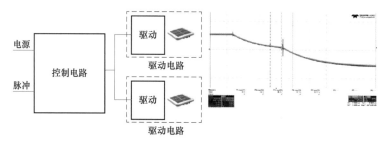

图 4-3-10　主支路电力电子开关 IGBT 驱动脉冲同步波形

4.3.4　换流时间控制

对于 RC 均压方式，断路器接收到跳闸指令后先开通转移支路电力电子开关，同时关断主支路电力电子开关，线路电流转移至主支路电力电子开关缓冲电容，随着电力电子开关两端电容电压逐步提高，直至超过转移支路的电力电子开关通态压降，线路电流会迅速转移至转移支路，电流完全转移后，换流过程结束。换流时间主要受直流断路器分断电流的大小、转移支路通态压降、主支路阀组等效容值大小的影响。同时，换流时间的设计还应考虑各支路杂散电感的影响。分析直流断路器换流过程的电流转移特性可知：

（1）主支路电力电子开关关断时过电压越大，IGBT 串联数越多，换流时间越短。因此应按照最严苛的工况，在单个方向没有冗余的情况下进行校核计算。

（2）主支路电力电子开关缓冲电容值越小，电容充电时间越短，间接缩短换流时间。电容值的大小还直接关系到换流过程中主支路电力电子开关 IGBT 的暂态过电压峰值。

根据上述分析，对转移支路压降、换流回路杂散电感等关键参数进行提取，在单方向串联数没有冗余的条件下，对不同电容值组合进行分析，根据单级等效电容值和换流电流等级可计算得到换流时间和主支路电力电子开关关断瞬间产生的电压峰值。

对于并联避雷器过电压保护方式，换流时间基本不受影响。在 IGBT 关断后，IGBT 两端电压上升速度很快，换流时间可忽略不计。

直流断路器分断过程主支路换流时间如图 4-3-11 所示。

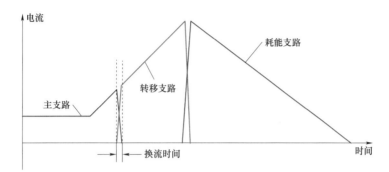

图 4-3-11　直流断路器分断过程主支路换流时间示意图

4.3.5　IGBT 冗余度设计

直流断路器合闸后正常运行时，主支路电力电子开关必须保持稳定可靠的导通状态，确保线路功率传输不中断，因此，主支路电力电子开关的可靠性尤为重要，必须具备较高的冗余度。为提高主支路电力电子开关的可靠性，主支路电力电子开关宜采用模块式、多并多串矩阵式结构。单个模块故障不能导致直流断路器跳闸或失灵。如图 4-3-12 所示，主支路电力电子开关矩阵式结构一般分为先并后串结构和先串后并结构两种。

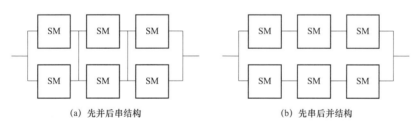

图 4-3-12　主支路电力电子开关矩阵式拓扑

主支路电力电子开关子模块可以设计为纯 IGBT 器件结构、IGBT 全桥结构或二极管全桥结构，结构如图 4-3-13 所示。

主支路电力电子开关应具备足够的串联冗余数，以保证在全部串联冗余损坏的情况下主支路电力电子开关端间电压仍满足设计的耐压要求，仍能够承受主支路向转移支路换流时产生的端间过电压，并应考虑杂散参数和不均匀性影响。为提高主支路电力电子开关耐受电流能力及器件结温安全裕度，增加运行可靠性，主支路阀组件也可设计并联冗余模块。

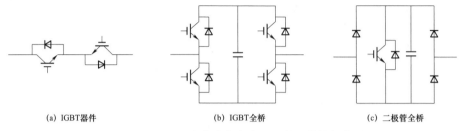

(a) IGBT器件 　　　　　　　(b) IGBT全桥 　　　　　　　(c) 二极管全桥

图 4-3-13　主支路电力电子开关子模块拓扑

主支路电力电子开关中的 IGBT 或子模块的串并联冗余，是作为两次计划检修之间的运行周期中损坏的 IGBT 或子模块的备用。IGBT 或子模块的损坏是指其自身或元件的损坏导致其短路，在功能上减少了主支路电力电子开关中 IGBT 或子模块的有效串联数量。IGBT 或子模块串联冗余数应保证：

（1）在两次计划检修之间的运行周期内，如果在此运行周期开始时没有损坏的 IGBT 或子模块，并且在运行周期内不进行任何 IGBT 或子模块更换，主支路电力电子开关不能失去所有串联冗余。

（2）主支路电力电子开关中的冗余 IGBT 或子模块数不宜小于运行周期内损坏 IGBT 或子模块数的期望值的 2.5 倍。IGBT 或子模块损坏数的期望值应在 IGBT 或子模块故障率估计值的基础上，按独立随机损坏模型进行计算。

此外，每一级 IGBT 可配置旁路开关，用于实现故障 IGBT 的隔离。当某一级 IGBT 或驱动板出现故障时即可旁路对应的故障器件，避免影响系统运行。IGBT 和旁路开关采用电磁隔离供能，且二者驱动板独立设计，保证 IGBT 和旁路开关的独立控制。

4.4　转移支路电力电子开关可靠性设计

4.4.1　转移支路电力电子开关可靠性控制关键点

转移支路是直流断路器中直接分断短路电流的一个支路。主要由大功率可关断电力电子器件 IGBT、IGCT、IEGT，及其辅助的桥臂二极管、阻尼均压回路、避雷器等器件组成。转移支路电力电子开关需具备双向导通及分断电流的能力，这主要由桥臂二极管组成的桥式电路实现。

相比于柔性直流换流阀中的电力电子器件，直流断路器转移支路电力电子开关具有独特的拓扑结构，在直流断路器动作过程中需要承受特定的电流和电压应力，并需要具备开断数十千安大直流电流的能力。相比于直流断路器主支路电力电子器件，转移支路电力电子器件的规模要大得多，前者 IGBT 器件或模块的串联数通常为个位数，而后者 IGBT 器件或模块的串联数可达数百个，这使得后者的均压设计要求更加严苛。考虑直流断路器转移支路电力电子开关在结构、应力和功能等方面的特殊性，其设计研制过程中的可靠性控制关键点主要包括大电流开断性能、电压耐受性能、均压性能等。

1. 大电流开断性能

直流断路器开断故障电流过程中，转移支路在主支路闭锁后需要承担一段时间线路中的故障电流，并在快速机械开关分闸到位后关断故障电流，其电流应力波形如图 4－4－1 所示。以张北柔直工程直流断路器为例，转移支路电力电子开关在承受约 3ms 短路电流后，需要关断最高达 25kA 的短路电流。这就要求转移支路所用到的可关断器件必须承受并关断最大的短路电流。这与柔性直流换流阀中的可关断电子器件使用工况不同，柔性直流换流阀中可关断器件（如 IGBT）的关断电流能力一般不超过器件额定电流的 2 倍，且柔性直流工程不是通过换流阀来开断故障电流。如果系统出现故障电流，控制保护系统首先闭锁 IGBT，让故障电流通过并联晶闸管、旁路开关通过子模块，最终通过交流系统的断路器切除和隔离故障。而直流电网中直流断路器转移支路中的可关断器件的作用就是要关断直流电流。因此，需要采取措施提高可关断器件关断电流的能力。主要从以下几方面考虑：

（1）采用多个 IGBT 并联设计，提高关断能力。

（2）利用 IGBT 的饱和关断能力，将 IGBT 驱动的控制电压由 15V 提高到 19～20V，IGBT 的通流能力可以提高到额定电流的 6 倍左右。

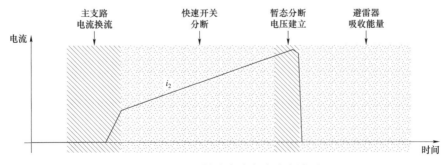

图 4－4－1　转移支路电流应力波形

2. 电压耐受性能

与快速机械开关相同，转移支路端间也需要承受 MOV 建立起的幅值达数百千伏的恢复电压，该电压时间通常为数十毫秒，波头与操作波波头类似。直流断路器分断系统电流后，断路器两端电压降为线路系统额定直流电压，耗能支路及转移支路需长时间承受该电压。转移支路电力电子开关端间电压应力的波形如图 4-4-2 所示。上述冲击电压主要考验转移支路电力电子开关的电压耐受性能，这对转移支路的结构设计和器件选型设计都提出了较高的要求。

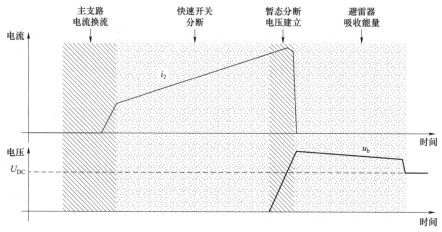

图 4-4-2 转移支路电力电子开关端间电压应力波形

4.4.2 大电流开断性能设计

转移支路电力电子开关开断大短路电流的性能直接决定了直流断路器动作的可靠性，对保护直流断路器本身和直流系统中其他核心设备安全至关重要。但是，用于柔性直流工程的 IGBT 驱动导通电压一般是 15V，对应的最大关断电流能力一般不超过器件额定电流的 2 倍，以额定电流为 3kA 的 IGBT 器件为例，其开断电流仅为 6kA，难以满足转移支路电力电子开关整体数十千安的开断需求。

增大转移支路电力电子开关大电流开断能力的措施主要有增加 IGBT 器件并联数、提高单个 IGBT 器件开断能力、优化并联 IGBT 的均流性能。其中，并联数量多带来的挑战有经济性降低、体积增大、系统复杂、可靠性保证难度大等一系列问题。因此，后两种方法通常是提升转移支路电力电子开关大电流开断性能最经济有效的措施。

1. IGBT 器件关断能力提升

IGBT 是转移支路电力电子开关最核心的部件，IGBT 器件的安全工作区域限定了各种临界的不至于导致器件损坏的运行状态。传统 IGBT 的 SOA 限制关断电流不超过 2

倍额定电流,远远不能满足直流断路器的关断能力要求。因此需要对 IGBT 关断特性进行分析,设法提升其关断能力。

研究表明,通过提高门极驱动电压可以显著提高 IGBT 的关断电流的能力。比如,张北柔直工程直流断路器 IGBT 的最大门极导通电压可以达到 20V,若将驱动电压提高到 19V,IGBT 关断电流的能力会达到额定电流的 6 倍左右,即 3kA 的 IGBT 的关断电流能力达到 18kA。图 4-4-3 为 4.5kV/3kA IGBT 器件的 $U_{ce}-I_{ce}$ 曲线。这样两只并联的 IGBT 关断电流的能力理论上可以达到 36kA,考虑 1.1 倍的不均流系数,也可以达到 30kA 的关断电流的能力,除满足张北柔直工程额定 25kA 开断电流的要求外,还有 20% 的电流裕度。

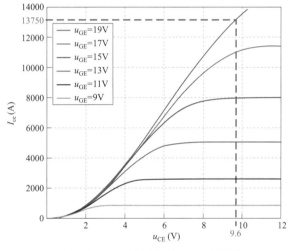

图 4-4-3 IGBT 器件 $U_{ce}-I_{ce}$ 曲线

通过扩大 IGBT 安全工作区,同样可以提高 IGBT 的关断电流的能力。IGBT 损坏机理主要包括热应力和电压应力:当电压超过 IGBT 额定电压时,器件损坏;结温超限,器件同样发生损坏。基于上述原理,改变 IGBT 的关断特性,针对直流断路器不同于换流阀 IGBT 频繁开通关断而属于单次关断的特点,采用低电压大电流关断技术,减小关断暂态的电压应力和瞬间的热应力,提升 IGBT 安全工作区,从而可以提高 IGBT 器件的极限关断电流能力。

此外,控制 IGBT 器件关断时的结温,并确保足够的安全裕度,也是提升和保障 IGBT 可靠关断大电流的重要措施。结温跟器件损耗密切相关,因此降低器件的损耗就可以提高关断电流。直流断路器中 IGBT 的损耗包括 IGBT 的通态损耗和开关损耗两个部分。其中,开关损耗由器件的开关特性和开关频率决定,考虑到直流断路器的应用工况,主

柔性直流输电工程可靠性设计及应用

要考虑 IGBT 的关断损耗，而且为单次关断，损耗计算如下，其中 T 为关断时间。

$$P_{\text{OFF}} = \int_0^T U_{\text{OFF}} I_{\text{OFF}}$$

基于上式，降低关断损耗的方法主要有：

（1）设计增强型 RCD 回路。通过 RCD 回路参数设计，优化回路的杂散参数，降低关断的损耗，提高关断电流。

（2）控制 IGBT 的关断速度，确保关断安全。IGBT 单器件关断电流如图 4-4-4 所示。

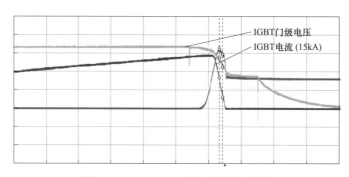

图 4-4-4　IGBT 单器件关断电流

2. 并联 IGBT 均流特性优化

转移支路电力电子开关采用并联设计，当转移支路在导通期间，总电流分别流过两个 IGBT 组件单元，均流系数通常要求不大于±5%，同时转移支路电流包括开通和关断阶段，通常从以下方面解决均流问题：

（1）在一次结构布置上，将 IGBT 并联组件单元对称布置，每个阀组与中间点距离相等。同时提取寄生参数，分析回路电感，优化结构布局，确保各支路电流变化同步。

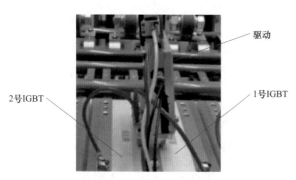

图 4-4-5　驱动"一拖二"

（2）关断暂态的均流主要取决于驱动关断同步参数，即确保关断信号严格一致，驱动板电源和控制脉冲信号同源设计，并联 IGBT 的控制信号不同步通常不超过 50ns。同时为了避免并联 IGBT 驱动之间相互影响，在驱动接口上采用解耦独立控制，驱动"一拖二"如图 4-4-5 所示。

264

4.4.3 电压耐受性能设计

转移支路一般是分层设计的。以张北柔直工程为例：负压耦合断路器转移支路设计为 5 层，每层两端安装一组避雷器，每层避雷器的保护电压是 160kV（800kV/5），如图 4-4-6 所示；混合型直流断路器转移支路电气上设计成 10 层，每层两端安装一组避雷器，每层避雷器的保护电压是 80kV（800kV/10），如图 4-4-7 所示。

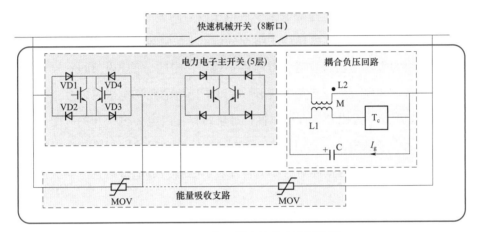

图 4-4-6 负压耦合转移支路拓扑图

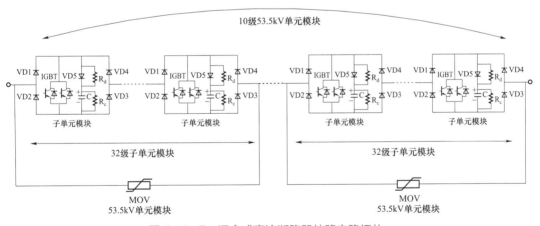

图 4-4-7 混合式直流断路器转移支路拓扑

1. 可靠性设计要点

每层转移支路承受的电压是由其两端并联的避雷器操作保护电压决定的。同时，因为避雷器两端的转移支路内部元件均是串联组成，串联回路有杂散电感存在，该电感在分断电流时储存的能量是巨大的，直接的后果是导致单个 IGBT 器件电压升高。也就是说，在分断电流时，转移支路不仅要承受避雷器的保护电压，同时还要承受因为杂散电感引起的子模块电压升高。因此，设计每层转移支路串联数量时需要综合考虑上述因素，在子模块电压不超过使用要求值的情况下，可以通过增加子模块串联数量或增加阻尼电容的容值来降低子模块承受的电压。电容值越大，杂散电感引起的子模块电压增加值就越低；子模块串联数量增加，子模块的电压应力也会明显降低。显然，增加子模块的数量来降低子模块电压应力的方式是很不经济的。优化转移支路的电流路径、降低杂散电感的值、增加阻尼电容的容值是降低子模块电压应力的最经济、最优的措施。

除此之外，因为直流断路器转移支路是分层设计，每层并联一组避雷器，所以每层转移支路子模块的数量是由该层避雷器的保护残压决定的。每层内部的子模块损坏数量增加必将引起其余子模块电压应力的提升，超过子模块的允许电压应力会直接导致其余子模块的损伤。因此，为提升运行可靠性，每层转移支路电力电子开关应配置一定数量的串联冗余单元（串联模块），应保证在两次计划检修之间的运行周期内串联模块单元损坏数量不超过冗余数。为提高断路器的可靠性，应适当增加每组避雷器保护范围内转移支路子模块的冗余数量。

此外，在各运行工况下，包括合闸、重合闸、故障电流分断等情况下，电力电子器件的工作电压应留有一定的安全裕度。以转移支路用到的 4.5kV/3kA 的 IGBT 为例，其最大工作电压不宜超过 3.6kV，即需有 20%的电压裕度。

2. 试验验证方法

转移支路电力电子开关结构复杂、核心器件数量庞大，且电压耐受波形特殊，仅通过理论设计难以保证其电压耐受可靠性，因此有必要通过端间冲击绝缘试验的方式对转移支路电力电子开关的耐压性能进行验证。然而由于端间电容和避雷器的存在，现有高压试验设备很难在整个转移支路两端产生高达 800kV 的冲击电压。因此该分级进行试验，即采用 1/N 级端间冲击试验。若采用 1/N 级试验，需先在低电压雷电/操作冲击条件下进行转移支路阀段间的不均匀系数测量，即针对直流断路器进、出线端子开展端间雷电/操作冲击试验，试验要求参照 IEC 标准；然后进行 1/N 级试验，以整体试验电压的 1/N 为基础，并取阀段最大的不均匀系数并考虑裕度作为 1/N 级端间冲击试验系数。

1/N 层转移支路操作冲击耐压试验回路如图 4－4－8 所示，包括冲击发生器、分压器、限流电感、直流断路器和测量系统。冲击发生器高压端通过限流电感与分压器高压端和直流断路器一端相连，冲击发生器和分压器接地端与直流断路器另一端相连并可靠接地；短接（N－1）层转移支路仅留 1 层转移支路，被试单层转移支路随机短接冗余数量的 IGBT。

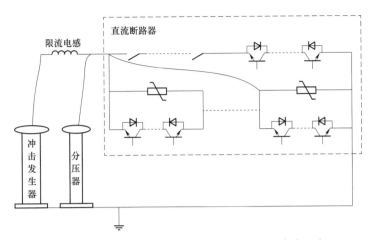

图 4-4-8 转移支路 1/N 级操作冲击耐压试验回路

张北柔直工程中直流断路器转移支路电力电子开关 1/N 级操作冲击正极性和负极性电压试验波形如图 4-4-9 所示。

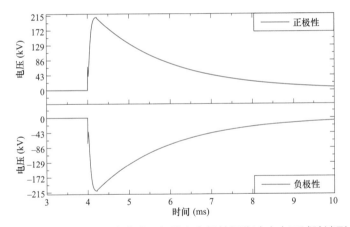

图 4-4-9 单层转移支路正极性和负极性操作冲击电压试验波形

4.5 负压耦合回路可靠性设计

4.5.1 负压耦合回路可靠性控制关键点

负压耦合式直流断路器中,负压耦合回路所处的完整换流回路如图 4-5-1 所示。负压耦合回路的组部件包括储能电容器 C1、耦合变压器,以及由串并联晶闸管组成的可控硅整流器(silicon controlled rectifier,SCR)和与其反并联的二极管构成的开关模块。一次线圈 L1 与二次线圈 L2 耦合,互感为 M。

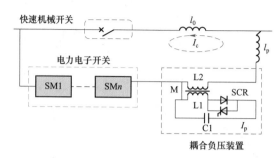

图 4-5-1　负压耦合回路所处完整换流回路结构

　　直流断路器正常运行时，负压耦合回路一次回路中 SCR 处于关断状态，电容器 C1 预充一定电压，线路电流由快速机械开关导通。直流断路器接到开断指令后，首先导通
转移支路电力电子开关，同时快速机械开关分闸，
待触头开距达到 2～3mm 时，触发负压耦合回路
一次回路的 SCR，之后主支路开始向转移支路
换流。图 4-5-1 所示完整换流回路的等效电路如
图 4-5-2 所示。

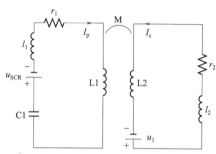

　　图 4-5-2 中，C1 为储能电容器，u_{SCR} 为晶
闸管的导通压降，l_1 为一次线路电感，r_1 为一次回

图 4-5-2　负压耦合回路所处完整
换流回路的等效电路

路总电阻，L_1 为一次线圈电感，i_p 为一次电流；
L_2 为二次线圈电感，u_1 为快速机械开关分闸后的电弧电压及电力电子总门槛电压，l_2 为
二次线路电感，r_2 为二次回路总电阻，i_c 为二次环流；M 为一、二次线圈互感。换流过
程中，耦合负压回路的状态方程如下：

$$\begin{pmatrix} L_1+l_1 & M & 0 \\ M & (L_2+l_2) & 0 \\ 0 & 0 & 1 \end{pmatrix}\begin{pmatrix} \dot{i}_p \\ \dot{i}_r \\ \dot{U}_c \end{pmatrix}=\begin{pmatrix} U_c-i_pr_1 \\ -i_rr_2+u_1 \\ -\dfrac{i_p}{C} \end{pmatrix} \qquad (4-5-1)$$

式中：U_c 为储能电容器 C1 预充电电压，C 为 C1 电容值。

　　由式（4-5-1）可知，触发 SCR 后，C1 与 L1 振荡，L2 在转移支路中负压耦合，
并通过 L2 在转移支路中耦合负压，使转移支路整体导通压降低于快速机械开关弧压。
负压耦合装置二次回路中产生高频振荡电流，该振荡电流与主支路中原有的故障电流叠
加，使得主支路总电流下降，从而强制电流由主支路换流至转移支路，最终快速机械开
关电流过零熄弧，完成电流转移。

主支路向转移支路换流结束后，待快速机械开关分闸运动到触头间隙能够承受瞬态恢复电压时，电力电子开关关断，线路能量由耗能支路的避雷器吸收，电流下降至零，期间负压耦合回路在转移支路中等效为串联电感，不影响电力电子开关的关断过程。

为确保负压耦合回路可靠动作，并且保证换流的快速和可靠性，在对负压耦合装置进行设计时应重点关注以下可靠性控制关键点。

（1）电压耐受性能。考虑直流断路器分断工况和动作原理，在转移支路闭锁等工况下，负压耦合装置二次侧会产生较高的冲击电压。需要针对该过电压设计相应的限制措施。

（2）晶闸管均压、均流性能。负压耦合装置的电力电子开关采用大量晶闸管串、并联结构实现相应的电流耐受和电压耐受能力。晶闸管均压、均流性能是决定电力电子开关能否有效承受上述应力的关键。

（3）换流可靠性。在一次方面，需要充分考虑直流断路器动作时暂稳态工况下的电气应力，并综合考虑电流波形特点、$\mathrm{d}i/\mathrm{d}t$ 特性等进行专项设计，以保证换流的可靠性。在二次方面，考虑到负压耦合式直流断路器对于换流过程控制精度的要求较高，应尽可能提高负压耦合装置的抗干扰性能，确保换流过程装置准确动作。

（4）元器件选型设计。负压耦合装置是负压耦合式直流断路器的核心部件之一，其原理是 LC 回路通过半导体开关控制产生 LC 振荡电流，在转移支路形成负压，进而实现换流。负压耦合装置在直流断路器正常闭合运行期间，一直处于高储能待机状态，当直流控制保护发出指令后，负压耦合设备应立刻触发并在极短时间内释放能量，因此负压耦合装置对回路元件的可靠性要求十分苛刻。需要采取相应措施优化回路元器件的选型设计，提升元件的可靠性和使用寿命。

4.5.2 电压耐受性能设计

设计过程中应考虑不同工况下负压耦合装置的电压应力。转移支路电力电子开关关断时会在转移支路产生很高的电流变化率 $\mathrm{d}i/\mathrm{d}t$，使电流由转移支路向耗能支路转移，此时负压耦合装置二次侧会产生较高的冲击电压。为此，应在负压耦合装置一、二次侧配置并联 MOV，限制冲击电压峰值，如图 4−5−3 所示。

以张北柔直工程为例，正向、反向大电流关断过程中，电力电子开关关断瞬间负压耦合装置的冲击电压如图 4−5−4

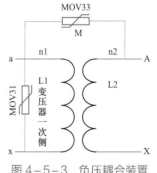

图 4−5−3 负压耦合装置 MOV 配置示意图

和图 4-5-5 所示。一次侧和二次侧的冲击电压最大值分别为 40kV 和 120kV。为进一步提高负压耦合装置耐受冲击电压的可靠性，一次侧和二次侧的冲击耐受电压设计值应在仿真计算结果的基础上考虑适当裕度，可分别取 60kV 和 130kV。一次侧和二次侧之间的冲击耐受电压设计值为 80kV，一、二次侧间设置 25kA、残压为 60kV 的 MOV，限制负压耦合在换流时一、二次侧的电压差在 60kV 以内。上述设计可保证在最大关断电流情况下，负压耦合的一、二次侧线圈均能耐受住过电压。

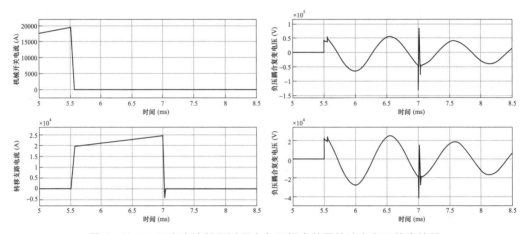

图 4-5-4　正向电流关断过程中负压耦合装置的冲击电压仿真结果

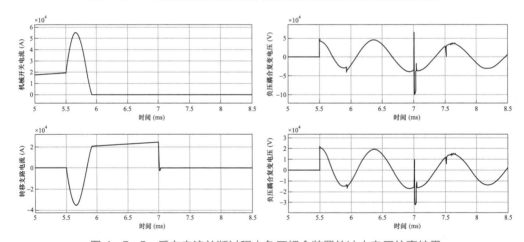

图 4-5-5　反向电流关断过程中负压耦合装置的冲击电压仿真结果

4.5.3　晶闸管均压、均流性能设计

负压耦合驱动电路的晶闸管模块由于采用了串并联的结构，需要对其进行均压和均流设计，均压设计分为静态均压设计和动态均压设计。典型的晶闸管模块均压电路配置如图 4-5-6 所示。

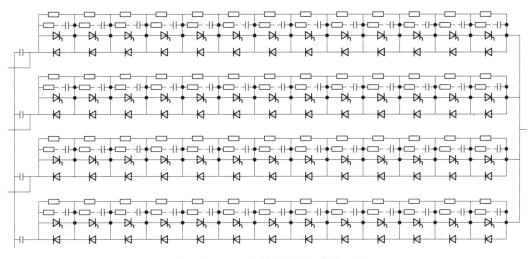

图 4-5-6　晶闸管模块均压电路配置

（1）对于静态均压，采用并联静态均压电阻的方法，其阻值宜按晶闸管漏电流的 10 倍设计。

（2）对于动态均压，应采用独立避雷器保护各级串联器件，保证每一级子模块暂态电压限制在避雷器的动作电压以下。由于避雷器支路存在杂散电感，导致晶闸管电流过零关断过程中承受过电压尖峰，为此，在其两端并联缓冲电路以降低电压上升速度。由于晶闸管仅单向耐压，因此选用缓冲效果最好的 RC 缓冲电路。

类似于转移支路电力电子开关的均流设计方法，通过对称的结构设计，可以改进负压耦合驱动电路的晶闸管并联均流的效果，同时，在组装过程中，对器件进行筛选，选取通态压降相近的两个器件进行并联。此外，还需保证驱动控制信号的一致性。

4.5.4　换流可靠性设计

负压耦合装置的核心功能是实现直流断路器分闸过程中主支路向转移支路的换流。负压耦合装置换流功能的可靠性直接决定了直流断路器的运行可靠性。对于负压耦合装置换流可靠性的提升，应主要从一次部分和二次部分两个方面入手。

1. 一次部分设计

为了保证电流从主支路可靠地换流至转移支路，负压耦合装置在设计过程中需遵循以下原则：

（1）在换流回路阻抗条件下，负压耦合装置产生的正反向高频叠加电流均应大于换流期间主支路的电流峰值。

（2）正向换流的熄弧时间在 1/4 振荡周期内，反向换流的熄弧时间在 3/4 振荡周期内，由于系统短路电流方向的不确定性，直流断路器换流时序中负压耦合装置换流时间应按反向换流考虑。

（3）快速机械开关电流过零前电流变化率尽量小，过零后电压上升率尽量低，以保证快速机械开关在电流过零点可靠熄弧。

（4）为进一步提高换流可靠性，负压耦合装置可以连续 2 次产生大于要求值的正反向高频叠加电流。

（5）负压耦合装置各组部件的电压、电流耐受能力，应高于断路器各种操作过程中的最大值。

此外，负压耦合式直流断路器分闸过程逻辑复杂，分闸动作时序对设备电气应力影响较大。若负压耦合装置在断路器分闸过程中触发过早，则触头熄弧后会重燃；若触发过晚，则电弧电流较大，需要激发更大的振荡电流用于熄弧，进而导致转移支路电流峰值超限。针对此问题，应将分闸步骤逐步分解，通过详细核算电弧电流上升率，优化各步骤的动作时间要求，确定负压耦合装置最优触发时间，确保其可靠熄弧且电流应力不超限。负压耦合装置换流时产生的电流应力如图 4-5-7 所示。

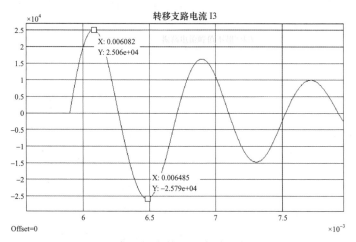

图 4-5-7　负压耦合装置换流时产生的电流应力

2. 二次部分设计

为了提高负压耦合装置的电磁抗干扰能力，应采取以下措施：

（1）对负压耦合装置采用隔离供电系统。

1）隔离供电系统与转移支路电力电子开关的供电系统应彼此独立，以隔离转移支路瞬态过电压、过电流对其供电系统产生的高频电磁干扰。

2）该隔离供电系统的输出端应与负压耦合装置的"地"电位具有相同参考电位，负压耦合装置的电容器、晶闸管放电开关及控制电路板等放电设备全部安装在同一个不锈钢密封箱内，以抑制负压耦合装置二次侧电位突变对其驱动控制单元产生的电磁干扰。

（2）对负压耦合装置的驱动电路进行紧凑化设计和优化，缩短驱动电路路径，防止断路器或线路在操作过程中产生的空间电磁场对驱动电路造成干扰。

（3）负压耦合的驱动板应采用相应的措施提高抗电磁干扰能力。采用印制电路板PCB叠层结构设置完整地平面，电源并在板边采用缝合地过孔，有效避免外接电磁场对本板造成的干扰；模拟信号与数字信号分开，高频信号与低频信号分开，布线间距符合"3W"原则［是指连线（wiring）、供电（worship）和浪费（waste）三个方面的设计原则］，有效避免板间信号干扰；高速信号布线未跨分割沟，保证信号返回路径最短；同组驱动信号等长设计，保证驱动信号时序的一致性；实行一次电源地与二次电源地、信号地、保护地三地分离，减少了地平面之间的干扰耦合；电源输入回路具有稳压保护、过电压保护、过电流保护功能，并在输入回路放置了大容量储能电容、滤波用不同容值的陶瓷电容及聚酯薄膜电容；电源输出回路也采取了有效的滤波措施，滤波器可承受规定的输入电流、电压波动范围，滤波器的各参数相匹配，滤波器的输出电流满足负载要求；装置之间采用光通信，光接口选用具有屏蔽功能的金属外壳，避免电磁干扰。

4.5.5　元器件选型设计

1. 晶闸管电压等级选择

电压等级高的晶闸管理论上可以减少压装数量，降低系统复杂性。但由于电压等级更高的晶闸管内部硅片较厚，散热条件比电压较低的晶闸管差，载流子渡越时间较长，因此，高耐压的晶闸管电流上升率相对电压等级低的晶闸管要低。

2. 晶闸管电流等级选择

电流大的晶闸管理论上可以减少并联数量，降低系统复杂性。但由于电流更大的晶闸管内部硅片面积更大，内部触发门极图形线较长，由于晶闸管导通条件是门极存在正向电流，引起晶闸管阳极注入载流子形成正反馈实现导通，但是，如果整个硅片面积较大，电流初始导通时刻主要集中在门极线附近，因此，在快速脉冲应用中，短时间内并不能充分利用硅片导通面积，所以，存在 $\mathrm{d}i/\mathrm{d}t$ 耐量的限制。例如，快速脉冲晶闸管就采用了复杂门极渐开线结构提高 $\mathrm{d}i/\mathrm{d}t$ 耐量，但由于复杂门极线占用大量硅片面积，通流能力又将下降。

3. 储能电容参数的优化

一次回路中的储能电容是负压耦合装置的核心元件之一,在电容设计过程中应尽量提高其储能的利用率,期望以最小的能量产生满足要求的二次电流,从而减少电容成本,延长电容的使用寿命。除此之外,应尽量减小一次回路电流峰值,降低一次放电开关电流应力。基于上述考虑,可使用遗传算法对负压耦合装置的结构和电气参数进行优化设计。

优化过程中,首先确定电容参数、电容预充电电压及二次回路负载,以二次回路电流峰值最大和一次电流峰值最小作为优化目标,确定耦合线圈的结构参数,然后校验一、二次电流变化率是否超过限制。

4.6 耗能支路 MOV 可靠性设计

4.6.1 耗能支路 MOV 可靠性控制关键点

MOV 是直流断路器中过电压保护和能量耗散的主要装置。直流断路器的各种运行工况不应导致 MOV 的加速老化或其他损伤,同时 MOV 应在各种过电压条件下有效保护直流断路器。直流断路器用的 MOV 不同于普通避雷器,由于直流系统短路电流大,且直流系统电压达到 500kV,需要 MOV 残压达到 800kV,因此,耗能支路采用多组MOV 串并联的结构。这就要求 MOV 具有很高的均压、均流性能,电阻片的一致性好,并且具有很高的防爆性能。耗能支路 MOV 结构如图 4-6-1 所示。

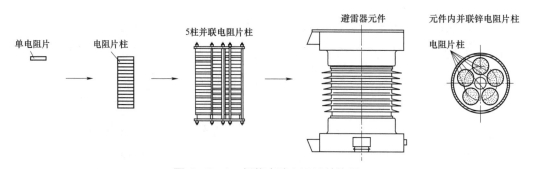

图 4-6-1 耗能支路 MOV 结构图

4.6.2 通用性能设计

MOV 的能量应按照直流断路器开断于最严苛工况和故障时的最大所需吸收能量设计,并应考虑单次开断及重合于故障时再次开断的总吸收能量,直流断路器 MOV 吸收能量的设计值应满足如下原则:

（1）对于直流线路故障且主保护正常动作的情况，MOV 能量（不含热备用）需满足直流断路器单次开断及重合于故障时再次开断的总吸收能量，并应在此基础上考虑一定的安全裕度。

（2）直流断路器 MOV 吸收能量仿真需考虑换流站 MOV 配置对其的影响。

（3）对于直流线路单极接地故障且主保护拒动的情况，MOV 能量（不含热备用）需满足直流断路器单次开断及重合于故障时再次开断所需的总吸收能量，并应在此基础上考虑一定安全裕度。

（4）对于直流线路单极对金属回线短路故障且主保护拒动的情况，MOV 能量（不含热备用）需满足直流断路器单次开断及重合于故障时再次开断所需的总吸收能量。

（5）对于直流线路双极短路接地（或不接地）故障且主保护拒动的情况，MOV 能量（不含热备用）需满足直流断路器单次开断及重合于故障时再次开断所需的总吸收能量。

（6）应在直流断路器 MOV 吸收能量设计值的基础上考虑至少 20%的热备用。

直流断路器 MOV 能量计算的典型故障通路如图 4-6-2 所示。

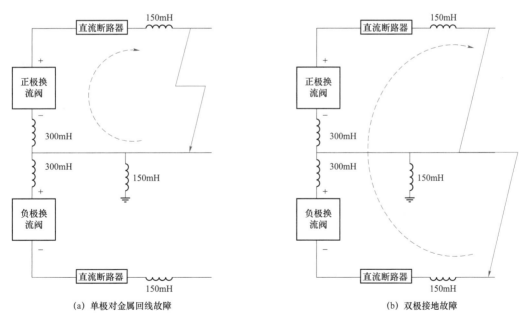

图 4-6-2　直流断路器 MOV 能量计算的典型故障通路

直流断路器 MOV 可靠性提升的通用措施包括：

（1）直流断路器 MOV 设计时应首先提出所采用单个电阻片的能量吸收能力，并根据单个电阻片的能量吸收能力和 MOV 整体的最大吸收能量要求，设计提出 MOV 内电阻片的串并联数量。上述串并联数的设计中，应考虑电压和电流不均匀系数，且能量均在 2ms 方波电流波形下考虑。

（2）应降低电阻片直流参考电压的分散性，并逐片进行电阻片的直流参考电压试验，电阻片直流参考电压偏离平均值不超过 ±3%。

（3）应降低电阻片 0.75 倍直流参考电压下泄漏电流的分散性，并逐片测量 0.75 倍直流参考电压下的泄漏电流，泄漏电流偏离平均值不超过 ±10μA，且不超过 30μA。

（4）应降低电阻片残压的分散性，并逐片进行电阻片的残压试验，电阻片压比误差应控制在 −1.5%～0%。

（5）应对 MOV 进行老化试验筛选，老化试验电压波形应与工程实际电压波形一致或偏严。每批次电阻片应至少抽取 3 只进行老化试验。若无法采用实际波形进行老化试验，可在偏严的交流或直流电压下进行老化试验。直流电压下老化试验时的荷电率（试验电压/直流参考电压）应不低于 95%；交流老化试验时的荷电率（试验电压峰值/直流参考电压）应不低于 100%。

（6）应对 MOV 进行大电流冲击耐受试验筛选，抽样试验时必须选用直流参考电压最高的电阻片。大电流冲击幅值应不低于 100kA。

（7）直流断路器 MOV 整体中各电阻片柱之间的电流分布不均匀系数应不大于 1.05，各 MOV 单元之间的电流分布不均匀系数应不大于 1.03。

（8）MOV 应带有用于记录 MOV 动作次数的计数器。计数器的动作信号应通过数据总线控制（data bus control，DBC）接口传输至直流断路器控制保护系统。

（9）直流断路器应采取适当的保护措施，以确保当 MOV 因吸收能量超过其承受能力而损坏或爆炸时，不会导致直流断路器除 MOV 以外的部件及阀厅内其他设备、设施损坏。

（10）直流断路器分闸后 MOV 冷却时间长，导致断路器长时间不能运行，直流电网保护选择性长时间弱化。针对于此，应详细梳理直流断路器需要执行的各种操作循环，深入校核各种操作循环下 MOV 吸收的能量，全局优化直流断路器自锁策略，旨在缩短大部分工况下的自锁时间，有效提升直流断路器的可用率。以张北柔直工程为例，直流断路器 MOV 吸收能量的操作循环主要包括慢分成功、合闸于故障后分闸成功、单次快分成功/快分后重合闸成功、快分后重合闸于故障并再次分闸成功等，相应的 MOV 能量核算结果和自锁时间如表 4-6-1 所示。

表 4-6-1　　　　不同操作循环下的 MOV 能量核算结果和自锁时间

操作循环	MOV 最大吸收能量（MJ）		自锁时间（min）
	混合式/负压耦合式	机械式	
慢分成功	17		30
合闸于故障后分闸成功	47	69	120
单次快分成功/快分后重合闸成功	95		160
快分后重合闸于故障并再次分闸成功	125	155	18

4.6.3　均流性能设计

　　MOV 芯体采用多柱结构，如图 4-6-3 所示，必须保证各柱电流分布相对均匀。并联各柱的电阻片即使有微小的残压差异，也会引起柱间电流分配的不均衡。因此必须针对每个电气连接单元的电阻片柱进行分流试验，确保电流分布不均匀系数满足规定要求，以保证 MOV 的运行可靠性。这就要求：

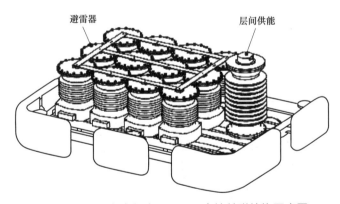

图 4-6-3　直流断路器 MOV 多柱并联结构示意图

　　（1）所用的金属氧化物电阻片具有一致性很好的伏安特性，即每个金属氧化物电阻片的伏安曲线接近理想平行状态。

　　（2）多柱并联的非线性金属氧化物电阻片柱的残压偏差在规定的很小的范围内。

　　面对数量巨大、伏安特性有差异和单片残压具有分散性的金属氧化物电阻片，可将电阻片按伏安特性进行分类、配组。保证各柱的伏安特性一致，直流 1mA 参考电压和残压一致。此外，MOV 多柱电阻片柱的电流分布试验也是一项十分关键的技术，可利用冲击发生系统、调压器、试验变压器、电阻片测试平台及示波器等设备，搭建多柱电阻片分流试验回路，同时测试多柱电阻片柱。

4.6.4　一致性设计

直流工程直流断路器所用 MOV 串、并联元件多，为保证 MOV 质量，需对电阻片一致性进行设计。在电阻片生产过程中，可采用高精度的称量仪器，严格按照配方进行原材料的精准称量，误差宜控制在 ±1% 内，保证电阻片的性能稳定及批次间的一致性。不同批次电阻片的造粒工艺应保证浆料的黏度、温度、塔内真空度的一致性，确保造粒料的粒度、堆积密度的一致性。电阻片通过逐片检验、抽样试验、加速老化试验，剔除存在缺陷的电阻片，并对每个电阻片标注泄漏电流和残压。

同一台断路器 MOV 的电阻片应使用同一台压机进行压制胚片，并使用同一条窑炉进行高温烧结成型，从工艺细节角度保证生产的电阻片特性一致性。控制单台 MOV 配组完毕使用的电阻片直流 1mA 参考电压偏离平均值不超过 ±3%；控制每片 0.75 倍直流 1mA 参考电压下泄漏电流偏离平均值不超过 ±10μA，且不超过 30μA。控制单台 MOV 配组使用的电阻片的压比偏离平均值不超过 −1.5%～0。通过多柱并联电阻片柱分流试验控制多柱电阻片柱间最大电流分布不均匀系数不大于 1.03。

4.6.5　防爆、散热及密封设计

1. 防爆设计

避雷器外套须采用复合外套设计，外套法兰处应设有压力释放装置，如图 4−6−4

压力释放位置

图 4−6−4　MOV 压力释放装置示意图

所示，当避雷器发生短路故障时，内部压力可通过压力释放装置向外释放，保证避雷器本体不会因内部压力骤升而爆炸。压力释放装置可采用大面积、低压强材料制作。

压力释放装置排弧口可采用大截面流线型，MOV 组件内部的芯体各结构均设计为圆柱状，无突出部位，从而保证内部气流通道的畅通，增加气流速和流量，确保 MOV 内部故障时压力释放装置可靠、准确动作。应合理设计复合套破坏内水压强度，保证一旦 MOV 出现意外损坏，MOV 防爆装置能够可靠动作，外套不会发生粉碎性破裂，并可以提供足够高的机械强度。

2. 散热设计

为了保证 MOV 运行中的热稳定性，在每个电阻片两端均插入热容量大、散热性能好的金属件，通过对局部和整体散热结构的计算优化使各 MOV 组件散热性能最优。MOV 电阻片散热情况示意图如图 4-6-5 所示。

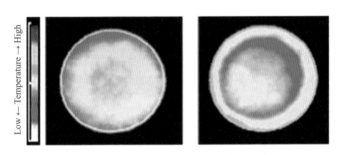

图 4-6-5　MOV 电阻片散热情况示意图

3. 密封结构及干燥处理设计

高压直流断路器用 MOV 在密封结构的设计上，采用密封槽特殊涂镀工艺，使密封部位的防腐蚀效果达到长期安全运行的目的。选用气密性好的优质三元乙丙橡胶 O 形密封圈作为产品主密封，同时辅以 D05 真空密封脂做辅助密封。生产过程中严格工艺要求，采用氦质谱检漏仪进行检漏，确保产品漏气率满足要求。

针对高压直流断路器用 MOV 的密封干燥，可增加 MOV 元件整体抽真空干燥处理工艺，并通过微水仪水分测试，使 MOV 元件内部水分含量控制在要求值以下。

4.7 机械式直流断路器转移支路 RLC 元件可靠性设计

4.7.1 转移支路 RLC 元件可靠性控制关键点

设计机械式直流断器转移支路的储能电容值时，需综合考虑多种因素：① 容值不宜过大，否则小电流开断电流对电容充电时间较长，不满足开断时间要求；② 储能电容电压不宜过高，由于 IGCT 直流耐压为储能电容充电电压与开断后断口端电压之和，IGCT 耐压要求高。选择振荡电流频率时，振荡频率越高，振荡电容可选择容值越小或预充电电压更低；但频率越高，开断电流 $\mathrm{d}i/\mathrm{d}t$ 越大，开断难度提升。由此可见，振荡性能是转移支路 RLC 元件设计过程中要考虑的关键因素之一。

除此之外，机械式直流断路器转移支路的核心作用是要产生高频振荡大电流，在设计其 RLC 元件时，不仅要满足最大故障电流开断要求，还要满足直流断路器重合于故障后再次开断短路电流的要求。因此，还需要对机械式直流断路器转移支路的结构和器件进行特殊设计，以满足重合闸要求。

4.7.2 振荡设计

LC 振荡回路设计通过如下公式进行设计，最终设计值通过仿真确定

$$\omega = \frac{1}{\sqrt{LC}} = 2\pi f \tag{4-7-1}$$

$$i = \omega C U \mathrm{e}^{-\delta t}\sin(\omega t) \tag{4-7-2}$$

$$\delta = \frac{R}{2L} \tag{4-7-3}$$

式中：ω 为振荡电流角频率；f 为振荡电路频率；i 为振荡电流；U 为电容预充电电压；R 为振荡回路等效电阻。

1. 电容器通用设计原则

（1）电容器组的设计。电容器组的标称额定电压按以下三种计算方法的最大值选取

$$U_{\mathrm{Nb}} = \frac{U_{\mathrm{SIWL}}k_1 k_2}{k_3} \tag{4-7-4}$$

$$U_{Nb} = U_{DC}k_4 \tag{4-7-5}$$

$$U_{Nb} = \frac{U_{1min}}{k_5} \tag{4-7-6}$$

式中：U_{Nb} 为电容器组标称额定电压；U_{SIWL} 为系统仿真的操作过电压；U_{DC} 为标称运行电压；U_{1min} 为 1min 直流耐压；k_1 为系统提出的耐受操作过电压的倍数，取 1.15；k_2 为操作电压裕度系数，取 1.1；k_3 为电容器能够耐受操作过电压的倍数，取 1.5；k_4 为直流电压裕度系数，取 1.15；k_5 为电容器能够耐受 1min 过电压的倍数，取 1.5。

图 4-7-1 电容器单元

（2）电容器单元参数设计。在进行电容器单元（见图 4-7-1）设计时，考虑电容器单元之间的分压不均匀，电容器单元的额定电压 U_N 为

$$U_N = k_6 \frac{U_{Nb}}{S} \tag{4-7-7}$$

式中：k_6 为不均匀系数，取 1.05；S 为电容器的串联数。

2. 并联电阻通用设计原则

（1）额定电压的设计。

$$\Delta T = \frac{P}{S\alpha} \tag{4-7-8}$$

式中：S 为散热面积；α 为自然对流换热系数，根据电阻器实测各功率下的温升结果，推算出 α。

在自然对流的情况下，α 在 10 左右才合理。但随着功率的增加，电阻表面温度较高，应考虑辐射的影响。

根据电阻器在长期直流运行电压 U_{rb} 下，表面温度要求小于 100℃。电阻器需要降功耗使用，故电阻器的长期运行功率低于其设计的额定功率的 1/9（可根据温升要求再调整）。

根据上述设计原则，储能电容器、充电电容器和缓冲电容器并联电阻的标称额定电压按以下计算方法选取：由 $U_N = \sqrt{P_N R}$ 及降功耗系数推出额定电压为

$$U_{Nb} \geqslant 3U_{rb} \qquad (4-7-9)$$

式中：U_{Nb} 为电阻器组的标称额定电压。

（2）电阻操作冲击电压计算。

$$U_{SVb} = U_{SIWL}k_3k_4 \qquad (4-7-10)$$

式中：U_{SVb} 为操作冲击电压设计值；U_{SIWL} 为系统仿真的操作过电压最大值；k_3 为系统提出的耐受操作过电压的倍数，取 1.15；k_4 为操作电压裕度系数，取 1.2。

（3）电阻器单元参数设计。

1）阻值分解计算。

$$R_N = \frac{R_{Nb}}{NS} \qquad (4-7-11)$$

式中：R_{Nb} 为系统分解出来的电阻值；N 为设计的模块数；S 为电阻器的串联数。

2）额定电压的设计原则。在进行电阻器单元设计时，考虑电压分布不均匀的影响，电阻器单元的额定电压 U_N 计算方法如下

$$U_N = k_6 \frac{U_{Nb}}{NS} \qquad (4-7-12)$$

式中：k_6 为电压分布不均匀系数，取 1.05。

3）电阻的操作冲击电压计算。

$$U_{SVb} = k_6 \frac{U_{SVb}}{NS} \qquad (4-7-13)$$

4.7.3 重合闸设计

机械式直流断路器开断故障电流时，依靠转移支路储能电容放电产生振荡电流，实现断口熄弧，进而完成开断。直流断路器分断后，储能电容储存能量被释放。但是，考虑到直流断路器需要具备快速重合闸能力，因此必须在首次分断结束至重合闸完成之间的数百毫秒去游离时间内重新为储能电容充电。

若采用有源回路为储能电容充电，则在电压电流冲击的分合闸操作循环期间极易将电源损坏。因此，为了提高重合闸可靠性，宜采用双套电源的措施，实现重合闸器件的储能电容电压回充。具体拓扑结构如图 4-7-2 所示，C1 为双套电容中的储能电容，C11 为双套电容中的充电电容，R2 为限流电阻。

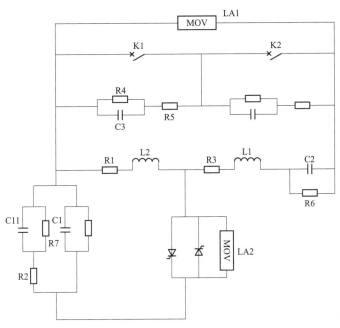

图 4-7-2 双套电容方案拓扑结构

稳态下，C11 与 C1 电压相等。在直流断路器首次分断故障电流的过程中，C1 的电能被释放。之后进入去游离时间，由于 C11 电压高于 C1，C11 将通过 R2 向 C1 充电，如图 4-7-3 所示。

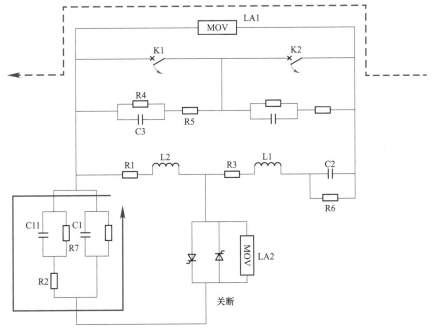

图 4-7-3 充电电容向储能电容充电示意图

为了满足重合闸开断能力要求，充电电容应能够在规定的去游离时间内将储能电容电压充到目标电压，使之具备再次开断的能力，据此对电容值进行设计。

为了提高充电电容给储能电容充电的速度，同时保证充电电容不影响振荡回路，充电电容串联电阻 R2 的阻值要进行适当的设计。即 R2 的阻值既不能太大也不能太小，以保证在数百毫秒的去游离时间内能将储能电容电压充到设定值，同时保证在首次开断时储能电容放电的数毫秒内充电电容几乎不能放电。此外，串联电阻应能耐受储能电容与充电电容在开关过程中的操作电压差，如图 4-7-4 所示。

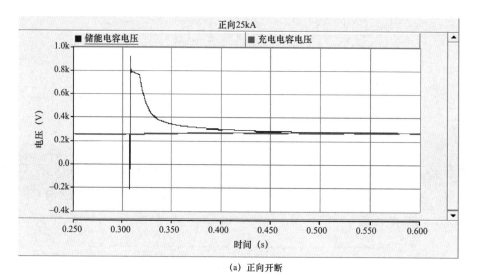

(a) 正向开断

(b) 反向开断

图 4-7-4　开断过程中储能电容和充电电容产生的过电压波形

4.8 供能系统可靠性设计

4.8.1 供能系统可靠性控制关键点

直流断路器供能系统需采用工频供能模式,将地电位的电能经高压隔离变压器供到高电位平台,再经层内高压隔离变压器级联耦合的模式送到各层转移支路或主支路中。本章主要以直流535kV电压等级供能变压器为例进行介绍。供能系统如图4-8-1所示。

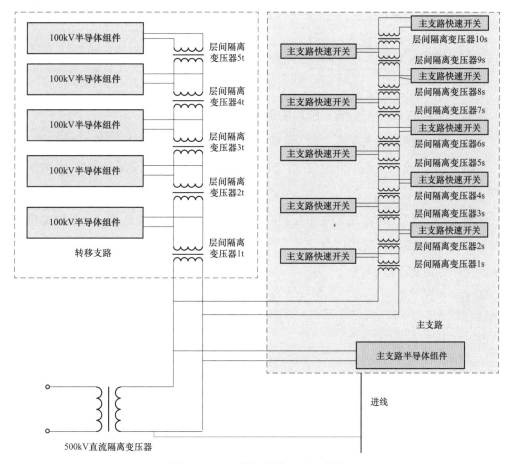

图4-8-1 供能系统原理示意图

500kV 直流隔离变压器设计需满足以下要求:

(1)满足断路器整机工作功率需求。

(2)承受直流线路对地绝缘电压应力,包括直流电压535kV、额定操作冲击耐受电压1175kV 和雷电冲击耐受电压1425kV。

（3）变压器需满足在阀厅最高环境温度（50℃）下正常工作，温升不宜超过 40K（电气元件的温度不超过 90℃）。

（4）长期直流高压下的稳定性。

4.8.2　供能系统输入电源设计

为了保证整个供能系统可靠的电源输入，供能变压器的输入需采用 UPS 供电，典型的高压直流断路器 UPS 供电采用两套 UPS 冗余的供电模式，如图 4-8-2 所示。

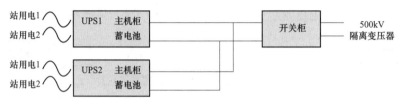

图 4-8-2　供能系统输入电源示意图

任意一个 UPS 故障不影响系统功能正常工作。

每套 UPS 设两路输入交流电源，任意一路输入电源故障，不影响该 UPS 正常工作。

两组 UPS 的输入交流电源全失电，UPS 的电池容量设计需满足断路器 1h 内的正常工作。

两套 UPS 并机工作，相互之间互不影响。两路 UPS 平常各自承担一半供电负荷，提高了 UPS 的可靠性及使用寿命。

4.8.3　主供能变压器设计

本工程采用的高压隔离供能模式总体上分为两类：① 采用多级工频隔离变压器串联的设计方案。② 采样 SF_6 隔离的高压供能变压器。

4.8.3.1　多级串联的供能变压器设计

供能系统对地隔离供能变压器长期承受 535kV 直流系统最大工作电压，在高压直流断路器整机对地直流耐压试验中也将承受相应试验电压。因此对对地隔离供能变压器的直流电压水平要求较高，采用单个 535kV 变压器研制难度高、体积庞大。

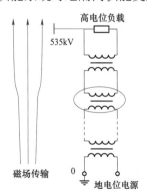

图 4-8-3　对地隔离供能变压器结构

对地隔离供能变压器多采用多级干式变压器串联来实现高/低压的隔离，通过工频磁场传送能量，如图 4-8-3 所示。

如图 4-8-3 所示，多级变压器串联共同承担对地直流电压。根据直流电压分布原理，每级变压器上所分担的直流电压与一、二次绕组间的等效直流电阻成正比。

确保多级变压器串联后变压器之间的均压是本方案的难点。干式变压器一、二次绕组之间由环氧浇筑，之间的等效直流电阻与其沿面电阻大小直接相关，个体间的差异较大。因此如果每级变压器不采取任何直流均压措施，会造成每级电压分布不均。设计时需在每级变压器并联均压电阻，以保证多级串联后每级变压器直流均压一致。

4.8.3.2 SF_6供能变压器设计

SF_6绝缘强度高，SF_6变压器技术成熟，因此采用SF_6供能变压器可以很好地解决对地直流耐压问题，而且结构简单、耐压高。

SF_6供能变压器采用电磁感应原理，分设高/低压绕组、铁芯、高压套管等部件。为了确保在直流高压下的长期稳定性，其内部高/低压绕组之间不设任何固体绝缘材料支撑，采用SF_6纯气隙的绝缘结构，高压侧绕组采用引线管悬挂结构，直接连接至顶端，能有效避免在SF_6的直流电场条件下不同含水量导致绝缘性能变化，以及避免在故障条件下的高/低电极间沿着绝缘介质产生大电流通路。整体上提高了绝缘性能及长期运行的可靠性。对地535kV SF_6高压直流隔离供能变压器外形结构如图4-8-4所示。

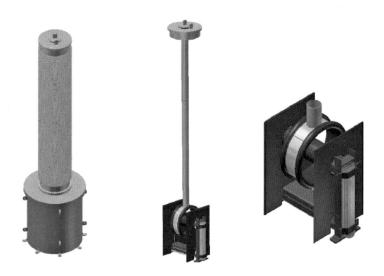

图4-8-4　SF_6高压直流隔离供能变压器外形结构

1. 供能变压器可靠性设计应采取的措施

（1）SF_6供能变压器安装有三个SF_6密度仪（见图4-8-5），分别输出三路压力信号，通过三取二信号，确保密度仪信号能真实反映产品内部气体压力，避免误动作。

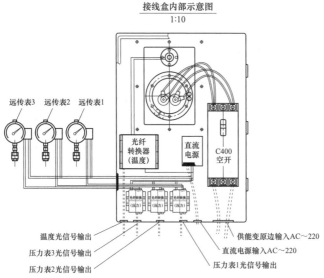

图 4-8-5 SF$_6$密度仪

（2）供能变压器低压绕组安装 PT100 测温装置，用于实时监测变压器内部绕组温度。

（3）为了防止高压直流情况下直流电荷积累导致高/低压绝缘材料老化放电，高压绕组没有任何绝缘支撑件，直接采用引线管悬挂结构，连接在引线管上，与低压绕组及地电位没有任何绝缘支撑件，全部有 SF$_6$气体隔离，最大限度地提高了绝缘性能。

（4）为了防止极限故障的发生，供能变压器安装有爆破片，并采用双爆破片配置，对供能变压器本体进行保护。

（5）套管下端屏蔽环（如有）应采取整体设计，避免拼接结构。

（6）器身一次铝筒支撑结构螺纹孔宜采用螺钉涂螺纹锁固定剂后封堵的方案，如图 4-8-6 所示。

（7）低压绕组引线夹件孔内增加绝缘套防护以提高可靠性，如图 4-8-7 所示。

（8）一次导电管表面磷化处理工艺应保证表面厚度均匀、电阻分布均匀。

（9）一次引导线管应开孔，保持气流平衡。

2. 供能变压器的工艺控制可靠性要求

（1）各作业区域洁度控制：明确器身及总装配关键工序作业环境要求，每次作业前监测，符合要求后再进行作业，且作业过程中进行实时监测，确保作业环境的符合性。

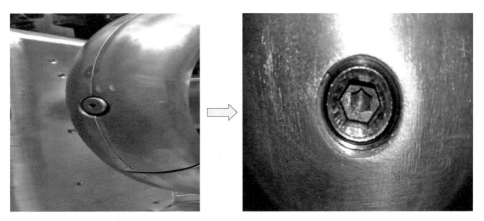

图4-8-6 螺钉涂螺纹锁固定剂后进行封堵

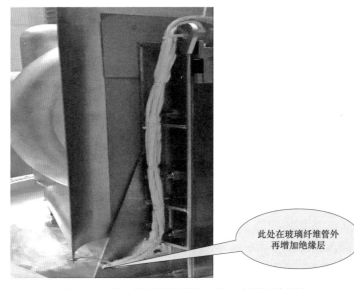

此处在玻璃纤维管外再增加绝缘层

图4-8-7 低压绕组引线夹件孔内增加绝缘套

（2）制定零部件及工装器具清洁、防护、流转要求：所有零部件均在领料或清洗区进行清洁处理，产品内部用物料及壳体内表面均进行水洗，清洁过程中检查表面光洁度，如不符合要求则先处理再清洁；所有零部件及工装器具流转过程中均有软玻璃进行绝缘防护，做到不磕碰划伤。

（3）制定作业过程中的清洁度要求：作业现场所有零部件存放过程中金属件与绝缘件分类摆放，且金属件间均有绝缘防护；过程中对各屏蔽件进行防护，防止磕碰产生异物；对于绕组、器身等关键部件吹洗清洁合格后再进行装配。

3. 供能变压器试验验证要求

供能变压器出厂试验应按以下顺序开展：

（1）外施交流耐压。

（2）操作冲击耐压。

（3）雷电冲击耐压（含截波）。

（4）直流耐压及局部放电试验。

（5）交流耐压及局部放电试验。

（6）操作试验仿真波试验。

4.8.4　层间供能变压器设计

1. 耐压能力要求

层间供能变压器承担该层转移支路或主支路的供能，同时担负着给上层供能变压器供能的工作。也就是说，层间供能变压器的出力从下到上是层层递减的，最下层的层间供能变压器功率最大，最上层的供能变压器功率最小。

层间供能变压器的耐压与该层承受的暂态耐压是一致的。比如，主支路中有 10 台快速开关，每台快速开关配置一台层间供能变压器，那么每台变压器承受的电压就是快速开关失去一个断口时每台快速开关承受的电压，即 800/（10−1）≈90kV，考虑不均压系数（10%），那么每台变压器承受的暂态电压需大于 100kV。

转移支路层间供能变压器的耐压设计需大于转移支路每层避雷器的保护水平。如果转移支路设计 5 层，每层一台避雷器，那么每层避雷器的保护电压是 160kV（800kV/5＝160kV）。考虑层间的不均压系数（5%），那么层间变压器的操作保护水平需大于 168kV。层间供能变压器还需要承受断路器断开后承受的稳态直流母线电压。如果直流母线稳态电压是 500kV，那么每层变压器承受的稳态电压是 100kV，考虑 5%的不均压系数，层间供能变压器稳态的耐受电压需大于 105kV。SF_6 层间供能变压器和干式高压直流隔离工频变压器的结构示意图如图 4−8−8 和图 4−8−9 所示。

2. 可靠性提升措施

（1）干式层间变压器。采用可长期应用于直流下的固体绝缘材料，防止直流电荷积累；绝缘材料具有高导热特性，散热性能良好；可拆卸，易维护。

（2）SF_6 层间变压器。

1）为避免密度仪的误差导致压力报警和误动作，须在层间变压器上安装三只密度仪，通过三取二信号确保密度仪信号能真实反映产品内部气体压力，避免误动作。

2）产品内外绝缘设计时应考虑直流耐压要求，防止电荷积累导致击穿。

3）为减少绝缘材料承受直流耐受电压，本产品取消了二次绕组的绝缘支撑件，采

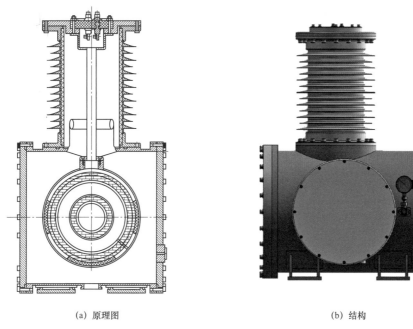

(a) 原理图   (b) 结构

图 4-8-8　SF$_6$层间供能变压器结构示意图

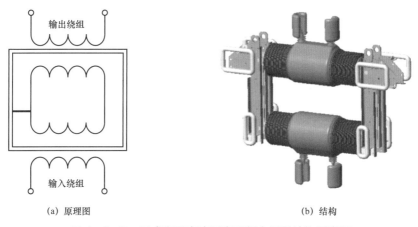

(a) 原理图   (b) 结构

图 4-8-9　干式高压直流隔离工频变压器结构示意图

用引线管悬挂结构（与主变压器绝缘设计方案一致），将二次绕组悬挂在引线管上。引线管应有足够的强度，保证产品在运输和运行过程的稳定性。

4）层间供能变压器内充有额定压力的 SF$_6$ 气体，壳体、盖板、硅橡胶套管、接线板等受压零件应满足 GB/T 28819—2012《充气高压开关设备用铝合金外壳》的要求。产品应具备压力释放装置。

5）产品采用 SF$_6$ 气体绝缘，产品散热通过 SF$_6$ 气体的对流传导，其对流传导系数远小于变压器油的热传导系数。因此产品的电流密度选择，一、二次绕组铜损计算，均

应考虑 SF_6 气体绝缘介质的散热能力，如有必要应在绕组中设置气道及时散热。

6）为了防止极限故障的发生，供能变压器安装有爆破片。

4.9 本体控制、保护和监视系统可靠性设计

4.9.1 本体控制、保护和监视系统架构设计要求

本体控制系统架构包含上层光接口单元、主控单元、下层光接口单元、一次部件控制板卡 4 个层级，如图 4-9-1 所示。除一次部件控制板卡外，其他 3 个层级均置于控制室内。本体控制系统按双冗余进行设计，上层光接口单元 A、B 冗余装置与柔性直流控制保护（简称柔直控保）系统 A；B 冗余装置的接口，水冷控制保护系统 A、B 冗余装置的接口（如有），供能系统 A、B 冗余装置的接口（如有），本体保护系统、下层光接口单元与快速机械开关触发板卡间的接口均应按交叉冗余设计。

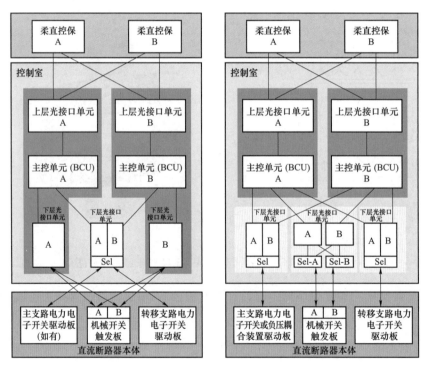

图 4-9-1　典型本体控制系统

本体保护系统主要包括过电流本体保护、组部件冗余保护、辅助设备保护等。过电流本体保护系统采用 3 套独立的保护装置及独立的三取二装置，三取二装置与本体控制系统 A、B 冗余装置的接口采用交叉冗余设计，如图 4-9-2 所示。

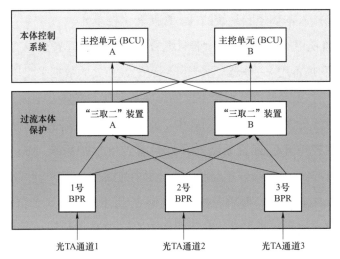

图 4-9-2 本体过电流保护系统基本架构

直流断路器电流测量装置配置示意图如图 4-9-3 所示，对于本体保护用纯光学式 TA，应配置 4 套独立的一次传感光纤环（含 1 套热备用），每套一次传感光纤环应配置独立的数据采集单元、通道。若配置合并单元，则其中 3 路通道分别经不同的合并单元接入 3 套本体保护；若不配置合并单元，则其中 3 路通道分别直接接入 3 套本体保护。

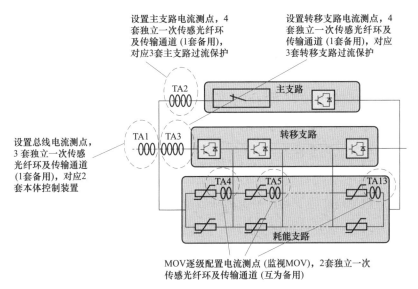

图 4-9-3 直流断路器电流测量装置配置示意图

对于耗能支路监视用纯光学式 TA，应至少配置 2 套独立的一次传感光纤环，每套一次光纤环应配置独立的数据采集单元、通道。若配置合并单元，则 2 路通道分别经不同的合并单元接入断路器本体控制系统的 A、B 两套主控单元；若不配置合并单元，则

2 路通道分别直接接入本体控制系统的 A、B 两套主控单元。

对于总电流监视用纯光学式 TA，若只配置 1 台，则应配置至少 3 套独立的一次传感光纤环（含 1 套热备用），每套一次光纤环应配置独立的数据采集单元、通道。若配置合并单元，则其中 2 路通道分别经不同的合并单元接入断路器本体控制系统的 A、B 两套主控单元；若不配置合并单元，则其中 2 路通道分别直接接入断路器本体控制系统的 A、B 两套主控单元。直流断路器冷却设备控制保护系统（brake cooler control protection，BCCP）A、B 冗余装置与断路器本体控制系统主控单元（brake control unit，BCU）A、B 冗余装置的接口要求应按图 4－9－2 所示的交叉冗余结构设计。BCU 与 BCCP 交互的数字量信号和模拟量信号均采用 IEC 60044－8 协议传输；BCCP 报文接直流断路器后台。

4.9.2 控制系统动作的微过程设计

4.9.2.1 直流断路器基本动作过程

1. 分闸过程

（1）混合式直流断路器。

1）第一步操作：主支路电力电子开关分闸。主支路电力电子开关关断后，主支路电流开始向转移支路转移。电流完全转移至转移支路后，执行下一步操作。

2）第二步操作：主支路快速机械开关分闸。主支路快速机械开关执行快速分闸操作，当快速机械开关断口达到一定的绝缘距离后，执行下一步操作。

3）第三步操作：转移支路电力电子开关分闸。转移支路电力电子开关关断后，电流开始向耗能支路转移。电流完全转移后，快速分闸结束。

（2）负压耦合式直流断路器。

1）第一步操作：快速机械开关分闸，同时导通转移支路电力电子开关。快速机械开关开始拉弧，电流仍在主支路，当机械开关建立触头绝缘距离时，执行下一步操作。

2）第二步操作：触发负压耦合回路。负压耦合回路开始产生高频电流，主支路电流产生过零点，快速机械开关熄弧，电流转移至转移支路，执行下一步操作。

3）第三步操作：转移支路电力电子开关分闸。转移支路电力电子开关关断后，电流开始向耗能支路转移。电流完全转移后，快速分闸结束。

（3）机械式直流断路器。

1）第一步操作：快速机械开关分闸。快速机械开关开始拉弧，电流仍在主支路，当机械开关建立触头绝缘距离时，执行下一步操作。

2）第二步操作：触发电流振荡回路。转移支路开始产生振荡电流，主支路电流产生过零点，执行下一步操作。

3）第三步操作：快速机械开关分闸。快速机械开关分闸，电流转移至耗能支路，快速分闸结束。

2. 合闸/重合闸过程

（1）混合式直流断路器。

1）第一步操作：合转移支路电力电子开关。

2）第二步操作：合主支路快速机械开关。

3）第三步操作：合主支路电力电子开关（如有）。

（2）负压耦合式直流断路器。

1）第一步操作：合转移支路电力电子开关。

2）第二步操作：合主支路快速机械开关。

3）第三步操作：分转移支路电力电子开关。

合闸时间要求不大于50ms。

（3）机械式直流断路器。合主支路快速机械开关。

4.9.2.2　直流断路器任意一步动作成功或失败后的微过程

1. 保护分闸

情况一：保护分闸失败。此情况下，直流断路器内部的控制逻辑及与柔直控保系统交互的信号按图4-9-4设计。

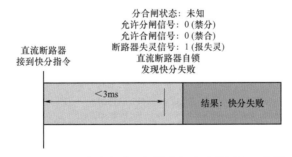

图4-9-4　直流断路器保护分闸失败微过程示意图

情况二：保护分闸成功。此情况下，直流断路器内部的控制逻辑及与柔直控保系统交互的信号按图4-9-5设计。

2. 控制分闸

情况一：控制分闸失败。此情况下，直流断路器内部的控制逻辑及与柔直控保系统交互的信号按图 4-9-6 设计。

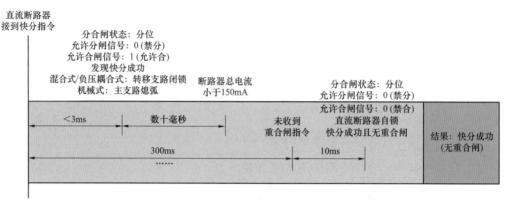

图 4-9-5　直流断路器保护分闸成功微过程示意图

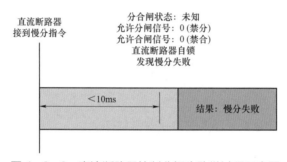

图 4-9-6　直流断路器控制分闸失败微过程示意图

情况二：控制分闸成功。此情况下，直流断路器内部的控制逻辑及与柔直控保系统交互的信号按图 4-9-7 设计（以开断电流大于 3kA 为例）。

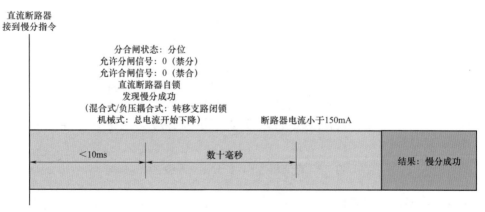

图 4-9-7　直流断路器控制分闸成功微过程示意图

3. 混合式/负压耦合式直流断路器合闸/重合闸

情况一：合闸/重合闸成功。此情况下，直流断路器内部控制逻辑及与柔直控保系统交互的信号如图 4-9-8 所示。

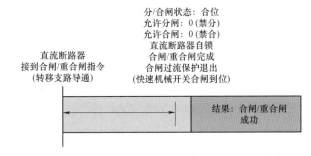

图 4-9-8 混合式/负压耦合式直流断路器合闸/重合闸成功微过程示意图

情况二：合闸/重合闸于故障并分闸成功。此情况下，直流断路器内部控制逻辑及与柔直控保系统交互的信号如图 4-9-9 所示。

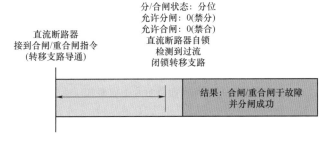

图 4-9-9 混合式/负压耦合式直流断路器合闸/重合闸于故障并分闸成功微过程示意图

情况三：合闸/重合闸于故障并分闸失败。此情况下，直流断路器内部控制逻辑及与柔直控保系统交互的信号如图 4-9-10 所示。

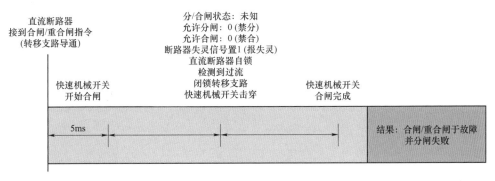

图 4-9-10 混合式/负压耦合式直流断路器合闸/重合闸于故障并分闸失败微过程示意图

4. 机械式直流断路器合闸/重合闸

情况一：合闸/重合闸成功。此情况下，直流断路器内部控制逻辑及与柔直控保系统交互的信号如图 4-9-11 所示。

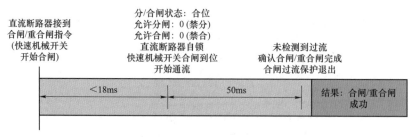

图4-9-11 机械式直流断路器合闸/重合闸成功微过程示意图

情况二：合闸/重合闸于故障并分闸成功。此情况下，直流断路器内部控制逻辑及与柔直控保系统交互的信号如图4-9-12所示。

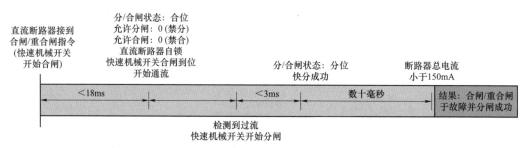

图4-9-12 机械式直流断路器合闸/重合闸于故障并分闸成功微过程示意图

情况三：合闸/重合闸于故障并分闸失败。此情况下，直流断路器内部控制逻辑及与柔直控保系统交互的信号如图4-9-13所示。

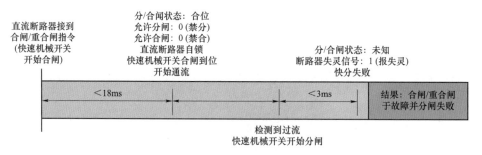

图4-9-13 机械式直流断路器合闸/重合闸于故障并分闸失败微过程示意图

4.9.3 保护系统设计

本体过电流保护包括合闸过电流保护、主支路过电流保护、转移支路过电流保护等。

1. 合闸过电流保护

对于直流断路器合闸于预伏故障的情况，当直流断路器电流不小于过电流保护定值时，直流断路器应立即分断，并发出报警信号。直流断路器合闸过电流保护定值进行合理设计，以便直流断路器在合闸于故障时能够尽快分断。合闸过电流保护配置如表4-9-1所示。

表 4-9-1   合闸过电流保护配置

保护的故障	若直流断路器合闸于故障,则尽快分闸,减小开断电流和 MOV 能量
保护原理	$\lvert I_{tb}\rvert > I_{set}$
保护动作	闭锁转移支路,(混合式+负压耦合式)/主支路快速机械开关收到分闸指令并开始分闸(机械式)
保护延时	从直流断路器实际电流达到保护定值 I_{set} 至直流断路器总电流开始下降的延时小于 T_{delay}
保护定值选取原则	I_{set} 不低于最大运行电流,并考虑一定的裕度,分断电流按不超器件最大耐受能力整定 $T_{delay}=T_1$(TA 阶跃响应上升时间+采集和传输延时)+T_2(本体保护装置处理延时+连判延时)+T_3(三取二装置处理延时+传输延时)+T_4(BCU 处理延时+传输延时)+T_5(一次回路动作时间)

2. 主支路过电流保护

当直流断路器接到柔直控制保护系统发出的分闸指令时,若主支路电流小于过电流保护定值,则正常分断;若主支路电流不小于过电流保护定值,则直流断路器应不允许动作,并应向直流控制保护系统发送报警信号。主支路过电流保护配置如表 4-9-2 所示。

表 4-9-2   主支路过电流保护配置

保护的故障	限制主支路转移电流,避免后续转移支路关断电流过大
保护原理	$\lvert I_{mb}\rvert > I_{set}$
保护动作	分闸状态信号置 0,合闸状态信号置 1,允许分/合闸信号置 0(直到电流小于 I_{set}); 此时若收到快分指令,断路器失灵信号置 1
保护延时	从主支路实际电流达到保护定值 I_{set} 至三取二装置出口信号到达直流断路器控制单元的总延时小于 T_{delay}
保护定值选取原则	I_{set} 按分断电流(故障电流上升率×分断时间)不超器件最大耐受能力整定 $T_{delay}=T_1$(TA 阶跃响应上升时间+采集和传输延时)+T_2(本体保护装置处理延时+连判延时)+T_3(三取二装置处理延时+传输延时)

3. 转移支路过电流保护

在直流断路器分闸过程中,当转移支路电流不小于过电流保护定值时,直流断路器应立即闭锁转移支路并发出报警信号,以保护转移支路电力电子开关。对转移支路分闸过电流保护定值进行合理设计,以保证转移支路闭锁前的电流小于转移支路电力电子开关最大分断能力。转移支路过电流保护配置如表 4-9-3 所示。

组部件冗余保护包括快速机械开关冗余保护、主支路电力电子开关冗余保护、转移支路电力电子开关冗余保护、负压耦合回路晶闸管冗余保护、IGCT 冗余保护、控制系统冗余保护等。

表 4-9-3　　　　　　　　　　　转移支路过电流保护配置

保护的故障	避免转移支路开断电流过大
保护原理	$\lvert I_{tb}\rvert > I_{set}$
保护动作	闭锁转移支路； 分/合闸状态信号置 0，允许分/合闸信号置 0，断路器失灵信号置 1
保护延时	从转移支路实际电流达到保护定值 I_{set} 至转移支路闭锁的延时小于 T_{delay}
保护定值选取原则	I_{set} 按分断电流（故障电流上升率×本体保护动作延时）不超器件最大耐受能力整定 $T_{delay}=T_1$（TA 阶跃响应上升时间＋采集和传输延时）＋T_2（本体保护装置处理延时＋连判延时）＋T_3（三取二装置处理延时＋传输延时）＋T_4（BCU 处理延时＋传输延时）

4. 快速机械开关冗余保护

快速机械开关/快速断路器断口出现异常时应上送报警信号；如果异常快速机械开关/断口数超过冗余时，直流断路器应不允许动作，并向柔直控制保护系统发送报警信号。快速机械开关冗余保护配置如表 4-9-4 所示。

表 4-9-4　　　　　　　　　　　快速机械开关冗余保护配置

直流断路器状态	故障类型	直流断路器动作逻辑	直流断路器与柔直控保系统交互的信号
合位稳态	不大于冗余数	1）报警； 2）断路器正常工作	
	大于冗余数	1）报警； 2）禁分禁合	1）允许分/合闸信号置 0； 2）分合闸状态为"合位"； 3）若接到快分指令，则失灵信号置 1
分位稳态	不大于冗余数	1）报警； 2）断路器正常工作	
	大于冗余数	1）报警； 2）禁分禁合	1）允许分/合闸信号置 0； 2）分合闸状态为"分位"
合闸暂态	不大于冗余数	1）报警； 2）断路器正常工作	
	大于冗余数	1）报警； 2）禁分禁合	1）允许分/合闸信号置 0； 2）分合闸状态为"未知"； 3）若接到快分指令，则失灵信号置 1
分闸暂态	不大于冗余数	1）报警； 2）断路器正常工作	
	大于冗余数	1）报警； 2）禁分禁合	1）允许分/合闸信号置 0； 2）分合闸状态为"未知"； 3）若为快分指令，则失灵信号置 1

5. 主支路电力电子开关冗余保护

主支路电力电子开关出现异常时应上送报警信号；如果异常电力电子开关的数量超

过冗余时，直流断路器应不允许动作，并向柔直控制保护系统发送报警信号。主支路电力电子开关冗余保护配置如表4-9-5所示。

表4-9-5　　　　　　　　　　主支路电力电子开关冗余保护配置

直流断路器状态	故障类型	直流断路器动作逻辑	直流断路器与柔直控保系统交互的信号
合位稳态	不大于冗余数	1）报警； 2）断路器正常工作	
	大于冗余数	1）报警； 2）禁分禁合； 3）旁路开关合闸	1）允许分/合闸信号置0； 2）分合闸状态为"合位"； 3）若接到快分指令，则失灵信号置1
分位稳态	不大于冗余数	1）报警； 2）断路器正常工作	
	大于冗余数	1）报警； 2）禁分禁合	1）允许分/合闸信号置0； 2）分合闸状态为"分位"
合闸暂态	不大于冗余数	1）报警； 2）断路器正常工作	
	大于冗余数	1）报警； 2）禁分禁合	1）允许分/合闸信号置0； 2）分合闸状态为"未知"； 3）若接到快分指令，则失灵信号置1
分闸暂态	不大于冗余数	1）报警； 2）断路器正常工作	
	大于冗余数	1）报警； 2）禁分禁合	1）允许分/合闸信号置0； 2）分合闸状态为"未知"； 3）若为快分指令，则失灵信号置1

6. 转移支路电力电子开关冗余保护

转移支路电力电子开关出现异常时，应上送报警信号；如果异常电力电子开关的数量超过冗余时，直流断路器应不允许动作，并向柔直控制保护系统发送报警信号。转移支路电力电子开关冗余保护配置如表4-9-6所示。

表4-9-6　　　　　　　　　　转移支路电力电子开关冗余保护配置

直流断路器状态	故障类型	直流断路器动作逻辑	直流断路器与柔直控保系统交互的信号
合位稳态	不大于冗余数	1）报警； 2）断路器正常工作	
	大于冗余数	1）报警； 2）禁分禁合	1）允许分/合闸信号置0； 2）分合闸状态为"合位"； 3）若接到快分指令，则失灵信号置1
分位稳态	不大于冗余数	1）报警； 2）断路器正常工作	
	大于冗余数	1）报警； 2）禁分禁合	1）允许分/合闸信号置0； 2）分合闸状态为"分位"

续表

直流断路器状态	故障类型	直流断路器动作逻辑	直流断路器与柔直控保系统交互的信号
合闸暂态	不大于冗余数	1）报警； 2）断路器正常工作	
	大于冗余数	1）报警； 2）禁分禁合	1）允许分/合闸信号置0； 2）分合闸状态为"未知"； 3）若接到快分指令，则失灵信号置1
分闸暂态	不大于冗余数	1）报警； 2）断路器正常工作	
	大于冗余数	1）报警； 2）禁分禁合	1）允许分/合闸信号置0； 2）分合闸状态为"未知"； 3）若为快分指令，则失灵信号置1

7. 负压耦合回路晶闸管冗余保护

负压耦合回路晶闸管出现故障时，应上送报警信号。如果晶闸管故障个数未超冗余数，断路器会向上级控制保护系统发出报警，断路器正常工作；如果故障晶闸管的数量超过冗余数，直流断路器根据情况具有不同的动作逻辑，其中分闸和合闸过程中晶闸管故障个数超过冗余数，断路器报警，并继续动作。晶闸管故障后断路器各状态下的具体动作逻辑详见表4-9-7。

表4-9-7　　　　　　　　负压耦合回路晶闸管冗余保护配置

直流断路器状态	故障类型	直流断路器动作逻辑	直流断路器与柔直控保系统交互的信号
合位稳态	不大于冗余数	1）报警； 2）断路器正常工作	
	大于冗余数	1）报警； 2）禁分禁合	1）允许分/合闸信号置0； 2）分合闸状态为"合位"； 3）若接到快分指令，则失灵信号置1
分位稳态	不大于冗余数	1）报警； 2）断路器正常工作	
	大于冗余数	1）报警； 2）禁分禁合	1）允许分/合闸信号置0； 2）分合闸状态为"分位"
合闸暂态	不大于冗余数	1）报警； 2）断路器正常工作	
	大于冗余数	1）报警； 2）断路器继续动作	
分闸暂态	不大于冗余数	1）报警； 2）断路器正常工作	
	大于冗余数	1）报警； 2）直流断路器继续动作	

4.9.4 高电位板卡可靠性提升措施

直流断路器高电位板卡接收来自直流断路器控制单元的信号，并根据指令控制执行对部件的闭合和关断操作，并监测部件的分合位置和状态，同时控制板配置监视与保护功能，能确保控制板卡正常、可靠工作。

直流断路器高电位板卡配置在阀塔一次回路中，因此板卡的供电可靠性、抗电磁干扰能力、功能的完备性将直接影响直流断路器的正确动作。本节通过对实际工程各个控制板卡设计方案的详细分析，给出高电位控制板卡的可靠性设计要求。

1. 控制板卡功能架构

以控制板功能设计应遵循顶层设计思想为指导，通过对高电位控制板卡功能要求和总体板卡规划设计的系统分析可知，各个控制板卡功能单元设计和板卡布局设计中，应充分考虑强、弱电隔离，强电磁环境对板卡干扰等因素，深入评估不同板卡之间接口的抗电磁干扰特性，避免板卡间的相互干扰。

同时控制板卡设计过程中应系统分析板卡的失效模式，假设各种可能的失效模式，深入分析失效后的故障发展过程，全面评估故障产生的不利影响，并有针对性地制定应对措施。快速机械开关控制板功能框图和主支路电力电子开关控制板功能框图分别如图 4-9-14 和图 4-9-15 所示。

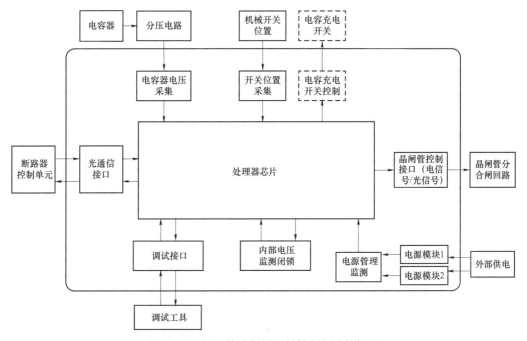

图 4-9-14　快速机械开关控制板功能框图

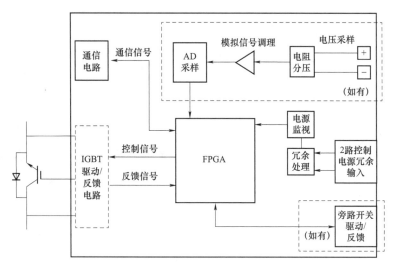

图 4-9-15　主支路电力电子开关控制板功能框图

2. 提升控制板卡供电回路可靠性

直流断路器各个高电位控制板卡处在阀塔一次回路中，处于高电位，由各层级供能变压器提供板卡工作电源。为了提高板卡供电可靠性，各个板卡供电电源须采用两个独立的电源模块供电，并配置双电源监测电路，实时监测双电源的工作状态。负压耦合装置控制板如图 4-9-16 所示。

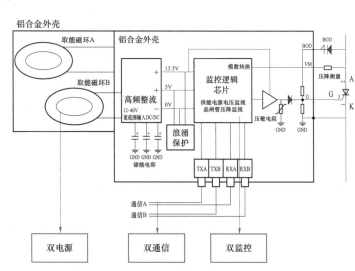

图 4-9-16　负压耦合装置控制板

3. 增设控制板卡监视信号

在直流断路器控制单元异常的情况下，可能持续给控制板下发相同的报文，此时控制板必须要能监视上位机的运行状态，在上位机故障时及时返回故障信息。

为了能更好地监测各个控制单元状态是否正常,各个高电位控制板增设心跳监视信号,按周期翻转,以便能及时发现各个控制单元的异常工作情况。

心跳反馈监视到故障时,控制板维持驱动输出状态不变,通知直流断路器控制单元处理。增设心跳监视信号如图4-9-17所示。

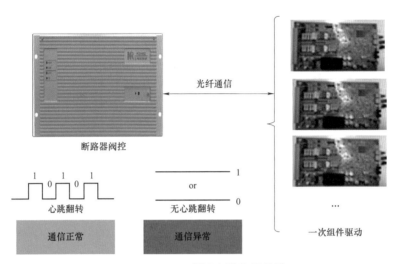

图4-9-17 增设心跳监视信号

4. 优化控制板保护功能配置

直流断路器各个控制板除了设置电源保护、通信异常保护等基本保护外,为了更准确、直观地掌握一些关键组部件的工作状态,有针对性地配置一些保护功能,例如IGBT驱动保护、旁路开关拒动与误动保护等。

快速机械开关是直流断路器正常工作的关键组部件,并且由多个断口串联而成。每个断口在分闸、合闸时采用电容器放电方式驱动,电容器电压直接影响快速机械开关开断性能以及能否正常开断。

为了能更好地定位电容电压异常时的具体故障位置,快速机械开关控制板应增设电容充电回路异常保护。当电容电压超出正常电压范围时,快速机械开关控制板应闭锁相关驱动逻辑,上报故障信号,确保快速机械开关在电容电压异常情况下不会错误动作。快速机械开关控制板功能如图4-9-18所示。

IGBT驱动保护中个别厂家主支路、转移支路控制板卡配置了退饱和保护、有源钳位保护单元。为了避免直流断路器正常运行期间,此类IGBT驱动保护误动作,建议IGBT退饱和保护、有源钳位保护只用来进行监视,不作为保护功能用。转移支路控制板功能如图4-9-19所示。

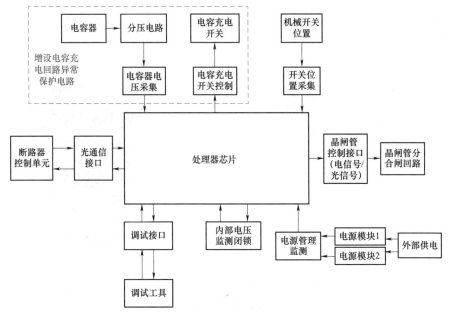

图 4-9-18　快速机械开关控制板功能框图

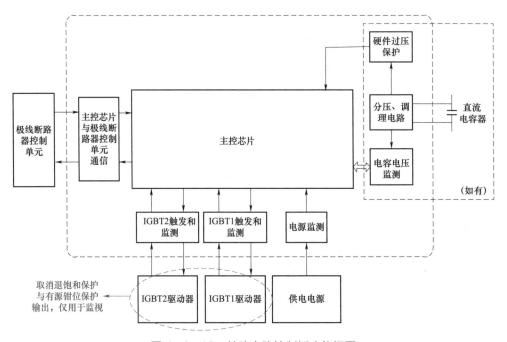

图 4-9-19　转移支路控制板功能框图

5. 优化保护定值选取原则

秉持既不要欠保护也不要过保护的原则，机械开关控制板控制电源欠压保护定值应不低于额定电压的 75%，主支路、转移支路控制板控制电源欠压保护定值应不低于额定电压的 80%。

IGBT 门极驱动欠压保护定值设置应进行优化和规范，避免取值太低，钳位保护频繁动作。综合考虑 IGBT 耐受能力和系统要求，IGBT 门极驱动欠压保护定值应不低于11V，避免保护误动作。IGBT 驱动控制电路原理如图 4-9-15 所示。

6. 细化控制板保护动作处理逻辑

分层级细化各个控制板保护动作处理逻辑，第一层级"报警级"，继续运行，只报警；第二层级"故障级"，上送故障信号，根据各故障类型、断路器运行状态按故障分级处理逻辑进行处理。机械开关控制板卡故障分级处理逻辑如表 4-9-8 所示。

表 4-9-8　　　　　　机械开关控制板卡故障分级处理逻辑示例

序号	故障类型	故障描述	保护定值					保护动作
			示例 1	示例 2	示例 3	示例 4	示例 5	
1	控制电源异常	电源模块输出电压异常	欠压门槛：85%额定电压（15V）	欠压门槛：75%额定电压（24、±12、5V）	欠压门槛：75%额定电压（24、±12、5V）	欠压门槛：75%额定电压（15V）	欠压门槛：94%额定电压（5V）	1）单路电源异常，继续运行，只报警；2）双路电源异常，故障断口禁分禁合，维持原状态不变
2	下行通信异常	断路器阀控对驱动板下行通信异常	故障滤波时间：2ms	故障滤波时间：300μs	故障滤波时间：2ms	故障滤波时间：500μs	故障滤波时间：2ms	1）单系统通信异常，继续运行，只报警；2）双系统通信异常，故障断口禁分禁合，维持原状态不变

7. 控制板卡双重化设计

负压耦合装置是负压耦合式直流断路器的关键组部件，其内部的电子开关由晶闸管元件串、并联而成。在某工程负压耦合装置控制板最初的设计方案中，1 个负压耦合控制模块控制 6 个晶闸管，虽然负压耦合控制模块的电源、控制电路均已采取双重化设计，但考虑到极端情况，一旦控制模块内的两套独立控制系统完全异常，也会导致 6 个晶闸管不可控，但不影响动作，每个晶闸管串联支路最多会失去 2 个晶闸管冗余。

为了提高负压耦合装置的可靠性，提出了控制板双重化设置（见图 4-9-20），提高控制板卡冗余度。晶闸管触发电路采用独立双路隔离电源供电，并采用硬件逻辑电路和双通道光纤接口配合负压耦合控制板实现独立的双备份同步触发。

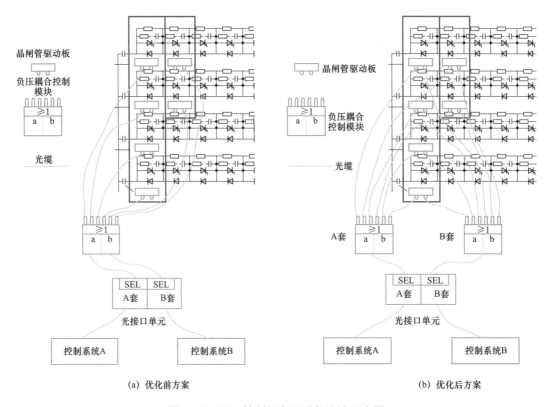

(a) 优化前方案　　　　　　　　　　(b) 优化后方案

图4-9-20　控制板卡双重化设计示意图

8. 控制板卡强/弱电分板布置

旁路开关是主支路电力电子开关的关键部件，为提高旁路开关控制板抗电磁干扰能力，要求旁路开关储能电容与控制板"强/弱电隔离"设计（见图4-9-21），尽量减小旁路开关动作过程中放电大电流对控制板弱电部分产生的电磁干扰。

(a) 改进前　　　　　　　　　　(b) 改进后

图4-9-21　控制板卡强/弱电分板布置示意图

9. 控制板卡元器件要求

控制板卡元器件（见图4−9−22）选型应以裕度控制为指导，器件选型时应考虑极端工况的应力影响，评估器件的各个参数是否在应力允许范围之内，明确器件降额使用的原则，明确器件的安全裕度；应全面评估板卡元器件的使用寿命，组织下游供应商全面开展耐久性试验，掌握器件长期工作过程中的性能衰减特性和失效机理，确保板卡全寿命周期内稳定、可靠运行。

图4−9−22　控制板卡关键元器件

10. 快速机械开关驱动电路晶闸管双重化配置

快速机械开关的合分闸控制是通过控制器驱动晶闸管导通，使得相应储能电容对分合闸线圈放电来实现的。

为了减小因干扰造成的晶闸管触发导致的开关误动概率，每路分合闸驱动电路应采用双晶闸管串联设计，需同步触发开关方可动作，可靠防止误动作。每只晶闸管应采用多脉冲触发控制，保证晶闸管可靠触发导通，有效避免拒动情况出现。优化后的快速机械开关分合闸驱动电路如图4−9−23所示。

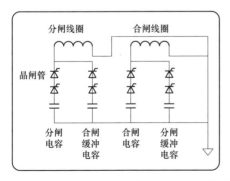

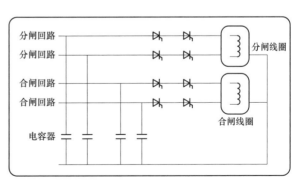

图4−9−23　优化后的快速机械开关分合闸驱动电路

柔性直流输电工程可靠性设计及应用

4.10 直流断路器试验检测方法

试验检测是检验直流断路器产品可靠性的关键手段。直流断路器的试验主要由型式试验、特殊试验、出厂试验和现场试验四个部分组成。本节将基于直流断路器技术特性构建涵盖整机和各组部件型式试验、特殊试验、出厂试验和现场试验的直流断路器试验体系,并详细介绍各项试验的目的和要求。

4.10.1 型式试验

型式试验的目的是验证直流断路器装置的各种性能,决定该产品是否能生产。型式试验应在直流断路器整机及关键组部件上进行,同时直流断路器的各组成元件应按各自的相关标准进行型式试验。

直流断路器型式试验包括绝缘试验、运行试验、组部件试验。主要目的是为了验证直流断路器设计的合理性,同时也为发现材料和结构缺陷,确保最终为用户提供性能满足要求、结构可靠的产品。在确定空气绝缘设备的试验电压时,应考虑工程所在地的相对空气密度、阀厅的温升效应及大气压力的变化,并选用对应的修正系数。同时,应结合各换流站海拔对技术参数进行合理的修正。

在直流断路器整机上进行的型式试验,试品应包含所有冷却设备(如有)、控制保护设备及供能设备,确保所有设备的布置皆与运行时相同。冷却系统(如有)处于运行状态,每项试验前需达到热平衡,其冷却介质参数(电导率、流量、温度)应处于代表最严酷运行条件的状态。

高压直流断路器型式试验项目及参数如表 4-10-1 所示。

表 4-10-1　　　　　　　　直流断路器型式试验项目及参数

序号	试验类型	试验项目		试验目的	试验要求
1	绝缘试验	对地	直流电压耐受及局部放电试验	考核直流断路器支架结构对地的直流耐压能力,验证直流断路器支架结构在规定直流电压下的局部放电水平是否达标	试验按照 GB/T 16927.1—2011《高电压试验技术　第1部分:一般定义及试验要求》的规定进行。试验过程中试品不发生误动作、闪络或击穿,无器件损坏。设备局部放电水平应满足用户要求
2			操作冲击试验	考核直流断路器支架结构对地的冲击绝缘水平,验证直流断路器支架结构能够耐受所规定的操作和雷电冲击电压	
3			雷电冲击试验		
4			直流暂时耐压试验	用于验证直流断路器阀支架短时对地绝缘性能	

续表

序号	试验类型	试验项目		试验目的	试验要求
5	绝缘试验	端间	直流电压耐受试验	考核直流断路器端间直流耐压水平，验证各主要部件集成后绝缘水平是否能够达到要求	试验按照 GB/T 16927.1—2011 的规定进行。试品为完整的直流断路器整机。为避免耗能支路避雷器动作影响端间绝缘试验，试验时耗能支路仅装设避雷器外套，不安装阀片。试品不发生误动作、闪络或击穿，无器件损坏
6			操作冲击试验	考核直流断路器端间的冲击绝缘水平。验证各主要关键部件整机集成后绝缘水平是否能够达到要求	
7			湿态直流耐压试验	用于验证直流断路器在水冷管道发生漏水时的绝缘性能	
8	运行试验	主支路最大连续运行电流试验		检验主支路电力电子模块和快速机械开关的额定通流能力及过负荷能力	试验按照 GB/T 1984—2014《高压交流断路器》的规定进行。母排温升、器件结温低于设计要求
9		主支路过负荷电流试验			
10		主支路短时电流耐受试验		考虑直流断路器失灵拒动的情况，主要检验主支路电力电子模块和快速机械开关短时耐受电流能力	不发生部件损坏或者失效，整个过程中 IGBT 器件的结温应不超过允许温度
11		转移支路短时电流耐受试验		检验转移支路电力电子模块和负压耦合电路短时耐受电流能力	不发生部件损坏或者失效，整个过程中 IGBT 器件的结温应不超过允许温度
12		小电流开断试验		考核直流断路器开断直流系统小电流、正常工作电流、短路电流的能力，验证一次各主要部件和断路器自身二次控制保护设备整机集成性能、动作时序、开断时间等是否满足设计要求	任何一次开断试验，直流断路器各部分均按照正确逻辑动作，没有发生误动或拒动现象，无器件损坏。直流断路器分断时间应满足设计要求
13		额定电流开断试验			
14		短路电流开断试验			
15		额定电流关合试验		验证直流断路器关合过程中耐受电流的能力，以及断路器各支路合闸时序配合是否正确	任何一次关合试验，直流断路器各部分均按照正确逻辑动作，没有发生误动或拒动现象，无器件损坏。直流断路器合闸时间应满足设计要求
16		重合闸试验		验证直流断路器开断短路故障后，系统要求快速重合，但所在线路故障未消除，断路器再次开断短路电流的能力	直流断路器各部件及本体保护正常动作；任何一次重合闸试验，直流断路器各部分及本体保护均按照正确逻辑动作，没有发生误动或拒动现象，无器件损坏
17	部件试验	快速机械开关试验		检验快速机械开关的暂态电压耐受能力、长期通流能力、无线电干扰水平、电气/机械寿命、防尘等级、防水等级、控制系统抗电磁干扰能力、动作一致性、抗震能力等	试验按照 GB/T 11022—2020《高压交流开关设备和控制设备标准的共用技术要求》的规定进行。试验内容包含但不限于端间绝缘试验、回路电阻测量、温升试验、防护等级试验、机械寿命试验、电磁兼容试验、一致性试验、抗震试验
18		主支路和转移支路试验		验证主支路及转移支路阀组的基本功能及绝缘性能	试验内容包含但不限于端间绝缘试验、模块功能性试验。其中绝缘试验按照 GB/T 16927《高电压试验技术》系列标准的规定进行

序号	试验类型	试验项目	试验目的	试验要求
19	部件试验	避雷器试验	验证避雷器的耐压特性、动作特性、电气寿命、局部放电特性、分散性、密封性、压力释放等	试验按照 GB/T 22389—2008《高压直流换流站无间隙金属氧化物避雷器导则》的规定进行。试验内容包含但不限于阻性电流试验、工频参考电压试验、直流参考电压试验、0.75 倍直流参考电压下漏电流试验、暂时过电压耐受试验、残压试验、能量耐受及分散性试验、寿命试验、大电流冲击耐受试验、老化试验、密封试验、外套的绝缘耐受试验、压力释放试验、局部放电和无线电干扰电压试验、电流分布试验
20		负压耦合电路试验	验证负压耦合电路换流能力	试验内容包含但不限于换流试验、电气寿命试验。试验过程中无器件损坏
21		供能变压器试验	检验供能变压器基本参数及功能、绝缘特性、密封性、温升等	试验按照 GB/T 1094《电力变压器》系列标准的规定进行。试验内容包含但不限于绕组电阻测量、变比和极性测量、空载损耗和空载电流测量、短路阻抗和负载损耗测量、绝缘电阻测量、绝缘试验、局部放电试验、密封性试验、寿命试验
22		直流断路器控制、保护和监视设备试验	检验直流断路器控制、保护和监视设备试验功能、抗电磁干扰能力	试验内容详见表 4—10—2
23		冷却系统试验	检验冷却系统是否满足系统长期运行的可靠性要求	试验内容包含但不限于绝缘试验、压力试验（水压、气压）、水质测试、控制和保护功能试验、通信和接口试验、仪表校验试验、探伤检测、材质检测等

表 4—10—2　　　　直流断路器控制、保护和监视设备型式试验

序号	试验类型	试验项目	试验目的及要求
1	EMC 试验	阻尼振荡波抗扰度试验	考核直流断路器控制、保护和监视设备抗电磁干扰的能力。试验要求应参照 GB/T 17626《电磁兼容　试验和测量技术》、GB/T 14598 等系列标准，以及其他相关标准进行
2		静电放电抗扰度试验	
3		射频电磁场辐射抗扰度试验	
4		电快速瞬变脉冲群抗扰度试验	
5		浪涌（冲击）抗扰度试验	
6		工频磁场抗扰度试验	
7		脉冲磁场抗扰度试验	
8		阻尼振荡磁场抗扰度试验	
9		射频场感应的传导骚扰抗扰度	

序号	试验类型	试验项目	试验目的及要求
10	EMC 试验	传导发射试验	应参照 IEC 61000、CISPR11 及其他相关标准进行
11		射频发射试验	
12	高/低温环境及老化试验	高/低温环境试验	考核直流断路器控制、保护和监视设备在高/低温环境下及长期稳定工作的可靠性
13		极限高温环境试验	
14		带载运行附加耦合类干扰试验	
15		168h 老化试验	
16	气候环境试验	高温贮存试验	考核直流断路器控制、保护和监视设备在不同气候环境下贮存及工作的可靠性。应参照 GB/T 2423.4—2008《电工电子产品环境试验 第 2 部分：试验方法 试验 Db 交变湿热（12h＋12h）循环》、GB 14598.27—2017《量度继电器和保护装置 第 27 部分：产品安全要求》等标准，以及其他相关标准进行
17		低温贮存试验	
18		湿热试验	
19		交变湿热试验	
20	直流电源影响试验	电压暂降试验	应参照 DL/T 478—2013《继电保护和安全自动装置通用技术条件》及其他相关标准进行
21		电压中断试验	
22		电源纹波影响试验	
23		缓慢启动/缓慢关断试验	
24		直流电源极性反接试验	
25		直流电源分断	
26		频率影响试验	
27		辅助电源影响试验	
28		辅助电源峰值涌流试验	
29	绝缘性能试验	绝缘电阻	考核直流断路器控制、保护和监视设备的绝缘性能。应参照 GB/T 14598.27—2008、GB/T 7261—2016《继电保护和安全自动装置基本试验方法》及其他相关标准进行
30		介质强度	
31		冲击电压	
32	机械试验	振动试验	应参照 GB/T 14598.27—2008 及其他相关标准进行
33		冲击试验	
34		碰撞试验	
35		地震试验	
36	单屏试验	外观检查	应参照 GB/T 7261—2016 及其他相关标准进行
37		软/硬件设置检查	
38		电气电路检查	
39		电源偏差试验	

序号	试验类型	试验项目	试验目的及要求
40	分系统试验	通信电路检查	应参照 GB/T 7261—2016 及其他相关标准进行
41		联锁逻辑检查	
42		控制保护信号测试	
43		接口试验	
44	性能试验	额定电流开断试验	验证直流断路器控制系统对各关键部件的控制,验证分闸操作逻辑的正确性
45		故障电流开断试验	
46		额定电流关合试验	
47		重合闸试验	
48		本体保护功能试验	

直流断路器特殊的电气应力耐受要求及其特有的内部结构和工作原理,使得其整机绝缘型式试验和运行型式试验的试验原理、试验要求和试验波形等与常规设备有着较大的差别。因此,需要对上述试验的试验方法和试验回路进行针对性的特殊设计,从而确保试验工况与实际工况的等效性,保证其相应的性能指标得到全面、有效的考核。

1. 绝缘型式试验

直流断路器端间绝缘型式试验主要考核直流断路器主支路快速机械开关和转移支路电力电子开关的组部件串联结构在断态下是否满足绝缘要求。对于主支路快速机械开关,需要进行动态冲击试验,其试验原理见 4.2.2 节;对于转移支路电力电子开关,其端间存在大电容,受试验设备能力限制,通常很难在其两端施加足够高的冲击电压,因此转移支路电力电子开关端间绝缘试验采用分级试验方法,具体试验原理见 4.4.3 节。

直流断路器支架绝缘试验中的对地直流暂时耐压试验是直流断路器设备特有的一项试验考核,主要是由其特殊的结构原理所引起。直流断路器开断过程中,由于 MOV 动作,端间存数百千伏、持续数十毫秒的过电压,受其影响,直流断路器一端会因电压叠加而出现对地的暂时过电压,具体工况见 4.1.5.2 节。经研究发现,该对地暂时过电压上升时间通常为数十微秒,波形接近直流、持续时间数十毫秒,严苛于操作过电压波形,直流断路器应具备耐受该电压的能力,其典型波形如图 4-10-1 所示。为验证直流断路器耐受上述电压的能力,需要进行对地直流暂时耐压试验。

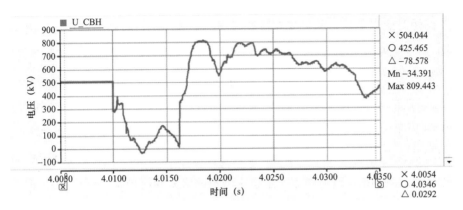

图 4-10-1 直流断路器端子对地直流暂时电压波形示意图

直流断路器直流暂时耐压试验的对象为直流断路器支架结构，包括绝缘支撑、供能变压器、均压环及其他与支架相关的绝缘部件等，试品应装配完整。试验时，进出线端子不应短接。耐受电压波形上升时间和持续时间应与实际工程中数值一致并考虑适当裕度，幅值应在实际电压幅值的基础上考虑适当裕度。若试验电源无法同时保证电压波形的上升时间和持续时间均满足要求，可在证明等效性后通过冲击试验和直流耐压试验分别进行等效考核，其中等效冲击试验幅值通常可被绝缘型式试验中的其他冲击试验覆盖，等效直流耐压试验的持续时间通常大于绝缘型式试验中的其他直流耐压试验的时间，因此需要单独开展，图 4-10-2 为张北柔直工程直流断路器等效直流耐压试验波形示意图。

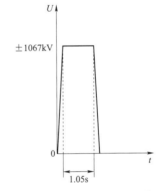

图 4-10-2 张北柔直工程直流断路器等效直流耐压试验波形示意图

试验判据：

（1）直流断路器对地能够耐受相应的试验电压，不发生闪络。

（2）直流断路器各部分均不发生误动作，无器件损坏。

2. 运行型式试验

直流断路器运行型式试验包含多个试验项目，除主支路最大连续运行电流试验和过负荷电流试验外，其余试验项目的试验波形和参数均较为特殊，普通的试验电源和试验回路难以实现。因此，需要对各运行型式试验的回路进行针对性设计，其设计原则是要保证应力等效，如峰值电流、关断电流、结温等效。

主支路短时耐受电流试验应先在直流断路器上施加规定时间的过负荷电流，之后立刻施加图 4-1-29 所示波形的电流，但是该波形电流特殊，难以通过实际电源产生。考虑该试验主要考核电力电子器件对于最严酷结温和峰值电流的承受能力，可在结温和峰值电流等效的前提下，适当调整试验电流波形。等效试验方法的典型回路如图 4-10-3 所示，由大电流源回路和 LC 谐振回路组合而成。首先由大电流源回路产生规定时间的过负荷电流，使得电力电子器件结温达到规定值，以模拟过负荷后的结温；在此基础上，立刻由 LC 谐振回路产生特定波形的等效短时电流，保证施加在器件的峰值电流和器件承受的最大结温达到实际要求值，从而实现等效考核。

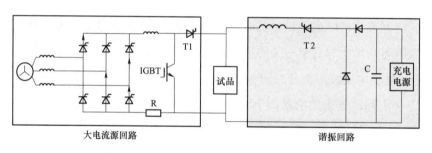

图 4-10-3　主支路短时耐受电流试验回路

转移支路耐受电流试验的等效原则是保证峰值电流、开断电流和器件最高结温等效。以混合式直流断路器为例，在其开断过程中转移支路需要在承受数毫秒短时电流后立刻关断峰值电流。考核转移支路电流耐受能力所需的要求波形如图 4-10-4 所示，而试验电源很难产生一个迅速抬升到目标值且能稳定维持的电流。因此，基于等效原则，实际试验时可采用图 4-10-4 中的等效试验波形，令开断前器件的电流和结温达到实

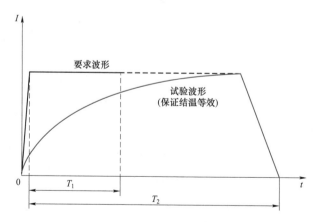

图 4-10-4　转移支路短时耐受电流试验要求波形和等效试验波形

际要求值，从而实现等效考核。相应的典型试验回路如图 4-10-5 所示，利用 LC 谐振回路放电产生相应峰值的冲击电流，转移支路在电流达到要求值时闭锁，通过避雷器吸收多余能量，保障器件结温等效。上述试验回路也可用于小电流、额定电流和短路电流开断试验及额定电流关合试验。

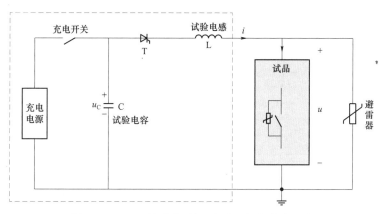

图 4-10-5　转移支路短时耐受电流试验回路

重合闸试验主要考核直流断路器整体执行 O-C-O 操作循环时的电流和电压耐受等性能。由于 O-C-O 操作循环中两次分闸时要求的故障电流上升率 di/dt 通常不同，在试验中通常需要在两次分闸之间的时间内对试验回路进行切换。典型的试验回路如图 4-10-6 所示，利用 LC 振荡回路产生开断所需的故障电流，并通过两套电容器和相应的电力电子开关实现试验回路的切换。

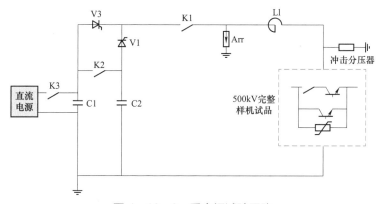

图 4-10-6　重合闸试验回路

图 4-10-7 为混合式直流断路器小电流开断（500A）、短路电流开断（25kA）、额定电流关合（4.5kA）和重合闸试验的实际试验波形。图 4-10-8 为对应的负压耦合式直流断路器的实际试验波形。由实际试验波形可知：

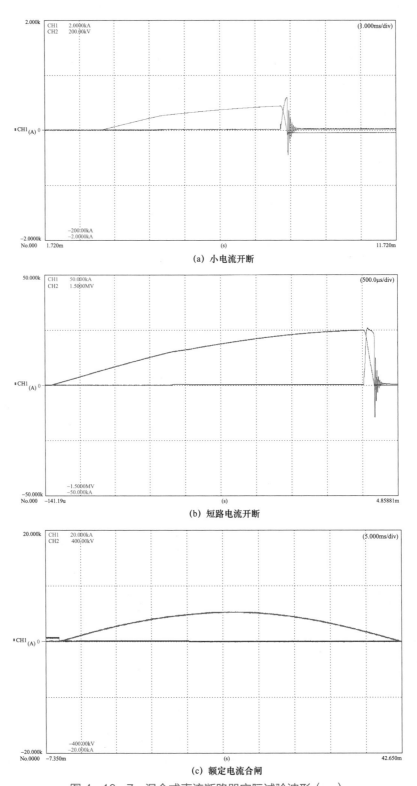

(a) 小电流开断

(b) 短路电流开断

(c) 额定电流合闸

图 4-10-7 混合式直流断路器实际试验波形（一）

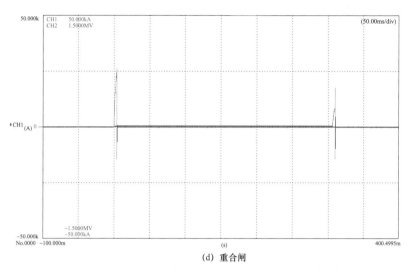

（d）重合闸

图 4-10-7　混合式直流断路器实际试验波形（二）

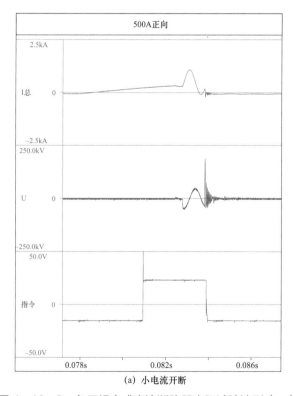

（a）小电流开断

图 4-10-8　负压耦合式直流断路器实际试验波形（一）

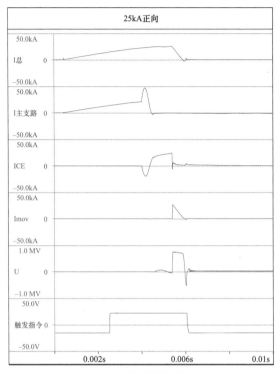

（b）短路电流开断

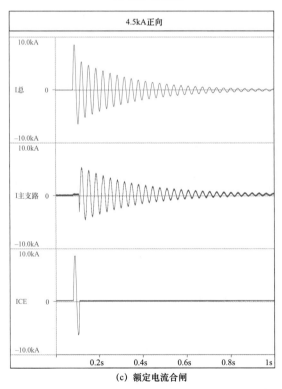

（c）额定电流合闸

图 4-10-8　负压耦合式直流断路器实际试验波形（二）

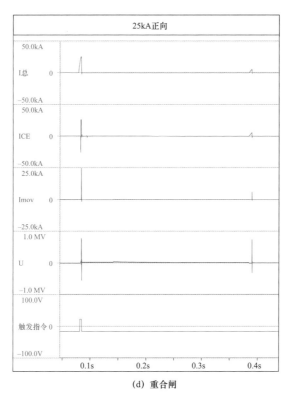

(d) 重合闸

图 4-10-8　负压耦合式直流断路器实际试验波形（三）

（1）混合式直流断路器小电流和短路电流开断试验的电流波形基本相同，即达到峰值后快速下降为零，仅电流峰值有所差异。小电流开断试验中，由于转移支路电容充电电流较小，断路器端间电压未充到 MOV 动作电压就开始下降，MOV 未动作；而短路电流开断时，由于充电电流大，MOV 达到动作电压并维持了较长时间。

（2）负压耦合式直流断路器小电流和短路电流开断试验中，在转移支路闭锁后的直流电流下降过程中，由于转移支路电容器位于 H 桥外部，电容电压会向外放电并形成振荡衰减的电流分量。此阶段，对于小电流开断试验，直流电流分量幅值小于振荡电流分量幅值，因此总电流呈现振荡趋势，相应的端电压波形也存在振荡；对于短路电流开断试验，直流分量远大于振荡分量，因此总电流成近似直线下降趋势，仅在降至接近零附近时才体现出轻微的振荡，相应的端电压波形也无明显振荡。

（3）混合式和负压耦合式直流断路器的额定电流合闸试验波形基本相同，直流断路器合闸后电流开始上升并达到额定值，从而完成对断路器的合闸性能考核。此后，由于试验回路的作用，线路电流会继续上升，或在 LC 元件作用下产生振荡，但此时已不再对断路器进行考核，因此无需考虑后续波形的影响。此外，混合式和负压耦合式直流断路器的重合闸试验波形也基本相同。

4.10.2 特殊试验

1. IGBT 试验

全控型大功率开关器件（如 IGBT）是高压直流断路器最核心的部件，利用它的开通和关断实现直流断路器的工作逻辑，从而实现故障电流的切除。因此，IGBT 的运行可靠性尤为重要。为了筛选早期失效的 IGBT 器件，建议 IGBT 器件出厂前进行高温反偏试验和热阻试验。

（1）高温反偏试验。

1）试验要求：供货商应对供货的 IGBT 器件逐片开展测试，试验持续时间及试验温度（或壳温）由用户提出；试验电压为 $0.8U_{CES}$；试验电路如图 4－10－9 所示，将试验样品以指定压力压装在散热板上，被试器件门极接负电源，试验过程中动态监测集射极漏电流变化，试验完成后进行静态参数测试。

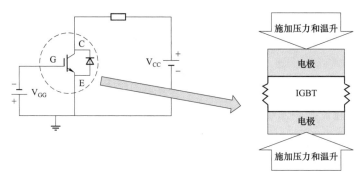

图 4－10－9　高温反偏试验原理图

2）试验判据：记录温度稳定后的试验电流 I_{CES}，将其作为基准值，漏电流变化量超过基准值 100%或最大漏电流超过产品承诺值，判定器件失效。

（2）热阻试验。

1）试验要求：每批次按照不少于 1‰ 的比例抽检；试验中器件结温需达到产品数据手册承诺的最高结温，单次循环周期（含通电时间和断电时间）、器件最高温度与最低温度差、循环次数应满足工程要求；试验中，将试验样品以规定压力压装在水冷散热板上，通过对试验样品通大电流进行模块内部加热和双面水冷却，使模块内部芯片结温在一定温度变化区间内周期性循环，如图 4－10－10 所示；试验完成后进行静态参数测试。

2）试验判据：试验后，器件的动、静态参数满足产品数据手册中的承诺值即为通过。

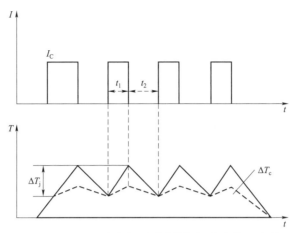

图 4-10-10 功率循环试验期间温度变化示意图

ΔT_j—结温变化值；ΔT_c—壳温变化值；I_C—集电极—发射极电流；

t_1—加热时间；t_2—冷却时间

2. 管道长期老化试验

对于采用液体冷却系统（如有）的直流断路器，因直流断路器结构内具有塑料或橡胶管道，供货商应进行适当的老化试验或者向用户提供可以接受的报告以证明该种材料所制成的构件在直流断路器内的环境下具有超过 40 年的寿命。通过试验应估计温度、弯曲或变形所产生的应力和电场的影响及这些因素的综合影响。应向用户提供有关曲线，详细地描述在 40 年运行寿命期限内的劣化程度并由此判断此种材料的劣化特征是线性的、指数型的或是可以预计的。

3. 电磁兼容试验

（1）整机抗电磁干扰试验。直流断路器在分合闸过程中，其两端的电压、电流会发生剧烈地变化，特别是开断短路直流电流的过程中电压、电流的上升和下降沿非常陡。电压电流的快速变化会产生能量较大、频带很宽的电磁噪声，这一系列暂态电磁噪声沿着电路传播，通过直接电气连接或耦合进入到断路器内部控制监测单元等敏感设备，就产生了传导电磁骚扰现象，会给断路器的正常工作带来一定的影响。

电磁兼容试验的目的是为了验证直流断路器在自身内部产生及外部强加的瞬态电压和电流产生的强电磁干扰环境下各主要部件的抗干扰能力，试验对象包括主支路和转移支路中半导体器件的控制驱动单元、快速机械开关辅助控制单元、负压耦合电路及内部集成的采样监测单元。

试验要求：试品为完整的直流断路器整机，直流断路器整机的抗电磁干扰能力可以通过其他型式试验时监测直流断路器来检测。试验至少包括小电流开断试验、额定电流开断试验、短路电流开断试验、额定电流关合试验、重合闸试验及绝缘冲击试验等。

试验判据：直流断路器所有绝缘试验和运行试验时，各部件不发生损坏、误动作或未按正常逻辑动作；直流断路器本体控制和保护设备按照预期动作；直流断路器内部采样元件均能够正常工作，且不会发生接收到错误数据或错误信号送到上级控制保护系统的情况。

（2）部件电磁兼容试验。

试验要求：试品分别为快速机械开关单元（含控制保护板卡）、主支路电力电子模块单元（含控制保护板卡）、转移支路电力电子模块单元（含控制保护板卡）、负压耦合电路及其他位于直流断路器本体内的控制保护板卡等，其中，主支路电力电子模块单元水冷系统必须与实际运行工况一致，且电路板卡需运行相应的测试程序；随机抽检比例由用户最终确认，抽检的快速机械开关单元控制保护板卡、主支路电力电子模块单元、转移支路电力电子模块单元及其他位于直流断路器本体内的控制保护板卡不再出厂。

针对直流断路器各个单元部件的电磁兼容试验至少包括但不限于表 4-10-3 所示项目。

表 4-10-3　　　　　　　　　　部件电磁兼容试验项目及参数表

试验项目	试验参数	试验项目	试验参数
静电放电抗扰度试验	试验等级 4 级	工频磁场抗扰度试验	磁场强度 5 级
射频电磁场辐射抗扰度试验	试验等级 4 级	脉冲磁场抗扰度试验	试验等级为 5 级
电快速瞬变脉冲群抗扰度试验	试验等级 4 级	阻尼振荡磁场抗扰度试验	试验等级为 5 级
浪涌（冲击）抗扰度试验	试验等级 4 级	阻尼振荡波抗扰度试验	试验等级为 5 级
射频场感应的传导骚扰抗扰度	试验等级 4 级		

注　试验项目相关要求参照 GB/T 17626《电磁兼容　试验和测量技术》系列标准。

（3）抗高压隔离开关分合闸电磁干扰试验。直流系统中部分高压隔离开关与直流断路器有着紧密的电气连接，且与直流断路器位于同一间隔中，如图 4-10-11 所示。这些高压隔离开关在分合闸的过程中会在系统回路中产生较强的电压、电流冲击并产生电弧，进而会从空间和电气连接上对联系较为紧密的直流断路器造成严重的电磁干扰。在直流断路器运行过程中，上述强电磁干扰极易造成电力电子器件或各组部件高电位板卡的损坏，从而造成较大的隐患。而在直流系统运行过程中，各种高压隔离开关分合闸动作经常会出现。因此在实际工程中，高压隔离开关分合闸电磁干扰是造成直流断路器损坏的主要因素之一。

通过抗高压隔离开关分合闸电磁干扰试验,可以在直流断路器出厂前真实模拟隔离开关动作对直流断路器的电磁干扰,以验证直流断路器内部各关键组部件抵抗此类电磁干扰等能力,从而提升其实际工程运行可靠性。直流断路器抗高压隔离开关分合闸电磁干扰试验应包含高压隔离开关合闸试验和分闸试验。试验中,直流断路器与高压隔离开关串联连接,且布置应与实际运行工况尽量一致,如图 4-10-12 所示。高压隔离开关直接作为试验设备的一部分,进行额定电压下的分合闸操作,模拟工程现场拉合隔离开关的电磁干扰工况。

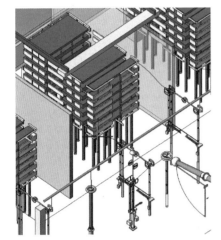

图 4-10-11 直流断路器与高压隔离开关连接极布置示意图　　图 4-10-12 直流断路器抗高压隔离开关分合闸电磁干扰试验

试验回路原理如图 4-10-13 所示,试验回路包括直流电压源、隔离开关、直流断路器和续流电阻。对于合隔离开关试验,试验电流应取隔离开关实际最严苛的合闸电流并考虑适当裕度,如图 4-10-14 所示的隔离开关合闸于预伏线路接地故障时的合闸电流等。对于分隔离开关试验,建议分闸电流应结合系统工况及控制保护动作逻辑进行核算,或在隔离开关最大分闸能力的基础上考虑适当裕度。

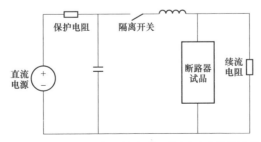

图 4-10-13 隔离开关电磁干扰试验回路原理图

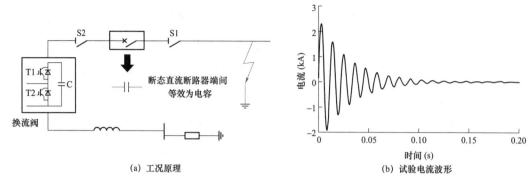

(a) 工况原理　　　　　　　　　　　　(b) 试验电流波形

图 4－10－14　隔离开关合闸于预伏线路接地故障的工况和电流波形

试验判据：

1）直流断路器在主支路最大连续运行电流试验过程中进行本试验，直流断路器不能出现异常；

2）直流断路器上安装的电子保护电路按照预期动作；

3）直流断路器内部模拟量采样元件均能够正常工作，且不会发生接收到错误数据或错误的信号送到上级控制保护系统的情况。

4. 高/低温环境及老化试验

为验证试品长期运行时极端环境条件下各部件的可靠性，需要开展高/低温环境及老化试验。试验项目一般包含高/低温环境试验、极限高温环境试验、168h 老化试验。

试品分别为快速机械开关单元（含控制保护板卡）、主支路电力电子模块单元（含控制保护板卡）、转移支路电力电子模块单元（含控制保护板卡）及其他位于直流断路器本体内的控制保护板卡等；其中，电路板卡需运行相应的测试程序。随机抽检比例由用户最终确认，抽检后的快速机械开关单元控制保护板卡、主支路电力电子模块单元、转移支路电力电子模块单元及其他位于直流断路器本体内的控制保护板卡不再出厂。

5. 冗余丢失情况下的满电流开断试验

如前所述，直流断路器各支路电力电子开关和快速机械开关均配置有冗余组部件，以提升直流断路器运行可靠性。直流断路器在冗余组部件丢失的情况下应仍然具备全部的分合闸功能。这既要求直流断路器的一次部分在无冗余情况下能够耐受直流断路器工作过程中的各类电气应力，也要求其二次部分能有效识别组部件冗余丢失情况并按照相应的逻辑完成各类复杂的内部动作。这对直流断路器的设计提出了较高的要求。

为此，有必要通过试验手段对直流断路器冗余丢失情况下一、二次系统设计的合理性进行验证。通常选择最为严苛的满电流开断试验对直流断路器冗余丢失情况下的设计进行考核。

试验中，直流断路器主支路电力电子开关（如有）应在每个电流方向均短接全部的冗余开关器件，快速机械开关应令所有冗余断口处于合闸状态，转移支路电力电子开关应短接每个子单元中的开关器件及桥臂二极管，其余元件处于正常工作状态。通过图 4-10-15 所示试验回路对直流断路器施加试验电流并进行电流开断试验，开断次数应满足工程要求。

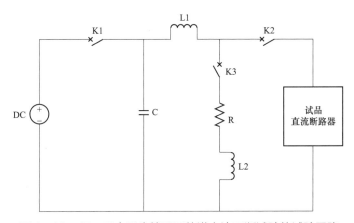

图 4-10-15　冗余丢失情况下的满电流开断试验的试验回路

试验判据：

（1）转移支路开关器件闭锁时的电流应不小于额定开断电流；

（2）耗能支路导通时，流过直流断路器的总电流应不小于额定开断电流；

（3）开断时直流断路器端间过电压峰值不大于 MOV 残压设计值；

（4）从直流断路器接到分闸指令至试验电流开始下降的时间小于要求值；

（5）任何一次开断试验，直流断路器各部分均按照正确逻辑动作，没有发生误动或拒动现象，无器件损坏。

4.10.3　出厂试验

出厂试验的目的是确定生产的产品是否能出厂。出厂试验原则上应在直流断路器整机上进行；如确有困难，经用户同意，也可在主要组成功能单元的总装或分装上进行。出厂试验应能保证产品与进行过型式试验的设备一致。

直流断路器出厂试验项目及其试验目的如表 4-10-4 所示。

柔性直流输电工程可靠性设计及应用

表 4－10－4 　　　　　直流断路器出厂试验项目及其试验目的

序号	试验项目	试验目的
1	快速机械开关试验	试验按照 GB/T 11022—2020《高压交流开关设备和控制设备标准的共用技术》的规定进行。试验内容包含但不限于端间直流电压耐受试验（1min）、端间直流电压耐受试验（1h）、最大连续运行及过负荷电流试验、辅助和控制回路的试验、单断口主回路电阻测量、密封试验、机械操作试验、一致性试验、设计和外观检查
2	主支路和转移支路试验	试验内容包含但不限于外观、连接检查、接触电阻测量、部件检验、通信与控制功能测试、耐压试验、电流耐受和开断试验
3	避雷器试验	试验按照 GB/T 22389—2008《高压直流换流站无间隙金属氧化物避雷器导则》的规定进行。试验内容包含但不限于外观检查、持续电流试验、直流参考电压试验、0.75 倍直流参考电压下漏电流试验、残压试验、能量耐受及分散性试验、寿命试验、大电流冲击耐受试验、老化试验、密封试验、局部放电和无线电干扰电压试验、电流分布试验
4	负压耦合电路试验	试验内容包含但不限于外观、连接检查、接触电阻测量、部件检验、通信与控制功能测试、短路电流耐受试验、换流试验
5	供能变压器试验	试验按照 GB/T 1094《电力变压器》系列标准的规定进行。试验内容包含但不限于绕组电阻测量、变比和极性测量、空载损耗和空载电流测量、短路阻抗和负载损耗测量、绝缘电阻测量、绝缘试验、局部放电试验、密封性试验、寿命试验
6	本体控制、保护和监视设备试验	详见表 4－10－5 分系统试验内容
7	冷却系统试验	试验内容包含但不限于绝缘试验、压力试验（水压、气压）、控制和保护功能试验、通信和接口试验、仪表校验等

表 4－10－5 　　　　　分 系 统 试 验 项 目

序号	试验项目	
1	一、二次信号检查	主支路机械开关信号检查
		主支路电力电子模块信号检查
		转移支路电力电子模块信号检查
		负压耦合回路晶闸管信号检查
		避雷器信号检查
		测量 TA 信号检查
		供能系统信号检查
		水冷系统信号检查
		直流断路器控制系统主机信号检查
		直流断路器保护系统主机信号检查
		本体保护三取二装置信号检查
		水冷装置信号检查
2	内部接口通信测试	直流断路器控制系统与本体保护三取二装置通信测试
		本体保护三取二装置与断路器控制保护装置通信测试

续表

序号		试验项目
2	内部接口通信测试	直流断路器保护系统与本体保护三取二装置通信测试
		直流断路器控制系统与下层光接口装置的通信测试
		直流断路器控制系统冗余系统间通信测试
3	外部接口通信	直流断路器控制系统接收测量系统通信测试
		直流断路器控制系统与水冷系统通信测试
		直流断路器控制系统与供能系统通信测试
		直流断路器控制系统与柔直站控系统 DCC 通信测试
		直流断路器控制系统与柔直保护系统通信测试
		直流断路器控制系统与录波系统通信测试
		监控系统通信测试
		对时系统通信测试
4	控制保护系统测试	外观连接检查
		定值及软件版本检查
		故障录波功能试验
		直流断路器分合闸手动测试
5	控制保护逻辑详细测试	直流断路器合位运行时故障逻辑测试
		直流断路器分位运行时故障逻辑测试
		直流断路器分合闸暂态过程中故障逻辑测试

4.10.4　现场试验

现场试验的目的是检验直流断路器设备在运输、贮存过程中是否出现缺陷和现场安装质量的好坏，由此来确定直流断路器设备能否投入运行。为确保直流断路器设备投运后的长期安全稳定运行，这个环节必不可少。供货商应配合业主的技术人员和运行人员完成相关现场交接试验，所有试验结果均应符合产品的技术要求。

现场交接试验应至少包括快速机械开关试验、主支路和转移支路电力电子模块试验、负压耦合电路试验、避雷器试验、供能变压器试验、控制保护监视设备试验、冷却系统试验、机械式直流断路器电容器试验、机械式直流断路器电感试验、机械式直流断路器电阻试验等。

4.10.4.1　快速机械开关试验

快速机械开关按照最终确定的试验方案进行交接试验，至少包含但不限于

柔性直流输电工程可靠性设计及应用

表4-10-6中的试验项目。

表4-10-6　　　　快速机械开关现场试验项目及试验目的

序号	试验项目		试验目的
1	检查项目	设计和外观检查	检查外观是否符合要求
2		辅助和控制回路的接线检查	验证机械开关辅助控制回路接线是否正确
3	试验项目	主回路电阻测量	检查快速机械开关经过运输和安装后回路电阻是否满足技术参数要求
4		分合闸［重合闸（如有）］及通信测试	检查快速机械开关储能及控制单元与直流断路器控制保护装置通信是否正常，快速机械开关是否可以执行快分、合闸、重合闸（如有）指令
5		一致性试验［快分、合闸、重合闸（如有）］	对快分、合闸、慢分（如有）及重合闸（如有）过程中快速机械开关各断口之间的一致性进行验证

4.10.4.2　主支路和转移支路电力电子开关试验

所有主支路和转移支路电力电子器件按照最终确定的试验方案进行交接试验。试验对象包括主支路和转移支路电力电子模块，以及主支路和转移支路多个电力电子模块构成的阀段，至少包含但不限于表4-10-7中试验项目。

表4-10-7　　主支路和转移支路电力电子开关现场试验项目及试验目的

序号	试验项目		试验目的
1	检查项目	外观检查	确保IGBT/IEGT/IGCT组件材料和组件外观完好、安装正确。电气连接、光纤连接、机械连接、水管接头（如有）等正确无误，连接力矩满足工艺要求
2	试验项目	性能测试 取能电源启动电压测试	保证电力电子模块中的元器件、中控、驱动等设备功能完备、接线正确，满足直流断路器设计要求
		IGBT/IGCT的开通关断测试	
		旁路开关（如有）保护动作测试	
		取能电源闭锁电压测试（如适用）	

4.10.4.3　负压耦合装置试验

负压耦合装置安装完毕后，按照最终确定的试验方案进行交接试验。试验对象为负压耦合装置整机，至少包含但不限于表4-10-8中的试验项目。

4.10.4.4　避雷器试验

避雷器安装之前，按照最终确定的试验方案进行交接试验，至少包含但不限于

表 4－10－9 中的试验项目。

表 4－10－8　　　　负压耦合装置现场试验项目及试验目的

序号		试验项目	试验目的
1	检查项目	外观检查	确保负压耦合电路材料和组件外观完好、安装正确，电气连接、光纤连接、机械连接等正确无误，连接力矩满足工艺要求
2		取能电源启动电压测试	检查触发板卡隔离供电功能是否正常
3	试验项目	晶闸管的开通测试	检查晶闸管串通断功能是否正常
4		旁路开关保护动作测试	测试旁路保护开关是否与电容电路接通，并能泄放电容电能，达到旁路放电保护的目的
5		换流试验（可在整机进行）	验证负压耦合电路换流能力是否满足设计要求
6		电抗器试验	测量电抗器性能参数是否满足设计要求
7		电容器试验	测量电容器性能参数是否满足设计要求

表 4－10－9　　　　避雷器现场试验项目及试验目的

序号	试验项目	试验目的
1	外观检查	验证其与订货技术要求的符合性
2	测量避雷器及基座绝缘电阻	检查避雷器对基座的绝缘电阻是否正常

4.10.4.5　供能变压器（含层间变压器）试验

供能变压器安装完毕后，按照最终确定的试验方案进行交接试验。试验对象为主供能变压器和层间变压器，至少包含但不限于表 4－10－10 中的试验项目。

表 4－10－10　　供能变压器（含层间变压器）现场试验项目及试验目的

序号		试验项目	试验目的
1	检查项目	辅助装置的检查（如适用）	检查辅助装置是否工作正常
2		检查电压比（含低压空载电流测量）	检查输入和输出绕组的变比是否正常
3		检查变压器的引出线极性	检查变压器的引出线极性是否正常
4	试验项目	绕组连同套管的直流电阻测量	检查供能变压器输入和输出绕组是否正常
5		绕组（如适用）的绝缘电阻测量	检查供能变压器输入和输出绕组间的绝缘电阻是否正常
6		密封试验（如适用）	检查供能变压器密封性
7		SF_6 气体含水量测量（如适用）	检查 SF_6 气体含水量
8		进出线套管介损测量（如适用）	通过测试介质损耗因数的大小判断设备的绝缘状况

4.10.4.6 控制、保护和监视设备试验

控制、保护和监视设备安装完毕后，按照最终确定的试验方案进行交接试验，至少包含但不限于表 4-10-11 中的试验项目。

表 4-10-11　　　　控制、保护和监视设备现场试验项目及试验目的

序号	试验项目		试验目的
1	检查项目	外观及连接检查	检查控制保护系统屏柜及内部装置等的外观、连接、接地等是否正常
2		后台通信试验	检查监控后台是否正常工作，控制保护系统是否监视正常
3		光纤通信试验	光纤通信状态信号由装置内部或装置之间通过光纤发送和接收，需要测试通信状态的发送和接收是否正确
4		定值及软件版本检查	确保控制装置和保护装置的定值正确，校核断路器控制系统各机箱/插件软件的版本号和校验码（如有）
5		故障录波功能试验	检查控制保护系统的故障录波是否正常，录波文件是否正常上送
6		冗余系统切换试验	检查控制系统主备切换功能是否正常，有无异常告警
7		运行检修模式试验	检查控制系统运行和检修状态下的功能是否正常，模式切换是否正常
8	试验项目	电源检查	检查屏柜所需交直流电源是否正常，上电后供电系统与屏柜是否正常

4.10.4.7 冷却系统试验

冷却系统安装完毕后，按照最终确定的试验方案进行交接试验。试验对象为冷却系统，至少包含但不限于表 4-10-12 中的试验项目。

表 4-10-12　　　　　　　冷却系统现场试验项目及试验目的

序号	试验项目	试验目的
1	设计和外观接线检查	检查电气配线、标识和编号等是否符合设计要求及有关标准的规定
2	压力试验	检验水冷系统管路、设备的水密性及气密性状况
3	管道冲洗试验	保证水冷系统的管路洁净，提供系统运行的可靠性
4	绝缘试验	检测水冷系统绝缘结构是否能够承受其内部工作过电压
5	控制及保护性能试验	检查控制及保护性能是否符合设计要求
6	通信与接口试验	确保阀冷系统与站内后台、直流控制保护间通信正常
7	连续运行试验	检测水冷系统长期运行的可靠性

4.10.4.8 机械式直流断路器电容试验

电容器模块在安装前及安装完毕后，按照最终确定的试验方案进行交接试验，至少包含但不限于表 4-10-13 中的试验项目。

表 4-10-13   机械式直流断路器电容现场试验项目及试验目的

序号	试验项目		试验目的
1	检查项目	设计与外观检查	确保电容器模块外观完好、安装正确。电气连接、机械连接等正确无误，连接力矩满足工艺要求
2		电容测量	检查电容器模块经过运输后电容值是否满足技术参数要求，检查组装完整的 100kV 电容器组安装后的电容值是否满足技术参数要求

4.10.4.9 机械式直流断路器电感试验

振荡电感安装完毕后，供货商应配合业主的技术人员和运行人员，按照最终确定的试验方案进行交接试验，至少包含但不限于表 4-10-14 中的试验项目。

表 4-10-14   机械式直流断路器电感现场试验项目及试验目的

序号	试验项目		试验目的
1	检查项目	外观检查	确保电感外观完好、安装正确。电气连接、机械连接等正确无误，连接力矩满足工艺要求
2		绕组直流电阻测量	检查直流电阻和出厂数据的一致性，保证产品的设计性能

4.10.4.10 机械式直流断路器电阻试验

电阻在现场安装前及安装完毕后，按照最终确定的试验方案进行交接试验，至少包含但不限于表 4-10-15 中的试验项目。

表 4-10-15   机械式直流断路器电阻现场试验项目及试验目的

序号	试验项目		试验目的
1	检查项目	外观检查	确保电阻外观完好、安装正确。电气连接、机械连接等正确无误，连接力矩满足工艺要求
2		电阻值检验	检查电阻值和出厂数据的一致性，保证产品的设计性能

4.10.4.11 特殊试验

为验证直流断路器整机分断及绝缘性能，直流断路器安装完毕后，按照最终确定的试验方案进行试验，建议包含表 4-10-16 中的试验项目。

表 4-10-16   特殊现场试验项目及试验目的

序号	试验项目	试验目的
1	阀支架（含供能变压器）对地直流耐压试验	主要考核供能变压器对地直流耐压水平

续表

序号	试验项目	试验目的
2	额定及小电流分断试验	主要考核直流断路器开断电流的能力，验证一次各主要部件和二次控制保护设备的配合特性和整机集成性能，测试直流断路器的基本功能

4.10.4.12 现场人工短路试验

（1）试验目的：考核直流断路器的开断性能，验证一次各主要部件和二次控制保护设备的配合特性和整机集成性能，验证直流断路器的短路开断功能与性能。

（2）试验对象：正、负极线直流断路器。

（3）试验方法：直流线路端到端稳态运行，系统运行于额定电压，输出功率为小功率输出，直流系统保护投入运行，通过对极线引入人工接地线，造成极线的瞬时短路。

（4）试验判据：

1）极线故障电流成功开断。

2）故障电流开断时间小于 3ms。

3）直流断路器动作逻辑正确，未发生误动或拒动现象，无器件损坏。

5

柔性直流控制保护系统可靠性设计

柔性直流输电与常规直流输电的控制原理不同，二者控制保护系统的架构原理存在着巨大差异，柔性直流输电无法直接借鉴常规直流输电控制保护系统的设计经验。近年来，柔性直流输电的应用场合不断拓展，使得柔性直流输电的控制保护系统面临诸多更新、更严苛的设计要求，且不同类型柔直工程对于控制保护系统的功能需求也不同。然而，CCP 作为柔直工程的核心，还存在功能架构设计不合理、控制保护策略和逻辑设计不严谨、硬件及接口设计不规范、试验测试方法不完善等问题，且缺乏统一的设计原则和标准，难以满足各种类型柔直工程的发展需要，运行可靠性难以得到有效保证。因此，本章在充分结合国内外已有柔直工程设计、试验、调试、运行经验的基础上，提出 CCP 的标准化设计原则，以及直流控制保护系统可靠性提升的原理和方法，为直流控制保护系统整体运行可靠性的提升提供支撑。

5.1 控制保护系统架构及功能的标准化设计

5.1.1 总体设计

CCP 架构的设计应与工程的主回路结构和运行方式相适应，保证柔性直流输电系统的安全稳定运行，并满足系统可用率的要求。CCP 宜采用模块化、分层分布式、开放式的架构，如图 5 - 1 - 1 所示，系统主要由运行人员控制层、控制保护层和就地测控单元层构成。

运行人员控制层通过站内运行人员工作站对换流站的所有设备实施监视与控制，主要由系统服务器、运行人员工作站、事件顺序记录工作站、工程师工作站、远动工作站、保护及故障信息管理子站系统、规约转换器、网络设备及打印机等设备组成。控制保护层根据运行人员控制层的指令对柔性直流换流站的运行进行控制和保护，并将状态信息

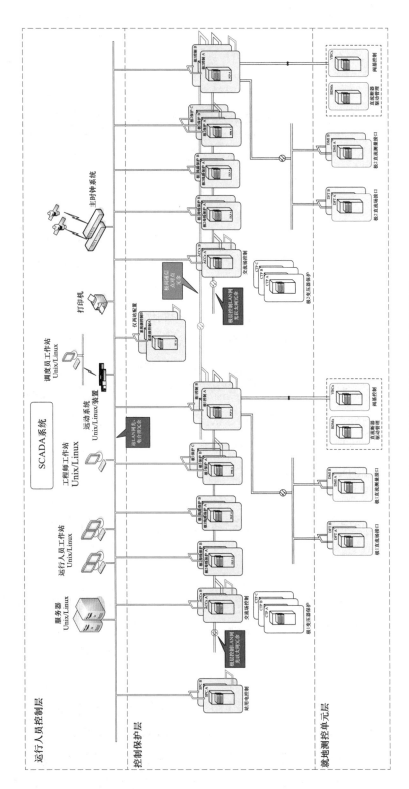

图 5-1-1 CCP 分层分布式架构示意图

反馈给运行人员控制层，主要由直流控制保护系统、联接（换流）变压器保护、交直流站控及辅助系统接口装置控制系统等组成。就地测控单元层执行其他层的指令并完成对应设备的操作控制，主要由一次设备控制系统和分布式 I/O 接口单元等设备组成。各控制层之间及控制层内部通过高速 LAN、点对点光纤通信、现场总线等通信方式共同组成一个分层分布式系统。

5.1.2 控制系统设计

5.1.2.1 控制系统架构设计

柔性直流控制系统用于执行换流站内运行人员控制系统、远方调度中心、直流保护系统的控制和保护指令，向对应设备的控制系统提供控制指令等。直流控制系统应依据控制对象和功能进行分层结构设计，如图 5-1-2 所示，可包括站间协调控制、双极控制和极控制等层级，具体可由柔直工程的主回路拓扑和换流站接线形式决定直流控制系统的分层结构。

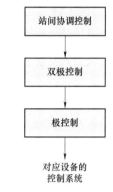

图 5-1-2　直流控制系统分层分布式架构示意图

站间协调控制主要设置于多端柔直工程的直流控制系统中，以实施各换流站之间的协调配合控制，其功能包括主从站选择、站间功率协调、站间功率转移、运行方式转换等，具体如表 5-1-1 所示。站间协调控制可设置在某一换流站内，也可设置在远方调度中心。

表 5-1-1　　　　　　站间协调控制可配置的主要功能

功能名称	功能说明
主从站选择	通过连接片投退的方式选择主控换流站，正常情况下主控换流站负责所有指令的下发，从控换流站接收并执行主控换流站的指令
站间功率协调	多个站之间直流功率指令的协调功能，确保运行方式发生变化后，多个站的功率指令仍然是平衡的
站间功率转移	换流站之间的功率转移控制功能
运行方式转换	运行方式转换过程中，站间操作时序控制

双极控制主要设置于采用双极接线柔直工程的直流控制系统中，负责接收从运行人员工作站或电力调度中心下发的双极控制运行模式并把各控制模式的指令值传输到下层控制器，其主要功能包括根据指令设定双极的功率/电流指令和爬升速率、双极无功控制、交流电压控制，以及提高整个交/直流联网系统性能的附加控制等，同时还兼顾

系统启动、停运及解锁、闭锁顺序控制等功能，具体如表 5-1-2 所示。

表 5-1-2 双极控制可配置的主要功能

功能名称	功能说明
双极功率控制	根据运行人员指令设定双极的功率/电流指令和爬升速率
双极无功控制	换流站与交流侧交换无功控制
交流电压控制	换流站交流母线电压控制
附加控制及与安稳设备接口	功率提升/回降，频率控制等调制功能以及与安稳设备的接口和通信
双极顺序控制和联锁	双极区开关刀闸的顺序控制和联锁功能

极控制是柔性直流系统换流器控制的核心，其接收上级控制系统生成的指令信号，根据控制模式分别对换流站的有功类控制量和无功类控制量进行控制，并将本级有关运行信息反馈给上级控制系统。极控制通常采用双环控制，即外环控制和内环控制。外环控制器接收上级控制系统发出的指令参考值，根据控制目标产生合适的参考信号，并传递给内环控制器。内环控制器接收外环控制器的指令信号，经过一系列的运算得到换流器期望的输出交流电压参考值，并送到阀控层。极控制的主要功能包括锁相环控制、直流电压控制、有功功率控制、频率控制、无功功率控制、内环电流控制、孤岛控制，具体如表 5-1-3 所示。控制器设计中还包括过电流限制、负序电压控制、直流过电压控制环节，可防止因系统故障而损坏设备。

表 5-1-3 极控制可配置的主要功能

功能名称	功能说明
锁相环控制	锁相环的输入是在联接变压器的阀侧母线处测得的三相交流电压，其输出是基于时间的相角值，在稳态时等于系统交流电压的相角
直流电压控制	收到双极控制传来的直流电压给定值后，将其与反馈值进行比较，经 PI 调节器计算误差，经限幅后作为有功轴电流给定值
有功功率控制	收到双极控制传来的有功功率给定值后，将其与反馈值进行比较，经 PI 调节器计算误差，经限幅后作为有功轴电流给定值
频率控制	收到双极控制传来的交流系统频率给定值后，将其与反馈值进行比较，经 PI 调节器计算误差，经限幅后作为有功轴电流给定值
无功功率控制	收到双极控制传来的无功功率指令信号，将其与反馈值进行比较，经 PI 调节器计算误差，经限幅后作为无功轴电流给定值
内环电流控制	内环控制环节接受来自外环控制的有功、无功电流的参考值，并快速跟踪参考电流，实现换流器交流侧电流幅值和相位的直接控制
孤岛控制	在孤岛运行方式下，换流器接收站控传来的电压幅值和频率指令信号，对换流器进行开环控制，将指令信号转换为换流器电压相角和幅值的指令信号，经极坐标到三相静止坐标变换，得到换流器三相参考信号

5.1.2.2 控制系统功能设计

柔性直流控制系统的控制功能应包括基本控制功能、启动控制功能和附加控制功能等，应配置有功类控制器、无功类控制器和联接（换流）变压器分接开关控制功能，以满足柔性直流输电系统的各种运行控制要求，使运行性能达到最优。直流控制系统应能够调整各换流站的控制特性，在直流电流和直流电压响应之间达到最佳协调，以满足规定的响应要求；应针对主备通信系统上的最大通信延时设计柔性直流输电系统的控制设备，以满足规定的性能要求。

MMC 控制策略可分解为外环控制和内环控制。

（1）外环控制。采用双闭环结构的矢量控制策略是柔性直流控制系统的主流方案，外环控制器根据直流系统不同的控制目标来设计，生成内环电流参考值。外环控制示意图如图 5-1-3 所示。外环控制模式又分为有功类控制模式和无功类控制模式，有功类控制模式的目标包括有功功率/直流电流、直流电压、交流系统频率等，无功类控制模式的目标包括无功功率、交流电压等。有功类控制和无功类控制相互独立。对于采用双极接线的柔性直流输电系统，有功功率控制宜包括双极功率控制和单极功率控制。在设计时，应根据所接入的交流系统条件和工程实际，正确制定柔性直流输电系统的控制模式。

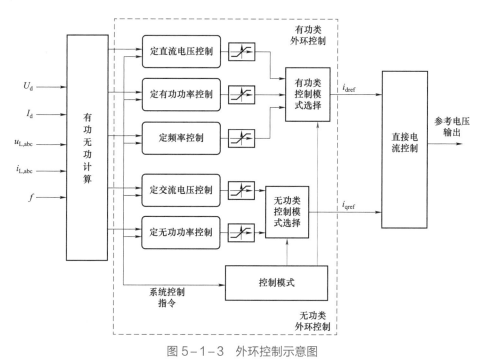

图 5-1-3　外环控制示意图

两端及多端柔性直流输电系统稳态运行时，对于有功类控制模式，一个接入交流系统较强的联网换流站宜选择定直流电压控制，其他联网换流站宜选择定有功功率控制或定频率控制，对于接入孤岛/孤网的换流站应选择定频率控制。同时，对于无功类控制模式，联网换流站宜选择定无功功率控制或定交流电压控制，接入孤岛/孤网的换流站应选择定交流电压控制。

1）有功功率控制。有功功率控制是直流系统的主要控制模式，控制系统根据有功功率参考值控制换流器与交流系统交换的有功功率。在有功功率控制下，为了保持直流输送功率恒定，控制系统通过对交流电流的调整来补偿电压的波动。有功功率控制器至少包括 3 个环节，分别是比较环节、比例积分环节、电流限幅环节，如图 5-1-4 所示。具体参数的整定应参照响应时间、暂态稳定性等要求。

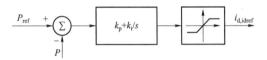

图 5-1-4 外环定有功功率控制器

P_{ref}—有功功率参考值；P—有功功率；k_p—比例系数；k_i/s—积分系数；$i_{d,idref}$—d 轴电流参考值

2）直流电压控制。当 VSC 交直流两侧的有功不平衡时，将引起直流电压的波动，此时有功电流将使直流电容充电或放电，直至直流电压稳定在设定值。因此对于定直流电压控制的换流器而言，相当于一个有功平衡节点。直流电压控制产生的电流指令控制流过换流器的有功功率的大小，保持直流侧的电压为设定值。

采用定直流电压控制的换流器可以用于平衡直流系统有功功率和保持直流侧电压稳定。在忽略电阻和换流器损耗时，换流器交直流两侧的有功保持平衡，可得：

$$P_{ac} = \frac{3}{2} U_s i_{sd} = P_{dc} = u_{dc} i_{dc} \qquad (5-1-1)$$

$$i_{dc} = \frac{3}{2} \times \frac{U_s i_{sd}}{u_{dc}} \qquad (5-1-2)$$

式中：P_{ac} 为交流系统有功功率；U_s 为交流系统电压；i_{sd} 为交流系统电流；P_{dc} 为直流系统有功功率；u_{dc} 为直流系统电压；i_{dc} 为直流系统电流。

图 5-1-5 为定直流电压控制器，直流电压和直流电压指令的偏差经 PI 调节后得到有功电流的参考值。

3）频率控制。图 5-1-6 为频率控制器，频率控制利用交流频率参考值与实际值之间的差值控制注入交流系统的有功功率，从而控制交流母线电压的频率达到其设定值。

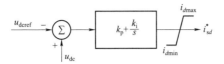

图 5-1-5 定直流电压控制器

u_{dcref}—直流电压参考值；i_{dmax}—d 轴电流上限值；i_{dmin}—d 轴电流下限值；i_{sd}^*—系统电流 d 轴分量

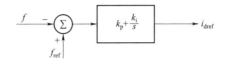

图 5-1-6 频率控制器

f—频率；f_{ref}—频率参考值；i_{dref}—有功电流参考值

恒定交流电压频率，可以有效抑制网侧交流系统的频率波动。

4）无功功率控制。无功功率控制可以使直流系统与交流电网间交换的无功功率维持在期望的参考值，无功功率控制作为稳态运行调节功能，设计比交流电压控制的响应速度要慢。无功功率控制可改变换流站基波输出电压的幅值，保证交流电压在正常范围内运行。

依据瞬时无功功率公式 $Q = -1.5U_d I_q$，可知电流 q 分量与无功功率成正比，因此设计外环定无功功率控制器如图 5-1-7 所示。

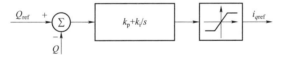

图 5-1-7 外环定无功功率控制器

Q_{ref}—无功功率参考值；Q—无功功率；i_{qref}—q 轴电流参考值

5）交流电压控制。图 5-1-8 为定交流电压控制器，交流电压控制利用交流电压参考值与实际值之间的差值控制注入交流系统的无功功率，从而控制交流母线电压的幅值达到其设定值。恒定交流电压控制可以有效抑制网侧交流电压的波动。

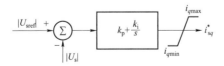

图 5-1-8 定交流电压控制器

U_{sref}—系统电压参考值；U_s—系统电压；i_{qmax}—q 轴电流上限值；
i_{qmin}—q 轴电流下限值；i_{sq}^*—系统电流 q 轴分量

（2）内环控制。内环控制环节接受来自外环控制的有功、无功电流的参考值 i_{dref} 和 i_{qref}，并快速跟踪参考电流，实现换流器交流侧电流波形和相位的直接控制。内环控制主要包括内环电流控制和 PLL 锁相环控制等。内环电流控制一般采用矢量控制，其控制器框图如图 5-1-9 所示。

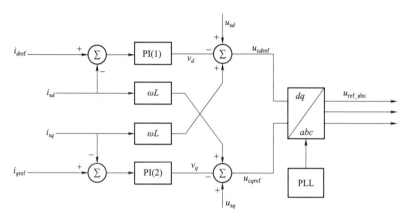

图 5-1-9　内环控制器框图

5.1.3　保护系统设计

5.1.3.1　保护分区设计

柔性直流输电保护系统是为柔性直流输电提供保护的系统，通常可包含联接（换流）变压器保护设备、极保护设备、直流母线保护设备和直流线路保护设备，各设备的硬件配置根据工程主接线设计而定。图 5-1-10 为典型双极多端柔性直流输电保护系统及分区，下面以此为例进行介绍。

联接（换流）变压器保护设备是为柔性直流输电联接（换流）变压器保护区的设备及变压器交流引线提供保护的装置。极保护设备是为柔性直流输电交流连接线保护区、换流器保护区、直流极保护区、中性线保护区的设备提供保护的装置。根据系统复杂程度，极保护设备也可同时为双极保护区、直流线路保护区、金属回线保护区的设备及母线提供保护。直流母线保护设备是为柔性直流输电极母线保护区、中性母线保护区的设备及母线提供保护的装置。根据直流系统接线，可不单独配置直流母线保护设备，将相关功能集成在极保护设备中。直流线路保护设备是为柔性直流输电线路保护区、金属回线保护区的设备及母线提供保护的装置。根据系统故障清除要求，可不单独配置直流线路保护设备，将相关功能集成于极或直流母线保护设备中。

典型双极多端柔性直流输电保护系统中各保护分区的划分如下：

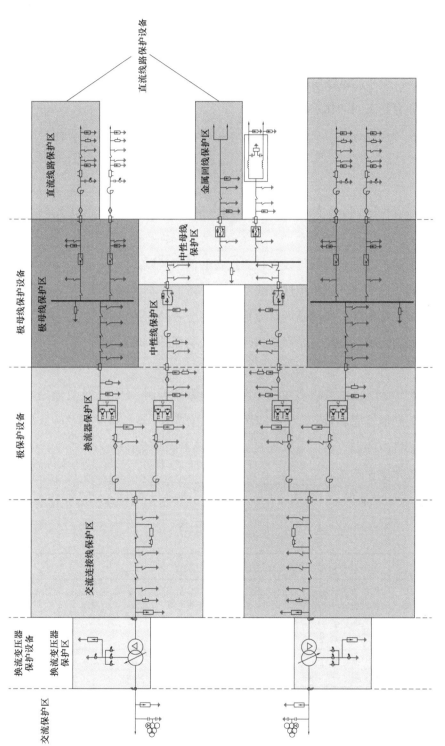

图 5 - 1 - 10　典型双极多端柔性直流输电保护系统及分区

（1）交流保护区。联接（换流）变压器引线交流系统侧以外的保护区域。该区域不属于柔性直流输电保护系统内的保护区域，是对柔性直流输电保护系统外的交流保护区域的统称。

（2）联接（换流）变压器保护区。联接（换流）变压器网侧引线至其阀侧套管和第三绕组引线（如有）之间的保护区域。

（3）交流连接线保护区。联接（换流）变压器阀侧套管至换流器交流侧之间的保护区域。

（4）换流器保护区。换流器交流侧至换流器直流侧之间的保护区域。

（5）中性线保护区。换流器低压直流侧至中性母线或金属回线的换流站侧之间的保护区域。

（6）极母线保护区。直流极母线及相关设备的保护区域。

（7）中性母线保护区。直流中性母线及相关设备的保护区域。

（8）直流线路保护区。换流站间直流输电线路全长的保护区域。

（9）金属回线保护区。换流站间金属回线全长的保护区域。

5.1.3.2 保护功能及原理设计

以保护种类较为全面的双极多端柔性直流输电系统为例，介绍柔性直流输电保护系统中各类保护的功能及原理设计。根据被保护的对象特点、运行维护以及确认故障范围的需要，保护分区及测量点名称与位置定义如图 5-1-11 所示。

（1）交流连接线保护区。

1）阀侧连接线差动保护（见表 5-1-4）。

表 5-1-4　　　　　　　　　　阀侧连接线差动保护

保护目的	用于检测阀侧连接线处发生的接地故障
保护原理	保护功能测量换流变压器阀侧绕组的电流 I_{VT} 及交流连接线 TA 电流 I_{VC}，当交流连接处发生接地故障，阀侧绕组的电流 I_{VT} 和交流连接线电流 I_{VC} 之间存在差流。 保护配合原则：在最小负荷下也能够监测到故障。 判据：$\lvert I_{VT}+I_{VC}\rvert > I_{set}$
出口方式	（1）换流器闭锁； （2）跳交流断路器； （3）跳直流断路器； （4）极隔离

2）阀侧连接线过电流保护（见表 5-1-5）。

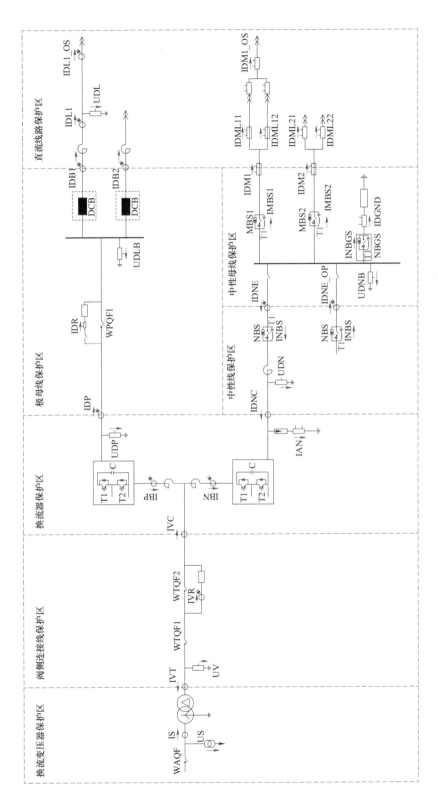

图 5—1—11 保护分区及测量点名称与位置定义

表 5-1-5   阀侧连接线过电流保护

保护目的	用于检测阀侧连接线处发生的接地故障
保护原理	测量换流变压器阀侧的电流。 判据：$\mid I_{VT} \mid > I_{set}$
出口方式	（1）换流器闭锁； （2）跳交流断路器； （3）跳直流断路器； （4）极隔离

3）阀侧零序过电压保护（见表 5-1-6）。

表 5-1-6   阀侧零序过电压保护

保护目的	用于检测阀侧连接线处发生的接地故障
保护原理	保护功能测量换流变压器阀侧连接线分压器电压 U_v、计算得到阀侧零序电压，当阀侧连接线处发生的接地故障，零序电压大于一定值，故障极闭锁跳闸，与故障极相连的线路直流断路器跳开。 保护配合原则：和零序过电流保护配合。 判据：$\mid U_{va} + U_{vb} + U_{vc} \mid > U_{ac0}$
出口方式	（1）换流器闭锁； （2）跳交流断路器； （3）跳直流断路器； （4）极隔离

4）启动电阻过电流保护（见表 5-1-7）。

表 5-1-7   启动电阻过电流保护

保护目的	用于检测启动电阻的接地故障
保护原理	保护配合原则：与启动电阻的额定值、过电压保护配合。 判据：$\mid I_v R_{rms} \mid > I_{set}$
出口方式	（1）换流器闭锁； （2）跳交流断路器； （3）跳直流断路器； （4）极隔离

5）启动电阻过负荷保护（见表 5-1-8）。

表 5-1-8   启动电阻过负荷保护

保护目的	用于检测启动电阻的过负荷
保护原理	检测启动电阻的电流，计算总电流热效应，如果超过定值，保护动作。保护动作延时应能躲过暂态过负荷的影响，以免误动。应采用反时限原理进行设置。 保护配合原则：定值的设定应考虑启动电阻的耐受能力。 判据：$\int I_v R^2 d_t > E_{set}$

出口方式	（1）换流器闭锁； （2）跳交流断路器； （3）跳直流断路器； （4）极隔离

（2）换流器保护区。

1）桥臂过电流保护（见表5−1−9）。

表5−1−9　　　　　　　　　　桥 臂 过 电 流 保 护

保护目的	用于检测换流器的短路故障或极线上的接地故障
保护原理	保护功能测量换流阀桥臂的电流 I_{BP} 和 I_{BN}，当两者任一大于一定值后，保护动作。 保护配合原则：结合换流阀的过电流耐受能力，多段保护动作值和时间相互配合；同时需要考虑交流故障和直流故障穿越的要求。后备保护为交流过电流保护。 判据：$|I_{BP}|>I_{set1}$ 或 $|I_{BN}|>I_{set2}$
出口方式	（1）换流器闭锁； （2）跳交流断路器； （3）跳直流断路器； （4）极隔离

2）桥臂电抗器差动保护（见表5−1−10）。

表5−1−10　　　　　　　　　　桥臂电抗器差动保护

保护目的	用于电抗器及相连母线接地故障
保护原理	测量换流阀桥臂的电流 I_{BP} 和 I_{BN} 以及阀侧连接线 TA 电流 I_{VC}，当三者的差大于一定值后，保护动作。 保护配合原则：本保护为快速保护，后备保护为交流过电流保护。 判据：$|I_{VC}+(I_{BP}-I_{BN})|>I_{set}$
出口方式	（1）换流器闭锁； （2）跳交流断路器； （3）跳直流断路器； （4）极隔离

3）桥臂差动保护（见表5−1−11）。

表5−1−11　　　　　　　　　　桥 臂 差 动 保 护

保护目的	用于换流阀内接地故障
保护原理	保护功能测量换流阀桥臂的电流 I_{BP} 和 I_{BN} 以及极线、中性线 TA 电流 I_{DP}、I_{DN}、I_{AN}，根据上下桥臂位置不同，取不同的 TA 电流作差，差动电流大于一定值后，保护动作。 保护配合原则：本保护为快速保护，后备保护为桥臂过电流保护、交流过电流保护。 判据：$|\sum I_{BP}+I_{DP}|>I_{set1}$ 或 $|\sum I_{BN}+I_{DN}-I_{AN}|>I_{set2}$

续表

出口方式	（1）换流器闭锁； （2）跳交流断路器； （3）跳直流断路器； （4）极隔离

4）换流器差动保护（见表 5-1-12）。

表 5-1-12　　　　换 流 器 差 动 保 护

保护目的	用于保护换流阀区域内接地故障
保护原理	保护功能测量极线、中性线 TA 电流 I_{DP}、I_{DNC}、I_{AN}，差流大于一定值，则保护动作。 保护配合原则：为桥臂差动保护、桥臂电抗器差动保护的后备保护。 判据：$\|I_{DP}-I_{DNC}+I_{AN}\|>I_{set}$
出口方式	（1）换流器闭锁； （2）跳交流断路器； （3）跳直流断路器； （4）极隔离

5）极差动保护（见表 5-1-13）。

表 5-1-13　　　　极 差 动 保 护

保护目的	用于保护换流阀和直流场的接地故障
保护原理	保护功能测量中性线电流 I_{DNE}、I_{AN} 和极母线 TA 电流 I_{DP}，当电流差值大于一定值，则保护动作。 保护配合原则：本身为后备保护。 判据：$\|I_{DP}-I_{DNE}+I_{AN}\|>I_{set}$
出口方式	（1）换流器闭锁； （2）跳交流断路器； （3）跳直流断路器； （4）极隔离

6）直流低电压保护（见表 5-1-14）。

表 5-1-14　　　　直 流 低 电 压 保 护

保护目的	用于保护直流极线电压异常
保护原理	测量极线和中性线直流分压器电压 U_{DP} 和 U_{DN}，当直流电压小于一定值，则保护动作。 判据：$\|U_{DP}\|<U_{set1}$ 或 $\|U_{DP}-U_{DN}\|<U_{set2}$
出口方式	（1）换流器闭锁； （2）跳交流断路器； （3）跳直流断路器； （4）极隔离

7）直流过电压保护（见表 5-1-15）。

表 5-1-15　　　　　　　　直 流 过 电 压 保 护

保护目的	用于保护直流极线电压异常
保护原理	测量极线和中性线直流分压器电压 U_{DP} 和 U_{DN}，当直流电压大于一定值，则保护动作。 判据：$\lvert U_{DP}\rvert > U_{set1}$ 或 $\lvert U_{DP}-U_{DN}\rvert > U_{set2}$
出口方式	（1）换流器闭锁； （2）跳交流断路器； （3）跳直流断路器； （4）极隔离

（3）极母线保护区。

1）极母线差动保护（见表 5-1-16）。

表 5-1-16　　　　　　　　极 母 线 差 动 保 护

保护目的	用于保护高压直流母线接地故障
保护原理	保护功能测量极线 TA 电流 I_{DP} 和线路 TA 电流 I_{DP1}、I_{DP2}，当电流差值大于一定值，则保护动作。 保护配合原则：极差动保护配合。 判据：$\lvert I_{DP}-I_{DB1}-I_{DB2}-\cdots\rvert > I_{set}$
出口方式	（1）换流器闭锁； （2）跳交流断路器； （3）跳线路本侧和对侧直流断路器； （4）极隔离

2）直流断路器失灵保护（见表 5-1-17）。

表 5-1-17　　　　　　　　直流断路器失灵保护

保护目的	如果直流断路器不能清除故障，跳下一级直流断路器
保护原理	如果在发出分直流断路器一定时延后仍能检测到流过断路器的电流，保护跳下一级断路器。 保护配合原则：跳闸时延应当同直流断路器打开的时间相配合，应当留出充分的时间使断路器电流关断。 判据： （1）收到直流断路器的跳闸信号； （2）3ms（直流断路器内部动作时间）内 $di/dt > k_{set}$
出口方式	（1）换流器闭锁； （2）跳交流断路器； （3）跳开线路对侧的直流断路器； （4）跳开本站极母线相连的所有直流断路器（即下级直流断路器）

3）直流母线过电压保护（见表 5-1-18）。

表 5-1-18 直流母线过电压保护

保护目的	用于保护直流母线过电压
保护原理	测量直流母线直流分压器电压 U_{DLB}，当直流电压大于一定值，则保护动作。 判据：$\lvert U_{DLB}\rvert > U_{set}$
出口方式	（1）换流器闭锁； （2）跳交流断路器； （3）跳开线路对侧的直流断路器； （4）跳开本站极母线相连的所有直流断路器（即下级直流断路器）

（4）中性线保护区。

1）中性线开路保护（见表 5-1-19）。

表 5-1-19 中 性 线 开 路 保 护

保护目的	用于保护中性线开路故障
保护原理	保护功能测量中性线 TV 电压 U_{DN} 和中性线 TA 电流 I_{DNE}，当中性线直流电压大于一定值或者中性线直流电压大于一定值且中性线电流小于一定值，则保护动作。 判据： （1）Ⅰ段：$\lvert U_{DN}\rvert > U_{set1}$，延时 T1 合 NBGS、保护动作； （2）Ⅱ段：$\lvert U_{DN}\rvert > U_{set2}$，延时 T2 合 NBGS、保护动作； （3）Ⅲ段：$\lvert U_{DN}\rvert > U_{set3}$ & $\lvert I_{DNE}\rvert < I_{set}$，延时 T3 保护动作
出口方式	（1）换流器闭锁； （2）跳交流断路器； （3）跳直流断路器； （4）极隔离

2）中性线差动保护（见表 5-1-20）。

表 5-1-20 中 性 线 差 动 保 护

保护目的	用于保护中性线接地故障
保护原理	保护功能测量中性线电流 I_{DNC} 和线路电流 I_{DNE}，当电流差值大于一定值，则保护动作。 保护配合原则：和极差动保护配合。 判据：$\lvert I_{DNC}-I_{DNE}\rvert > I_{set}$
出口方式	（1）换流器闭锁； （2）跳交流断路器； （3）跳直流断路器； （4）极隔离

3）中性线开关保护（见表 5-1-21）。

表 5-1-21　　　　　　　　　　　中 性 线 开 关 保 护

保护目的	用于保护动作极退出运行时，中性线转换开关 NBS 切换故障极和健全极的通路，实现极隔离
保护原理	检测流过中性线上的电流，当 NBS 已经打开，而检测到的电流不为零时重合 NBS 开关。NBS 开关配置断口电流互感器，检测该 TA 电流实现快速保护。TA 二次回路按三重化配置。保护定值及延时根据具体的开关型式确定。 保护配合原则：保护需要与转换开关特性配合。 判据： （1）Ⅰ段：开关分闸后，开关断口电流 $I_{sw}>I_{set1}$，具体定值由开关厂家提供； （2）Ⅱ段：开关分闸后，开关所在回路电流 $I_{DNE}>I_{set2}$，具体定值由开关厂家提供
出口方式	重合 NBS，并锁定 NBS

（5）中性母线保护区。

1）中性母线差动保护（见表 5-1-22）。

表 5-1-22　　　　　　　　　　　中 性 母 线 差 动 保 护

保护目的	用于保护中性母线区的接地故障
保护原理	检测流过两个极中性母线上的电流 I_{DE1} 和 I_{DE2}，金属回线线路电流 I_{DM1} 和 I_{DM2}，以及站内接地电流 I_{DGND}（如有），当以上电流的差值大于一定值后，保护动作。 保护配合原则：保护需要不同的运行方式配合起来，同时需要考虑防止单极闭锁故障后的中性母线电流续流导致保护误动作。 判据：$|I_{DNE}+I_{DNE\_OP}+I_{DGND}+I_{DM1}+I_{DM2}|>I_{set}$
出口方式	单极运行： （1）换流器闭锁； （2）跳交流断路器； （3）跳直流断路器； （4）极隔离； （5）断开中性母线所连的金属回线开关（metal bus switch，MBS）使故障站隔离。 双极运行：全网极平衡，若极平衡后故障特征仍存在（原因是有单极运行的站），则停运故障站、跳直流断路器、跳交流断路器、极隔离、断开中性母线所连的 MBS 使故障站隔离

2）站接地过电流保护（见表 5-1-23）。

表 5-1-23　　　　　　　　　　　站 接 地 过 电 流 保 护

保护目的	用于保护站内接地，避免过高的接地电流流入站内接地网
保护原理	其保护原理是检测流过站内接地的电流是否大于整定值，过高的站内接地电流应使保护动作。 保护配合原则：此保护与站内接地过电流能力相配合，与中性线差动保护、中性母线差动保护、金属回线纵差保护配合。 判据：$|I_{DGND}|>I_{set}$
出口方式	全网极平衡，若 NBGS 中仍有电流，则闭锁单极运行的站

3）站接地开关保护（见表 5-1-24）。

表 5-1-24　　　　　　　　　站 接 地 开 关 保 护

保护目的	用于保护站接地开关 NBGS 断开失败，防止损害开关
保护原理	其保护原理是当站接地开关 NBGS 处于分位时，I_{DGND} 电流超过一定值，则保护动作。 判据： （1）I 段：开关分闸后，开关断口电流 $I_{sw} > I_{set1}$，具体定值由开关厂家提供； （2）II 段：开关分闸后，开关所在回路电流 $I_{DGND} > I_{set2}$，具体定值由开关厂家提供
出口方式	重合 NBGS，并锁定 NBGS

4）金属回线开关保护（见表 5-1-25）。

表 5-1-25　　　　　　　　　金 属 回 线 开 关 保 护

保护目的	用于保护金属回线开关 MBS 断开失败，防止损害开关
保护原理	其保护原理是当 MBS 处于分位时，I_{DME} 电流超过一定值，则保护动作。 判据： （1）I 段：开关分闸后，开关断口电流 $I_{sw} > I_{set1}$，具体定值由开关厂家提供； （2）II 段：开关分闸后，开关所在回路电流 $I_{DME} > I_{set2}$，具体定值由开关厂家提供
出口方式	重合 MBS，并锁定 MBS

（6）直流线路保护区。

1）直流线路电抗器差动保护（见表 5-1-26）。

表 5-1-26　　　　　　　　　直流线路电抗器差动保护

保护目的	用于保护直流断路器穿墙套管对地闪络故障
保护原理	测量直流断路器场内 TA 电流 I_{DB1}、I_{DB2} 和相应的线路 TA 电流 I_{DL1}、I_{DL2}，当电流差值大于一定值，则保护动作。 判据：$|I_{DB1} - I_{DL1}| > I_{set}$ 或 $|I_{DB2} - I_{DL2}| > I_{set}$
出口方式	跳开故障线路两侧直流断路器，不重合

2）直流线路行波保护（见表 5-1-27）。

表 5-1-27　　　　　　　　　直 流 线 路 行 波 保 护

保护目的	用于保护直流线路短路故障
保护原理	根据波方程理论，电压和电流可以看作以一定幅值和速度传播的前行波与反射波。当线路发生故障时，会产生峰值故障电流，该波会在输电线路上传播，根据波阻抗以及采样的电压与电流值就可以判断出是否发生直流线路故障。

保护原理	保护配合原则：同一母线上其他直流线路故障时、直流场接地故障时行波保护不应误动，极启停时保护不应误动。 判据： （1）共模量 $\|a_{COM}\| = \|Z_{COM} \times I_{COM} - u_{COM}\| > a_{COM\_set}$ （2）差模量 $\|a_{DIF}\| = \|Z_{DIF} \times I_{DIF} - u_{DIF}\| > a_{DIF\_set}$ （3）$da_{COM}/dt > da_{COM\_set}$
出口方式	（1）跳开故障线路两侧直流断路器； （2）重合直流断路器

3）直流线路纵差保护（见表 5-1-28）。

表 5-1-28   直 流 线 路 纵 差 保 护

保护目的	用于保护直流线路短路故障
保护原理	此保护作为行波保护的后备保护，尤其是对线路高阻抗接地故障，其保护原理为比较本站及对侧站的直流电流，如果大于整定值，将延时跳闸。保护在站间通信正常时有效。 保护配合原则：保护延时要考虑站间通信时延的影响，并与其他直流线路保护配合。当一端的直流线路电流互感器自检故障时，应及时退出本端和对端线路纵差保护。 判据：$\|I_{DL} - I_{DL\_OS}\| > I_{set}$
出口方式	（1）跳开故障线路两侧直流断路器； （2）重合直流断路器

4）直流电压突变量保护（见表 5-1-29）。

表 5-1-29   直流电压突变量保护

保护目的	用于保护直流线路短路故障
保护原理	此保护的原理是如果直流电压的幅值变化及变化率均超过整定值，且电流变化率也超过整定值，则判断为线路故障，将启动直流线路故障隔离和恢复顺序。 保护配合原则：保护应在换流站交流系统故障时、直流场接地故障、换流阀接地故障时不误动，极启停时保护不误动。应避免因两极直流线路间耦合关系引起保护误动。 判据：$dU_{DL}/dt < dU_{DL\_set}$ & $U_{DL} < U_{DL\_set}$
出口方式	（1）跳开故障线路两侧直流断路器； （2）重合直流断路器

5）直流线路低电压保护（见表 5-1-30）。

表 5-1-30   直流线路低电压保护

保护目的	用于检测直流线路短路故障
保护原理	检测直流线路电压值，保护动作时进行线路重启动。考虑站间通信正常与不正常两种情况进行保护定值整定。 判据：$\|U_{DL}\| < U_{DL\_set}$

续表

出口方式	（1）跳开故障线路两侧直流断路器； （2）重合直流断路器

（7）金属回线保护区。

1）金属回线纵差保护（见表 5-1-31）。

表 5-1-31　　　　　　　　金属回线纵差保护

保护目的	检测金属回线线路上的接地故障
保护原理	根据两站的 I_{DM} 来计算差流。 保护配合原则：需与金属回线接地保护相配合，同时需要补偿站间通信的时延。 判据：$|I_{DM}-I_{DM\_OS}|>I_{set}$
出口方式	金属回线环网运行时，拉开故障线路两端的 MBS，隔离故障点；金属回线开环运行时，进行全网极平衡，若故障特征仍存在，则闭锁单极运行的站

2）金属回线过负荷保护（见表 5-1-32）。

表 5-1-32　　　　　　　　金属回线过负荷保护

保护目的	判断金属回线线路是否过负荷
保护原理	判据：$|I_{DML11}|>I_{set}$ 或 $|I_{DML12}|>I_{set}$
出口方式	保护在双极运行时输出全网极平衡命令，单极运行时输出功率回降命令

5.1.4　接口设计

5.1.4.1　柔性直流控制保护系统与阀控接口设计

CCP 和 VBC 的物理接口位于 VBC 上。CCP 与 VBC 之间全部采用光纤进行连接，接口信号主要包括 CCP 发送给 VBC 的调制波、控制命令等下行信号，以及 VBC 返回给 CCP 的状态信息、报警信息等上行信号。CCP 和 VBC 均按照 A/B 套冗余配置，且 CCPA 与 VBCA 直连，CCPB 与 VBCB 直连。处于主用（ACTIVE）状态的 CCP 和 VBC 系统实际负责换流阀的控制并出口闭锁指令，处于备用（STANDBY）状态的 CCP 和 VBC 系统除非不可用，否则应处于热备用状态，即除不发送控制信号至换流阀外，其他控制信号产生、回报信号产生、保护、报警、闭锁、监视、事件等功能同主用系统相同。处于备用状态的 VBC 检测到请求跳闸信号（TRIP）要出口至 CCP，但相应的 CCP 不应出口。主系统故障，自动切换至备用系统。CCP 与 VBC 接口示意图如图 5-1-12 所示。

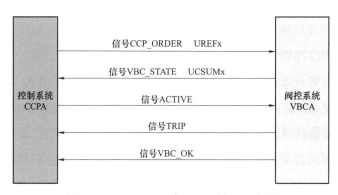

图 5-1-12　CCP 与 VBC 接口示意图

（1）从 CCP 至 VBC 的信号。

1）主备信号（ACTIVE）。ACTIVE 信号采用光调制信号，可采用不同的频率分别表示该系统为主用系统或备用系统。主用系统由 CCP 确定，不可用的系统或存在跳闸出口的系统不得切换为主用系统。正常工作中由 VBC 监视该信号通道，规定时间周期内未监视到该相应的信号时，视为该通道异常。ACTIVE 通道异常时，VBC 发送事件并将本系统 VBC_OK 置为不可用状态；ACTIVE 通道恢复正常时，VBC_OK 自动复归，延时由 VBC 自行确定。

系统运行中有且只能有一个系统处于主用状态，正常系统切换过程中，来自两个CCP 的 ACTIVE 信号同时为"主用"或同时为"备用"的时间应小于要求值。VBC 对ACTIVE 信号同时为"主用"或同时为"备用"的各种情况按如下原则处理：

a）如两个 VBC 接收到 CCP 下发的 ACTIVE 信号同时为"主用"的时间小于或等于要求值，视为正常系统切换，允许切换期间两个系统同为主用系统；如两个 VBC 接收到 ACTIVE 信号同时为"主用"的时间大于要求值，视为系统主从状态异常，VBC发报警事件至运行人员工作站（operations workstation，OWS），并将后变为"主用"的系统作为实际主用系统继续运行，上述过程 VBC_OK 信号保持不变,不发请求停运指令。

b）如两个 VBC 接收到 CCP 下发的 ACTIVE 信号同时不为"主用"的时间小于或等于要求值，视为正常系统切换，切换期间原"主用"系统保持为实际"主用"系统；如两个 VBC 接收到 ACTIVE 信号同时不为"主用"的时间大于要求值，视为系统主从状态异常，VBC 发请求停运指令。

2）控制信号。该通道物理层通常采用 IEC 60044-8 标准（光纤介质，通信速率为10Mbit/s），链路层采用 1EC60870-5-1 的 FT3 格式。包含控制命令 CCP_ORDER 及各桥臂输出电压参考值 U_{REFx}（$x=1, 2, \cdots, 6$）。控制命令包括解锁/闭锁信号（DEBLOCK）、交流充电信号（AC_ENERGIZE）、直流充电信号（DC_ENERGIZE）、投 VD 信号（thy_on）等。VBC 对该通道进行监视。

a）DEBLOCK：该信号用于指示换流阀的解锁或闭锁。DEBLOCK 值为 0，为 SM 闭锁运行指令；DEBLOCK 值为 1，为 SM 解锁运行指令。该信号有效期间，VBC 应根据调制波发送触发脉冲至 SM。

b）AC_ENERGIZE：该信号用于指示交流系统向换流阀充电且满足换流阀自检的要求。换流阀交流侧电压大于设定值后，则延时 1s 该信号变为 1。VBC 可将该信号用于判断是否对 SM 的工作状态进行检测、保护。AC_ENERGIZE 值为 1，表示启动 VBC 对 SM 的检测、保护功能。

c）DC_ENERGIZE：该信号用于指示通过直流线路向换流阀充电且满足换流阀自检的要求。直流线路电压大于设定值后，则延时 1s 该信号变为 1。VBC 可将该信号用于判断是否对 SM 的工作状态进行检测、保护。DC_ENERGIZE 值为 1，表示启动 VBC 对 SM 的检测、保护功能。

d）Thy_on（如有）：该信号是 CCP 要求 VBC 对触发 SM VD 的信号。Thy_on 值为 0，表示 CCP 不发出触发 SM VD 导通的指令；Thy_on 值为 1，表示 CCP 发出触发 SM VD 导通的指令。除了接收 CCP 下发的 VD 触发信号 Thy_on，VBC 还能够根据相关控制保护策略自行触发 VD，用以过电流时保护功能，但 VBC 不应拒绝 CCP 下发的 Thy_on=1 触发 VD 命令。

e）U_{REFx}：该信号是 CCP 下发给 VBC 6 个桥臂应投入电压参考值。

（2）从 VBC 至 CCP 的信号。该通道物理层通常采用 IEC 60044-8 标准（光纤介质）或者光调制信号，链路层采用 IEC 60870-5-1 的 FT3 格式。包含阀控返回状态 VBC_STATE 和桥臂电压 U_{CSUMx}（$x=1，2，\cdots，6$），阀控返回状态包括阀控可用信号（VBC_OK）、阀组就绪信号（VALVE_READY）、请求跳闸信号（TRIP）、暂时闭锁信号（Temporary Block）等。其中，VBC_OK 和 TRIP 通常采用光调制信号。CCP 对该通道进行监视。

1）VBC_OK：该信号用不同频率分别表示有效和无效。该信号反映 VBC 的"装置性"故障及 CCP 至 VBC 的信号通道状况。充电前，处于"主用"状态 VBC 的 VBC_OK 值无效，相应的 CCP 发送报警事件并执行切换系统，如两套系统的 VBC_OK 值都无效，则不允许执行充电操作；处于"备用"状态 VBC 的 VBC_OK 值无效时，相应的 CCP 退出至服务状态。正常运行时，当处于"主用"状态 VBC 的 VBC_OK 无效时，相应的 CCP 执行切系统，切换系统成功后，"主用"状态 VBC 的 VBC_OK 为无效信号，则相应的 CCP 立即执行停运操作。CCP 监视 VBC_OK 信号通道，当在规定周期内未监视到相应的信号时，视为该信号异常，CCP 发送报警事件并按上述原则尝试切换系统。

2）VALVE_READY：该信号反映换流阀 SM 工作状态及换流阀 SM 至 VBC 的通道状况。VALVE_READY 值为 1 表示阀组系统就绪，可以执行解锁；VALVE_READY 值为 0 表示换流阀系统不可解锁。VALVE_READY 信号只在换流阀解锁前有效，换流阀解锁后，CCP 不使用 VALVE_READY 信号。

3）TRIP：该信号用不同频率分别表示有效和无效。该信号反映换流阀本体的保护、主回路故障、子模块冗余不足等故障。TRIP 信号有效表示换流阀发生紧急故障，请求闭锁停运。处于"备用"状态的 VBC 发出 TRIP 信号时，相应的 CCP 退至不可用，不得出口闭锁换流器；处于"主用"状态的 VBC 发出 TRIP 信号并自行闭锁换流阀，相应的 CCP 收到 TRIP 信号时立即执行停运操作。CCP 监视 TRIP 信号通道，当在规定周期内未监视到相应的信号时，视为该信号异常，CCP 发送报警事件并尝试切换系统。

4）Temporary Block：该信号表示 VBC 上报给 CCP 换流阀自主启动短时闭锁功能。单次短时闭锁持续时间和判据由 VBC 自行决定。

5）UCSUM$_x$：该信号是 VBC 上报给 CCP 各个桥臂投入的全部子模块电压和。

5.1.4.2 柔性直流控制保护系统与直流断路器本体控制保护系统接口设计

直流断路器安装在正负极线上，要求直流断路器能够根据系统指令快速切除故障。直流断路器本体控制保护系统（direct current brake control protection，DCBCP）采用双重化冗余配置的方案，与直流控制保护系统采用交叉连接的方式，CCP 与 DCBCP 接口示意如图 5-1-13 所示。CCP 与 DCBCP 的接口可参照阀控通用接口原则，通过 5M/50K 的调制信号或者 IEC 60044-8 协议连接。

（1）从 CCP 至 DCBCP 的信号。CCP 至 DCBCP 的下行信号主要包括设备标识、值班状态、慢速分闸指令、快速分闸指令、合闸指令、重合闸指令、断路器本体控制保护系统（A/B）至柔性直流控制保护系统通信故障。

DCBCP 接到 CCP 的"快分"指令后，若不具备分闸能力，则将上行信号"断路器失灵"置为 1。CCP 若检测到直流断路器上行信号"断路器失灵"置为

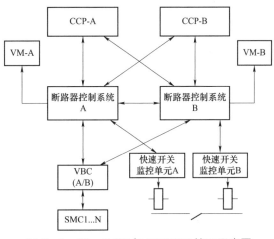

图 5-1-13　CCP 与 DCBCP 接口示意图

1，则出口下列指令：闭锁相应的换流器、跳进线交流断路器、跳失灵断路器所在线路对端的直流断路器、跳与失灵断路器共母线的所有直流断路器。

（2）从 DCBCP 至 CCP 的信号。DCBCP 至 CCP 的上行信号主要包括设备标识、值班状态、分闸状态、合闸状态、允许慢速分闸、允许快速分闸、允许合闸、断路器失灵、请求自分断、柔性直流控制保护系统（A/B）至断路器本体控制保护系统通信故障。

直流断路器上行信号"分闸状态"和"合闸状态"若分别置为 1 和 0，则表示断路器分合闸状态为"分位"；若分别置为 0 和 1，则表示断路器分合闸状态为"合位"；若均为 0，则表示断路器分合闸状态为"未知"。若直流断路器上行信号"请求自分断"置为 1，则代表直流断路器请求自分断。柔性直流控制保护系统若检测到该信号置 1，则向直流断路器发出"快分"指令。

5.1.4.3 柔性直流控制保护系统与冷却系统接口的标准化

阀冷控制保护系统（valve cooling control protection，VCCP）应为双重化配置，采用"一主一备"的方式。双重化配置的 VCCP 与 CCP 之间采用交叉联接，CCP 与 VCCP 接口示意如图 5-1-14 所示，即每套 VCCP 与两套 CCP 系统均实时交换信号。

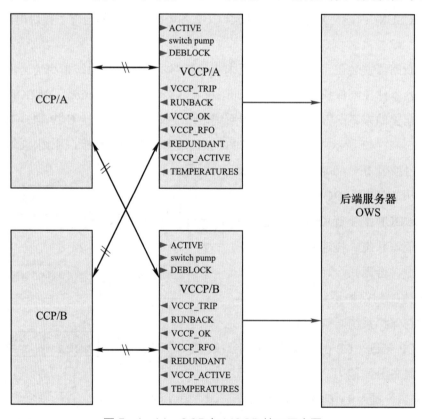

图 5-1-14 CCP 与 VCCP 接口示意图

处于主用（ACTIVE）状态的 CCP 系统实际负责直流系统的控制并出口闭锁指令，处于备用（SDANDBY）状态的 CCP 不得出口来自 VCCP 的闭锁指令。处于主用或备用的 VCCP 只采用来自"主用"CCP 的信息完成有关控制。除非系统不可用，两套 VCCP 均需处于工作状态。对于"控制"信息，主用和备用的 CCP 只采用来自"主用"的 VCCP 的信号完成有关直流系统控制；对于"保护"动作信号，主用和备用的 CCP 同时采用来自"主用"和"备用"VCCP 的信号。VCCP 与 CCP 系统之间的所有数字量信号通常采用光调制信号，模拟量通常采用光信号，通信规约为 IEC60044-8；VCCP 产生的报警、事件等信息通过光纤向 OWS 传输。

（1）从 CCP 到 VCCP 的信号。

1）直流控制系统主用/备用信号（ACTIVE）：该信号为光调制信号，用不同频率的信号区分系统为主用或备用系统。VCCP 同时接收来自 CCP 主备系统的信号，但仅使用主用 CCP 的信号进行控制。正常工作中 VCCP 对 ACTIVE 信号通道进行监视。当在规定周期内未监视到相应的信号，则认为该通道故障，发报警事件，不发闭锁指令。系统运行中有且只能有一个系统处于主用状态，正常系统切换过程中，来自两个 CCP 的 ACTIVE 信号同时为"主用"或同时为"备用"的时间不得大于规定时间。如 VCCP 接收到两个 CCP 系统的 ACTIVE 信号同时为"主用"时，默认原主用系统为实际主用系统，VCCP 发报警事件、不发闭锁指令、不将本系统置为不可用。如 VCCP 接收到两个 CCP 系统的 ACTIVE 信号同时为"备用"时，默认原主用系统为实际主用系统，VCCP 发报警事件、不发闭锁指令、不将本系统置为不可用。

2）远方切换阀冷主泵命令（switch pump）：该信号采用光调制信号，频率 f_1 表示直流控制系统要求阀冷控制保护系统切换主泵，频率 f_2 表示直流控制系统未要求阀冷控制保护系统切换主泵。VCCP 收到来自处于主用状态的 CCP 的该命令后，应尝试启动备用主泵，退出现运行主泵。若备用主泵不可用则拒绝切换，发报警事件。VCCP 收到来自备用状态的 CCP 的该命令后，不执行主泵切换，但发报警事件。正常工作中 VCCP 对该信号通道进行监视，当在规定周期内未监视到相应的信号，则可以认为该通道故障，发报警事件，但不将该阀冷控制保护系统设为不可用。

3）解锁/闭锁信号（DEBLOCK）：该信号为光调制信号，用不同频率的信号分别表示闭锁和解锁。VCCP 利用该信号禁止换流阀解锁期间停主泵。换流器解锁或闭锁状态由来自主用的 CCP 的信号决定，当来自主用和备用状态的 CCP 的该信号不一致时，发报警事件。正常工作中 VCCP 对该信号通道进行监视。当在固定周期内未监视到相应的信号，则认为该通道故障，发报警事件，禁止停运主泵，但不将该阀冷控制保护系统设为不可用。正常工作中 VCCP 在监视到 DEBLOCK 信号由 1 变为 0 并保持规定时间后，如果有阀冷请求停运命令，则 VCCP 可自动停止主泵。

（2）从 VCCP 到 CCP 的调制信号。

1）阀冷系统跳闸命令（VCCP_TRIP）：该信号为光调制信号。VCCP 系统检测到阀冷系统流量、温度、液位、压力异常时，应向 CCP 发出阀冷系统跳闸命令，由 CCP 闭锁对应换流阀。除非系统不可用，主用的和备用的 VCCP 需同时处于工作状态并向 CCP 发出 VCCP_TRIP 命令。若两套 VCCP 系统均可用，主用状态的 CCP 收到任意一套 VCCP 发出 VCCP_TRIP 信号后，或一套 VCCP 不可用，主用状态的 CCP 收到可用 VCCP 系统的 VCCP_TRIP 信号后，应先尝试进行换流器控制系统切换。若无可用系统切换，则直接闭锁。若有可用系统切换，则本系统退出运行，原备用系统升为值班系统。

2）阀冷系统功率回降命令（RUNBACK）：该信号为光调制信号。VCCP 检测到阀冷系统出阀温度异常时，应向 CCP 发出阀冷系统功率回降命令，要求直流控制系统降低输送功率，减少换流阀发热。若两套 VCCP 系统均可用，主用状态的 CCP 收到任意一套 VCCP 发出 RUNBACK 信号后，或一套 VCCP 不可用，主用状态的 CCP 收到可用的 VCCP 的 RUNBACK 信号后，主用状态的 CCP 先尝试进行阀控系统切换。若无可用系统切换，则进行功率回降。若有可用系统切换，则本系统退出运行，原备用系统升为值班系统。处于备用状态的 CCP 的功率回降指令生成同上述原则，但不得出口。

3）系统可用信号（VCCP_OK）：该信号为光调制信号。VCCP 应监视阀冷系统传感器、处理器、通信通道运行状态，向 CCP 系统发出阀冷系统正常/不可用信号。主用系统的 CCP 收到相应的 VCCP 系统的不可用信号后，应停止采用来自该 VCCP 的任何信号，发送报警事件并尝试系统切换；如果两套 VCCP 发来的 VCCP_OK 都为 0，则阀控认为两套阀冷控制保护系统均不可用，发出闭锁直流命令。

4）系统具备运行条件（VCCP_RFO）：该信号为光调制信号。VCCP 应监视阀冷系统运行状态，向直流控制系统发出阀冷系统具备运行条件信号。VCCP_RFO 信号是阀冷控制保护系统综合传感器自检、主泵自检、喷淋泵（或风机）自检结果后产生的。来自 VCCP 的 VCCP_RFO 信号是 CCP 系统判断换流阀是否可以解锁的条件之一。若该信号为 0 则禁止解锁换流阀。

5）阀冷系统具备冗余冷却能力（REDUNDANT）：该信号为光调制信号。VCCP 系统应监视阀冷系统运行状态，向 CCP 系统发出阀冷系统是否具备冗余冷却能力的信号。REDUNDANT 信号是阀冷控制保护系统检测喷淋泵（或风机）状态后产生的。CCP 接收到 VCCP 的 REDUNDANT 信号发生通道信号故障定义均为 CCP 轻微故障。

6）阀冷控制保护系统主用/备用信号（VCCP_ACTIVE）：该信号为光调制信号。CCP 同时接收来自 VCCP 主备系统的 VCCP_ACTIVE 信号，但仅使用主用 VCCP 系统的信号（VCCP_ RFO、REDUNDANT、TEMPERATURES）进行控制，使用主用和备用 VCCP 的信号实现"闭锁"（VCCP_TRIP）和"功率回降"（RUNBACK）。系统运行中有且只能有一个 VCCP 系统处于主用状态，正常系统切换过程中，来自两个 VCCP 的 VCCP_ACTIVE 信号同时为"主用"或同时为"备用"的时间不得大于规定值。如 CCP 接收到两个 VCCP 系统的 VCCP_ACTIVE 信号同时为"主用"时，并将后变为"主用"的系统作为实际主用系统继续运行，CCP 发报警事件、不发闭锁指令、不将本系统置为不可用。如 CCP 接收到两个 VCCP 系统的 VCCP_ACTIVE 信号同时为"备用"时，保持原"主用"的系统作为实际主用系统继续运行，CCP 发报警事件、不发闭锁指令、不将本系统置为不可用。

5.2　控制保护策略设计

CCP 的动作策略是其功能实现的核心基础，控制保护策略任何一个环节出现问题都会严重影响柔直工程的暂稳态特性和安全稳定运行。然而，随着柔直工程技术参数的不断提高和柔性直流技术应用场景的不断拓展，常规的柔性直流控制保护策略已经难以满足各类柔直工程的应用要求，制约了柔直工程的可靠运行和功能实现，因而面临诸多亟待解决和优化的问题。为此，本节结合各类型柔直工程技术特点、设计要求和运行经验，围绕柔性直流控制保护策略中的可靠性控制关键点，提出针对性的设计和优化措施。探讨内容主要包括柔性直流换流站控制保护策略优化、柔性直流电网控制策略与保护逻辑优化、柔性直流系统与交流侧系统配合策略 3 个方面。

5.2.1　柔性直流换流站控制保护策略优化

5.2.1.1　换流站启动策略

柔性直流换流站启动时应先对直流电容器进行充电。目前，柔直工程的启动通常采用自励充电方式，由与换流器相连的交流或直流系统向换流器中的直流电容器充电。可通过在相应的充电回路中串接启动电阻，从交流侧或直流侧对换流站进行充电。联网换流站宜选择交流侧充电方式，孤岛换流站宜选择直流侧充电方式。

（1）交流侧充电控制策略。柔性直流换流站交流侧充电控制策略大致包含两个阶段，其时序图如图 5-2-1 所示，其中，第 1 阶段为不控充电阶段，第 2 阶段为主动充电阶段。第 1 阶段由进线交流断路器合闸至满足主动充电开始判据；第 2 阶段由满足主动充电开始判据至满足解锁判据。

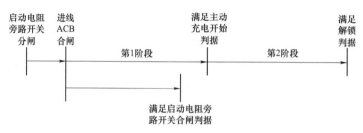

图 5-2-1　柔性直流换流站交流侧充电控制策略时序图

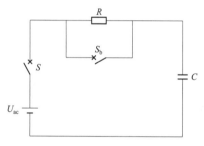

图 5-2-2　交流侧充电过程等效电路

在第 1 阶段中，换流器中的 IGBT 等全控型器件的触发脉冲处于闭锁状态，由 6 个桥臂的反并联二极管构成的不控整流电路实现对直流侧电容的充电。对于换流器每相而言，交流侧充电过程等效电路如图 5-2-2 所示，其中，R 为启动电阻，C 为换流器一相上的所有子模块电容器串联形成的等效电容，且有 $C = 2NC_0$，N 为单桥臂上子模块的总数。

在第 2 阶段中，极控系统在发解锁信号给阀控系统前，通过每隔固定时间旁路一定数量的子模块，实现将闭锁的子模块电容器充电到指定范围。

在上述各阶段中，换流阀子模块、启动电阻器、旁路开关等设备容易受到电压、电流冲击而损坏；同时，容易出现子模块电容电压不均衡现象，进而导致子模块低电压保护动作，导致跳闸。针对此问题，需要对交流侧充电策略中的启动电阻旁路开关合闸判据、主动充电判据、主动充电策略等进行优化设计，以实现可靠启动。

1）启动电阻旁路开关合闸判据设计。一方面，启动电阻旁路开关合闸瞬间会出现电流阶跃，对子模块造成一定电流冲击；另一方面，启动电阻被旁路前其端电压会在旁路开关 S_b 两端产生合闸电压，使得 S_b 在合闸过程中提前击穿造成一定程度的触头烧蚀。因此，启动电阻旁路时应确保子模块电压已达到目标值，且充电电流已降到足够小，以避免设备承受过大的电压或电流冲击。启动电阻旁路判据通常应包含电压和电流两个判据：① 启动电阻电流小于阈值电流 I_{set}。② 换流阀直流电压大于阈值电压 U_{set_dc}。

2）主动充电判据设计。交流主动充电应在换流站交流侧电压达到目标值后开始。考虑到主动充电阶段充电电流较小，不需要通过启动电阻限制充电电流，为了尽可能降低启动电阻在启动过程中的能量应力，宜令主动充电在启动电阻旁路后再开始进行，并可通过在主动充电开始判据中增加延时来实现。交流主动充电开始的判据宜为：① 换流站交流侧电压大于阈值电压 U_{set_ac} 并维持 T_{set}。② 满足上述条件后延时 ΔT。

3）主动充电策略设计。在主动充电过程中，应合理设置子模块切除的时间间隔，避免因子模块切除速度过快而导致充电电流越限的情况出现。图 5-2-3 为主动充电阶段桥臂子模块切除个数及子模块电容电压波形图。此外，受换流阀阀塔分层结构影响，各层子模块之间及各层子模块对支架的杂散电容有所不同，导致在不控充电过程中不同位置的子模块电容电压会出现分布不平衡的现象，且不平衡程度会随着时间逐渐加重。因此，在主动充电开始后，应通过轮换充电策略等辅助措施防止子模块电容电压不平衡。

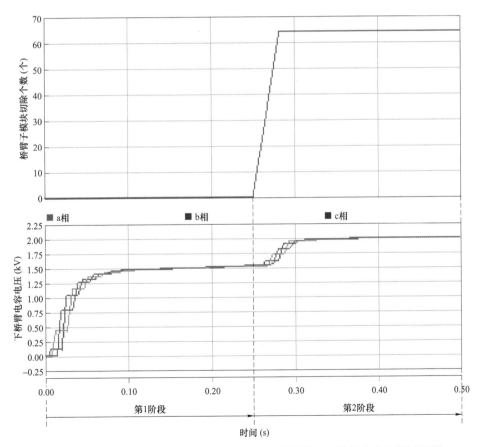

图 5-2-3 主动充电阶段桥臂子模块切除个数及子模块电容电压波形图

（2）直流侧充电控制策略。孤岛换流站无交流电源，宜选择直流侧充电方式。对于端对端柔直工程中的孤岛换流站，可利用对端换流站的交流系统作为电源，通过两站同时充电的方式实现孤岛换流站的直流侧启动，并利用对端换流站的交流侧启动电阻来限制充电电流。

柔性直流电网中的孤岛换流站启动时，需要具备在线投入正在运行直流电网的能力，其在线投入时只能通过直流系统对换流阀充电，需通过直流启动电阻抑制启动电流。针对此问题，考虑到柔性直流电网中的高压直流断路器耗能支路避雷器本身为非线性电阻，可通过直流断路器分级合闸实现孤岛换流站的直流侧充电和在线并网，无须增加过多设备。以张北柔直工程为例，孤岛换流站基于直流断路器分级合闸进行直流侧充电示意图如图 5-2-4 所示。直流断路器的详细拓扑结构见第 4 章。

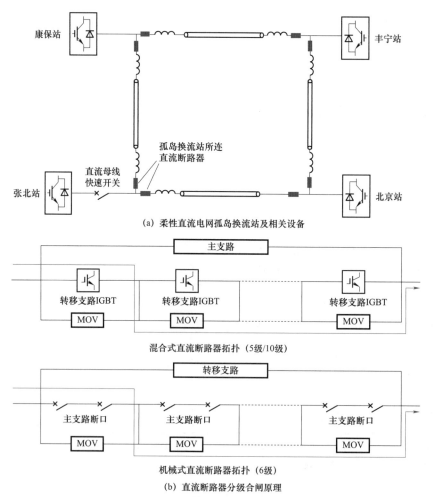

图 5-2-4　孤岛换流站基于直流断路器分级合闸进行直流侧充电示意图

图5-2-4中，张北换流站交流侧接孤岛风场，在线并网时需通过直流侧充电。利用孤岛换流站所连直流断路器分级合闸，可实现从已启动换流站（如丰宁、北京、康保换流站）向孤岛换流站子模块电容的不控充电，进而完成孤岛换流站启动。相应的直流侧充电策略为：

1）第一步：孤岛换流站所连的所有直流断路器分闸。

2）第二步：直流母线快速开关合闸。

3）第三步：孤岛换流站一个直流断路器分级合闸，子模块电容不控充电，具体时序如图5-2-5所示。

4）第四步：另一直流断路器正常合闸。

5）第五步：孤岛换流站主动充电。

时刻	事件
0ms	断路器接到分级合闸指令
+约0.2ms（延时）	第1级MOV对应的IGBT导通
+数十ms（电流先升后降）	线路电流下降到固定值
+约0.2ms（延时）	第3级MOV对应的IGBT导通
...
（逐级旁路MOV，重复上述2步）	
+数十ms	线路电流下降到固定值
+约0.2ms（延时）	第5/10级MOV对应的IGBT导通
+5ms	主支路IGBT导通
+1ms	主支路机械开关开始合闸
+10ms	机械开关合闸完毕

(a) 混合式直流断路器

时刻	事件
0ms	断路器接到分级合闸指令
+约0.2ms（延时）	第1级MOV对应的机械开关断口开始合闸
+10ms	断口合闸完成
+数十ms（电流先升后降）	线路电流下降到固定值
+约0.2ms（延时）	第3级MOV对应的机械开关断口开始合闸
+10ms	断口合闸完成
...
（逐级旁路MOV，重复上述3步）	
+数十ms	线路电流下降到固定值
+约0.2ms（延时）	第6级MOV对应的机械开关断口开始合闸
+10ms	断口合闸完成

(b) 机械式直流断路器

图5-2-5 孤岛换流站直流侧充电策略
直流断路器分级合闸时序

在设计基于直流断路器的孤岛换流站直流侧充电策略的过程中，当充电策略和时序确定后，应对充电过程中直流断路器避雷器能量、转移支路电流进行计算校核。其中，避雷器能量不能超出其耐受能力，转移支路电流不能超出其耐受能力。同时，还要考虑柔性直流电网中各换流阀桥臂电流不能超过保护定值。基于直流断路器进行孤岛换流站直流侧充电过程中，换流阀桥臂电流、直流断路器转移支路电流、直流断路器避雷器能量的典型仿真计算波形，如图5-2-6所示。

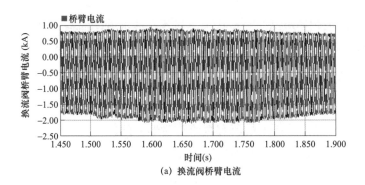

(a) 换流阀桥臂电流

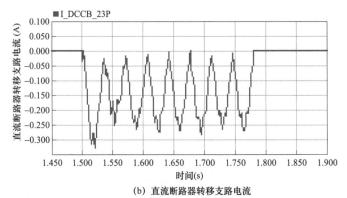

(b) 直流断路器转移支路电流

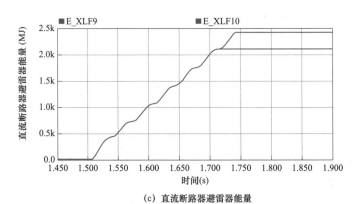

(c) 直流断路器避雷器能量

图 5-2-6　基于直流断路器进行孤岛换流站直流侧充电过程中
各设备电气应力的典型仿真计算波形

5.2.1.2　联接（换流）变压器控制策略

（1）联接（换流）变压器分接开关控制策略。控制调节柔性直流换流站联接（换流）变压器分接开关位置的方式分为手动模式和自动模式。无论是在手动控制模式还是在自动控制模式，当分接开关被升/降至最高/最低点时，极控系统应发出信号至数据采集与监视控制系统（supervisory control and data acquisition，SCADA），并禁止抽头继续升高/降低。如果选择了手动控制模式，应有报警信号送至 SCADA 系统。当运行在手动控制模式时，可单独调节单个变压器的分接开关，也可同时调节所有变压器的分接开关。如果选择了单独调节分接开关，那么在切换回自动控制前，必须对所有变压器的分接开关进行手动同步。手动控制应被视为一种保留的控制模式。

为了避免变压器分接开关频繁动作、增大换流器的无功调节能力、提高变压器分接触头动作可靠性，应对变压器分接开关控制策略进行优化设计，具体如下：

1）如果变压器失电（交流断路器断开），变压器分接开关调节至额定挡位。

2）不控充电阶段，以额定阀侧电压为目标值并考虑适当死区调整分接开关挡位。

3）可控充电阶段，不调节分接开关，或以阀侧额定电压为目标优化分接开关调节死区，避免可控充电过程中的频繁调挡。

4）当换流器的调制度小于最小调制度限值时，自动调节分接开关的挡位，增加阀侧电压。

5）当换流器的调制度大于最大调制度限值时，自动调节分接开关的挡位，减小阀侧电压。

6）系统停运后，变压器分接开关调整至额定挡位，减少启动后的挡位调节。

（2）双变压器投退策略。目前，海上风电柔性直流输电技术已在世界上得到了广泛应用，而在我国，对于该技术的研究则刚刚起步。对于海上风电柔性直流输电工程海上换流站，为了提高换流变压器运行可靠性，可采用双联接（换流）变压器设计，接线及故障示意如图5-2-7所示。因此，需要对双变压器的故障后保护动作策略进行设计。

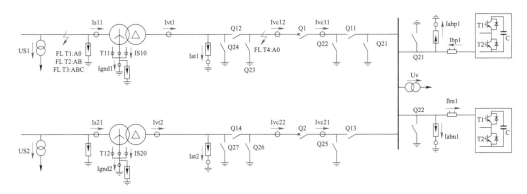

图5-2-7 双联接（换流）变压器接线及故障示意图

单变压器 T11 网侧发生单相接地、两相短路或三相短路时，故障变压器 T11 两侧开关跳开，有效隔离故障，功率转移至变压器 T12，利用变压器短时过负荷能力，然后逐渐通过与风电场功率联动控制，将功率降到设计的单变压器 PQ 功率范围内；若故障变压器阀侧开关跳闸失灵，此时另一变压器将通过阀侧开关对本故障变压器注入短路电流，需要同时跳开另一变压器。而单变压器线路阀侧出现如 FLT4 的单相故障时，有短引线差动保护动作实现换流阀可靠闭锁，跳开 VSC 换流阀及两变压器。确认变压器完好后，通过与待投入变压器两端网侧开关和阀侧开关配合，实现变压器投入。

5.2.1.3 直流振荡抑制策略

在柔直工程实际运行过程中，受柔性直流控制系统偏差等因素的影响，可能出现直流功率振荡现象。图 5-2-8 为某背靠背柔直工程启动过程中出现功率振荡现象的仿真波形。可以看到，RTDS 仿真和 EMTDC 仿真得到相同结果，在柔性直流系统功率上升过程中的特定频率范围内，出现了明显的功率振荡现象。直流功率振荡将导致设备电压、电流等应力超限，严重影响柔性直流系统和设备的安全运行。柔性直流系统功率振荡现象与柔性直流控制系统的控制策略密切相关，必须对直流振荡原理进行分析，并提出相应的抑制策略。

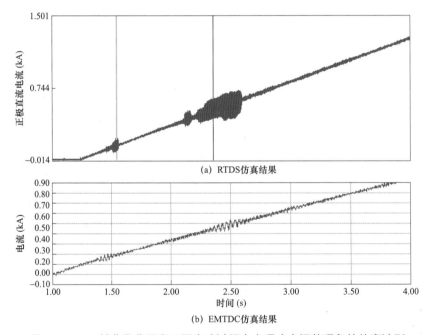

图 5-2-8 某背靠背柔直工程启动过程中出现功率振荡现象的仿真波形

以上述背靠背柔直工程为例，对其直流功率振荡原理进行分析。柔性直流系统直流侧谐波阻抗等效电路如图 5-2-9 所示，每侧换流器在直流侧呈现的等效阻抗为一个 RLC 串联电路，R_0、L_0 为单个桥臂的等效电阻和等效电感，C_0 为子模块电容器，N 为单桥臂子模块个数，ΔU_{dc} 为谐波源。基于上述等效电路对柔性直流系统直流回路谐波阻抗 Z_{dc} 随频率 f 变化的特性进行计算，并通过测试信号法对真实柔性直流系统进行仿真计算验证，所得结果如图 5-2-10 所示，二者计算结果基本吻合，验证了等效电路的正确性。由等效电路和计算结果分析可知：

（1）柔性直流系统直流侧功率振荡的两个主要影响因素为直流回路谐波阻抗 Z_{dc} 和谐波源 ΔU_{dc}。由图 5-2-10 可知，Z_{dc} 较小的频率点为阻抗的薄弱点，若 ΔU_{dc} 中恰好包含幅值较大的该频率分量，则会产生直流侧振荡。

（2）ΔU_{dc} 主要由换流阀产生，并主要由柔性直流控制系统的偏差引起。ΔU_{dc} 的幅值与换流阀的运行工况密切相关，并受到直流功率的影响。因此图 5-2-8 中特定功率范围内会出现直流功率振荡。

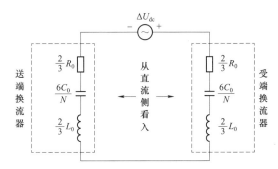

图 5-2-9　柔性直流系统直流侧谐波阻抗等效电路

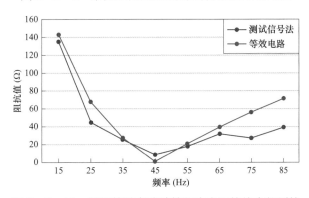

图 5-2-10　基于等效电路计算和真实系统仿真得到的
柔性直流系统直流侧谐波阻抗幅频特性

由上述分析可知，通过优化柔性直流控制系统的控制策略，降低 ΔU_{dc} 或其特定频率的分量等方法，能够对直流侧功率振荡进行抑制。针对上述问题，可用于直流功率振荡抑制的柔性直流控制策略优化方法主要有以下 3 类。

（1）子模块开关频率优化因子动态调整策略。换流器在运行过程中，子模块电容电压存在一定的发散现象，因此与理想值存在偏差，产生了谐波源，进一步导致了直流侧振荡电流。而经研究发现，子模块开关频率优化因子越大，子模块压差越大，发散程度越大，一致性越差，如图 5-2-11 所示。基于此机理，采用改善 MMC 子模块电压发散程度的控制策略抑制直流侧功率振荡：系统解锁运行后，子模块开关频率优化设置为动态调整，功率振荡区间及之前采用较小开关频率优化因子，功率振荡区间之后采用不同开关频率优化因子。

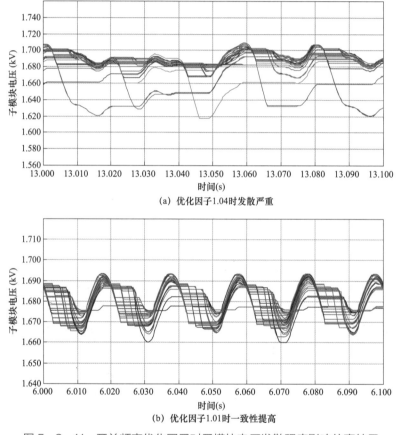

图 5-2-11　开关频率优化因子对子模块电压发散程度影响仿真结果

（2）基于调制电压优化的直流振荡抑制策略。基于调制电压优化的直流振荡抑制控制策略框图如图 5-2-12 所示，将前一个周期各桥臂投入模块电容电压和 U_{out} 与其对应的调制电压 U_{ref0} 进行比较之后产生一个补偿量ΔU，叠加到当前控制周期的调制电压 U_{ref} 上，产生最终的调制电压 U_{mod}，由此消除实际控制执行时桥臂电压的偏差，消除两端直流电压的不平衡，从而抑制直流电流的低频振荡。

（3）基于虚拟电阻法的直流振荡抑制策略。基于虚拟电阻法的直流振荡抑制策略是跟踪交流侧瞬时功率来控制直流电流，效果相当于在直流侧加入一个虚拟电阻，增大两个换流器间的阻尼。振荡抑制环的输入量为桥臂电压参考指令和桥臂电流测量值，计算所得的电压指令与桥臂环流指令叠加来修正各桥臂电压参考指令，从而抑制振荡，振荡抑制策略框图如图 5-2-13 所示。

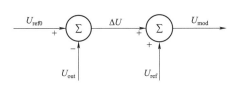

图 5-2-12　基于调制电压优化的直流振荡抑制策略框图

图 5-2-13　振荡抑制策略框图

5.2.2　柔性直流电网控制策略与保护逻辑优化

5.2.2.1　柔性直流电网运行方式控制策略

柔性直流电网具有较好的运行方式灵活性和通路冗余性，当部分设备或元件退出运行后，柔性直流电网其余部分仍然能够正常工作，并维持一定的功率输送水平。同时，不同种类、数量的设备和元件退出所形成的不同组合的数量众多，导致柔性直流电网运行方式的控制极为复杂。以双极四端接线的张北柔直工程为例，其不同种类、数量的设备和元件退出所形成的运行方式数量可达数千种。然而，过多的运行方式会给柔性直流电网的调度运行带来极大的困难，提高了调度和控制错误风险的几率；另一方面，单纯的排列组合形成的运行方式中还包含了大量不合理甚至无效的运行方式。

针对此问题，需要对柔性直流电网的运行方式进行筛选，并在柔性直流电网控制系统中对运行方式设置相应的限制，为柔直电网的可靠运行提供保障。以双极四端接线的张北柔直工程为例，给出运行方式筛选和控制策略的设计原则：

（1）运行方式的设计中应考虑各换流站是否具备直流联网运行方式和 STATCOM 运行方式。

（2）同一换流站的正、负极功率方向宜保持一致。

（3）应保留在四端全接线基础上出现 $N-1$ 元件退出的运行方式。

（4）根据实际工程要求和开关设备配置情况，宜考虑所有在四端全接线运行基础上出现以下 $N-2$ 故障后的运行方式，即单一元件/设备故障，且主保护拒动/直流断路器失灵/交流断路器失灵/转换开关失灵/直流母线快速开关失灵。此故障后的运行方式应尽量优化至第（3）条中的运行方式范围内，尽量避免新的运行方式出现。

（5）应对故障后的柔性直流电网运行方式进行优化。首先，避免故障处理后出现无效运行方式；然后，对于各类故障处理后出现的运行方式，应首先考虑通过控制系统按照预设优先级和排序自动将故障后的运行方式优化至设置好的常用运行方式之内，如图 5−2−14 所示；最后，控制保护系统应确保后备保护动作形成的运行方式和主保护相同。

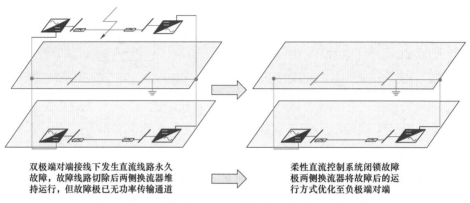

图 5−2−14　故障后柔性直流电网运行方式优化示意图

基于上述设计原则，给出张北柔直工程运行方式设计实例，具体包括以下运行方式：

（1）全接线运行方式。

（2）在四端全接线运行基础上元件/设备 $N-1$ 退出形成的运行方式，具体包括：

1）元件检修或故障造成单极换流器退出。

2）元件检修或故障造成单极线路退出。

3）极母线检修或故障造成单极换流器及其相连的所有直流极线均退出。

4）单回金属回线检修或故障造成该金属回线退出。

5）中性母线及其相连的所有金属回线均退出。

6）故障造成换流站退出。

7）同杆并架单通道（包含正负极线路及金属回线）退出。

（3）在四端全接线运行基础上出现元件/设备 $N-2$ 故障后形成的运行方式，具体包括以下故障情况［其中，除 7）和 9）以外其他故障后的运行方式均可优化至第（2）条中的运行方式，7）和 9）故障后将出现新的运行方式，分别如图 5−2−15（a）和（b）所示］：

1）单极故障造成单极换流器退出且直流断路器失灵。

2）单极线路故障造成单极线路退出且直流断路器失灵。

3）极母线故障造成单极换流器及相连的极线退出且直流断路器失灵。

4）单极故障造成单极换流器退出且 NBS 失灵。

5）中性母线故障造成单站及相连的金属回线退出且 NBS 失灵。

6）中性线路故障造成本金属回线退出且 MBS 失灵。

7）中性母线故障造成单站及相连的金属回线退出且 MBS 失灵。

8）单极故障造成单极换流器退出且直流母线快速开关失灵。

9）中性母线故障造成单站及相连的金属回线退出且直流母线快速开关失灵。

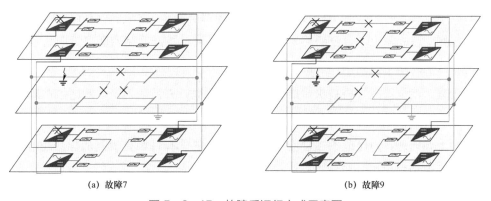

(a) 故障7   (b) 故障9

图 5-2-15 故障后运行方式示意图

5.2.2.2 柔性直流电网正负极区域保护动作逻辑

相比于端对端柔性直流输电工程，柔性直流电网中换流站的正负极区域需要与多个换流站相连，因此接线更为复杂。以张北四端直流电网为例，各换流站每极极线区域的接线如图 5-2-16 所示。按照端对端柔性直流输电工程经验，该区域 CT 的配置方式为：① 在换流阀极线区域配置 TA，即 I_{DP}。② 在各条直流极线路首端配置 TA，即 I_{DL1}、I_{DL2}。基于这 3 个 TA 的配置，该区域的主保护为极母线差动保护，保护原理如表 5-2-1 所示。

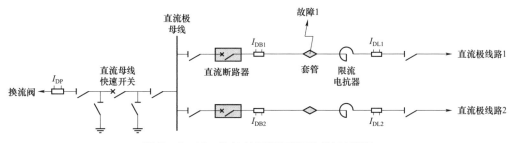

图 5-2-16 换流站每极极线区域的接线图

柔性直流输电工程可靠性设计及应用

表 5-2-1 极母线差动保护原理

保护目的	用于保护高压直流母线接地故障
保护原理	保护功能测量极线 TA 电流 I_{DP} 和线路 TA 电流 I_{DL1}、I_{DL2}，当电流差值大于一定值，则保护动作。 保护配合原则：极差动保护配合。 判据：$\lvert I_{DP} - I_{DL1} - I_{DL2} \rvert > I_{set}$
出口方式	（1）换流器闭锁； （2）跳交流断路器； （3）跳线路本侧和对侧直流断路器； （4）极隔离

上述正负极区域保护策略的问题在于对于直流断路器到线路 TA（I_{DL1} 或 I_{DL2}）之间区域的接地故障，如图 5-2-16 中所示的套管接地故障 1，按照柔性直流电网选择性故障隔离原则，该故障位于直流断路器线路侧，应该通过跳开线路两侧直流断路器实施故障隔离，而换流阀不能闭锁，且换流阀可通过另外一条线路继续传输功率；但若采用上述保护策略，该位置故障将被极母线差动保护检测到，并被认为是母线区域故障，从而导致换流阀闭锁，故障范围被扩大，因而不满足柔性直流电网故障处理原则。

针对上述问题，为保证柔性直流电网故障处理的选择性和直流侧故障穿越能力，必须对原有的保护策略进行优化设计，优化后的新策略如下：

（1）对保护分区进行细化，通过在各直流断路器线路侧各增加一台 TA，如图 5-2-16 中的 I_{DB1}、I_{DB2}，将 I_{DB1}/I_{DB2} 至 I_{DL1}/I_{DL2} 之间的保护区域独立出来。

（2）对于 I_{DP} 与 I_{DB1}/I_{DB2} 之间的区域（极母线区域），仍采用表 5-2-1 所示的极母线差动保护作为主保护，但判据改为 $\lvert I_{DP} - I_{DB1} - I_{DB2} \rvert > I_{set}$。

（3）对于 I_{DB1}/I_{DB2} 至 I_{DL1}/I_{DL2} 之间的保护区域（极线电抗器及套管区域），采用极线电抗器差动保护作为主保护，其原理如表 5-2-2 所示。

（4）对于 I_{DL1}/I_{DL2} 线路侧的区域（直流极线路区域），采用线路保护（如行波保护、欠压微分保护等）作为主保护。

表 5-2-2 极线电抗器差动保护原理

保护目的	用于保护高压直流母线接地故障
保护原理	保护功能测量 TA 电流 I_{DB1}/I_{DB2}、I_{DL1}/I_{DL2}，当电流差值大于一定值，则保护动作。 判据：$\lvert I_{DB1} - I_{DL1} \rvert > I_{set}$ 或 $\lvert I_{DB2} - I_{DL2} \rvert > I_{set}$
出口方式	跳对应直流极线路上本侧和对侧直流断路器，且不进行重合闸

需要注意的是，在上述优化策略中，增加 I_{DB1} 和 I_{DB2} 两个 TA 后，原有的 I_{DL1} 和 I_{DL2}

两个 TA 通常不能省去。这是因为极线电抗器及套管区域与直流极线路区域需要分开。虽然这两个区域的故障都需要通过跳开线路两侧直流断路器隔离，但两个区域保护动作后的动作结果不同：直流极线路区域故障跳开直流断路器后，直流断路器需要重合闸；而极线电抗器及套管区域故障跳开直流断路器后，考虑到该区域为严重的站内故障，为了保证设备安全，不宜重合直流断路器。

5.2.2.3 柔性直流电网中性区域保护动作逻辑

对于采用双极金属中线接线的柔性直流电网，其中性区域需要配置金属中线保护和中性母线保护。通常每条金属中线两侧需要配置 MBS，在金属中线发生接地故障后，通过跳开故障金属中线两侧的 MBS 隔离故障，并保证柔性直流电网健全部分正常运行。对于中性母线故障，同样需要通过跳开故障母线所连金属中线上的 MBS 实现故障隔离。

MBS 结构如图 5-2-17 所示，其中 B 是 SF_6 断路器。MBS 通常只具备转移直流电流的能力，即通过 MBS 内部各支路的动作将流过 MBS 的直流电流转移到与其所在支路并联的其他支路上，以及开断续流电流的能力，而不具备开断负荷电

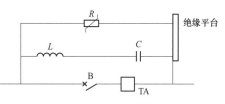

图 5-2-17 MBS 结构示意图

流的能力。然而，当柔性直流电网金属中线非环网运行，且发生金属中线或中性母线故障时，MBS 需要开断负荷直流电流。以图 5-2-18 所示张北四端柔性直流电网为例，图中给出柔性直流电网正极层及金属中线层接线，图示工况中金属中线非环网运行，此时若发生图中所示位置的金属中线接地故障，则红色虚线圆圈内 MBS 分闸后原本流过它的负荷电流没有其他支路可供转移，即 MBS 将开断负荷电流。开断负荷电流将导致 MBS 开断电流及能量超限，MBS 存在损坏风险。

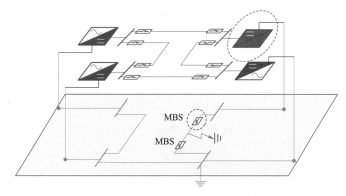

图 5-2-18 柔性直流电网故障后 MBS 开断负荷电流示意图

针对此问题,需要对中性区域保护动作策略进行优化设计。优化后的策略如图5-2-19所示。柔性直流电网金属中线非环网时发生金属中线或中性母线故障,首先判断故障位置,随后由协控闭锁孤立(即将与接地点断开连接)换流器,使得 MBS 仅用于转移电流或开断续流电流,从而确保了中性线区域故障的可靠隔离。

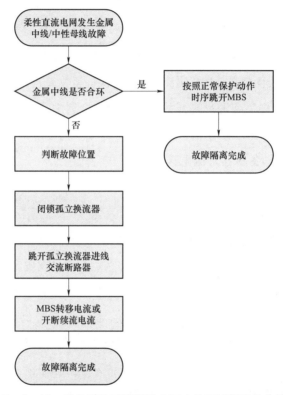

图 5-2-19 优化后的柔性直流电网中性区域保护动作策略

5.2.3 柔性直流系统与交流侧系统配合策略

5.2.3.1 柔性直流系统交流断面失电处理策略

柔性直流系统交流断面失电是指柔性直流输电系统运行过程中,换流站交流侧若干回交流进线因检修或故障等原因全部断开。交流断面失电将导致换流站内出现过电压,使得站内设备存在损坏风险。柔性直流系统断面失电过电压的产生原因与常规直流有所不同,以端对端柔性直流输电系统为例,如图 5-2-20 所示,换流站最后一回交流进线的交流断路器断开后出现断面失电,此后直流控制系统会由于控制量实测值无法跟踪指令值而出现控制器饱和,从而导致换流站交流侧电压升高。

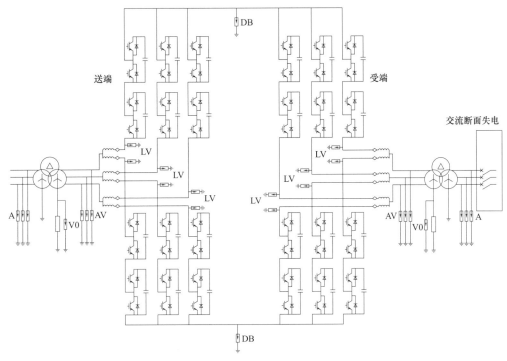

图 5-2-20 柔性直流系统交流侧断面失电示意图

针对上述问题,可以结合工程要求和设备情况配置换流站内最后断路器跳闸保护功能,利用交流断路器分位信息、换流站安稳装置、断路器 early-make 信号等手段综合判断最后一台交流断路器跳闸,进而闭锁直流实现保护。站内最后断路器跳闸闭锁直流逻辑图如图 5-2-21 所示。

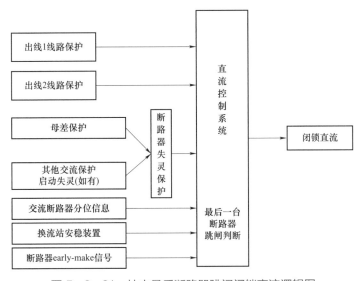

图 5-2-21 站内最后断路器跳闸闭锁直流逻辑图

另一方面，柔性直流系统交流断面失电后，利用换流站交流母线过电压保护动作也可实现闭锁直流进行保护。但是交流母线过电压保护通常分段配置，且高定值段的动作时间较短（数十毫秒级）、低定值段的动作时间较长（数百毫秒级），若断面失电引起的过电压大于低定值而小于高定值，则保护动作较慢，交流断面失电后在换流变压器网侧和阀侧产生的交流过电压会维持较长时间，该过电压通常超过换流变压器网侧和阀侧避雷器动作电压，使得避雷器持续吸收能量，进而可能出现能量超限而损坏。最严酷的情况为断面失电引起的过电压幅值仅略微小于高定值，此时仍需要依靠动作速度慢的低定值段保护动作实现闭锁直流，因此过电压幅值高且持续时间长。针对此问题，需要对交流母线过电压保护动作策略进行优化设计，具体优化过程为：

（1）通过系统研究，明确交流断面失电后换流站交流母线过电压的水平。

（2）判断交流母线过电压保护定值和动作时间与实际交流过电压水平是否匹配，即是否可能出现类似上述最严酷的过电压情况。

（3）若可能出现上述最严酷的过电压情况，可根据需要增加一段保护，保护定值及动作时间应位于原有两段保护的定值和动作时间之间，并应通过系统研究验证基于该段保护动作闭锁直流时换流变压器网侧及阀侧避雷器能量不超标。

5.2.3.2 柔性直流系统对交流侧系统的支撑策略

（1）对交流电网的功率支撑策略。当出现送端交流系统损失发电功率或受端交流系统甩负荷的事故，可能要求柔性直流输电系统自动降低直流输送功率；当出现受端损失发电功率或送端甩负荷故障时，可能要求柔性直流输电系统迅速增大直流系统的功率，以便改善交流系统性能。因此，直流控制系统可根据工程需要设置功率回降和提升功能。开展功率回降和提升附加控制设计时，应通过系统研究得到功率的回降和提升水平。

功率提升（或回降）功能作用于功率指令，可按系统需求结合柔性直流输电系统提升回降量，向柔性直流输电系统发送功率提升回降命令及提升回降功率值，柔性直流输电系统接到功率提升回降值后将按照功率分配原则在站内的多单元间分配功率，并允许因功率提升回降导致的潮流反转。功率提升后的直流系统功率值应确保不超过允许运行功率；同时每单元提升后的功率值或者电流值仍旧受各种限制值的限制，以保证系统工作在安全范围。功率提升（或回降）控制原理框图如图 5-2-22 所示。

（2）对孤岛新能源电场的电压支撑策略。频率和电压是交流系统稳定的重要特征，当柔性直流输电系统接入新能源孤岛系统时，换流器应向孤岛无源网络供给稳定的交流电压。为了实现柔性直流换流器与新能源机组的有功和无功的友好互动，可参考同步发电机的频率有差调节特性，设计 P_f 下垂特性曲线，实现有功功率的协调；并采用电压幅值有差调节特性，设计 QU 下垂特性曲线保证换流器的无功平衡以及孤岛网络电压的稳定，控制策略原理图如图 5-2-23 所示。

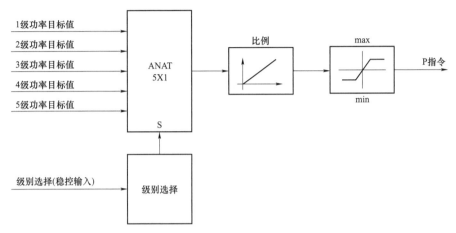

图 5-2-22　功率提升（或回降）控制原理框图

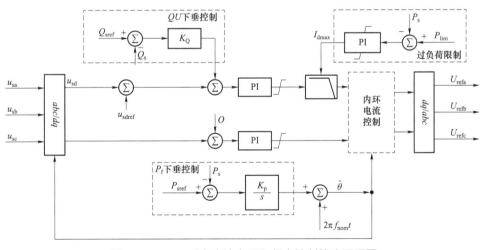

图 5-2-23　孤岛交流电压和频率控制策略原理图

（3）对孤立电网系统的黑启动控制策略。柔性直流输电系统采用电压源型换流器，不依赖交流电网强度、不存在换相失败问题，可利用换流器实现电网黑启动，实现快速恢复供电。对于存在失稳风险的异步电网，新能源并网、海岛、钻井平台等孤立电网系统，柔性直流控制系统应配置黑启动功能，在停电后作为启动电源，协助电网快速恢复。海上孤岛新能源电场通过柔性直流输电系统并网示意图如图 5-2-24 所示。

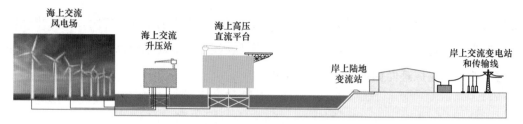

图 5-2-24　海上孤岛新能源电场通过柔性直流输电系统并网示意图

黑启动控制的一般流程：两站直流侧连接，通过有源侧交流系统对有源侧换流站和无源侧换流站充电，有源侧换流站建立起稳定的直流电压后，无源侧换流站依靠直流线路充电并主动直流充电，然后无源侧换流站解锁运行，提供稳定交流电压并完成无源侧换流站黑启动过程。

5.2.3.3　交直流振荡抑制控制

柔性直流输电系统接入交流系统时可能存在低频振荡、次同步振荡、高频谐振等问题，以及柔性直流输电系统内可能存在直流振荡问题，直流控制系统中应根据系统研究的结果，分析柔性直流输电系统与交流系统之间发生振荡的可能性，确定配置相应的交直流振荡抑制控制功能，以提供正阻尼实现振荡抑制。

在柔性直流控制系统中可配置抑制低频振荡的附加阻尼控制功能，通过快速调节直流系统的有功功率，帮助增加系统阻尼，抑制低频振荡。附加阻尼控制器结构如图 5-2-25 所示。其中，输入信号可以是交流线路传输功率 P_{ac}、区域间电压相角差 $\Delta\theta$ 或柔性直流输电线路两侧交流母线频率等能有效反映交流系统低频振荡的观测量，在交直流混联系统中，推荐采取交流联络线传输有功功率振荡值为输入信号。

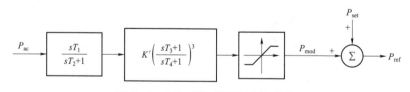

图 5-2-25　附加阻尼控制器结构

在柔性直流控制系统中可配置阻尼次同步振荡的功能，用以保证对直流系统与交流系统中的任何同步发电机之间可能发生的次同步振荡都产生正阻尼。图 5-2-26 为阻尼同步振荡的原理性功能概况图，直流次同步阻尼控制器（supplementary subsynchronous damping controller，SSDC）一般采用整流侧换流站的交流母线电压作为信号输入，通过锁相环得到交流电压的频率，然后从中提取出次同步分量。SSDC 的实质是向系统提供正的阻尼效应，其结构一般由滤波环节和相位补偿环节组成。为了防止在补偿环节频率的混叠，采用窄频带、多通道的滤波及相位补偿，将多个模态的信号叠加后可得到输出信号。

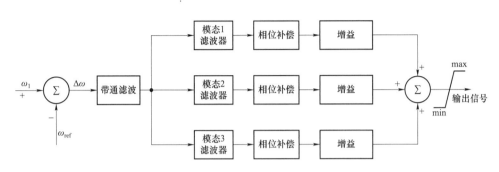

图 5-2-26　阻尼同步振荡的原理性功能概况图

ω_1—角频率；$\Delta\omega$—角频率差值；ω_{ref}—角频率参考值

柔性直流输电系统与交流系统之间存在高频谐振风险，主要原因是柔性直流输电系统控制环节复杂，通常由测量环节、单元控制系统、阀极控制系统等环节串联形成，其中包含了链路通信及计算处理带来的时间延时，该延时作用在闭环控制上将会产生负阻尼特性。若交流系统在高频段也呈现弱阻尼特性，则柔性直流输电系统与交流系统将因为整体阻尼不足，而产生高频谐振。在柔性直流控制系统中可配置高频谐振抑制功能，通过改善柔性直流输电系统在中高频段的交流侧等效阻抗，避免与交流系统产生中高频谐振。典型高频谐振抑制方法为在电压前馈环节增加滤波器，以及适当减小电流内环 k_p 增益系数。

5.3　控制保护装置可靠性设计

柔性直流控制保护装置是柔性直流控制保护策略实现的载体和基础，大量工程调试和运行经验表明，实际工程中的 CCP 故障问题，大多由控制保护装置本身的设计不合理或可靠性低所导致。因此，围绕柔性直流控制保护装置本身的设计要点，采取针对性的优化措施，是提升 CCP 运行可靠性最直接有效的手段。

柔性直流控制保护装置的设计主要包含装置的架构、性能和硬件等层面的设计。本节将围绕这几个层面，从柔性直流控制保护装置链路延时、接口通信方式、网络风暴预防措施、负载率、冗余配置、硬件配置等可靠性控制要点入手，介绍其优化设计方法。

5.3.1 链路延时的优化设计

低压小容量换流器中，系统的采样、控制、保护相对集中，控制链路延时通常较小，很多文献分析了此类系统的稳定性。但是，在高压大容量柔性直流输电系统应用中，每个桥臂的模块数达到数百个，控制的多个环节无法由单一控制器完成。考虑到电力系统控制保护装置的可靠性及装置冗余的要求，高压直流电量采样、极控、阀控等环节均单独组屏，控制保护装置多、不同控制保护装置间通信数据多。CCP 链路延时相关硬件拓扑如图 5-3-1 所示。这些原因导致控制链路延时难以减小，工程实测控制链路延时可达到 600~700μs，即 6~7 个控制周期。

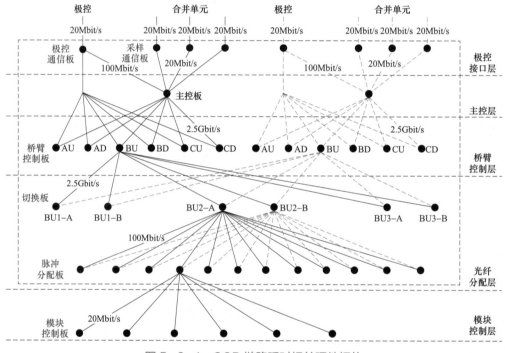

图 5-3-1 CCP 链路延时相关硬件拓扑

（1）链路延时对直流控制保护装置性能的影响。链路延时会对直流控制装置的性能产生重要影响。柔性直流控制装置的链路延时会在不改变系统幅频特性的条件下，使相同频率点的相位滞后于无延时系统，相位的滞后会导致系统相角裕度减小，从而影响柔性直流系统的稳定性。当控制延时过大时，系统稳定性逐渐恶化，直至不稳定。当柔性直流控制系统控制量的实测值与目标值出现偏差时，控制系统会通过反馈调整目标值以消除偏差，当控制链路延时较大时，上述控制环节产生的目标值会发生相位偏差，使得控制效果变差，甚至起到相反的作用，从而偏差因正反馈逐渐变大，最终导致系统出现振荡发散。

链路延时会对直流保护装置的性能产生重要影响。柔性直流输电系统具有低惯性、弱阻尼的特点，故障电流上升速度快，可达数千安每毫秒，需要保护系统快速动作，确保在故障电流达到设备耐受限值前将其关断。以换流阀内部短路故障为例，其故障回路较短，回路中限流阻抗极小，导致故障电流上升速度极快，极易造成 IGBT 器件损坏，因此对过电流保护动作速度要求极高。保护动作时间由测量装置延时、保护系统链路延时、开关/换流阀动作延时等因素决定，过电流保护链路示意图如图 5-3-2 所示。因此，优化直流保护装置链路延时对提高保护动作速度，保证换流阀等核心设备安全至关重要。

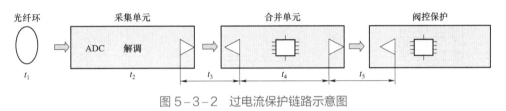

图 5-3-2　过电流保护链路示意图

（2）链路延时的优化设计方法。如前所述，控制链路延时的增加会恶化柔性直流系统运行特性，在系统扰动情况下容易引发功率振荡。针对此问题，可通过简化装置架构的方法对柔性直流控制系统链路延时进行优化设计。以双极多端柔性直流输电系统为例，其控制装置按功能分层自上而下为系统层、站间协调控制层、双极控制层、极控制层、阀组控制层，其中系统层为运行人员控制主机。如果按照功能分层配置物理装置，则分层太多，控制链路过长，通信延时太长。为简化物理层级，减少装置通信链路，缩短通信延时，可将多端协调控制层和双极控制层的功能集成，放置在双极控制层物理装置中，物理装置上，省去多端协调控制层，从而简化物理装置层级，缩短控制链路的延时，提升控制响应速度。此外，各站间通过极控制设备进行通信，各站双极层及阀组层之间的少量信号交互也通过极层的转发来完成，以保证站间协调指令能够被更快速执行。

优化后的柔性直流输电控制装置通信链路示意图如图 5-3-3 所示，各站间通过极控制层进行通信，每个站的极 1 间相互通信、每个站的极 2 间相互通信，一个站的极 1 与另一站的极 2 间不通信。例如图 5-3-3 中的 S1 站的极 1、S2 站的极 1 和 S3 站的极 1 相互通信，S1 站的极 1 和 S2 站的极 2 间不通信，如确有少量信号交互，经其他通信通道转送。站间通信主要用于完成三站之间主控站和从控站控制命令及运行状态的传送，三站之间电流、电压指令同步以及换流站紧急故障情况下，各站各层级之间闭锁时序之间的协调配合。

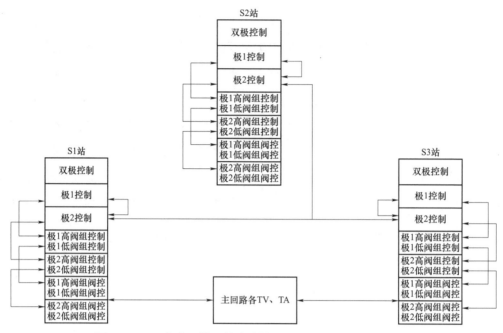

图 5-3-3 优化后的柔性直流输电控制装置通信链路示意图

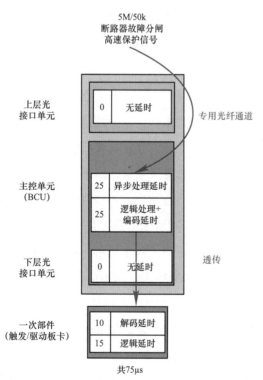

图 5-3-4 优化的保护装置信号传输链路示意图
（单位：μs）

直流保护装置链路延时的增加会延缓保护动作的速度，使得设备存在故障后暂态电气应力超标风险。针对此问题，可通过优化装置间的接口方式实现柔性直流保护系统链路延时的优化，优化的保护装置信号传输链路示意图如图 5-3-4 所示。一方面，对于断路器故障分闸等高速保护信号，可采用高频调制信号代替 IEC 60044-8 协议信号，提高信号发送和接收速度；另一方面，可采用透传或配置专用光纤通道的方式传输保护信号，减少装置之间接口的编码和解码延时。此外，同一柔直工程中不同厂家装置的延时设置原则应尽量一致，且同一厂家装置在不同运行工况下应保证链路延时的稳定性，因此应制定控制装置出厂实验的强制性校验标准以及统一的控制系统延时标准。

5.3.2 接口通信方式的优化设计

柔性直流控制保护装置信号传输方式通常包括硬接线、总线、站局域网或保护子网、串行数据口等。应根据信息功能以及传送的响应速度、可靠性、准确性等性能要求和通信负荷的合理分配提出接口设计要求，主要包括软/硬件接口形式、信号内容、信号性质和流向、接口点、网络布置结构要求及接口通信协议或规约要求等。

为了提高控制保护系统的可靠性，应尽量减少设备或装置之间的信息传输量，减少接口配置的复杂性，并应明确接口装置制造的界定范围。应对各换流站二次电气设备或装置之间的信号传输内容、传输方向和方式、接口要求以及接口点进行详细的设计。

（1）控制保护分系统间的通信方式。

1）极控制系统与保护系统之间的通信。极控制系统与保护系统之间应采用点对点的快速总线通信；极控制系统应至少发送系统解闭锁状态、系统运行方式等信息给保护系统；保护系统应至少发送保护总出口信息（控制系统切换、闭锁、跳闸）和每个保护配置的出口信息（用于控制系统软件三取二逻辑判定）；极控制系统和保护系统之间除总线通信以外，应配置用于标识保护系统运行是否正常的硬节点信号，用于极控制系统判定保护系统是否投入。

2）极控制系统与站控系统之间的通信。极控制系统与站控系统之间采用 LAN 网通信；极控制系统要通过站控系统传送分合交流断路器的命令以便于极控制系统的顺控操作，以及断路器的操作允许和阀组解闭锁等状态，以便站控系统用来做交流断路器和相关隔离开关、接地开关的联锁逻辑。

3）极控制系统与联接变压器保护系统之间的通信。极控制系统与联接变压器保护系统之间采用点对点光纤通信；极控制系统主要接收联接变压器保护系统传递的切换系统和跳闸开关量信号，用于联接变压器保护系统故障时候切换极控制系统或者闭锁直流系统跳交流开关。

4）冗余极控制系统之间的通信。冗余极控制系统之间应采用快速总线通信；极控系统之间传递数据分开关量和模拟量两部分。两套极控系统要互相传递一些系统信息以及系统故障级别，以便于系统的切换，还有一些开关量数据类似于系统主从标志；模拟量主要是功率参考值和升降速率等，以便于主系统实时刷新从系统数据等。

5）两极（单元）极控制系统的通信。两极（单元）极控制系统之间应采用快速总线通信；两极（单元）极控制系统之间传递数据分开关量和模拟量两部分。两极（单元）极

柔性直流输电工程可靠性设计及应用

控制系统之间要互相传递开关量主要是系统状态信息，比如单双单元控制模式以及主导单元等信息；模拟量信息主要是功率参考值和升降速率等，以便于系统的参考值和速率分配。

（2）直流控制保护装置与直流断路器控制本体控制保护装置间的通信。柔性直流系统中的各种控制保护装置如何与直流断路器进行通信是直流断路器应用于柔性直流系统的难点之一。一方面，不适合的通信方式可能引起单个控制保护设备退出时影响其他运行设备对直流断路器的操作，引起直流断路器拒动的严重后果。另一方面，由于柔性直流系统线路故障时要求保护快速出口，需要线路保护设备具备与直流断路器高速可靠的接口方式，从而保证直流线路发生故障时最短时间内将跳闸信号发送至直流断路器控制系统。

针对上述问题，对直流控制保护装置与直流断路器控制本体控制保护装置间的通信方式进行优化设计，如图 5-3-5 所示。CCP 中，极控、极保护、直流母线保护和直流线路保护等装置需与直流断路器本体控制保护设备进行通信。上述直流控制装置和直流断路器本体控制保护装置均采用双重化设置，直流保护系统采用三取二配置。直流控制装置及保护三取二装置的 A/B 设备均与直流断路器本体控制保护装置的 A/B 套设备采用双向点对点交叉连接。上述的所有单相通信接口通信链路的介质采用光纤，通信协议采用 IEC 60044-8。直流断路器发送至直流控制保护装置的上行通信链路传输直流断路器的状态信号；下行通信链路传输分闸、合闸、跳闸以及重合闸命令信号。采用上述的接口配置方法，直流断路器控制设备类似于交流断路器的操作箱，可以有效避免单个控制保护设备退出时影响其他运行设备对直流断路器的操作。

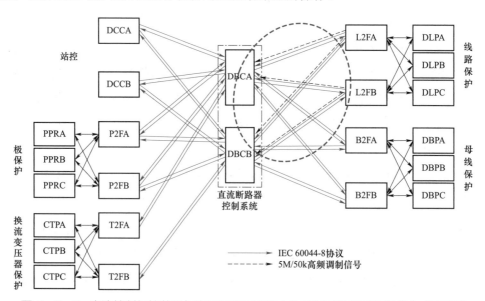

图 5-3-5 直流控制保护装置与直流断路器控制本体控制保护装置间通信方式示意图

386

上述 CCP 的某一保护装置（可为极控、极保护、直流母线保护或直流线路保护）与直流断路器本体控制保护装置还应配置单向高频快速跳闸通信链路，当直流断路器本体控制保护设备需要快速出口跳闸时，由该保护装置向直流断路器控制保护装置发送跳闸命令。

5.3.3 网络风暴预防措施设计

网络风暴是导致柔性直流控制保护装置死机的主要原因。通常是网关服务器与主机之间的通信存在问题，导致网关服务器发出的总召广播没有得到响应而频繁发送总召广播，长字节数据造成主机超时死机，即网络中出现死锁现象。一旦出现死锁，一组节点由于没有空闲缓冲区而无法接收和转发分组，节点之间相互等待并一直保持这一僵局，此时只能靠人工干预重新启动网络来解除死锁。柔性直流控制保护装置网络架构由双极控制、极控制、阀组控制等多个环节共同组成，一旦网络系统出现故障，将导致柔性直流系统异常运行，甚至出现闭锁等严重后果。

针对上述问题，需要采取必要措施防止网络异常后引起故障扩大。而网络异常后导致事故进一步扩大的根本原因在于控制保护装置主机网络报文筛查检测功能不完善，在出现长报文自锁时不能及时提醒 CPU 采取应对措施。因此主要的改进措施应是在保护主机中增加对超长报文的筛查检测功能，当信息子站与控制保护系统之间的报文超过一定字节后，控制保护主机系统选择不进行接收。

此外，在设计上应避免存在物理环网，避免出现逻辑环网导致网络风暴的可能性。使用的交换机其本身已设置广播流量限制功能。控制保护主机具有网络通信的各个板卡自身应具有网络风暴防护功能，即使网络真出现了网络风暴，控制保护主机也能运行，功能和性能也不受影响，不会出现死机、重启等异常现象。

5.3.4 负载率优化设计

柔性直流控制保护装置硬件包括主机以及输入输出板卡。其中，主机包括主板、CPU、PCI 板卡、电源、风扇等部件，在主机 CPU 以及 PCI 板卡内部运行有各类程序，负责实现控制保护功能。程序运行的正常与否将直接影响到柔性直流输电系统的正常运行。除了主机内部元件完全损坏或者功能无法正常运行等严重故障会导致主机程序不能正常运行外，主机负载率也是影响主机故障的重要因素之一。负载率过高同样也可能导致柔性直流控制保护系统主机运行异常甚至是死机，进而会严重影响柔性直流输电系统的安全稳定运行，造成闭锁等非常恶劣的后果。

针对于此，需要结合实际工程要求，对柔性直流控制保护装置的主机负载率提出强

柔性直流输电工程可靠性设计及应用

制性设计要求，避免主机死机情况出现。保护装置应具有合理的硬件结构，即具有运算单元区和逻辑判断单元区合理的设计方案；应尽量设置保护硬件连接片，配合软件闭锁功能，保证一套系统检修维护时不影响工作系统的正常运行。通常保护主机负载率应不高于 50%。

5.3.5 冗余设计

5.3.5.1 柔性直流控制装置冗余设计

柔性直流控制装置的冗余配置是保证直流输电系统安全可靠运行的重要环节，控制装置的各层次都按照完全冗余原则设计。控制装置冗余设计应保证当一套设备出现故障时，不会通过信号交换接口以及装置的电源等将故障传播到另一套设备，确保直流系统不会因为控制装置的单重故障而发生停运。

冗余配置的范围从测量二次绕组开始包括完整的测量回路，信号输入、输出回路，通信回路，主机和所有相关的直流控制装置。极、换流单元层次及外部 I/O 接口都按双重化的原则配置控制装置，并采用双电源设计，提高单套设备的可靠性，并且每套系统实时监测与自诊断、监视与自诊断功能覆盖率达到 100%。两套控制主机之间通过主 CPU 插件的两路千兆光纤以太网进行数据交换，并按指定的频率进行数据交互和判断，一个处于运行状态，另一个处于备用状态，发现故障后及时进行冗余系统间的切换，确保始终有一套完好的设备处于运行状态，从而把由控制主机引起的直流系统的不可用率降到最低。图 5-3-6 为柔性直流极控主设备的冗余示意图。

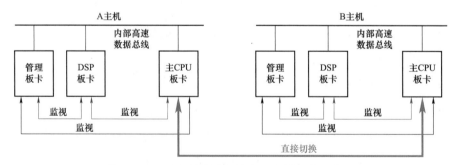

图 5-3-6　柔性直流极控主设备的冗余示意图

为保障单套设备的可靠性，直流控制主设备的外部接口多采用双网冗余方案，主要包括：

（1）监控 LAN 采用双网架构设计。

388

（2）控制 LAN 采用双网架构设计。

（3）每重控制主机与每重保护主机间采用点对点光纤双通道设计。

（4）每重控制主机与 I/O 扩展单元间采用点对点或组网光纤双通道设计。

（5）录波采用集中和分散的两种冗余设计。

任一通信通道故障，不影响设备的正常工作，同时每个通道故障均有独立的监测告警机制，便于故障分析和定位。PCP 主设备采用完全冗余的两套系统。每一套设备对自身进行监视，发现故障后及时进行冗余系统间的切换，确保始终由完好的一套系统处于工作状态。交流站控系统、站用电控制系统的设备冗余结构与 PCP 一致，其主设备及外设接口都采用双网冗余方案。

控制装置的内部电源需冗余设计，并具有足够的容量。同时，站用电源是控制装置可靠性的重要因素，应确保其冗余配置。各控制装置供电电源应进行合理分配，各路电源容量设计合理。确保站用电源故障及切换时不对控制保护系统产生扰动。

5.3.5.2 柔性直流保护装置冗余设计

保护装置采用三重化配置设计，配置三套独立、完整的柔性直流保护系统，出口采用三取二跳闸逻辑，以保证直流系统保护的可靠性，杜绝了保护误动和保护拒动的可能性。三套保护系统都应采取相应的防误动措施，且防误动措施不依赖三重化保护的切换实现。每套保护系统的测量回路、电源回路、出口跳闸回路及通信接口回路均按完全独立的原则设计，且模拟量测量回路具备自检功能，任何单一元件的故障不导致保护的误动。每套极保护系统使用双光纤冗余通道与每一套极控制系统通信，每套极保护系统使用双光纤冗余通道与每一套三取二系统通信。可以确保保护不误动，也不拒动。为保障单套设备的可靠性，柔性直流保护主设备的外部接口多采用双网冗余方案，主要包括：

（1）监控 LAN 采用双网架构设计。

（2）每重保护主机与每重控制主机间采用点对点光纤双通道设计。

（3）每重保护主机与每重三取二设备间采用点对点光纤双通道设计。

（4）每重保护主机与 I/O 扩展单元间采用点对点光纤双通道设计。

（5）录波采用集中和分散的两种冗余设计。

任何一个通信通道故障，不影响设备的正常工作，同时每个通道故障均有独立的检测告警机制，便于故障分析和定位。

柔性直流极保护主设备的冗余结构如图 5-3-7 所示。

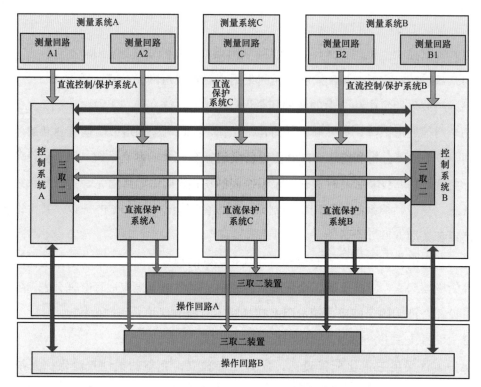

图 5-3-7　柔性直流极保护主设备的冗余结构

5.3.6　硬件设计

柔性直流控制保护装置的硬件设计是其安全稳定运行和功能性能实现的物理基础，应满足以下设计要求：

（1）控制保护装置应具有高性能、低功耗、低发热量。

（2）控制保护装置使用的板卡种类不宜过多，以便于维护。

（3）控制保护装置宜采用功能模块化设计，由各插件实现特定功能。插件类型可包括主处理插件、逻辑处理插件、模拟量采集插件、通信接口插件、开入插件、开出插件、通信管理插件、电源插件等。

（4）控制保护装置硬件设计应便于故障排除，退出运行设备的维修不应干扰柔性直流输电系统的正常运行。

（5）控制保护装置硬件均应具有覆盖范围广泛的自诊断功能。自诊断功能应区分故障位置或范围并及时报警；自诊断功能应区分故障的严重程度，以区分故障是否影响其运行或作为备用，应设计为一切轻微的或暂时的故障不退出。

控制保护装置硬件架构和内部通信结构分别如图 5-3-8 和图 5-3-9 所示。

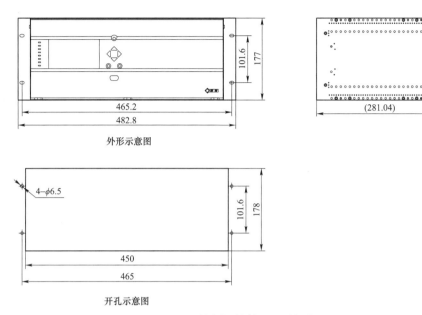

图 5-3-8 控制保护装置硬件架构图

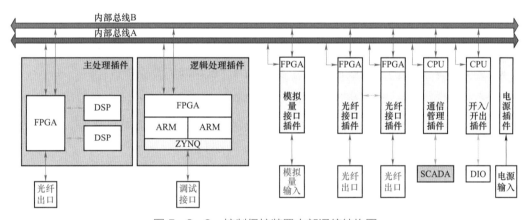

图 5-3-9 控制保护装置内部通信结构图

5.4 柔性直流控制保护试验方法

为了检验 CCP 中分散采购的控制、保护、录波、保信子站、远动等装置之间的软/硬件接口功能、性能配合的正确性，有必要开展柔性直流控制保护联调试验。通过联调试验，可在设备到达现场之前发现所有问题并解决，既方便各供应商的充分交流、协调和修改，又能大量减少现场调试的时间，使现场试验顺利进行、工程尽快投入运行。本节围绕柔性直流控制保护联调试验的特点，介绍相应的联调试验方法及试验平台构建方法的优化措施。

5.4.1 联调试验方法

柔性直流控制保护联调试验应包含但不限于直流控制试验、直流保护试验、接口试验、专项试验等。为了充分验证 CCP 的整体功能及性能，确保试验项目和方案的完整性、有效性、合理性，控制保护联调试验项目及方案应满足以下要求和原则：

（1）直流控制试验。直流控制试验应包括但不限于顺序控制与联锁试验、空载加压试验、分接头控制试验、稳态工况参数校核试验、PQ 功率区间试验、直流启停及功率控制试验、运行方式转换试验、动态性能试验、暂态性能试验、环流抑制及谐波试验、自动监视与切换试验等。对于多端柔直工程或柔性直流电网工程，直流控制试验宜包含协调控制试验。

顺序控制与联锁试验中，对于多端柔直工程或柔直工程，宜根据实际工程特点增加协控顺序控制与联锁、直流断路器顺序控制与联锁、接地点转移等试验。

运行方式转换试验中，对于多端柔直工程或柔性直流电网工程，宜增加换流器投退、直流线路投退等试验。

（2）直流保护试验。直流保护试验应包括但不限于保护闭锁试验、各保护区故障试验等。故障试验涉及的具体保护分区可参考 5.1.3.2 保护功能及原理设计。

保护闭锁试验中，对于采用分桥臂/分相闭锁策略的柔直工程，应设置桥臂过电流分桥臂/分相闭锁试验；对于针对不同工况设置了不同闭锁跳闸策略的工程，应对所设置的特殊闭锁跳闸工况进行专项试验验证。

（3）接口试验。接口试验应包含但不限于阀控接口试验、阀控功能试验、阀冷接口试验、测量装置合并单元接口试验、联接（换流）变压器接口试验、安稳接口试验。此外，对于多端柔直工程或柔性直流电网工程，接口试验可根据工程实际情况增加直流断路器接口试验、广域协控接口试验等。对于新能源孤岛接入的柔直工程，可根据工程实际情况增加交流耗能装置接口试验、直流耗能装置接口试验等。

阀控功能试验可根据工程实际情况包含暂时性闭锁试验、换流抑制试验、三次谐波注入试验、交流侧或直流侧可控充电试验、三取二过电流保护试验、阀控过电流保护链路延时试验等。

（4）专项试验。为了提高柔直工程实际运行可靠性，可设置相应的专项试验，如断面失电试验、阻尼振荡试验等。对于新能源孤岛接入的柔直工程，应设置新能源—柔性直流互联系统试验。对于背靠背交流联网柔直工程，可根据需要增加频率控制功能试验、无功控制功能试验、安稳试验、涉网性能试验等。

设计上述试验项目的具体方案时，应遵循以下原则：

（1）应明确每个试验对应的运行方式。对于保护试验，应明确每个试验对应的故障位置和故障类型。对于运行方式和故障类型较多的工程，为了提高联调试验效率，可对运行方式、故障位置、故障类型、试验项目进行交叉组合，但应确保各种运行方式和故障都得到充分验证和考核。

（2）为保证实际运行的方式在联调试验阶段都得到充分验证，联调试验中涉及的运行方式应不少于现场调试和实际运行中可能出现的运行方式。联调试验中的运行方式应包括正常运行（最终电网）、过渡方式（如两端、三端运行等）、特殊方式（如直流断路器旁路等）。

（3）对于每种试验，应明确具体的实现方式。例如，对于通信失败后控制保护动作验证试验，可采取拔光纤方式。

（4）应做好控制保护装置厂内试验和直流控制保护联调试验的衔接。对于在控制保护装置设备制造厂内已完成的部分控制保护、换流阀、断路器、测量装置等配合试验，在联调时可根据实际要求对试验方案进行优化，如采用抽查等方式提高联调试验效率。

（5）联调试验完成后，应至少进行 100 h 连续通电试验，以检验系统的运行稳定性。

5.4.2　联调试验平台构建方法

直流控制保护联调试验需通过数字或物理方式仿真电力系统，通过功率放大器等接口设备与直流控制保护系统的主要设备连接，构成闭环的测试系统，如图 5－4－1 所示。直流控制保护联调试验的控制保护设备应涵盖阀控、极控、极保护、交直流站控、测量装置合并单元、阀冷控制保护系统、换流阀变压器 TEC 接口设备、远动通信设备、GPS 设备、保信子站、故障录波以及通信等屏柜。根据实际工程情况，直流控制保护联调试验的控制保护设备还可包含直流断路器本体控制保护、交/直流耗能装置本体控制保护、安全稳定控制、新能源电场模拟设备等屏柜。柔直工程联调试验示意图如图 5－4－2 所示。

本节以目前涵盖设备/装置种类最全面柔直工程——张北柔直工程为示例，介绍联调试验平台构建方法。张北柔直工程通过实时数字仿真装置构建了含柔性直流电网、新能源集群、交流系统的大型互联系统实时数字仿真试验平台，其仿真资源占用量是渝鄂直流背靠背联网工程的 1.5 倍以上，如表 5－4－1 所示。

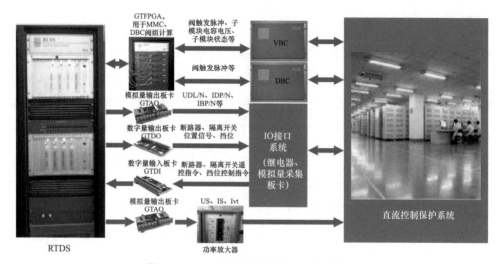

图 5-4-1 直流控制保护闭环测试系统

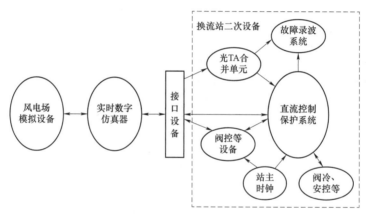

图 5-4-2 柔直工程联调试验示意图

表 5-4-1　　　　张北工程和渝鄂直流背靠背联网工程联调
试验平台仿真资源对比

工程名称	仿真对象	仿真资源	备注
张北柔直工程	直流电网	8 个 RACK+24 个 FPGA	35 个 PB5+若干 GPC
	风电场	8 个 RACK	48 个 PB5
渝鄂直流背靠背联网工程	柔性直流系统	10 个 RACK	—

（1）交流电网等值建模。根据工程建设时序，建立张北柔直工程过渡阶段张北—北京端对端联网运行方式以及最终阶段四端直流电网联网运行方式下的近区 500kV 交流系统详细模型和"三站四线"存量新能源电场模型，使得联调试验结果更加准确地反映系统实际运行工况。

（2）新能源电场等值建模。张北柔直工程配套新能源装机容量约 6800~7590MW，根据规划方案，开展张北柔直工程配套新能源建模工作，对于不明确的参数和模型按理想参数等值。单台新能源机组采用动态链接库和硬件在线进行等值建模，大规模风电场采用功率倍乘进行等值建模，通过时域及频域仿真验证了等值建模方法的有效性（见图5-4-3和图5-4-4）。

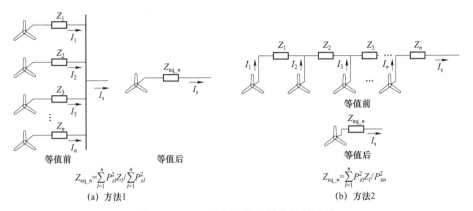

$$Z_{eq\_n}=\sum_{l=1}^{n}P_{zl}^2 Z_l / \sum_{l=1}^{n}P_{zl}^2$$

(a) 方法1

$$Z_{eq\_n}=\sum_{l=1}^{n}P_{zl}^2 Z_l / P_{zn}^2$$

(b) 方法2

图5-4-3　风电场阻抗等值计算方法

$Z_1 \cdots Z_n$—单个风机输出线路的阻抗；$I_1 \cdots I_n$—单个风机输出线路的电流；
$P_{z1} \cdots P_{zn}$—单个风机输出线路的功率；Z_{eq_n}—等值后风机输出线路的阻抗

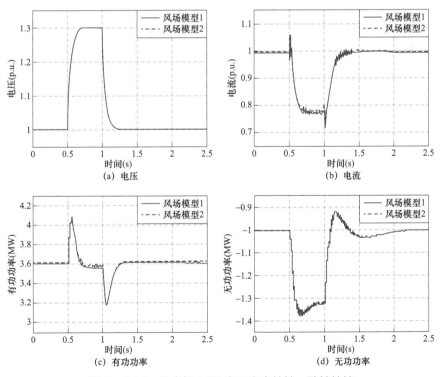

(a) 电压

(b) 电流

(c) 有功功率

(d) 无功功率

图5-4-4　风电场30%电压高穿特性一致性校核

（3）直流一次设备建模。基于 RTDS/HyperSIM 进行一次系统实时仿真建模，包括换流阀、直流断路器、换流变压器、交/直流测量装置、避雷器等设备，并研发 500kV 混合式、负压耦合式、机械式直流断路器 RTDS 一次模型。采用基于小步长的直流断路器建模方法，开展 25kA 短路电流、额定电流、小电流分断试验，额定电流合闸等试验内容，验证仿真建模方法的正确性。

（4）直流二次设备接入。张北柔直工程直流二次设备接入柔性直流控制保护联调试验平台情况如表 5-4-2 所示，包括 10 类设备/装置、约 400 台屏柜。

表 5-4-2　　　直流二次设备接入柔性直流控制保护联调试验平台情况

设备	换流站	数量（台）
柔性直流控制保护	四个站	272
阀控	张北	10
	北京	8
	康保	15
	丰宁	8
直流断路器	张北+北京	40
	丰宁	10
	丰宁	3
	康保	5
	康保	7
耗能设备	张北+康保	6
光 TA	张北	6
	丰宁	4
GPS	张北+北京	2
	康保+丰宁	2

6

柔性直流输电工程设备现场可靠性管控

在高可靠性柔性直流设备研制及系统设计的基础上，需进一步考虑工程建设与运行，开展关键设备安装、调试、运行维护及换流站运行环境管控等各个方面的优化改进研究，保证柔直工程的高可靠性应用。

在工程建设阶段，换流阀、直流断路器等核心设备的现场安装、调试工作，直接关系到工程的顺利投运；而在工程运行阶段，核心设备的有效维护与检修是影响工程长期可靠性的关键所在；同时，控制柔性直流换流站户内设备的温湿度环境，同时尽可能降低换流站运行期间对外界环境的影响，也是保障工程安全稳定运行的重要工作。

本章将关注柔直工程在建设阶段和运行阶段的可靠性设计与应用。首先，介绍换流阀、直流断路器等柔直工程核心设备及其辅助设备的安装、调试技术及其可靠性提升措施；其次，介绍阀厅巡视系统与柔直工程核心设备现场检修运维可靠性与便捷性提升设计及应用；最后，介绍柔直工程换流站的环境优化设计，包括外部电磁环境、噪声环境以及户内设备温湿度运行环境等。

6.1 关键设备现场安装可靠性管控

6.1.1 阀厅设备安装基本流程及管控要点

柔直工程中，换流阀、直流断路器等设备均布置于全钢结构形式的阀厅内，其工程现场安装工作是实现柔直工程可靠性提升的重要前提。相比于常规直流工程，柔直工程中换流阀、直流断路器等设备的组件更为多样，结构更为复杂，对其可靠安装的要求更高。

柔直工程阀厅内设备安装及质量管控工作，由阀供货商、安装单位、监理单位协作完成，阀供应商负责现场安装的技术指导和安装质量控制，安装单位负责现场设备的主

柔性直流输电工程可靠性设计及应用

要安装工作及其日常管理与整体进度把控，监理单位负责现场的安全和质量监督。

现有柔直工程中的换流阀、直流断路器等关键设备，均采用了模块化设计，其主要包括功能模块、绝缘子组件、水管、光纤和光缆、均压屏蔽装置以及其他小件零部件，对于断路器设备还需额外配置主供能变压器设备。目前各类阀及断路器设备的主体部分均为紧凑型多层支撑式阀塔结构，每层包括各种类型的功能模块，安装总体上均采用自下而上的原则，基本的安装流程如图6-1-1所示，各产品根据自身技术路线差异，安装流程有所不同（如机械式、负压耦合式直流断路器无水管安装流程）。图6-1-2为张北柔直工程关键柔性直流设备现场安装图。

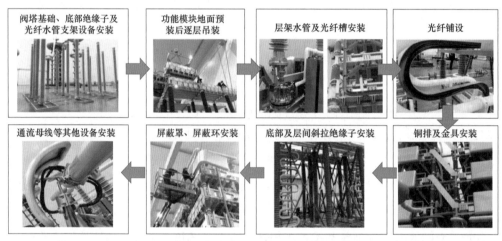

图6-1-1 柔性直流设备阀塔式结构安装基本流程

(a) 换流阀　　　　　　　　(b) 直流断路器

图6-1-2 张北柔直工程柔性直流设备现场安装图

目前，我国已建成投运的十余条超、特高压常规直流输电工程，为阀厅设备安装作业积累了大量工程经验，部分设备及组部件的成熟安装工艺流程可供柔直工程参考借鉴，而柔性直流设备相对常规直流设备的结构功能差异是提升设备安装工作可靠性所关注的重点。

相比于常规直流设备，柔直工程阀厅内换流阀、直流断路器等设备现场安装工作的关键点主要包括：

（1）安装环境要求更为严格。柔直工程阀厅内二次板卡数量是常规直流工程的数倍，此类设备对于外部环境较为敏感，在安装工作开展前，需严格控制并检查阀厅内的安装环境。

（2）光纤安装可靠性要求高。柔直工程中换流阀、直流断路器等设备光纤配置数量远多于常规直流工程，且光纤属于易损元件，其安装工作的可靠性要求高。

（3）阀塔结构安装质量管控要点多。相比于常规直流工程用悬吊式换流阀，柔直工程中换流阀、直流断路器结构更为复杂且均为多层支撑式阀塔，其基础安装、平整度控制、模块吊点选取及吊装流程都需重点关注。

（4）直流断路器供能变压器安装存在差异性。目前工程中所用的直流断路器设备主体部分为阀塔结构，但其配置的主供能变压器技术路线各异，结构形式也不尽相同，在安装期间，需根据主供能变压器的不同特点进行安装质量管控。

本节将针对上述4方面内容详细论述现场安装质量管控及可靠性提升要点，同时将介绍阀冷管道、电缆等关键辅助设备安装要点。

6.1.2 阀厅设备安装环境管控

阀厅内关键设备使用大量二次板卡类设备，其中电子板卡和光电转换设备对于外部环境较为敏感，同时，相比于传统晶闸管阀的开放式结构，柔性直流换流阀结构复杂，其包含大量半封闭的子模块结构，安装阶段的灰尘如果得不到有效的控制，灰尘飘落入子模块结构的缝隙里，会对柔性直流换流阀的长期安全运行产生一定潜在的风险。因此，阀厅的环境管控相较于传统的设备安装应更为严格，以避免安装阶段造成电路板故障、光纤连接不良等问题，提高整体可靠性。

在以往柔直工程的建设阶段，由于经验不足等原因，出现过在阀厅基建尾期与换流阀安装交叉作业的情况，使得阀厅换流阀等设备安装环境没有得到有力保障，在阀塔组装完成后需要投入大量的人力来进行阀塔清洁工作，这样对安装完成的换流阀成品保护造成了潜在的危险。

目前柔直工程设备安装阶段，对于安装环境主要的质量管控措施主要体现在以下几方面：

（1）设备安装前应严格审核阀厅相关安装条件。

1）设备安装前，应保证阀厅内墙壁、屋顶、地面、电缆沟及盖板施工结束，顶部行吊安装完成并验收通过。

2）阀厅空调通风系统安装完毕，具备正式运行条件。

3）阀厅密封性施工和穿墙套管孔封堵等完成，出入门口安装有隔尘、挡风设施。

4）关键进场安装，阀厅应已经安装粒子监测设备，可有效监控室内粒子浓度水平。

图 6-1-3 为张北柔直工程阀厅安装环境监测装置。

 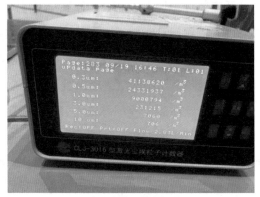

(a) 阀厅环境监测显示大屏　　　　　　(b) 阀厅粒子监测显示器

图 6-1-3　张北柔直工程阀厅安装环境监测装置

（2）高标准要求阀厅内各项环境质量。

1）阀厅保持微正压 5～10Pa，温度在 10～25℃，相对湿度不大于 60%。

2）阀厅内悬浮粒子能满足（ISO 14644-1）《洁净室及相关控制环境标准》中 9 级要求，以 0.5μm 作硬性指标，1μm 和 5μm 作为参考（见表 6-1-1）。

表 6-1-1　　　　　　室内悬浮粒子指标（ISO 14644-1，9 级）

粒子尺寸（μm）	≥0.5	≥1	≥5
粒子浓度（pc/m³）	35200000	8320000	293000

（3）建立完善的阀厅设备安装环境监控管理制度。

1）设专人进行卫生清洁及阀厅环境监测，建立专用人员管制体系，如图 6-1-4 所示。

2）人员和物料进入阀厅之前，应该首先经过阀厅入口的风淋室，人员通道与物料通道应分别设置。

3）阀厅内不能使用有尾气的工器具。

6.1.3　阀厅设备光纤铺设管控

　　柔直工程设备控制保护逻辑相比于常规直流工程更为复杂，换流阀、直流断路器等设备均需使用大量光纤进行与上层控制器进行信息交互，每个阀厅内所用光纤数量达到上万级别，如图6-1-5所示，而光纤属于易损元件，其安装时的施工路径包含地沟、地面、空中桥架、屏柜内等，部分光纤还需要穿越隔墙等不确定因素，易出现光纤损坏等问题，影响工程进度，甚至直接影响设备的安全稳定运行。根据渝鄂直流背靠背联网工程和张北柔直工程经验，在系统调试阶段，光纤通信问题正是较为突出的问题。因此对于柔直工程而言，光缆和光纤铺设是阀塔安装时需要加强管控的环节。

图6-1-4　阀厅设备安装环境质量管控人员　图6-1-5　柔直工程阀厅设备光纤数量巨大

　　对于光纤铺设安装工作，主要从以下几个方面重点管控：

　　（1）安装前应仔细检查光纤安装路径。在铺设光纤前，为确保光纤通道不损坏光纤，应检查并确认光纤路径上没有可能损坏光纤的尖角或突出物体，如有问题需通过打磨、加装防护垫防护等方式处理，值得注意的是，光纤槽盒连接缝隙也应用胶带粘贴进行有效防护，避免接缝尖角划伤光缆外皮表面。此外，需对转弯处角度进行测量，确保满足光纤弯折角度要求，一般要求不小于200mm。图6-1-6为光纤铺设通道。

图6-1-6　光纤铺设通道

图 6-1-7　光纤分组标签

（2）逐根进行功能预查，核对光纤分组。进入光纤通道前，应对光纤进行检测，测量光功率损耗，确保光纤完好，记录损坏光纤编号，认真查看光纤标签内容并确定光纤对应位置，如图 6-1-7 所示。

（3）光纤铺设过程的防护工作。在光纤铺设时应注意保护光纤，不能强行拉拽，特别是转弯和拐角处，应安排专人负责监督；为避免光纤弯折受损，铺设光纤时应始终保证分散光纤转弯和光缆转弯静态时应不小于直径的 15 倍，施工动态过程中不小于直径的 20 倍；注意光纤不能拉直而应松弛，光纤槽内固定光纤时扎带应呈圆头状，扎带捆绑不能过紧，以免造成内部光纤损坏。图 6-1-8 为光纤安装现场照片。

图 6-1-8　光纤安装现场照片

（4）逐根开展插接前功能检测。为确保光纤插接前状态完好，光纤铺设完成后，要进行光纤的光功率损耗测试，每根光纤衰减量不大于 1.5dB，测试完毕后，在确定无误情况下，在所有的光纤槽上安装光纤槽盖，同时对光纤槽进行封堵。图 6-1-9 为光功率损耗原理及测试设备照片。

（5）严格落实光纤接头防尘与电位固定等防护措施。在光纤中传播的光信号对光纤接头端面的灰尘和污染比较敏感，因此在光缆铺设时应格外注意光缆的弯曲及插头的防尘问题，同时光纤接头应做好防尘防护，配备防护套，备用光纤接头都要进行电位固定，避免悬浮电位。

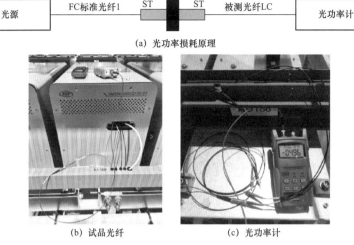

(a) 光功率损耗原理

(b) 试品光纤   (c) 光功率计

图 6-1-9　光功率损耗原理及测试设备照片

6.1.4　阀塔结构安装管控

相较于常规直流工程，柔直工程阀厅内的核心设备，包括换流阀、直流断路器等，均为布置紧凑的多层支撑式阀塔结构，每层由多个模块化的组件构成。针对此类结构，需在以下几个方面重点关注其安装工作的可靠性：

（1）严格控制设备基础的安装高度误差和平整度。阀塔结构的基础安装包括底座焊接、底部支柱绝缘子安装等，是保证整个设备平整度的重要基础，在阀塔结构安装时应重点关注基础安装的误差，主要关注的参数有高度误差和平整度误差。为提高安装质量和可靠性，应通过底座法兰平面度测量、阀基绝缘子高度选配、绝缘子间限位以及增加填隙垫片等方式调整高度及平整度误差，并通过高精度水平仪进行测量校核，保证安装质量。设备基础安装流程及管控要点如图 6-1-10 所示。

高度匹配：首先测量并记录所有支柱绝缘子的基础高度，根据基础高度选配合适高度的底部绝缘子

预调整高度：每根支柱绝缘子下部法兰加装底部支柱适配垫片，用底部支柱调整垫片将同塔的支柱绝缘子调整至同一高度，底部支柱调整垫片安装于绝缘子下部法兰

力矩紧固：将绝缘子安装在阀塔底座上，进行两次力矩紧固

检查和调整：用水平尺检查绝缘子上平面，通过填隙垫片调整至水平，保证单个阀塔的绝缘子安装后的高度误差在合格范围内

图 6-1-10　设备基础安装流程及管控要点

设备基础安装应重点关注以下几个方面：

1）底座焊接。将设备底座焊接在阀厅底部钢板上，焊接后的安装基座应满足高度误差（±1mm）、平面度误差（±0.5mm）、相邻过渡底座高度差（≤2mm）、同塔内所有过渡底座上表面高度差（≤3mm）在合格范围内。

2）绝缘子安装。应保证阀基绝缘子上端面的平整度误差在 2mm 以内，阀基绝缘子间距离误差在±2mm 以内。

针对底座高度精度控制，目前在柔直工程中已采取了一系列改进方案：① 底座表面采用冷镀锌工艺，并在设计图中对底座的上下表面的平面度、上下表面的平行度等均提出精度要求，可以确保底座在产成后在高度上的精度要求；② 为保证方便底座高度偏差的调整，在底座下法兰的四角均设计有一个螺纹孔，通过旋转四角的螺栓可以实现底座的四角在高度尺寸的微调，实现绝缘子高度偏差控制在±1mm 偏差的精度要求。采用以上高度调整方法，有效减少了底座高度误差，缩短了底座的调整用时，提高了安装效率。图 6-1-11 为设备基础底座结构。

高度调节螺栓

图 6-1-11　设备基础底座结构

（2）优化多层支撑结构的起吊方式与吊点设计。对于多层支撑式结构，其吊装方法可分为阀层整体吊装和小单元吊装两种吊装方案。阀层整体吊装是将一个阀层整体吊装，吊装次数少，整体吊装时间少，但其对吊装机械最大荷载力限制有严格要求，吊装难度高，安全风险较大，且整体吊装过程若发生重心不稳情况容易造成设备损坏，安全风险较大。考虑到换流阀、直流断路器设备的模块化结构特点，目前工程均采用组件式小单元吊装法，在运抵现场时，设备的各层结构已分割成为预装组件，安装时以预装组件为单元进行吊装，起吊重量轻、安装拼接方式灵活、施工安全性高。

设备的吊点选取是其结构设计的重要环节，特别是对于一些相对尺寸较大的断路器

模块，按照相关标准的起升动载系数选取要求，支架在起吊过程中应能承受不超过 1.5
倍重力，如吊点选取不当，可能会在吊装过程中造成平台支架变形过大，进而影响最终
设备的平整度。某设备阀层吊点优化示意图如图 6−1−12 所示，可以看出吊装过程中
阀层结构框架的形变量在优化后显著减小。

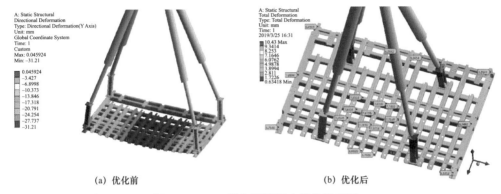

(a) 优化前　　　　　　　　　　　　　(b) 优化后

图 6−1−12　设备阀层吊点优化示意图

在合理选择吊点位置的基础上，应配合设备结构设计专用的吊装工装，目前常用 H
型吊架结构，此类吊架的 4 个角上均设有与设备连接的抬吊点，可增加吊架与设备之间
的固定点，从而方便设备的固定，使得设备的吊装更加牢固稳定，避免意外的发生。

对于直流断路器设备的部分组件结构，如主支路、转移支路等，其尺寸通常要大于
柔性直流阀组件，在吊装时应根据需要安装吊装加强装置，如角钢、加强梁等，吊装完
成后拆除。

组件吊装时需保证整体平衡，过程中行车需慢速、匀速行进，防止组件大幅度摆动。

图 6−1−13 为设备支撑结构安装吊架及吊装过程。

(a) 安装吊架　　　　　　　　　　　　(b) 吊装过程

图 6−1−13　设备支撑结构安装吊架及吊装过程

6.1.5 直流断路器供能变压器安装管控

张北柔直工程中，首次应用±500kV等级的直流断路器设备，其技术路线包括强制换流型混合式、负压耦合型混合式及机械式等3种。各类断路器的主体结构都包括主支路、转移支路、耗能支路、供能变压器等，其采用模块化设计，主体结构与柔性直流阀类似，均为多层支撑式阀塔结构。前文所述的阀厅安装条件管控、阀塔结构安装要点、光纤铺设工作要点等相关内容均适用于断路器安装。

而供能变压器作为直流断路器的关键组部件，其体积较大，重量较重，一般独立于断路器主体，安装流程与阀塔结构差异明显；同时，目前不同厂家所用供能变压器设备结构差异较大，暂无标准化的安装施工流程与管控要求，亦无以往工程应用经验供参考，因此供能变压器设备的安装工作是设备安装阶段需重点关注的内容。

本节将主要介绍3种典型的供能变压器结构的安装管控要点：

（1）SF_6单极绕组套管型供能变压器结构。SF_6单极绕组式结构的供能变压器主要由金属器身及出线套管组成，整体为直筒形式，在运输时为卧式摆放，因此在安装时需将设备翻转为立式布置于阀厅中，为保证翻转过程中不损坏设备，设计了专用的翻身工装配合安装供能变压器本体，安装时首先将供能变压器平躺在工装内，起吊工装头部位置的横梁，利用工装底部的滑轮，将供能变压器慢慢立起，过程中应小心谨慎，防止供能变压器及其他设备损坏。吊装流程如图6-1-14所示。

供能变压器翻转完成后，将其紧固于底座上，并进行运输支撑结构拆除及盖板安装，过程中应避免灰尘等杂质进入器身内部，应通过搭建简易帐篷等方式隔绝阀厅内灰尘等影响，进行相关操作。

（2）干式多级串联塔型供能变压器结构。目前工程所用的干式供能变压器为多级干式变压器级联结构，其安装过程主要包括安装前检查、底座安装、各层供能变吊装、层间斜拉绝缘子安装、层间母排安装、阻容均压装置安装、屏蔽罩及进出线安装等。

安装前应重点检查铁芯状态、绕组及其绝缘层、连接铜排，并要对干式变压器线圈对地绝缘电阻进行测量，如低于最低允许的绝缘电阻值时，应进行干燥处理；变压器安装过程中，需保持变压器平行放置，不可垂直放置；变压器安装及接线过程需严格保证L、N之间的相序正确；阻容安装过程中注意避免剧烈震动，伞裙不得装反。图6-1-15为干式多级串联塔型供能变压器结构现场安装照片。

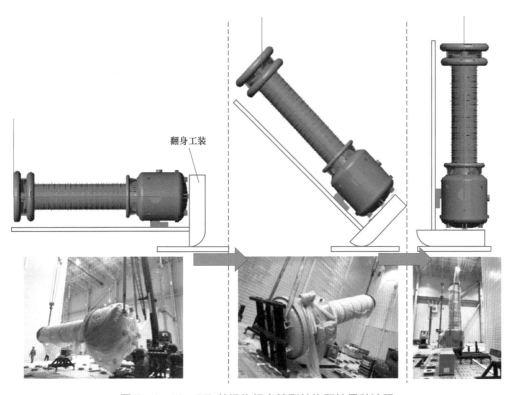

翻身工装

图 6-1-14　SF_6单极绕组套管型结构翻转吊装流程

（3）干式多级串联套管型供能变压器结构。采用套管式结构的干式变压器主绝缘为

干式，并将多级级联的绕组置于充有绝缘
气体的绝缘套管结构中，受限于单只容量，
实际工程中每台直流断路器中需使用多只
套管类结构供能变压器。相比于上述两种
结构的安装位置在断路器主体阀塔外侧，
此类供能变压器设备直接安装于断路器阀
塔底部，在安装时可直接吊装，在安装过
程中，在关注整体翻转、保持内部清洁度
的同时，还应注意在供能变压器安装底座
预留足够的液压顶升空间，以便于后续检
修时方便移出。

图 6-1-15　干式多级串联塔型供能变压器结构
现场安装照片

6.1.6 阀厅关键辅助设备安装工作及可靠性提升

（1）阀冷管道安装。阀冷系统主要由阀冷设备主机、辅机、喷淋泵、软化设备、闭式冷却塔、空气冷却器、电控柜以及相应的支架、管道、电缆等附属设备组成。在现场安装过程中，以设备材料进场计划结合现场土建施工的实际进场情况，优先进行阀厅内管道、阀冷主机、辅机的安装，再进行外冷设备的安装。如条件允许，阀冷设备内冷系统和外冷系统的安装工作可同步展开。

图 6-1-16 阀冷系统管道

阀冷系统中的各类管道结构多样，数量众多（见图 6-1-16），阀冷管道的安装是阀冷系统安装过程中的施工重点。

阀冷管道质量管控要点包括以下几点：

1）安装前检查阶段。需重点检查翻边密封面有无变形，检查翻边接头的承压面和密封面是否平整、洁净。以往工程中，管道在运输时多采用橡胶密封然后木板封口的管道端部封堵方式，在安装阶段可能由于施工人员的疏忽导致部分材料进入管道内部，影响后续的系统清洗，延误施工进度，甚至影响阀冷系统稳定运行，针对此问题，部分厂家设计了专用一次性复合材料的终端封堵盖板结构，可有效保证安装期间管道内部的清洁（见图 6-1-17）。

(a) 优化前　　　　　　　(b) 优化后

图 6-1-17 管道封堵方案优化

2）管道连接阶段。法兰与管道的装配质量不但影响管道连接处的强度和严密度，而且还影响整条管线的倾心度，因而，管道与法兰的连接应满足要求：① 法兰中心应与管子的中心同在一条直线上。② 法兰密封面应与管子中心垂直。③ 管道上法兰盘螺孔的位置应与相配合的设备或管件上法兰螺孔位置对应一致，同一根管子两端的法兰盘的螺孔位置应对应一致。

3）垫片安装阶段。垫片在法兰连接中起密封作用，它与被密封介质接触，直接受到介质物性、温度和压力的影响，因此在进行垫片安装时，需注意：① 安装前应对法兰外形尺寸进行检查。② 检查橡胶石棉板、橡胶板、塑料等软管垫片应质地柔韧，无老化变质和分层现象。③ 法兰装配前，必须清除表面及密封面上的铁锈、油污等杂物，直至露出金属光泽为止，一定要把法兰密封面的密封线剔清楚。

4）法兰装配阶段。法兰面必须垂直于管道中心线，法兰连接应保持同轴，螺栓孔中心偏差一般不超过孔径的 5%，并且要保证螺栓自由穿入，拧紧螺栓时应对称均匀，松紧适度，拧紧后的螺栓露出螺母外的长度不得超过 5mm 或 2～3 扣。

5）在进行管道穿墙施工时，需总体考虑布置穿墙套管的封堵，对于套管密集的地方宜将封堵盖板做成一个整体，而单一的套管应考虑其大小等是否符合整体布置要求。

（2）阀厅内电缆铺设安装质量管控。阀厅内电缆敷设方式主要包括电缆桥架及电缆沟，主要通过支、吊、托架支撑的托盘（槽）等结构固定。电缆铺设工作应符合 GB 50168—2018《电气装置安装工程 电缆线路施工及验收标准》的相关要求，其主要质量管控要点包括以下几点：

1）电缆支架安装要点。电缆支架宜采用角钢制作或复合材料制作，工厂化加工，热镀锌防腐；通长扁铁焊接前应进行校直，安装时宜采用冷弯，焊接牢固；电缆支架安装前应进行放样，间距应一致；金属电缆支架必须进行防腐处理；金属支架焊接牢固，电缆支架焊接处两侧 100mm 范围内应做防腐处理；复合材料支架采用膨胀螺栓固定；金属支架全长均应有良好接地。

2）动力电缆和控制电缆分层敷设。高、低压电力电缆，强电、弱电控制电缆应按顺序分层配置，一般情况宜由上而下配置，不同电压等级的电缆在同层敷设时应加隔板；控制电缆在普通支、吊架上不宜超过 1 层，桥架上不宜超过 3 层；交流三芯电力电缆在普通支吊架上不宜超过 1 层，桥架上不宜超过 2 层。

3）电缆转弯半径及固定方式。最小弯曲半径应为电缆外径的 12 倍；对于交联聚氯乙烯绝缘电力电缆，多芯应为 15 倍，单芯为 20 倍；垂直敷设或超过 45°倾斜的电缆每隔 2m 固定，水平敷设的电缆每隔 5~10m 进行固定，电缆首末两端及转弯处、电缆接头处必须固定；交流单芯电力电缆固定夹具或材料不应构成闭合磁路；防静电地板下电缆敷设宜设置电缆盒或电缆桥架并可靠接地。

4）防火与阻燃。在重要的电缆沟和隧道中，按设计要求分段或用软质耐火材料设置阻火墙；防火涂料应按一定浓度稀释，搅拌均匀，并应顺电缆长度方向进行涂刷，涂刷厚度或次数、间隔时间应符合材料使用要求；封堵应严实可靠，不应有明显的裂缝和可见的孔隙；阻火墙两侧的电缆周围利用有机堵料进行密实的分隔包裹，其两侧厚度大于阻火墙表层的 20mm，电缆周围的有机堵料宽度不得小于 30mm，呈几何图形，面层平整。

6.2　关键设备现场调试可靠性管控

6.2.1　换流阀现场调试

6.2.1.1　调试方案简介

换流阀出厂前在制造厂内完成例行试验，运抵现场完成安装后，需要进行详细的检查及测试，以保障换流阀设备满足设计规范及正常运行的要求。换流阀现场调试应验证换流阀每一个子模块电气功能（包括控制和保护功能）是否正常，换流阀阀塔模块与VBC 的信息交互是否正常，确保能够正确提供给控制系统参数。换流阀现场调试主要通过交接试验的形式开展，主要试验项目如表 6-2-1 所示。

表 6-2-1　　　　　　　　　换流阀现场调试交接试验项目

试验类别	序号	试验项目	试验目的
换流阀交接试验	1	外观检查	检查换流阀阀塔是否按设计图纸安装完毕，所有组件是否安装在正确位置，设备外壳是否有污物、划痕、磕碰等，内部是否有异物，旁路开关分位、冷却管道阀门是否正常
	2	接线检查	检查连接母排、冷却水管、光纤、等电位线等，确保连接可靠
	3	电气功能试验	检查柔性直流换流阀模块的基本功能，确保： （1）子模块与 VBC 的光通信回路正常； （2）取能电源的上电、掉电功能正常； （3）IGBT 开通关断命令执行正常； （4）旁路开关保护动作回路正常
	4	水冷管路试验	（1）检查换流阀水冷系统进阀流量是否在设计范围之内，各阀塔流量和阀层的进水流量是否不低于设计值； （2）检查换流阀水冷管路接口处是否出现渗漏水现象，持续压力监测值是否在合格范围之内

续表

试验类别	序号	试验项目	试验目的
阀基控制设备交接试验	1	外观及接线检查	检查机箱机柜、电缆网线、光纤、接地线、绝缘结构外观是否整洁、连接是否可靠
	2	光纤损耗测试	检查阀与阀控间通信光纤、阀控内部光纤、阀控与光 CT 间光纤、阀控与极控间光纤损耗是否满足要求
	3	通信测试	检查内部通信、VBC 与 CCP、VBC 与子模块、VBC 与光 TA、整体下行命令信号、电压调制功能、上行命令信号等通信功能是否正常
	4	功能测试	检测 VBC 设备配置的软/硬件复归功能、主从切换功能、电源故障检测功能、漏水检测功能以及开入开出量等是否正常

6.2.1.2　重点调试项目可靠性提升措施

（1）子模块低压加压试验方法优化。子模块低压加压试验用于检查子模块内部的接线、板卡、功率器件等关键组部件是否正常，确认阀带电前子模块基本功能、子模块和阀控通信配合是否正常，是否具备正常工作的能力。

以往工程通常采用的方法为将子模块连接到就地配置的功能测试仪，通过测试仪对子模块进行手动/自动测试（见图 6-2-1），进行 IGBT 开通关断、旁路开关触发等测试。由于该方式下子模块测试过程中需要将光纤回路连接到子模块，光纤回路的连接与工程最终运行状态不一致。同时，因测试方式无法对子模块与阀控的通信进行校验，完成子模块功能测试后，通常需要将子模块光纤连接到阀控系统，进行子模块与监控系统的通信测试，测试流程繁琐。

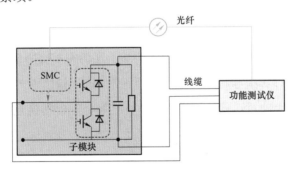

图 6-2-1　以往工程中采用的子模块测试原理图（需插拔光纤）

为提高子模块功能测试可靠性，提出了不改变换流阀子模块原有电气、接线下的子模块低压加压试验。测试过程中子模块的电气、光缆连接与运行状态下一致。子模块的测试原理图如图 6-2-2 所示。功能测试时，将阀控系统设置为检修模式，就地测试装置给子模块加压，可通过阀控系统对子模块进行 IGBT 开通关断、旁路开关触发等测试，可在监控后台直接显示子模块测试的状态报文信息，从而验证阀模块内部电子电路工作是否正常、阀模块与阀基电子设备之间的通信是否正常、模块 IGBT、旁路开关是否能按照指令正确动作。

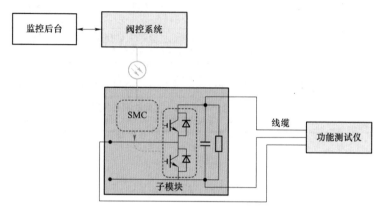

图 6-2-2　优化后子模块测试原理图（不插拔光纤）

该试验方法可最小程度的破坏阀侧、阀控侧安装状态,确保试验不用进行拆接母排、插拔光纤等操作,可有效避免试验过程中这些操作带来的二次损伤；同时可保证试验时阀的状态就是系统调试时的状态,有效提高了现场调试工作的可靠性。

（2）阀控检修模式设置及验证试验。目前柔直工程的阀控设备除正常运行模式下各项功能外,新增了阀控检修模式,以实现子模块进行低压加压试验时,阀控装置能够下发相应的子模块控制信号并具备通信检查等功能。在检修模式,阀控可对单个或多个子模块进行解锁上下管 IGBT、电压采集、中控板版本查看、触发旁路开关（一次性旁路开关除外）、通信检查。

在目前柔直工程的换流阀分系统试验中增加了现场阀控检修模式测试的相关项目,用于检查阀控系统运行和检修状态下功能是否正常,确认检修模式的工作情况及模式切换是否正常。试验时手动对运行、检修模式进行切换,观察切换是否正常,观察监控后台与录波文件是否正常。图 6-2-3 为检修模式测试后台及录波记录。

6.2.2　直流断路器现场调试

6.2.2.1　调试方案简介

直流断路器设备在制造厂内完成例行试验,运抵现场完成安装后,同样需要进行详细的检查及测试,以保障直流断路器设备满足设计规范及正常运行的要求。断路器现场调试应验证断路器每个组部件单元电气功能（包括控制和保护功能）是否正常；断路器每个组部件单元与断路器控制保护系统的信息交互是否正常,确保能够正确提供给控制系统参数。

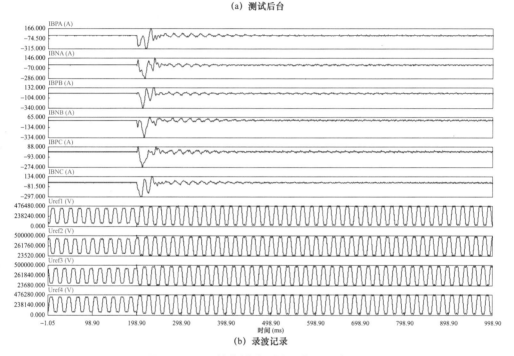

实时事件　历史事件

测试项	A上桥臂	A下桥臂	B上桥臂	B下桥臂	C上桥臂	C下桥臂
阀控测试模式	■	■	■		■	■
子模块正在测试	■	■	■	■	■	■
等待旁路开关测试	■	■	■	■	■	■

(a) 测试后台

(b) 录波记录

图 6-2-3　检修模式测试后台及录波记录

断路器设备的主要现场交接试验项目包括快速机械开关试验、主支路和转移支路电力电子开关试验、负压耦合装置试验、避雷器试验、供能变压器试验、控制保护和监视系统试验、冷却系统试验、机械式断路器的电容、电阻及电感等。同时，为进一步验证直流断路器整机分断及绝缘性能，提高工程应用可靠性，在目前建设的柔直工程中，除常规交接试验项目外，针对性地设计了现场电流分断、阀支架（含供能变压器）对地直流耐压试验等两项特殊试验项目。详细试验项目及目的见 4.10 直流断路器试验检测方法。

6.2.2.2　重点调试项目可靠性提升措施

（1）现场额定及小电流分断试验。在张北柔直工程中，首次针对直流断路器提出了现场额定电流及小电流开断试验要求，该项试验是用于考核直流断路器开断电流的能力，验证一次各主要部件和二次控制保护设备的配合特性和整机集成性能，测试直流断路器的基本功能。

试验时，直流断路器必须是包含一次整机本体、二次控制保护系统的完整的断路器整机，确保所有组部件皆处于运行状态。对于部分混合式断路器，还应保证其水冷系统与实际运行工况一致，每项试验前需达到热平衡（在 5min 内出阀冷却介质温度变化不超过 1℃）。

开断试验需要现场断路器电流开断试验系统配合，现场断路器电流开断试验系统电路拓扑如图 6-2-4 所示，主要由直流电源充放电回路、电容组 C1、电抗器 L1 及触发开关 V1 组成。试验时，电容组 C1 充电完成后，控制触发开关 V1 导通，对直流断路器加载试验电流，同时直流断路器收到分闸指令，完成直流断路器开断试验。

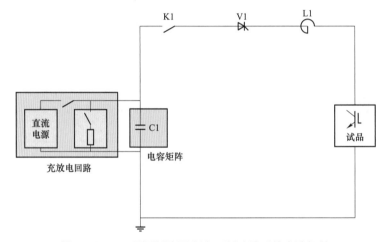

图 6-2-4　现场断路器电流开断试验系统电路拓扑

任何一次开断试验，应记录试验电流波形及控制保护装置录波信息，以确认直流断路器各组件按照正确逻辑动作，且没有发生误动、拒动及任何器件损坏等现象。图 6-2-5 为不同技术路线断路器现场电流开断试验结果。

（2）供能变压器（含阀支架）对地直流耐压试验。该项试验是用于考核供能变压器对地直流耐压水平（见图 6-2-6）。

试验时，试验对象应为组装完整的供能变压器，可将一台断路器的全部供能变压器顶部等电位接试验设备，底部统一接地。试验过程中，供能变压器的耐受电压应首先升至 1.1 倍额定直流电压水平后，维持一段时间；再逐步提升至要求最大耐受电压，维持一定时间；再降低至额定直流电压水平，耐受一段时间后，耐压试验结束，电压降至 0。

6 柔性直流输电工程设备现场可靠性管控

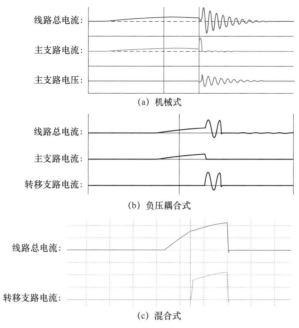

線路總電流：
主支路電流：
主支路電壓：

(a) 机械式

線路總電流：
主支路電流：
转移支路電流：

(b) 负压耦合式

線路總電流：

转移支路電流：

(c) 混合式

图 6-2-5 不同技术路线断路器现场电流开断试验结果

图 6-2-6 现场供能变压器（含阀支架）对地直流耐压试验

试品上的试验电压是纹波不大于 3% 的直流电压，用相反极性电压重复上述试验。在重复试验之前，供能变压器应当短路并接地最少 2h。试验过程中，供能变压器对地能够耐受相应试验电压，不发生闪络或击穿。

（3）快速机械开关一致性试验。快速机械开关一致性试验用于验证断路器快分、慢分、合闸过程中快速机械开关各断口之间的一致性。此试验应在现场进行整机断路器分合闸或通信测试过程中开展。对快速机械开关整机进行零电流快速分闸、慢速分闸、合

415

闸试验，每项试验至少进行 5 次。每次动作，记录主支路快速机械开关各个断口触头达到额定开距的时间。

试验要求首先应保证快速机械开关各断口在快分过程中达到有效开距的时间，应小于设计要求值，以确保断路器整机开断故障电流时间不超过设计要求开断时间；然后，对快速机械开关各断口快分、慢分达到有效开距的时间及各断口合闸到位的时间，均在一定的范围内，时间偏差不能超过设计要求值。

在张北柔直工程中，要求快速机械开关所有断口触头达到有效开距的时间应控制在 1.8～2ms，偏差不宜超过 0.2ms（见图 6-2-7）。

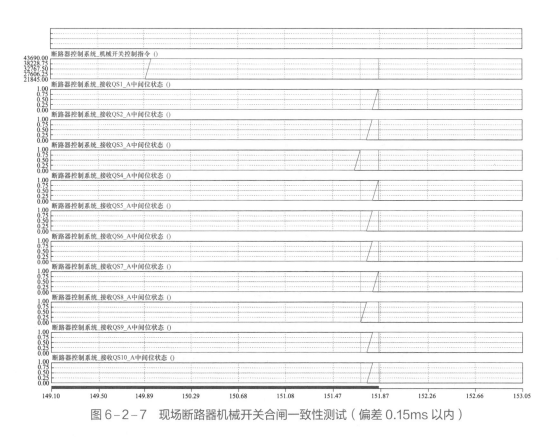

图 6-2-7 现场断路器机械开关合闸一致性测试（偏差 0.15ms 以内）

6.2.3 阀冷系统现场调试

阀冷系统的现场调试工作是对阀冷设备安装质量的整体检验，也是保证换流阀等核心设备正常运行的关键。调试工作需完成管道试压、清洗，以本体调试、系统联合调试为主，分项验收完成合格后即可交工验收。

阀冷系统现场试验项目及试验目的如表 6-2-2 所示。

表 6-2-2　　　　　　　　　　　阀冷系统现场试验项目及试验目的

序号	试验项目	试验目的
1	设计和外观接线检查	检查电气配线、标识和编号等是否符合设计要求及有关标准的规定
2	压力试验	检验水冷系统管路、设备的水密性及气密性状况
3	管道冲洗试验	保证水冷系统的管路的洁净，提供系统运行的可靠性
4	绝缘试验	检测水冷系统绝缘结构是否能够承受其内部工作过电压
5	控制及保护性能试验	检查控制及保护性能是否符合设计要求
6	通信与接口试验	确保阀冷系统与站内后台、直流控制保护间通信正常
7	连续运行试验	检测水冷系统长期运行的可靠性

在调试过程中，应重点关注下列项目及相关要求：

（1）管道密闭性检测试验。通过水压试验、气密性试验来测试管道的密闭性，验证产品质量及安装工艺的可靠性。两项试验的加压曲线如图 6-2-8 所示。对于水压试验，应在 1.5MPa 压力下，无渗水、滴水、破裂现象，P_m 和 P_t 相差不大于 0.075MPa；对于气密性试验，应在 10MPa 高压侧、0.5MPa 低压侧管道，保证保持压力 12h 后，压力变化不超过 0.5MPa。

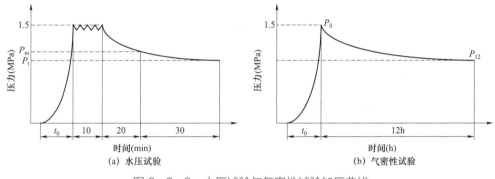

图 6-2-8　水压试验与气密性试验加压曲线

（2）管道洁净度检测试验。将冲洗管路、水泵、过滤器等整个冲洗系统与待冲洗管路连接，使用补水泵将冲洗管路内充满水，打开排气阀将管道内气体排尽，与运行时水流相同方向冲洗内冷管路，首次冲洗 1h 检查过滤器滤网，以后每隔 2h 检查过滤器滤网。

清洗后的不锈钢管道应洁净，无可视氧化层。排放的漂洗纯水透明，无杂质及可见油花，pH 值应为 6～9，室外设备及管道充满纯水静置 2h 后，电导率升高差值不超过 0.3μS/cm，在 100mL 出水中，显微镜下，直径大于 5μm 的颗粒数不超过 5000 个。

（3）主泵同轴度检查试验。测量主循环泵与电机同轴度，保证主循环泵的正常运行。主循环泵与电机同轴度应控制在 0.1mm 以内。

6.2.4　现场调试专用设备

为便于现场调试工作的开展，保证调试进度，提高调试工作的可靠性，部分设备换流阀及断路器厂家根据不同产品的技术特点及现场调试工作要求,研发或改进了一批专用调试设备。本节将重点介绍两种典型的调试设备。

(1)便携式子模块检测装置。各柔性直流换流阀厂家根据自身产品的特点研发了便携式子模块测试仪,以便开展现场子模块功能调试。其基本原理图如图 6-2-9 所示。

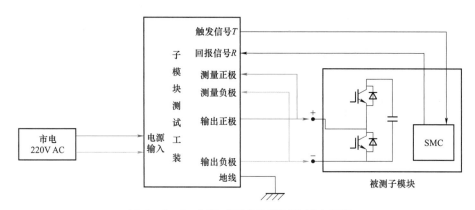

图 6-2-9 便携式子模块测试仪基本原理

以 HELP-9000Z 便携式子模块测试仪为例,该设备采用高性能的计算芯片和优秀的工业设计,使用对象定位为现场工程人员,主要用途是检验阀子模块单元安装后各主要元部件是否可正常工作,主功率器件是否可以被正常触发。通过测试后的子模块可具备运行条件。

HELP-9000Z 便携式子模块测试仪接线原理图如图 6-2-10 所示。

柔性直流半桥 MMC 子模块主要由功率器件 IGBT1、功率器件 IGBT2、直流电容 C、真空接触器 KM、均压电阻、SMC 板卡等主要元器件组成。通过功率模块测试仪可以有效地判断功率模块故障点,从而更换损坏元件,快速修复故障功率模块,为工程的日常维护提供帮助。

测试仪的测试项目分为自动测试和单项测试,自动测试包括顺序进行功率单元直流侧充电、功能测试(单个 IGBT 开通关断测试)、空载测试(2 只 IGBT 交替开通关断测试)、真空接触器 KM 测试、均压电阻测试,测试结束后进行功率单元直流侧放电操作。单项测试为上述测试项目的分项测试,即分别进行功能测试(单个 IGBT 开通关断测试)、空载测试(2 只 IGBT 交替开通关断测试)、真空接触器 KM 测试、均压电阻 RJ 测试,其中每一项测试都包括功率单元直流侧充电、功率单元状态检测和直流侧放电操作。便携式子模块测试仪主要技术参数如表 6-2-3 所示。

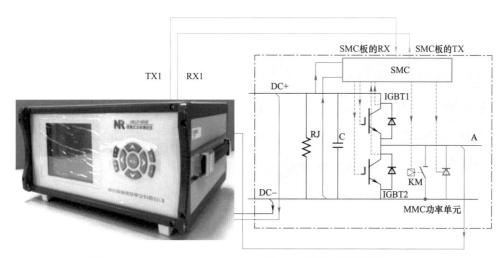

图 6-2-10 HELP-9000Z 便携式子模块测试仪接线原理图

表 6-2-3 便携式子模块测试仪主要技术参数

	交流输入		交流电压采样
额定电压	交流 220V	相序	单相
额定频率	50Hz	额定频率	50Hz
输入范围	80%～120%额定电压	额定电压	交流 120V
功耗	<110W	线性范围	0～120V（峰值）
	直流输出		直流电压采样
输出功耗	30W	额定电压	±550V
输出电压	96V±2.5%	线性范围	-620～620V
输出电流	0.312A		

（2）集装箱式现场直流断路器电流开断试验系统。在直流断路器整机现场安装、部件调试完毕后，需进行现场电流开断试验，该试验一般采用 LC 振荡试验回路进行，需在现场配置直流电源、电容、电抗、触发开断等设备，以便产生试验波形，而这些设备需要在现场寻求合适场地并逐一布置，可能会影响施工进度。

为提高断路器现场电流开断试验测试工作的效率，研制了集装箱式现场断路器电流开断试验系统，可为工程现场提供电流开断试验回路、验证直流断路器一、二次配合特性和整机集成性能的同时，实现试验系统的灵活移动及试验回路的高效安装。

现场断路器电流开断试验系统的原理结构及设备如图 6-2-11 所示，试验系统由直流电源、电容组 C1、电抗器 L1 及触发开关 V1 组成。试验对象为断路器整机。其主要参数包括：① 最大开断电流输出值可达 4.5kA。② 与断路器控制接口协议为 IEC 6044-8。③ 与断路器控制接口为 LC 多模光纤通信。

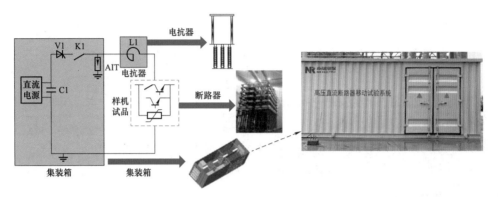

图 6-2-11 集装箱式现场断路器电流开断试验系统原理结构及设备

试验时,直流电源首先对电容组 C1 进行充电,充电完成后,控制触发开关 V1 导通,电容 C1 经电抗器 L1 对直流断路器加载试验电流,同时直流断路器收到分闸指令,完成直流断路器开断试验。

6.3 设备现场运维检修方法

柔直工程设备的日常巡检及定期维护检修是工程安全可靠运行的重要保障。在日常运行过程中,运行人员除通过 SCADA 等监控系统对柔性直流控制保护系统、辅助系统等进行监视控制外,还需通过可视、红外探头等设备对现场实际设备的状态进行巡视,开展不停电检修工作。

同时,在运行过程中,还需定期开展设备停电检修工作,鉴于换流阀、断路器等设备整体结构复杂紧凑,设备厂家为有效提高检修维护工作的可靠性及高效性,开展了针对性的设计改进与优化。

本章将从阀厅内巡检监视系统能力提升措施以及核心设备针对检修工作的针对性设计等两方面,介绍提高柔直工程运维检修工作可靠性提升及优化手段。

6.3.1 增强阀厅巡视监视系统能力

由于换流站正常运行时阀厅所有大门均处于关闭状态,不允许进入,运行人员一般需要通过反馈到主控室的电压、电流、功率、隔离开关位置等远传电气量来判断阀厅内各设备的运行情况,而获取更为直观的设备外观、阀体温度、开关分合闸到位情况乃至各类异常运维工况(如阀厅火灾等)则需要依靠远程巡视监视系统才能实现。

阀厅巡视监视系统采用高清图像视频监控技术和红外热成像温度检测技术,可实现对阀厅内换流阀塔、套管、直流断路器、直流母线快速开关、阀厅隔离开关等所有电气主设备的实时图像远程监控和设备温度的远程在线监测。该系统对阀厅的核心电气设备外观、温度及环境等运行工况进行全方位的监视和在线监测，拥有强大的辅助监控功能；另外，通过对设备热分布状态的实时监控和全面诊断以及对阀厅火灾初期图像的监视，能够帮助主控室运行值班人员正确判断和观察火情，及时采取相应措施，从而提高换流站阀厅辅助综合监控水平，保障换流站关键环节运行的安全性和稳定性。本节将以北京换流站为例，介绍巡视监视系统的配置及其能力提升要点。

（1）阀厅图像监视设备布置。阀厅图像监控系统采集了换流站阀厅内所有高清摄像机的图像信号，经视频服务器处理后通过网络交换机上传至主控室内图像监控主机，以达到对阀厅运行工况全天候自动远程监控的目的，满足阀厅的安全运行要求。

阀厅图像监控系统采用室内网络数字高清高速摄像机，其预置位置的确定一般综合考虑阀厅关键设备安装地点、设备高度、安全生产所需的监视设备关键部位以及摄像机视角范围等因素。通过优化监控设备布置方案，可有效避免监视盲区，实现对重点巡视设备的全方位图像监视，保障阀厅内巡视监视的高效性及可靠性。

北京换流站阀厅共配置一体化高速球型摄像机 42 台。相较于渝鄂直流背靠背联网工程等早期柔直工程仅将摄像机布置于阀厅四周墙壁上，北京换流站利用阀厅内换流阀与直流断路器间的隔墙，在阀厅中间位置增加布置了若干台摄像机，以满足运行人员对换流阀、直流断路器、开关设备等重点一次设备的巡视要求，保证了包括阀厅内所有穿墙套管在内的主体设备监视的完整性与准确性。此外，针对北京当地冬季经常出现的严寒天气，在阀厅屋面天沟区域也布置了 2 台摄像机，实时监视阀厅屋面雨雪冰冻情况，为运行人员采取融冰除雪措施提供帮助，全面保障阀厅内设备运行安全。

（2）阀厅红外测温装置布置。在 IGBT 换流阀等一次设备的运行过程中，设备内部电气回路故障或绝缘介质劣化等情况下的发热量都有可能超出设备的承受范围，因此需要对阀厅内换流阀塔、直流断路器、套管等设备状态进行全面在线实时测温，以便及时发现和处理热故障。

阀厅红外测温系统通过布置在阀厅内部的红外测温摄像头，远程监控阀厅内设备本体及有关连接点的热场景情况，并将红外图像及原始测温数据传输至主控室内的红外测温系统工作站，以便运行值班人员及时获取设备异常或故障状态的热信息，从而实现自动巡检、实时监测、自动预警等功能。

红外测温摄像头的形式有固定式、水平轨道移动式和竖向轨道移动式 3 种，根据阀厅的设备布置特点，若单纯采用固定式摄像头容易存在监测死角或者为满足监测要求极

柔性直流输电工程可靠性设计及应用

大增加摄像头数量，为此建议同时采用竖向或水平轨道式红外测温摄像头，轨道的长度应考虑所监测设备的尺寸，以保证巡航路径可以实现完整覆盖。另外，考虑到阀厅部分墙面布置有穿墙套管，摄像头易被遮挡，竖向轨道应尽量布置在其他墙面的适当位置上。

北京换流站为阀厅配备了一套红外监测系统，整个系统由后台设备、组网设备和多种形式摄像头组成，同时还布置了1台红外测温系统工作站布置于主控室内，通过网络与服务器相连，实现红外测温系统的实时显示、操作与温度数据分析功能。阀厅的布置方案为每极阀厅布置25台红外热成像摄像头（含23个固定点式红外摄像头、2个竖向轨道式红外摄像头），如图6-3-1和图6-3-2所示。与图像监控设备布置类似，本站利用阀厅中间隔墙增设固定式红外测温摄像头对阀塔、直流断路器等设备进行有针对性的红外热监测；并在未布置穿墙套管的两侧墙面上安装竖向轨道移动式红外测温摄像头，从而更大程度地增加监测范围，确保阀厅内设备的运行安全。

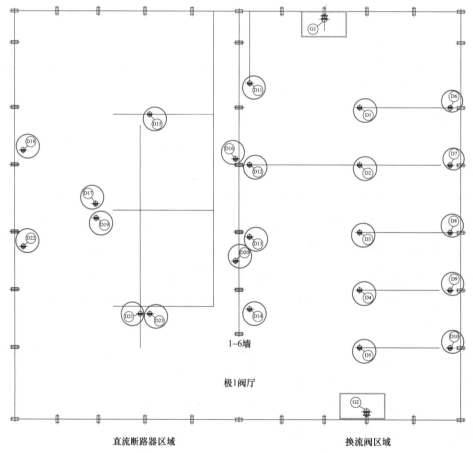

图6-3-1 北京换流站极1阀厅红外测温装置安装布点示意图

〇—固定点式红外摄像头；□—竖向轨道式红外摄像头

图6-3-2　阀厅红外测温监控界面实物图

6.3.2　改善柔性直流设备现场检修条件

除日常巡检外，针对柔性直流换流阀和高压直流断路器等关键设备，应定期进行例行检修。检修是对设备状态是否异常或故障进行确认、在设备受损的情况下通过修理（含部件更换）使其恢复功能和性能的工作，以维护设备状态，保证长期运行稳定。通常，此类关键设备的例行检修周期为1年。

针对柔性直流换流阀、直流断路器等设备，其检修项目主要包括：

（1）设备清扫。

（2）外观检查。

（3）通流回路及元器件连接情况检查，测量接触电阻。

（4）各模块功能检测，包括换流阀子模块功能检查，断路器电子模块、机械开关、供能变压器和耗能避雷器等模块功能检查。

（5）阀基控制保护设备功能性试验。

（6）设备主体、阀控和阀冷异常事件处理。

对于换流阀及使用水冷系统的断路器装置，应进行水冷系统相关检查，包括：

（1）水管等电位电极抽查及处理。

（2）漏水检测装置功能试验。

（3）内冷水压、水质及电导率检查。换流阀、直流断路器检修作业需要现场配合行车、登高车以及液压转运设备，并安装检修踏板以及伸缩踏板等提供作业平台。

参考以往工程检修工作经验，为高效地开展现场检修工作，保障检修进度，方便检修人员相关操作，相关设备厂家均针对检修工作要求，开展了针对性的设计与应用改进，通过改进产品结构设计、应用专用检修工装等方式，有效改善了柔直工程的现场检修条件。

本节将介绍部分改善检修条件的典型措施。

（1）设置检修通道。在对换流阀、断路器阀塔部分进行检修时，因人员需要进入阀塔内部登高作业，空间狭窄，不利于登高作业。部分厂家采用阀塔内部设计维修平台（见图 6-3-3）的方案，可以方便检修人员在阀塔内部进行作业。根据结构特点，采用了可拆卸检修通道的设计方案，安装于左右两侧阀塔中间位置，每层的检修通道均使用高强度绝缘材料制成，检修通道下方有 4 根支撑横梁，横梁下方有金属件与断路器本体支撑结构连接。检修通道可移动和拆卸，可根据实际需要进行布置，操作简便，安全可靠，有利于提高子模块更换检修效率。

图 6-3-3　维修平台示意图

（2）IGBT 子模块更换优化设计。柔性直流换流阀和混合式高压直流断路器的基本组成单元为子模块，子模块故障后触发旁路开关闭合，不影响系统运行。通过对故障子模块进行分析，发现通信故障、IGBT 故障、驱动板卡故障和中控板故障占比较高，其中通信故障主要是由光纤污秽引起的，光纤接头清洁处理后就可恢复正常运行，而其他故障均需更换子模块。

以往工程中采用焊接式 IGBT 器件，在进行子模块更换时，整体阀塔需要放水，故障处理时间较长。随着压接 IGBT 技术的逐步成熟，在最新的柔直工程中，各厂家均选择压接式 IGBT 器件组成子模块结构，在检修过程中，除电容需要借助电动吊具外，其余元件均可在阀塔上完成更换。与以往工程所用模块的整体更换工艺相比，压接式 IGBT 子模块只更换故障元器件，不需要安装模块吊具、阀塔放水、解开模块连接母排及光纤等工作，基本可在 20min 内完成更换（见图 6-3-4），维护效率大幅度提高。

图 6-3-4　压接式 IGBT 器件更换示意图

IGBT 子模块的更换工作，存在部件重量大、人员施工空间小等难点。针对压接式 IGBT 子模块，各厂家根据自身结构特点，从方便检修人员操作的角度，在最新的柔直工程中，对子模块更换工作进行了进一步优化。

压接式子模块的模块头更换包括 IGBT 与二极管，为提高检修效率进行了结构优化，在阀串端部设置了导套和顶栓。更换器件时，首先划线标记，然后松开顶栓，更换损坏器件，然后用力矩扳手紧固顶栓，直至划线位置与端部固定板平齐，完成器件更换（见图 6-3-5）。这种结构操作简便，在没有增加特别的工具和工作量条件下，完成了器件的更换和对阀串的压装恢复，有效提高了检修效率。

目前换流阀子模块的模块头多采用滑轨设计，方便检修时子模块从阀塔槽位中抽出，同时考虑到换流阀子模块重量大（近 500kg），为便于检修，设计了滑轨结构的专用检修工装（见图 6-3-6），更换子模块时，将检修工装对接至待更换的子模块，通过摇动刹车绞盘，将模组缓慢拉出至工装端部。通过阀厅的行车将子模块运放至指定位置。

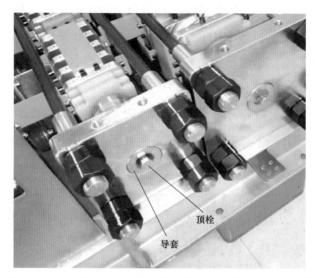

图 6-3-5 压接式 IGBT 子模块检修与更换结构优化设计

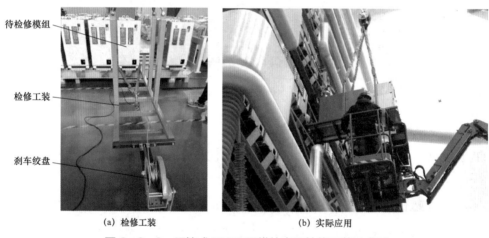

（a）检修工装   （b）实际应用

图 6-3-6 压接式 IGBT 子模块专用检修工装及应用

（3）直流断路器耗能支路塔避雷器检修工装。目前柔直工程中直流断路器均使用多柱避雷器并联组成耗能支路，并联于主支路与转移支路，在结构上为多层塔式结构，多支避雷器组件组成紧凑阵列，其组件间垂直间距、水平间距均相对较短，检修、更换空间狭窄，为操作人员带来不便。针对此问题，断路器厂家设计了专用检修工装，多采用滑轨结构，可便捷地拆卸更换问题避雷器组件。

某直流断路器耗能支路避雷器检修工装由固定槽钢导轨和滑动小车组成，检修时使用门型支撑架顶起避雷器支架，并取出调整螺母以空出足够间隙，用滑动小车将避雷器推出主体框架外侧，再用吊车将避雷器和滑动小车一起取下，将更换新的避雷器固定在滑动小车上，用吊车将小车和更换的避雷器安放在槽钢导轨上，将滑动小车和避雷器一起推到避雷器安装位，安装后将滑动小车移出，拆下工装滑动小车和槽钢导轨（见图 6-3-7）。这种检修工装结构简单，安装方便，可在空间狭小范围内安全完成器件更换工作，提高检修效率。

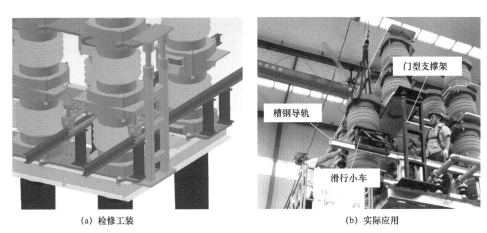

(a) 检修工装 (b) 实际应用

图 6-3-7 某直流断路器耗能支路避雷器专用检修工装及实际应用

参 考 文 献

[1] 胡航海，李敬如，杨卫红，等. 柔性直流输电技术的发展与展望 [J]. 电力建设，2011，32（5）：62-66.

[2] 乐波，梅念，刘思源，等. 柔性直流输电技术综述 [J]. 中国电业（技术版），2014，818（5）：43-47.

[3] 徐政等. 柔性直流输电系统 [M]. 北京：机械工业出版社，2020.

[4] 文卫兵，赵峥，李明，等. 海上风电柔性直流系统设计及工程应用 [J]. 全球能源互联网，2023，6（1）：1-9.

[5] 王加龙，杨勇，魏鹏，等. 海上柔性直流换流站冷却系统可靠性设计与设备质量管控 [J]. 设备监理，2022，69（2）：13-17.

[6] 蒋冠前，李志勇，杨慧霞，等. 柔性直流输电系统拓扑结构研究综述 [J]. 电力系统保护与控制，2015，43（15）：145-153.

[7] 裘鹏，黄晓明，王一，等. 高压直流断路器在舟山柔直工程中的应用 [J]. 高电压技术，2018，44（2）：403-408.

[8] 辛保安，郭铭群，王绍武，等. 适应大规模新能源友好送出的直流输电技术与工程实践 [J]. 电力系统自动化，2021，45（22）：1-8.

[9] 马宁宁，谢小荣，贺静波，等. 高比例新能源和电力电子设备电力系统的宽频振荡研究综述[J]. 中国电机工程学报，2020，40（15）：4720-4732.

[10] 谢小荣，贺静波，毛航银，等. "双高"电力系统稳定性的新问题及分类探讨 [J]. 中国电机工程学报，2021，41（2）：461-475.

[11] 陈东，乐波，梅念，等. ±320kV 厦门双极柔性直流输电工程系统设计 [J]. 电力系统自动化，2018，42（14）：180-185.

[12] 潘尔生，乐波，梅念，等. ±420kV 中国渝鄂直流背靠背联网工程系统设计 [J]. 电力系统自动化，2021，45（5）：175-183.

[13] 梅念，陈东，吴方劼，等. 基于 MMC 的柔性直流系统接地方式研究 [J]. 高电压技术，2018，44（4）：1247-1253.

[14] 王庆，丁久东，刘海彬，等. MMC 型柔性直流输电系统三次谐波注入调制策略的可行性[J]. 电

力系统自动化，2018，42（17）：104－110.

[15] 潘尔生，乐波，梅念，等．±420 kV 中国渝鄂直流背靠背联网工程系统设计［J］．电力系统自动化，2021，45（5）：175－183.

[16] 郭铭群，乐波，田园园，等．柔性直流电网换流器子模块续流过电压机理分析及抑制策略［J］．高电压技术，2021，47（9）：3264－3272.

[17] 赵宇含，王鑫，赵成勇，等．半桥—全桥子模块混合型 MMC 的换流阀损耗分析方法［J］．电网技术，2021，45（7）：2847－2856.

[18] 陈力绪，袁帅，严俊，等．考虑多端协同的柔性直流电网直流故障保护和恢复策略［J］．中国电机工程学报，2022，42（22）：8164－8177.

[19] 郭贤珊，刘路路，周杨，等．LCC—MMC 混合级联系统 MMC 换流器过电压应力抑制策略［J］．全球能源互联网，2020，3（4）：412－419.

[20] 邱子鉴，刘晋，周鑫，等．多端柔性直流输电系统交流故障穿越控制策略［J］．华北电力大学学报（自然科学版），2021，48（6）：32－40.

[21] 于浩天，吕敬，厉璇，等．高频振荡抑制策略对柔性直流输电系统动态性能影响的综合评估［J］．中国电机工程学报，2022，42（8）：2873－2889.

[22] 韩坤，司志磊，胡四全，等．柔性直流阻尼换流阀充电过程子模块均压特性［J］．南方电网技术，2019，13（6）：8－15＋29.

[23] 朱铭炼，姜田贵，欧阳有鹏，等．模块化多电平换流器直流双极短路故障耐受能力研究［J］．电力工程技术，2018，37（2）：44－48＋60.

[24] 马秀达，卢宇，田杰，等．柔性直流输电系统的构网型控制关键技术与挑战［J］．电力系统自动化，2023，47（3）：1－11.

[25] 胡兆庆，董云龙，王佳成，等．高压柔性直流电网多端控制系统架构和控制策略［J］．全球能源互联网，2018，1（4）：461－470.

[26] 李奇南，夏勇军，张晓林，等．渝鄂柔性直流输电系统中高频振荡影响因素及抑制策略［J］．中国电力，2022，55（7）：11－21.

[27] 刘泽洪，郭贤珊．高压大容量柔性直流换流阀可靠性提升关键技术研究与工程应用［J］．电网技术，2020，44（9）：3604－3612.

[28] 王加龙，乐波，杨勇，等．柔直工程用 IGBT 器件可靠性试验研究及应用［J］．电力电子技术，2022，56（8）：132－140.

[29] 汤广福．基于电压源换流器的高压直流输电技术［M］．北京：中国电力出版社，2010.

[30] 姬煜轲，侯婷，何智鹏，等. 一种柔直换流阀用压接型 IGBT 功率子模块加速老化试验方法 [J]. 南方电网技术，2021，15（5）：1-11.

[31] 闻福岳，卢昭禹，曹均正，等. 柔直换流阀子模块控制器 EMC 能力提升研究 [J]. 全球能源互联网，2020，3（3）：248-254.

[32] 侯婷，饶宏，许树楷，等. 基于 MMC 的柔性直流输电换流阀型式试验方案[J]. 电力建设，2014，35（12）：61-66.

[33] 杨勇，潘励哲，李琦，等. 高压大容量柔性直流输电工程换流阀质量管控方法 [J]. 设备监理，2020，2：5-7.

[34] 李鹏坤，王跃，吕高泰，等. 柔直换流阀可靠性研究及提升指标分析 [J]. 电力电子技术，2021，55（12）：55-59.

[35] 王秀丽，郭静丽，庞辉，等. 模块化多电平换流器的结构可靠性分析 [J]. 中国电机工程学报，2016，36（7）：1908-1914.

[36] 冯亚东，汪涛，卢宇，等. 模块化多电平柔性直流换流器阀组本体保护的设计 [J]. 电力系统自动化. 2015，39（11）：64-68.

[37] 高阳，刘栋，杨兵建，等. 基于 MMC 的柔性直流输电阀基控制器及其动模试验 [J]. 电力系统自动化，2013，37（15）：53-58.

[38] 敬华兵，年晓红. 新型的模块化多电平换流器子模块保护策略 [J]. 电网技术，2013，37（7）：1954-1958.

[39] 胡四全，吉攀攀，俎立峰，等. 一种柔性直流输电阀控测试系统设计与实现[J]. 中国电力，2013，46（9）：112-116.

[40] 段军，谢晔源，朱铭炼，等. 模块化多电平换流阀子模块旁路方案设计[J]. 电力工程技术，2020，39（4）：207-213.

[41] 李建春，胡兆庆，殷冠贤，等. ±500kV 柔性直流阀段等效试验设计和控制 [J]. 电力自动化设备，2019，39（3）：84-89.

[42] 郭贤珊，周杨，梅念，等. 张北柔直电网的构建与特性分析 [J]. 电网技术，2018，42（11）：3698-3707.

[43] 魏晓光，杨兵建，汤广福. 高压直流断路器技术发展与工程实践[J]. 电网技术，2017，41（10）：3180-3188.

[44] 何俊佳. 高压直流断路器关键技术研究 [J]. 高电压技术，2019，45（8）：2353-2361.

[45] 文卫兵，魏争，赖佳祥，等. 柔性直流电网直流侧故障下 500kV 混合式直流断路器暂态电流特

性分析 [J]. 电力建设, 2022, 43（10）: 48－57.

[46] 朱童, 余占清, 曾嵘, 等. 混合式直流断路器模型及其操作暂态特性研究 [J]. 中国电机工程学报, 2016, 36（1）: 18－30.

[47] 石巍, 曹冬明, 杨兵, 等. 500kV 整流型混合式高压直流断路器 [J]. 电力系统自动化, 2018, 42（7）: 102－107.

[48] 石巍, 曹冬明, 杨兵, 等. 500kV 整流型混合式高压直流断路器 [J]. 电力系统自动化, 2018, 42（7）: 102－107.

[49] 张翔宇, 余占清, 黄瑜珑, 等. 500kV 耦合负压换流型混合式直流断路器原理与研制 [J]. 全球能源互联网, 2018, 1（4）: 413－422.

[50] 张猛, 赵杨, 王国金, 等. 535kV 耦合负压式直流断路器短路电流开断试验研究 [J]. 高电压技术, 2019, 45（8）: 2451－2458.

[51] 潘垣, 袁召, 陈立学, 等. 耦合型机械式高压直流断路器研究 [J]. 中国电机工程学报, 2018, 38（24）: 7113－7120＋7437.

[52] 魏争, 文卫兵, 杨勇, 等. 500kV 直流断路器快速机械开关典型故障特性及可靠性提升方法研究 [J]. 全球能源互联网, 2023, 6（1）: 54－63.

[53] 王辉, 马超, 郝全睿, 等. 一种强制换流型混合式高压直流断路器方案 [J]. 高电压技术, 2019, 45（8）: 2425－2433.

[54] 杨兵, 石巍, 方太勋, 等. 高压直流断路器耗能支路 MOV 关键技术 [J]. 高电压技术, 2021, 47（9）: 3208－3217.

[55] 陈羽, 石巍, 杨兵, 等. 混合式高压直流断路器控制保护系统 [J]. 电力工程技术, 2021, 40（5）: 164－170＋199.

[56] 张猛, 马骢, 王红斌, 等. 535kV 耦合负压式直流断路器供能系统设计方案 [J]. 高电压技术, 2020, 46（8）: 2677－2683.

[57] 刘亚萍, 杨勇, 魏争, 等. 柔性直流输电工程高压直流断路器耗能支路 MOV 可靠性提升管控 [J]. 设备监理, 2021, No. 60（2）: 21－26.

[58] 查鲲鹏, 杨岳峰, 詹婷, 等. ±535kV 混合式高压直流断路器绝缘结构设计及试验 [J]. 南方电网技术, 2020, 14（2）: 91－97.

[59] 李盈, 崔翔, 张升, 等. 直流断路器供能系统内共模−差模干扰的产生机理分析与抑制 [J]. 中国电机工程学报, 2020, 40（5）: 1722－1731.

[60] 周万迪, 郭亮, 魏晓光, 等. 混合式直流断路器合成开断试验方法及等效研究 [J]. 中国电机工

程学报，2022，42（14）：5233－5242.

[61] 杨兵建，张迪，林志光，等. 500kV 混合式高压直流断路器控制保护及其动模试验 [J]. 高电压技术，2020，46（10）：3440－3450.

[62] 赵赢峰，吕玮，杨兵，等. 535kV 混合式直流断路器端间操作冲击电压试验研究 [J]. 高电压技术，2020，46（8）：2684－2691.

[63] 陈龙龙，张宁，汤广福，等. 混合式高压直流断路器例行试验方法研究 [J]. 电网技术，2020，44（8）：3193－3199.

[64] 董云龙，凌卫家，田杰，等. 舟山多端柔性直流输电控制保护系统 [J]. 电力自动化设备，2016，36（7）：169－175.

[65] 李钢，田杰，董云龙，等. 基于模块化多电平的真双极柔性直流控制保护系统开发及验证[J]. 供用电，2017，34（8）：8－16.

[66] 屠卿瑞，陈桥平，李一泉，等. 柔性直流输电系统桥臂过流保护定值配合方法 [J]. 电力系统自动化，2018，42（22）：172－177.

[67] 姜崇学，卢宇，汪楠楠，等. 柔性直流电网中行波保护分析及配合策略研究 [J]. 供用电，2017，34（3）：51－56.

[68] 苑宾，厉璇，尹聪琦，等. 孤岛新能源场站接入柔性直流高频振荡机理及抑制策略 [J]. 电力系统自动化，2023，47（4）：133－141.

[69] 胡兆庆，董云龙，王佳成，等. 高压柔性直流电网多端控制系统架构和控制策略 [J]. 全球能源互联网，2018，1（4）：461－470.

[70] 朱琳，寇龙泽，刘栋. 渝鄂柔性直流输电交直流动态特性及控制保护策略研究 [J]. 全球能源互联网，2018，1（4）：454－460.

[71] 梅念，周杨，李探，等. 张北柔性直流电网盈余功率问题的耗能方法 [J]. 电网技术，2020，44（5）：1991－1999.

[72] 郭贤珊，梅念，李探，等. 张北柔性直流电网盈余功率问题的机理分析及控制方法 [J]. 电网技术，2019，43（1）：157－164.

[73] 杨兵建，张迪，林志光，等. 500kV 混合式高压直流断路器控制保护及其动模试验 [J]. 高电压技术，2020，46（10）：3440－3450.

[74] 梅念，苑宾，李探，等. 接入孤岛新能源电场的双极柔直换流站控制策略 [J]. 电网技术，2018，42（11）：3575－3582.

[75] 汪楠楠，姜崇学，王佳成，等. 采用直流断路器的对称单极多端柔性直流故障清除策略 [J]. 电

力系统自动化，2019，43（6）：122－128.

[76] 乔丽，谢剑，李云鹏，等. 高压柔性直流换流阀工业设计 ［J］. 中国电力，2020，53（12）：198－205＋222.

[77] 胡文华，周本立，耿淼. 新一代柔性直流换流阀安装技术的研究与运用［J］. 科学技术创新，2020（16）：183－184.

[78] 陈小平，王何飞，罗远峰，等. 柔性直流输电换流阀子模块现场测试装置设计 ［J］. 电力电子技术，2022，56（3）：27－29.

[79] 阮守军，楚国华，丁升，等. 柔直换流阀冷却系统配置方案和调试方法 ［J］. 电气技术，2018，19（5）：39－42.

[80] 胡文旺，唐志军，林国栋，等. 柔性直流输电工程系统调试技术应用、分析与改进 ［J］. 电力自动化设备，2017，37（10）：197－203＋210.

[81] 谢晔源，姚宏洋，欧阳有鹏，等. 模块化换流阀低压加压电路及批量测试技术 ［J］. 电力系统自动化，2022，46（20）：174－180.

[82] 胡四全，常忠廷，王少波，等. 一种 MMC 换流阀低压加压试验系统及其方法 ［P］. 河南省：CN112130013A，2020－12－25.

[83] 江一，梁秉岗，陶敏，等. 换流站阀厅运行环境在线监测系统及传感器布点方法研究 ［J］. 高压电器，2021，57（10）：77－82.

[84] 李国尧，刘盛，徐峰，等. 柔性直流换流站阀厅设备温度监测 ［J］. 电力建设，2013，34（6）：92－94.

[85] 刘晨阳，王青龙，柴卫强，等. 应用于张北四端柔直工程±535kV 混合式直流断路器样机研制及试验研究 ［J］. 高电压技术，2020，46（10）：3638－3646.

[86] 裴鹏，宣晓华，陆翌，等. 舟山柔直工程混合式直流断路器短路试验方案设计及现场实践［J］. 高电压技术，2021，47（4）：1428－1435.

[87] 杨岳峰，王晓晗，王玮，等. 柔性直流换流阀监视系统关键技术及工程化应用［J］. 中国电力，2021，54（4）：168－174.

索　引